全国电力行业“十四五”规划教材

“十四五”普通高等学校规划教材

能源与环境系统工程概论

（第二版）

方梦祥　徐象国　周劲松　金　滔　编

倪明江　主审

内 容 提 要

本书共分五章，第一章介绍能源与环境系统的基本知识，包括系统的概念、生态系统及环境保护、能源与环境、能源与可持续发展、能源和碳中和等；第二章介绍能源利用与转化的基础、各种能源资源和利用技术；第三章介绍目前各种环境污染物和控制技术，包括大气污染物、水体污染物和固体废弃物的控制技术；第四章介绍物质与能源的需求，包括国家层面不同行业的能耗统计，也涉及日常家庭能源需求、传统农业和植物工厂及储能技术等内容；第五章则围绕人居环境与能源这一话题展开，重点介绍了“百万立方世界”课程项目。

本书在内容上覆盖面广，涉及能源工程、环境工程和系统工程等方面的知识，引导学生系统性地认识和掌握能源、环境及系统工程方面的知识，有助于拓展学生的知识面，树立科学用能的观念和关注环保的社会意识。

本书可作为能源动力类与环境科学与工程类专业本科生和研究生的教学用书，也可供能源与环境相关技术人员参考使用。

图书在版编目（CIP）数据

能源与环境系统工程概论/方梦祥等编．--2 版．--北京：中国电力出版社，2024．7．--ISBN 978-7-5198-8889-3

Ⅰ. TK01；X192

中国国家版本馆 CIP 数据核字第 2024WS4020 号

出版发行：中国电力出版社
地　　址：北京市东城区北京站西街 19 号（邮政编码 100005）
网　　址：http://www.cepp.sgcc.com.cn
责任编辑：李　莉（010-63412538）
责任校对：黄　蓓　王海南
装帧设计：赵姗姗
责任印制：吴　迪

印　　刷：廊坊市文峰档案印务有限公司
版　　次：2009 年 7 月第一版　2024 年 7 月第二版
印　　次：2024 年 7 月北京第一次印刷
开　　本：787 毫米×1092 毫米　16 开本
印　　张：16
字　　数：392 千字
定　　价：48.00 元

前 言

在联合国教科文组织的《反思教育：向“全球共同利益”的理念转变》报告中，开篇便提到“当今世界的错综复杂和矛盾冲突，达到了前所未有的程度”。如何实现可持续发展，已经成为全人类核心关切的问题。思考、探讨乃至推动可持续发展，自然也是教育的核心目标。

随着经济发展和人类生活水平的提高，各种能源资源的大规模开采和利用以及各种污染物的大量排放对人类生存环境造成了严重的影响，已经危及人类的生存和发展。特别是我国作为世界人口大国，一方面能源资源严重短缺，另一方面各种能源利用技术总体落后，各种环境污染问题都相当严重。目前我国碳排放位居全球第一，要实现碳中和目标，面临巨大挑战。合理利用资源，开发利用可再生能源、不断改善生态环境，对确保我国经济、社会可持续发展，促进全球经济发展和保护环境具有深远意义。

本书是为适应教育部对能源动力类专业各个方向进行整合和改革的总体思路，服务于改造后的能源与环境系统工程专业而开设一门概观全局的平台课程，把能源和环境作为一个系统工程进行探讨。本书旨在强调在社会发展和能源开发过程中需要同时关注其对环境的影响，进而保证经济社会的可持续发展。

本书共分五章，第一章介绍能源与环境系统的基本知识，包括生态系统及环境保护、能源与环境可持续发展和碳中和等；第二章介绍能源利用与转化的基础、各种能源资源和利用技术；第三章介绍目前各种环境污染物和控制技术，包括大气污染物、水体污染物和固体污染物来源、分类和对环境的危害及其控制方法。前面这三章以平实、客观的语言尽量全面地描述能源与环境系统工程相关的知识。从第四章开始，本书尝试引入“人”这一要素的影响，因此言语风格也更偏向于故事性的描述。第四章介绍物质与能源的需求，其中不仅涉及国家层面分行业的能耗统计，也涉及日常家庭对能源的需求、传统农业与植物工厂及储能技术等内容；第五章则围绕人居环境与能源这一话题展开，先是介绍舒适的人居环境所应具备的基础条件，然后探讨如何塑造一个可持续发展的人居环境，其中特别介绍了新的课程项目——“百万立方世界”。该项目以建设一个能源自给自足的百万立方小世界为核心命题，以小组的形式来完成项目设计，让学生从被动学习转变为主动设计，切实掌握能源与环境之间的互动关系，同时能深入思考能源与环境的改变对人类社会形态所造成的影响。

本书第一章和第三章由浙江大学方梦祥教授负责编写，第二章由浙江大学周劲松教授负责编写，第四章和第五章由浙江大学徐象国教授负责编写，其中第五章第二节和第三节由金滔教授编写，全书由方梦祥教授统稿。本书在编写过程中得到浙江大学能源工程学院各位老师和同学的大力支持，倪明江教授对本书进行了认真审查，并提出了很多宝贵的意见，对此一并表示感谢！

由于编者水平和时间有限，阅读的有关文献、资料和掌握的国内外信息不够全面，疏漏之处在所难免，敬请专家、同行和广大读者予以批评指正。

编者

2024 年 4 月于求是园

第一版前言

我国是一个富煤、贫油、少气的国家，即是一个以煤炭为主要能源资源的国家。今后相当长的时期内，煤炭仍将是中国的基础能源，煤炭的消费量还将继续上升，这样就会使中国的大气污染治理面临着巨大的困难。我国目前各种环境污染问题都处于相当严重的局面，合理利用资源，开发利用可再生能源、不断改善生态环境，对确保我国经济、社会可持续发展，促进全球经济发展和保护环境具有深远意义。

本书是为适应教育部对热能与动力工程专业各个方向进行整合和改革的总体思路，服务于为改造后的能源与环境系统工程专业而开设的一门概观全局的平台课程。把能源和环境作为一个系统工程进行探讨，包括将煤炭、石油、天然气等一次能源转化为电力、热能等二次能源的生产和利用过程，风能、太阳能、生物质能等新能源的开发利用，伴随能源转换与利用过程的有害物质排放造成的环境问题与治理。本书旨在强调在工业发展和能源开发过程中需要同时关注其对环境的影响问题，进而保证经济社会的可持续发展。

本书共分 6 章，第 1 章介绍系统工程的基本知识和能源与环境系统的基本理论，第 2 章介绍各种能源资源利用技术和现状，第 3 章介绍制冷技术和引起的能源环境问题，第 4 章介绍目前各种环境污染物的排放和治理技术，第 5 章介绍采用系统工程的方法分析和评价能源和环境系统，第 6 章介绍能源需求与供应预测和能源经济预测模型。

本书第 1、4～6 章由浙江大学方梦祥编写，第 2 章由浙江大学周劲松编写，第 3 章由浙江大学金涛编写，全书由方梦祥负责统稿；编写过程中得到浙江大学能源系各位老师的大力支持；同济大学张鹤声教授、东北电力大学孙键教授对本书进行认真审查，并提出了很多宝贵的意见，对此作者一并表示感谢！

由于编者水平和时间有限，阅读的有关文献、资料和掌握的国内外信息不够全面，疏漏之处在所难免，敬请专家、同行和广大读者予以批评指正。

编　者

2008 年 12 月于求是园

目　录

第一章 能源与环境系统基础

第一节 系统的概念

地球是目前人类唯一的生存环境，维持这一环境处于适合人类生存的状态对当前人类得以存续无疑是至关重要的。在人类活动中，对环境影响最大的莫过于对能源的开发和利用。一方面，人类在获得和利用能源的过程中会改变原有的自然环境或产生大量的废弃物，如果处理不当，就会使人类赖以生存的环境受到破坏和污染；另一方面，能源的开发和利用促进了经济的发展，又对环境的改善起着巨大的推动作用。因此，能源和环境之间的互动关系并非简单的技术问题，而是在一个复杂的系统中，众多因素相互关联、相互影响。应用系统思路和方法去分析和解决能源与环境工程问题正越来越显示其重要性。

一、系统的定义和特点

1. 系统的定义

“系统”的概念创成于英文“system”，来源于古代希腊文“systɛmα”，意为由部分组成的整体。一般系统论创始人贝塔朗菲定义：“系统是相互联系相互作用的诸元素的综合体。”中国著名系统工程专家钱学森定义:“系统是由相互作用和相互依赖的若干组成部分按一定规律结合而成的、具有特定功能的有机整体，而且这个系统本身又是它所属的一个更大系统的组成部分。”

2. 系统的特点

（1）整体性。系统是由两个或两个以上的可以相互区别的要素按照作为系统整体所应具有的综合整体性而构成。系统具有集合性，它是为达到系统基本功能要求所必须具有的组成要素的集合。构成系统的各要素虽然具有不同的性能，但是整体的功能并不是它们的简单集合。各要素是根据逻辑统一性的要求去构成整体的，从而使得整体所具有的功能能够远远超过各要素性能的相加。如燃煤发电厂是由锅炉、汽轮机、发电机、风机、水泵、给煤设备、烟气净化设备、换热冷却设备、测量控制系统等不同功能设备按照发电系统原理和工艺流程组成的整体。

（2）关联性。系统内各要素之间是有机联系、相互作用的，存在着某种相互关联、相互制约的特定关系，系统的整体功能即是通过这些关系来实现的。这种关联是具有一定规律的，如燃煤发电厂中锅炉、汽轮机、发电机、风机、水泵、给煤设备、烟气净化设备等相互连接，相互制约。

（3）目的性。作为一个整体的实际系统是为了完成一定的任务，或要达到一个或多个目的而存在的，这种任务或目的决定着系统的基本作用和功能。尤其是人所创造或改造的系统总是具有特定功能的各单元是按一定目的组织起来的。当以最高水平完成了特定的任务或实现了预期的目的时，就可以说实现了系统优化。如由很多设备组成的发电厂目的是达到可靠、稳定、高效运行。

（4）环境适应性。任何一个系统都存在于特定的物质环境之中，要与外界环境产生物质的、能量的和信息的交换，外界环境的变化必然会引起系统内部各要素之间的变化。系统必须适应环境的变化。如发电厂发电、燃料、水供应以及灰渣、废水和气体污染物排放等都受周围环境制约，要适应环境的要求。

二、系统的分类

各种系统千差万别，可以从不同的角度将它们分为不同的类别。

1. 自然系统与人工系统

自然系统，指以天然物为要素，由自然力而非人力所形成的系统，如天体、海洋、生态系统等。人工系统是根据人为的、预先编排好的规则或计划好的方向运作，以实现或完成系统内各个体不能单独实现的功能、性能与结果，如生产系统、交通系统、电力系统、计算机系统、教育系统、医疗系统等。人工系统都是存在于自然系统之中的，人工系统和自然系统之间存在着一定的界面，两者相互影响和渗透。近年来，人工系统对自然系统的不良影响已成为人们关注的重要问题，如环境污染等。

自然系统是一个高阶复杂的均衡系统，如季节周而复始地变化形成的气象系统、食物链系统、水循环系统等。自然系统中的有机物、植物与自然环境保持了一个平衡态。在自然界中，物质流的循环演变是最重要的，自然环境系统没有尽头，没有废止，只有循环往复，并从一个层次发展到另一个层次。

原始人类对自然系统的影响不大，但近百年来，科技发展很快，它既造福于人类，又带来危害甚至灾难，引起了人们极大的关注。例如，埃及阿斯旺水坝是一个典型的人工系统，水坝解决了埃及尼罗河洪水泛滥的问题，但也带来一些不良影响，如东部的食物链受到破坏，渔业减产；尼罗河流域土质盐碱化加快，发生周期性干旱，影响了农业生产；河水污染使附近居民的健康也受到影响等。但如能运用系统工程的方法全面考虑，统筹安排，有可能得到一个既解决洪水问题又尽量减少损失的更好方案，如都江堰水利工程就是一个很好的例子。都江堰坐落在成都平原西部的岷江上，始建于秦昭王末年（公元前256～前251年），是蜀郡太守李冰父子在前人鳖灵开凿的基础上组织修建的大型水利工程，由分水鱼嘴、飞沙堰、宝瓶口等部分组成，两千多年来一直发挥着防洪灌溉的作用，使成都平原成为水旱从人、沃野千里的“天府之国”，至今灌区已达30余县市、面积近千万亩，是全世界迄今为止年代最久、唯一留存、以无坝引水为特征的宏大水利工程。

系统工程所研究的对象，大多是既包含人工系统又包含自然系统的复合系统。从系统的观点讲，对系统的分析应自上而下地而不是自下而上地进行。例如，研究系统与所处环境，环境是最上一级，先注意系统对环境的影响，然后再进行系统本身的研究，系统的最下级是组成系统的各个部分或要素。自然系统常常是复合系统的最上一级。因此，在建设任何人工项目时，首先应该考虑对自然系统的影响。

2. 实体系统与概念系统

从系统构成要素的方式来看，系统可以分为实体系统和概念系统。实体系统是指以矿物、生物、机械、能量和人等实体为构成要素所组成的系统。概念系统是指以概念、原理、原则、方法、制度、程序等非物质实体为构成要素所组成的系统，如电厂控制系统、管理系统、教育系统等。

在实际生活中，实体系统与概念系统往往是结合起来的，实体系统是概念系统的物质基础，是实现概念系统的运行体，而概念系统为实体系统的灵魂，为实体系统提供指导和服务，如电厂控制系统好坏是电厂能否安全运行的关键。

3. 开放系统与封闭系统

从系统与环境的关系来看，可以将系统分为开放系统和封闭系统。开放系统是指与外部环境有物质、能量和信息交换的系统，如教育系统、企业系统等。封闭系统是指与外部环境无关的系统。实际上，没有绝对的封闭系统，只是有时把与环境联系较少，相对独立的系统看作封闭系统。而且，随着信息化的发展，我们希望一个企业更加开放和透明化，才能适应市场的变化。

4. 静态系统与动态系统

从系统的状态是否随时间变化来考虑，可将其分为静态和动态系统。静态系统是指决定系统特性的因素不随时间推移而变化的系统。人体系统、企业系统便是动态系统，人体内的温度、血压以及其他参数，企业的供、产、销等各个环节实际上均处于经常的变动之中。

5. 可控系统和不可控系统

从系统和人的关系上看，凡是人能够改变其状态的系统称为可控系统，反之称为不可控系统。大多数人工系统是可控的或在某种程度上是可控的，而大多数自然系统是不可控的系统。企业管理系统一般来说是不完全可控的系统。

6. 按对象划分的各种系统

按研究对象的不同系统可以划分为物质系统、生产系统、作业系统、过程系统、管理系统、社会系统、工业系统、农业系统、交通系统、通信系统、能源系统、环境系统等。

第二节　生态系统及环境保护

一、生态系统概念

生态系统指一定空间范围内，生物群落与其所处的环境所形成的相互作用的统一体，是生态学的基本功能单位。在系统内，生物与环境相互作用、相互影响、相互制约，不断地进行着物质与能量的交换，并在一定时期内处于动态平衡状态。

生态系统的大小可由研究的需要来决定，它可以被划分为若干个子系统，也可以和周围的其他系统组成更大的系统来研究，一滴有生命存在的水、一块草地、一片森林和一个城市都是一个生态系统。形形色色、丰富多彩的生态系统构成生物圈，生物圈则是整个地球上所有生物和它们的生存环境构成的无比巨大而又精密的生态系统。

当前，人类与环境的关系如人口增长、资源的合理开发利用等已经成为生态学研究的中心课题，而所有这些问题的解决都有赖于对生态系统结构与功能的认识和研究。

（一）生态系统的组成

任何一个生态系统通常是由生物与非生物环境两大部分组成。

1. 生物部分

生态系统中的各种生物，按照它们在生态系统中所处的地位和作用的不同，可以分为生产者、消费者和分解者三大类群。

（1）生产者：主要指绿色植物，包括单细胞的藻类。它们能进行光合作用将太阳能转变为化学能，将无机物转化为有机物，不仅满足自身生长发育的需要，也是其他类群的食物和能源的提供者。还有一些利用化学能将无机物转化为有机物的自养微生物，也是生产者，虽然它们合成的有机物量不大，但它们对物质的自然循环具有重要意义。

（2）消费者：指直接或间接以生产者所制造的有机物质为食物和能量来源的生物，主要指动物，包括某些寄生的菌类等。根据食性的不同可分为一级消费者、二级消费者等。食草动物以植物为食，为一级消费者；以食草动物为食的肉食动物，为二级消费者；以二级消费者为食的动物，为三级消费者……以此类推。消费者虽不是有机物的最初生产者，但也是生态系统物质与能量转化过程中一个极为重要的环节。因为所有的消费者都在生态系统中参与物质和能量的转换、分配等过程。

（3）分解者：又称为还原者，它们是具有分解有机物能力的微生物，也包括某些以有机碎屑为食的动物，如白蚁、蚯蚓等。分解者以动植物残体和排泄物中的有机物质为食物和能量来源，把复杂的有机物分解为简单的无机物归还环境，供生产者重新利用。分解者在生态系统中的作用非常重要，假若没有分解者将死亡的有机体和排泄物分解转化为生产者可利用的营养物质，那么可供生产者利用的营养元素就会逐渐耗竭，总有一天会被用尽，而死亡的有机体和废弃物将会堆满整个地球，导致所有生物难以生存。

2. 非生物环境部分

非生物环境是生态系统中生物赖以生存的物质、能量及活动场所，是除了生物以外的所有环境要素的总和，包括阳光、空气、水、土壤和无机矿物质等。

生物与非生物环境构成一个有机的统一整体，相互间沿着一定的途径不断地进行着物质与能量的交换，在一定的条件下保持着暂时的相对平衡。在一个系统中的一般情况下，生物都是由许多种类组成的生物群落，它包括多种动物、植物和微生物。天然生命物质的组成也很复杂。

那么，人类在生态系统中的位置如何呢？就自然属性来看，人是杂食动物，当然也是生态系统中的消费者。人类可以消费植物性和动物性产品，如水稻、小麦、玉米、薯类、蔬菜和水果等植物性食物，以及肉、奶和蛋等动物性食物。但是，就社会性而言，人又与动物有着本质的区别，人是生态系统中一个重要而强有力的因素。作为有意识的自然改造者，人类干预着自然过程，并追求建造理想的新环境。但是，由于目前生态知识有限，人类在向生态系统索取时，也可能错误地动用自己的能力，给自己带来不可挽回的损失。因此，当我们对生态系统施加某一重大影响时，应当特别谨慎。

（二）生态系统的结构

生态系统中，生物群落处于核心地位，它代表系统的生产能力、物质和能量流动强度以及外貌景观等。非生物环境既是生命活动的空间条件和资源，又是生物与非生物环境相互作用的结果，它们形成了一个统一的整体。

构成生态系统的各组成部分，各种生物的种类、数量及空间配置，在一定时间内处于相对稳定的状态，使生态系统保持一个相对稳定的结构。生态系统的结构可以从形态结构和营养结构两个角度加以研究。

1. 形态结构

如同群落的结构一样，生态系统中生物的种类、数量及其空间配置（水平分布、垂直分布）、时间变化（发育、季相）以及地形、地貌等环境因素，如山地、平原等构成了生态系统的形态结构。其中群落中的植物的种类、数量及其空间位置是生态系统的骨架，是各个生态系统形态结构的主要标志。

2. 营养结构

生态系统各组成部分之间建立起来的营养关系，构成了生态系统的营养结构。营养结构以食物关系为纽带，把生物和它们的无机环境联系起来，把生产者、消费者和分解者联系起来，使得生态系统中的物质循环与能量流动得以进行。在一个生态系统中，一种生物以另一种生物为食，而另一种生物又以第二种生物为食……这些生物彼此之间通过食物联系起来的关系称为食物链（食物链的每一个营养链节又称为一个营养级）。在生态系统中，食物关系往往很复杂，各种食物链有时相互交错，形成所谓食物网，由食物链、食物网所构成的营养结构是生态系统物质循环和能量流动的基础。

（三）生态系统的类型

地球表面由于气候、土壤、水文、地貌及动植物区系不同，形成了多种多样的生态系统。根据生态系统的环境性质和形态特征可将生态系统分为以下几种类型。

1. 陆地生态系统

陆地生态系统又可分自然生态系统和人工生态系统，前者如森林生态系统、草原生态系统、荒漠生态系统、冻原极地生态系统等，后者如城市生态系统、农田生态系统、模拟人工生态系统等。

2. 淡水生态系统

淡水生态系统包括流水生态系统，如河流等；静水生态系统，如湖泊、水库等。

3. 海洋生态系统

海洋生态系统包括海岸生态系统、浅海生态系统、远洋生态系统等。

各类生态系统都有各自的功能和结构，都有一定形式的能量流动和物质循环，共同维持着生物圈的正常功能。生态系统中无数小的能量流动、物质循环和信息交流，构成了自然界总的能量流动与物质循环和信息交流。自然界就是在能量流动与物质循环和信息交流中，不断演变和发展的。

生态环境通常指除人类种群以外的不同层次生物所组成的生命系统为主体的外部条件，它是生态系统中相对于生物系统的全部外界条件的总和，包括特定空间中可以直接或间接影响有机体生活和发展的各个因素，分为生物和非生物因素。生态环境随生态系统层次边界的不同而有不同的规模和范围。生态指生物的状态、动态和势态。这里的状态指各种不同的生物在生态系统中的相对状态关系，包括食物链结构、水平分布和垂直层次中的相对位置和作用；动态指生物状态随时间的推移所发生的有规律或无规律的变化；势态指生物在生态系统物质、能量和信息交换过程所引起的特殊地位和作用以及与其环境的相互关系。所以生态环境就是强调在生态系统边界内影响生物三态的所有环境条件的综合，这里的生物包括不同层次的生物所组成的生命系统（也包括人类）及其外围物质条件，是生命系统各层次对自然或人为作用的反应或反馈的综合表现。

二、生态因子及其生态作用

组成环境的具体因素称为环境因子，也称为生态因子。它包括自然环境要素和社会环境要素。自然环境要素主要包括生物要素、大气环境要素、水环境要素和岩石与土壤环境要素。社会环境要素主要指人为的各种干扰活动，如耕作、施肥、灌溉和喷药等。生态因子也可分为生物因子和非生物因子。非生物因子包括温度、光、水（湿度）、pH 值和营养元素理化因子；生物因子则包括同种生物的其他个体和异种生物的有机体。

生物和环境之间的关系是相互的和辩证的。一般把非生物环境因子对生命有机体的影响称为作用，如气候的恶劣变化造成有机体的死亡或繁殖停止，洪水泛滥引起一些动物的迁移。有机体对环境的影响称为反作用，如土地上生长了树木，改变了水、热条件，动物的残骸分解后加入了土壤，使土壤环境发生了很大变化，从而也改变了其对生物生存的适宜性。

以下是主要生态因子的生态作用。

1. 温度

温度直接影响有机体的体温，体温的高低又决定了动物新陈代谢过程的强度和特点，有机体的生长和发育速度、繁殖、行为、数量和分布等。温度还会影响气流、降水，从而间接影响动植物的生存条件。植物生长发育与温度的昼夜季节变化同步的现象称为温周期。

2. 光和辐射

光和辐射的重要生态作用有四个方面：生物所必需的全部能量都直接或间接地来源于太阳光；植物利用太阳光进行光合作用、制造有机物，动物直接或间接从植物获取营养；光是生物的昼夜周期性和季节周期性的外界“触发器”，生命活动的昼夜节律、季节性节律都与光周期有着直接的联系。

3. 水

水是一切生命活动和生化过程的基本物质，是光合作用的底物之一，是植物营养运输和动物消化等生理活动的介质。在一个区域内，水是决定植被群落和生产力的关键因素之一，还决定着动物群落的类型和动物行为等。水和大气之间的循环运动形成支持生物的气候，并且帮助调节全球能量平衡；水的流动开创和推动着土地景观的形成，也是重要的成土因素，在岩石风化中起着重要作用。

4. 空气

大气中除了氮气、氧气和惰性气体等比较恒定之外，主要起生态作用的是二氧化碳、水蒸气等可变气体和人为因素制造的组分，如尘埃、硫化氢、硫氧化物和氮氧化物等。大气中的二氧化碳是植物光合作用的原料，氧气是大多数动物呼吸的基本物质，水和二氧化碳对调节生物系统物质运动和大气温度起着重要作用，氧和二氧化碳的平衡是生态系统能否进行正常运转的主要因素。大气流动产生的风对花粉、种子和果实的传播和活动力差的动物的移动起着推动作用；但风对动植物的生长发育、繁殖、行为、数量、分布以及体内平衡都有不良影响，如强风使植物倒伏、折断等。

5. 土壤

土壤是陆地植物生长的基础，植物主要从土壤中获取生命必需的营养物质和水分；土壤还是多种多样生物栖息和活动的场所。生态系统中的许多基本功能过程是在土壤中进行的，如固氮作用、分解作用、脱氮作用等都是物质在生物圈中良性循环所不可缺少的过程。土壤中生活着各种各样的微生物和土壤动物，能对外来的各种物质进行分解、转化和改造，故土壤被人们看成一个自然净化系统。

三、生态系统的功能

任何生态系统都有能量的不断流动和物质的不断循环，二者紧密联系，形成一个整体，是生态系统的动力。因此生态系统的功能就表现在生物生产、能量流动、物质循环和信息传递等方面。

1．生物生产

生态系统中的生物不断地从环境中的物质吸收能量，转化为新的物质能量形式，从而实现物质能量的积累，保证生命的延续和增长，这个过程称为生物生产。生物生产包括初级生产和次级生产。

生态系统的初级生产实质上是一个能量转化和物质积累的过程，是绿色植物光合作用的过程。不同类型的生态系统初级生产量差异很大。

次级生产指消费者或分解者对初级生产者生产的有机物以及储存在其中的能量进行再生产和再利用的过程。

2．能量流动

在一个生态系统里，能量的流动始于光合作用，而光合作用的能量来自太阳。据测定，到达地球大气层的太阳能是8.12J/（cm^2·min），其中约30%反射回去，20%被大气吸收，大约只有46%到达地球表面，其中真正被绿色植物利用的只占辐射到地面上太阳能的1%左右。绿色植物通过光合作用把太阳能转变成化学能储存在有机物质中，供消费需要。能量再通过食物链首先转移给食草动物、食肉动物。动植物死后的尸体被分解者分解，把复杂的有机物转变为简单的无机物。在分解过程中把有机物中储存的能量散发到环境中去，这就是能量在生态系统中的流动。

3．物质循环

在生态系统中各个组成部分之间，不断地进行着物质循环。碳、氢、氧、氮、磷、硫是构成生命有机体的主要物质，占原生质成分的97%，也是自然界的主要元素。因此，这些物质的循环是生态系统基本的物质循环。此外，还有钙、镁、钾等生物需要的微量元素，在生态系统中也构成了各自的循环。与环境污染关系密切的主要有水、碳、氮三大循环。

（1）水循环。照射地球表面的太阳能除了很少一部分供植物光合作用的需要外，约有1/4导致水分蒸发，从而引起生物圈内的水循环。水分不仅能从水面和陆地表面蒸发，而且也可以通过植物面的蒸腾作用而进入大气中。大气中的水遇冷则凝结成雨雪再降回到地表，一部分回到海洋、河流和湖泊等水域中，一部分回到陆地表面。回到陆地上的水有一部分渗入地下，形成地下水供植物根系吸收，一部分经缓慢移动流入海洋、河流和湖泊，这就是水循环。

水循环对调节气候、清洗大气、净化环境起着重要作用。

（2）碳循环。碳是构成生物体的主要元素，它以二氧化碳的形式暂存于大气中。植物借光合作用吸收空气中的二氧化碳制造糖类等有机物质并释放出氧气，供动物需要。同时，植物和动物又通过呼吸作用吸入氧气排放出二氧化碳重返空气中。此外，它们死后的尸体经微生物分解破坏，最后也转化为二氧化碳、水和其他无机盐类。燃料如煤、石油、天然气等的燃烧，同样要耗去空气中的氧而释放出二氧化碳。空气中的二氧化碳大部分被海水吸收，逐渐形成碳酸盐沉积海底，形成新的岩石；这些碳酸盐又从空气中吸收二氧化碳成为碳酸氢盐而溶于水中，最后也归入海洋。其他如火山爆发和森林大火等自然现象也会使碳元素变成二氧化碳进入大气中。

人类大量消耗化石燃料，导致空气中的二氧化碳的浓度不断增加，其结果可能对世界气候产生影响，对人类造成危害。

（3）氮循环。氮存在于生物体、大气和矿物质中。大气中氮气的体积含量占78%，但氮气分子结构稳定，不能被植物和动物直接利用。大气中的氮进入生物有机体有四种途径。一是生物固氮，豆科植物和其他高等植物通过根瘤菌固定大气中的氮，供植物吸收利用；第二是工业固氮，是人为地通过工业手段，将空气中的氮合成氨和铵盐，合成肥料供植物利用；三是岩浆固氮，即火山爆发的岩浆固定部分氮；四是大气固氮，通过雷电作用，使大气中的氮氧化成硝酸盐通过水淋溶带入土壤供植物吸收。植物从土壤中吸取硝酸盐和铵盐，并在体内制成各种氨基酸，然后再合成蛋白质。动物通过食用植物而获取氨，动植物死后尸体中的蛋白质被微生物分解成硝酸盐和铵盐返回土壤中，供植物吸收利用。土壤中的一部分硝酸盐在反硝化细菌的作用下，分解成游离氮进入大气，完成了氮的循环。

值得注意的是，在整个氮循环中，通过上述四种途径固定的氮合计每年约有9810万t，被固定的氮大部分经反硝化作用生成游离氮又回到大气中，还有多达680万t的氮分布在土壤、河流、湖泊和海洋中。目前，世界各地水体出现的富营养化现象与此有着较密切的关系，长期下去，会造成生态环境的改变，给人类带来危害。另外氮在许多环境问题中有着重要作用，人类食物中缺少蛋白质会引起营养不良，使体力和智力均受到危害。由氮制造的合成肥料的施用可引起水体污染。氮在燃烧过程中被氧化为氮氧化物，它是造成大气中光化学烟雾的严重污染物。

4. 信息传递

在生态系统中，除能量交换和物质循环以外，还有信息传递。生态系统中有机体之间的这种信息传递多种多样、有强有弱，这些信息把生态系统联系成一个统一的整体。

（1）物理信息。声、光、颜色是生态系统的物理信息，如青蛙的鸣声、兽的吼声、鸟的啼叫和花的颜色，可以传递惊慌、安全、恫吓、警告、求偶和授粉等各种物理信息。

（2）化学信息。生物在某些特定的条件下或某个生长发育阶段，能分泌某些特殊化学物质，在生物的个体或群体之间起着某种信息传递作用。如蚂蚁通过自己的分泌物留下化学痕迹，以便后者跟随；猫、狗通过排尿来标记自己的行踪。

（3）行为信息。有些动物可以通过自己的各种行为方式向同伴发出识别、威胁、求偶和挑战等信息。如丹顶鹤求偶时，雌雄双双起舞；燕子求偶时，雄燕会围绕雌燕在空中做出特殊的飞行方式。

对生态系统中的信息传递，目前只是模糊地了解一些现象，其实质还不清楚。可以肯定，这些信息对种群和生态系统调节有着重要意义。

四、生态平衡与生态系统的稳定性

（一）生态平衡的含义

任何一个正常的生态系统中，能量流动和物质循环总是不断地进行着。但在一定时期内，生产者、消费者和分解者之间都保持着一种动态平衡，这种平衡状态就叫生态平衡。在自然生态系统中，平衡还表现为生物种类和数量的相对稳定。生态平衡之所以保持动态的平衡，主要是由于内部具有自动的调节能力，例如对污染物质来说，就有环境的自净能力。当系统的某一部分出现机能异常时，就可能被不同部分的调节所抵消。生态系统的组成成分越多样，能量流动和物质循环的途径就越复杂，其调节能力也越强；相反，成分越单纯，结构越简单，其调节能力也越小。但是，一个生态系统的调节能力再强也是有一定限度的，超出了这个限度，调节功能就会减弱甚至失效，生态平衡就会受到破坏。

需要指出的是，自然界的生态平衡对人类来说并不总是有利的。例如，自然界的顶级群落是很稳定的生态系统，处于生态平衡状态，但它的净生产量却很低，人类不能从中获取“净产量”。与自然系统相比，农业生态系统是很不稳定的，但它却能给人类提供大量的农畜产品，它的平衡与稳定需要靠人类的外部投入来维持。

（二）生态平衡的基础

生态系统之所以能维持相对稳定或动态平衡，是由生态学的基本规律决定的。

1. 相互依存与相互制约规律

相互依存与相互制约反映了生物之间的协调关系，是构成生物群落的基础。生物之间的这种协调关系主要分两类。

（1）普遍的依存与制约，亦称“物物相关”规律：生态系统中不仅同种生物相互依存、相互制约，异种生物也存在相互依存、相互制约的关系；不同群落或系统之间也同样存在依存与制约关系，也可以说是相互影响。这些影响有些是直接的，有些是间接的，有些是立即表现出来的，有些则滞后一段时间才显现出来。一言以蔽之，生物之间的依存与制约关系，无论在动物、植物或微生物中，或它们之间，都是普遍存在的。

因此，在生产建设中，特别是在需要排放废弃物、施用农药化肥、采伐森林、开垦荒地、猎捕动物、修建大型水利工程及其他重要建设项目时，务必注意调查研究，查清自然界诸事物之间的相互关系，统筹兼顾，即要对与某事物相关的其他事物加以认真的、通盘的考虑，包括考虑此种生产活动可能会造成的影响（短期的和长期的、明显的和潜在的），从而做出全面的安排。

（2）通过“食物”而相互联系与制约的协调关系，亦称“相生相克”规律：相生相克的具体形式就是食物链与食物网，即每种生物在食物链与食物网中都占据一定的位置，并且具有特定的作用。各生物之间相互依赖、彼此制约、协同进化。被捕食者为捕食者提供生存条件，同时又被捕食者控制；反过来捕食者又受制于被捕食者，彼此相生相克，使整个体系成为协调的整体。或者说体系中各个生物都建立在一定的数量基础上，即它们的大小和数量都存在一定的比例关系。

人类在生态环境的管理、保护和利用中不能任意改变这种比例关系，否则会严重扰乱、破坏生态平衡，带来严重的后果。

2. 物质循环转化与再生规律

生态系统中，植物、动物、微生物和非生物成分，借助能量的不停流动，一方面不断地从自然界摄取物质并合成新的物质；另一方面随时分解为原来的简单物质，即所谓的“再生”，并重新被植物所吸收，进行着不停顿的物质循环。因此要严格防止有毒物质进入生态系统，以免经过多次循环后富集。至于流经自然生态系统的能量，通常只能通过系统依次流动，每经过一个营养级就有大部分能量转化为热散失掉，无法加以再利用。因此，为了充分利用能量，就必须设计出能量利用效率高的系统。如在农业生产中，应防止食物链过早截断，过早转入细菌分解；不让农业废弃物直接作为肥料被细菌分解，使能量以热能形式散失掉，而是经过适当处理，例如先作为饲料，便能更有效地利用能量。也就是通过生态工程设计，提高系统的能量利用效率。

3. 物质输入输出的动态平衡规律

物质输入输出的动态平衡规律又称协调稳定规律，它涉及生物、环境和生态系统三个方面。对于一个稳定的生态系统，无论对于生物、对环境，还是对整个生态系统，物质的输入输出总是相平衡的。

当生物体输入不足，如农田肥料不足或施肥时间不当而不能很好利用时，作物必然生长不好，产量下降。同样，在质的方面也存在输入大于输出的情况，如人工合成的难降解农药等，生物体吸收虽然很少，但也会产生中毒现象，或暂时不显现，而是逐渐累积，最终造成危害。另外，对于环境系统而言，如果营养物输入过多，环境自身吸收不了，打破输入输出平衡，就会出现富营养化现象。

4. 生物与环境之间适应与补偿的协同进化规律

生物与环境之间存在作用和反作用的过程。生物与环境反复地相互适应和补偿。生物从无到有，从只有植物或动物到动、植物并存，从低级向高级发展，而环境则从光秃秃的岩土，向具有相当厚度的、适合高等植物和各种动物生存的环境演变。可是如果因为某种原因，损害了生物与环境之间补偿与适应的关系，如某种生物过度繁殖，环境就会因物质供应不足而造成生物的饥饿死亡，从而导致环境的报复。

5. 环境资源的有效极限规律

生物赖以生存的各种环境资源，在质量、数量、空间和时间等方面一定条件下都是有限的，不能无限地供给，因而任何生态系统的生物生产力通常都有一个大致的上限。当外界干扰超过生态系统的忍耐极限时，生态系统就会被损伤、破坏，以至瓦解。所以，放牧强度不应超过草场的允许承载量；采伐森林、捕鱼狩猎和采集药材时不应超过能使各种资源永续利用的产量；保护某一物种时，必须要有足够的供生存、繁殖的空间；排污时，排污量必须不超过环境的自净能力。

（三）引起生态平衡失调的因素

生态平衡的破坏，有自然因素，也有人为因素。

1. 自然因素

自然因素主要指自然界发生的异常变化，如火山爆发、山崩、海啸、地震、水旱灾害等，都会使生态平衡遭到破坏，这被称作第一环境问题。

由于自然因素引起的生态失衡的事例很多。例如，秘鲁海域每隔 6～7 年发生一次海洋异常现象（厄尔尼诺现象），结果使一种来自寒流体系的鱼大量死亡，造成以鱼类为食的海鸟失去了食物来源，许多海鸟相继死亡。海鸟的大批死亡导致鸟粪锐减，进而使当地以鸟粪为主要肥料的农民失去肥源，农业也遭受了极大的损失。

2. 人为因素

人为因素是指人类对自然资源的不合理利用，如工农业发展带来的环境污染等使生态平衡受到破坏，这被称作第二环境问题。

人为因素引起的生态平衡的破坏问题也相当严重。主要有三种类型：一是生物种类结构的改变，当人类有意无意地使生态系统中某一物种消失或者引进时，都有可能影响整个生态系统。例如，1859 年澳大利亚为了作肉用并生产皮毛和娱乐，引进了欧洲野兔，结果造成野兔成灾，使局部草原生态系统被破坏。二是环境因素的改变，工农业的迅速发展产生了大量的污染物质，进入环境后会使环境因素发生改变。例如，含磷和氮的营养物质的污水进入水体后，由于营养成分的增加，水中藻类会迅速繁殖，大量藻类的出现又会使水中的溶解氧大量消耗，水中的鱼类和其他动物就会因缺氧而死亡。三是信息系统的破坏，当人们排放到环境中的某些污染物质与某一种动物排放的性激素发生作用，使其丧失引诱异性个体的作用时，就会破坏这种动物的繁殖，改变生物种群的组成，使生态平衡受到影响。

五、生态环境的保护

生态环境是在生态系统边界内影响不同层次的生物所组成的生命系统（包括人类）三态的所有环境条件的综合，人类要生存、要发展就必须保护生态环境，维持生态环境的动态平衡。同时，人类对生态环境的利用不能从主观愿望出发，必须在遵循客观经济规律的同时也要遵循生态规律。

（一）生态环境保护的主体内容

对环境保护内容的认识，有一个历史发展过程。在 20 世纪 50 年代，人们对环境保护的认识还比较狭隘，通常认为生态环境保护只是大气和水污染的治理以及固体废物的处置，并且认为生态环境保护是局部地区的问题。时至今日，生态环境保护已是一个内容十分广泛的概念，而且这种广泛的内容正向综合性、系统性转变。生态环境保护已不再只关注污染问题，而是在综合考虑人口、文化、经济发展、资源与环境承载能力的基础上，调整生产力与科学技术发展方向，修正经济运行模式与控制人口，按照生态规律和环境要素的整体化规律来重建人与环境之间的物质转换和能量传递关系，使其不断趋于和谐与协调。

生态环境保护的主要内容包括以下几个方面。

（1）预防和治理由生产和生活活动引起的环境污染。预防和治理由生产和生活活动引起的环境污染主要包括：防治工业生产排放的“三废”、粉尘、放射性物质，以及噪声、振动、恶臭和电磁辐射等造成的污染；防治交通运输活动产生的有害气体、废液和噪声形成的污染等；防治工农业生产和人们日常生活使用的有毒有害化学品和城镇生活排放的烟尘、污水和垃圾造成的污染。

（2）防止由建设和开发活动引起的环境破坏。防止由建设和开发活动引起的环境破坏主要包括：防止大中型水利工程、铁路、公路干线、大中型港口码头、机场和大中型工业项目等工程建设对环境引起的污染和破坏；防止农田、海岸带和沼泽地的开发以及森林资源和矿产资源的开发对环境的破坏与影响；防止新工业区和新城镇的建设对环境的破坏和影响等。

（3）保护有特殊价值的自然环境。保护有特殊价值的自然环境主要包括：珍稀物种及其生态环境的保护、特殊的自然发展史遗迹的保护、人文遗迹的保护、湿地的保护、风景名胜的保护和生物多样性的保护等。

此外，防止臭氧层破坏、防止气候变暖、国土整治、城乡规划、植树造林、控制水土流失和荒漠化、控制人口的增长和分布合理配置生产力等，也都属于生态环境保护的内容。

（二）我国的生态环境保护

1. 我国生态环境现状

从总体来说，我国是个地大物博、资源丰富的国家。国土总面积仅次于俄罗斯、加拿大，居世界第三位。地理位置从寒温带到热带，动植物种群多样，其中不少是世界仅存的珍稀物种。长江、黄河横贯祖国大地，溪流湖泊星罗棋布，土地条件较好，不少矿产资源储量居世界之首。正是这一环境，养育了世世代代的中华儿女，孕育了五千年的中华文明。今天，良好的生活和生态环境仍然是人民生活与发展的必要条件，是顺利进行社会主义现代化建设的物质基础。

土地是人类赖以生存的最基本的资源。人类进行农业生产和衣、食、住、行都离不开它。正如古典政治经济学的创始人英国的威康·配第所说："劳动是财富之父，土地是财富之母。"由于自然生态系统遭到破坏等原因，我国是世界上水土流失最严重的国家之一，水土流失面积超过 180 万 m^2，约占全国陆地面积的 1/5。每年流失表土在 50 亿 t 以上，流失的土壤养分中所含的氮、磷、钾量几乎等于全国化肥的年产量。长江、黄河每年带走的泥沙量达 26 亿 t，相当于带走了 40hm^2（600 亩）良田。黄土高原地区水土流失面积已占其总面积的 70%以上。水土流失使新中国成立以来修建的水库已有 1/4 被泥沙淤塞。

我国是一个草原资源大国，拥有各类天然草原约 60 亿亩，居世界第二位，占我国国土总面积的 41.7%，其中西部地区草原面积近 50 亿亩，占全国草原面积的 84%。草原是西、北部地区维护生态平衡的主要植被，是国家的绿色生态屏障。近年来，牧区经济社会发展取得了可喜成就，草原生态局部改善，但整体生态还很不乐观。

森林是绿色的宝库。我国森林资源按总量计占世界第六位，但人均占有森林面积仅为每人 0.13hm^2（2 亩），是世界人均占有量的 1/8。森林覆盖率为 12.7%，在世界上居第 120 位，而且森林面积还在不断缩小。

我国水资源本来就不丰富，人均占有量仅为世界人均占有量的 1/4。加之天然水面缩小，水体受到污染，水资源短缺显得格外突出。当前全国有 183 个城市缺水，40 个城市存在供水危机。每年有 0.2 亿 hm^2（3 亿亩）农田受旱，5000 万农业人口、3000 万头（只）牲畜饮水供应不足。

伴随生产发展而来的工业污染，使得城乡环境尤其是大气环境质量明显下降。据统计，北方某些城市的二氧化硫、飘尘浓度严重超标。南方特别是西南地区已受到酸雨的侵害，严重时降雨的 pH 值在 4 以下，直接损害了工农业生产和人民的生活。目前我国政府已经加大大气污染控制，大气环境已经不断改善。

另外，我国生态环境先天脆弱，易于失衡。首先，我国是一个多山的国家，地形复杂多样，地面高度差显著，在重力梯度和水力梯度以及阻隔作用下易形成水土流失。我国大部分地区受东亚季风的控制，它的进退、强度、时限以及反常是我国大面积干旱、洪涝的基本原因。其次，我国处于世界两大板块活动地带之间，地质结构运动比较活跃，易引起频繁的地震、山崩等自然灾害，使得生态易于失调。

2. 积极保护我国的生态环境

生态环境的破坏造成了一系列的恶果。如区域性气候恶化、自然灾害频繁，一些珍稀动植物物种面临绝迹。

为了全国 14 亿人民的生存和幸福，为了国民经济能够持续稳定地发展，为了创造一个清洁、安全和舒适的环境，使江河湖水返清、使大气清风再现，保护和改善环境已刻不容缓。这是《环境保护法》规定的内容，是广大人民的心愿，也是各级人民政府应尽的责任。

（1）我们必须充分地、合理地利用有限的资源，使其不断增殖再生，从而使国民经济持续发展，人民的生活逐渐富裕起来。

（2）采取有力措施，积极防治污染和其他公害，制止环境的继续恶化，不断改善环境质量，以保持经济可持续发展。

（3）避免重走“先污染，后治理”的弯路，正确处理经济发展和环境保护的关系，严格按照生态规律和社会主义经济规律办事。努力做到经济建设、城乡建设和环境建设“同步发展”，创造一个清洁、适宜、安静、优美的生活环境和良性循环的生态环境。

（4）既要为当代人的利益着想又要为子孙后代的利益着想，在安排经济和社会发展时统筹安排正确处理好眼前利益和长远利益的关系，坚决不做贻害子孙后代的蠢事。

总之，保护生态环境是自然发展规律和社会发展的客观要求。自然界有着不以人的意志为转移的发展规律，人类也有着开发利用自然的巨大能力。人类开发利用自然的活动只有符合自然发展的规律，才能与环境和谐相处，也才能使环境变得越来越有利于人类的生存和发展。否则，违反自然发展规律，盲目地改造自然，就必然遭到大自然的惩罚。按照自然发展规律开发利用自然最基本的要求就是维护和保持自然界应有的平衡，恢复和改善业已被人类活动破坏了的自然环境。

第三节　能 源 和 环 境

一、能源的定义

能源亦称能量资源或能源资源，是可生产各种能量（如热量、电能、光能和机械能等）或可做功的物质的统称，也是指能够直接取得或者通过加工、转换而取得有用能量的各种资源。过去，人们将那些比较集中的含能物质称之为能源；后来，人们将能源定义为比较集中的含能物质或能量过程。实质上，能源是指可以直接或间接向人类提供任何形式的能量资源。

二、能源的利用对环境的影响

能源的利用必然会对生态环境造成多种多样的影响，其对象包括土壤、水源、大气、生物等多个方面。因能源利用而对环境造成的影响多数是负面的，特别是落后的、不合理的能源开发利用方式，会对环境造成十分恶劣甚至是不可逆转的影响。根据能源种类和特点的不同，利用能源的方式和手段也会不同，由此对环境造成的影响也会产生差异，不同种类的能源利用造成的影响往往大相径庭。

1. 煤炭开采和利用对环境的影响

煤炭开采利用对于环境的主要影响可以分为三个方面：

（1）对于土地资源的破坏。地壳内部原有的力学平衡状态因为深入地下煤炭开采而受到影响，且随着采空区不断地扩大，当顶板自重超过顶板抗拉强度和煤柱抗压强度时，顶板岩土层就会位移、断裂，然后经过冒落、下沉变化之后引起地表塌陷，并造成建筑物倒塌、山体开裂等破坏性后果以及滑坡和泥石流等自然灾害，甚至会因为水土流失导致土地沙漠化。同时，煤矿的露天开采直接破坏了大量的土地，这种破坏是难以修复的，且因煤矿开采所产生的煤矸石大量堆积也对环境造成了大量的污染和破坏。

（2）对于水资源的污染和破坏。煤炭的开采对矿区水资源的污染破坏形式主要有矿井水、洗煤水、矸石淋溶水等，其中矿井水的排放比例最大。因为含有大量的悬浮物、有害重金属离子等物质，洗煤水具有极大的危害性。而堆积的煤矸石则会由于降水和汇水的淋溶，其所含的有毒有害物质尤其是重金属离子会随水流进入水循环系统，从而造成水体污染和水质的破坏。

（3）对于大气的污染。煤炭的开采和利用都会对大气造成较为严重的污染。开采所造成的污染来源主要是矿井瓦斯和矸石自燃释放的气体，前者的主要成分是甲烷，这是较二氧化碳更为活跃的温室气体，而后者则包括了一氧化碳、二氧化碳和二氧化硫等多种有毒有害气体。煤炭的利用主要为工业中的燃料，特别是火力发电以及冶金等重工业，其燃烧会直接产生大量的污染物、烟尘以及二氧化碳等有毒有害气体，是温室气体的主要排放源。随着人们的重视和技术的进步，煤炭的开采和利用方式不断向清洁、高效的方向发展。

2. *石油开采和加工对环境的影响*

石油开采根据所处地区的不同，自然环境和气候条件也有所不同，所以开采和加工对环境的影响也会有所差异。总的来说，其对环境的影响主要体现在以下几个方面：

（1）对于土壤的影响。石油开发对土壤的影响是最大的，而且根据开发时段的不同，对土壤生态环境的影响也不尽相同。在建设阶段表现为对土壤表层的剥离，其结构会因为挖掘而遭到破坏；运营期的影响则主要表现为油井开采过程中产生的石油类污染物对土壤的污染。据测算，油井的落地原油辐射半径为 20～40m，排污池尺寸平均为 15m×15m，渗透的深度为 5～30cm。在这种情况下，土壤中的石油烃、芳烃总量、酚的含量会超过土壤背景值 60 倍。

（2）对于动植物的影响。石油开采这样的大型项目建设，会对区域内原有的生态造成较大的破坏。道路和建筑的建设、石油管道的铺设等都会干扰植被的覆盖以及生物的生存繁衍，生产能力和覆盖率下降后，生物多样性也就随之减少。同时，石油项目会侵占、隔断或是破坏动物的栖息地，对其种群的影响也是巨大的。

（3）对于水资源的影响。不同的时段，石油开发对水资源的影响是不同的。在开发建设初期，只要做好勘探和预防工作，就能有效地应对相关的问题，其影响相对较小。主要影响在于开采阶段，可分为两个方面：油田开发所产生的废水，包括井下作业产生的废水、原油脱出水，其中含有烃类等污染成分，粗暴排放会导致地下水污染，尤其是沙漠等生态环境较敏感的区域；另外石油开采会使得地下水位下降，对当地的水文地质等产生影响。加工过程产生的冷却水、冲洗水、油罐底排水、分离器排水、被油污染雨水以及原油二次加工酸性废水等，亦会对水资源造成污染和破坏。

（4）对于大气环境的影响。石油开发加工过程中，由于加热炉燃烧以及火炬系统等原因会产生大量的烟尘、氮氧化物、一氧化碳以及烃类物质，不经处理就排放会对周围的大气环境造成大量的危害。

（5）除此以外，海上采油也会影响海洋生态系统，例如石油因井喷、漏油、海上采油平台倾覆等原因泄入海洋，对海洋生态系统会产生严重影响。开采和加工过程也会由于风机、火炬等产生大量噪声污染，其影响是多种多样的。

3. 天然气开采和加工对环境的影响

与石油和煤炭等资源相比，天然气具有高热量低污染的特点，因此有着显著的环保特性，是我国未来能源发展战略的不错选择。天然气的开发利用对环境保护的正面影响主要体现在对空气质量的改善和抑制全球变暖等方面，这是由于天然气的主要成分是甲烷（CH_4），其他有机物及硫、铅等含量很低，且具有燃烧充分、高效等特性。用天然气替代柴油等化石能源，能有效降低 SO_x、NO_x、非甲烷类有机物和粉尘的排放。除此以外，天然气的利用还能抑制光化学烟雾的形成，并控制臭氧层的耗减。但是同时，和石油、煤炭类似，天然气的开采本身会对环境有一定的影响：钻井作业等施工过程会对当地土壤造成不良影响，并改变地形地貌，破坏植被等，钻井过程中产生的固废、废水，如果处理不当，会污染周边土壤资源和水资源。钻井液中含有多种化学添加剂，会导致钻井废物中污染物的成分非常复杂，加大了处理难度和对地下水的影响。包括配套的天然气运输的设施修建都会带来类似问题，这也是目前亟待完善的。

4. 太阳能利用对环境的影响

太阳能既是一次能源，又是可再生能源，其利用方式主要包括光伏和光热两种。太阳能清洁无污染，且具有分布广泛、用之不竭、廉价等特性，所以一直作为人类可替代能源的理想选择。太阳能光伏发电是现代清洁能源中重要的组成部分，与传统的电力生产相比，太阳能光伏发电呈现出了低能耗、高产能以及高效率的特征。太阳能的利用对于生态环境有着很大的影响，由于其低碳、环保的特性，其普及利用对自然生态的保护、温室效应的缓解等方面大有裨益，但是同时，构建太阳能利用的设备却会对环境产生一些负面影响。从光伏产业来看，（单）多晶硅料、硅片，或是非晶硅材料及光伏组件的生产过程中，氢氟酸与盐酸都会被用来进行酸洗。这一过程会排放废气、废液以及废渣等具有氟氯污染物的三废物质，会对生态环境产生影响。另外，在光伏电站的建设和运行过程中，则会产生与传统能源开发类似的对当地环境的影响，包括土壤、水源、动植物等。

5. 风能利用对环境的影响

风能是地球表面大量空气流动所产生的动能，相比于化石能源，风能是一种零排放、无污染、安全可靠的可再生能源。随着风能利用的普及，其对环境的影响也越来越大，积极的一面是，没有化石能源的开采和燃烧，对生态环境的破坏较小，且温室气体等污染物的排放也减少了；但是同时，风能的利用也有着其自身的负面影响，比如对生物的影响。风力发电的发展会对动物的活动产生很大的影响，很典型的就是快速旋转运动的风力机叶片会造成气流扰动，对鸟类的飞行产生威胁。另外，风力机施工的过程中强烈的打桩噪声和运行时产生的低频噪声会对敏感生物产生困扰，影响它们的生存；风能利用的建设对生态环境会产生影响，大型风电场中机组数量较多，在施工期间土地的表层结构会受到破坏，植被无法生存，地表就会裸露。风力机单机占地面积较小，总体来说对生态环境的影响相对较小。

6. 水电利用对环境的影响

水电是可再生能源，同时也是清洁能源，具有长期的发展历史，例如我国最著名的水利项目——三峡工程。一个水利水电工程会对区域性水资源进行多目标开发，具有电能开发、防洪减灾、农田灌溉、航道运输、水资源供给、水产养殖等正面效益，但也会对周围的生态环境产生深远影响。水利水电工程建设会切断河流上下游的自然联系，导致下游生态流量锐减，社会经济和生态环境（如生物栖息环境、水环境）也会因此产生多种多样的变化。其负面影响主要有：工程的建设会影响水流速度，使得水中溶解氧下降，降低水环境与空气的交换速率，因此水生物会因环境改变出现死亡，使水源受到污染；同时，水利水电工程建设使用大量机械设备，会产生固体和空气污染，爆破作业会产生一定的噪声污染，大量的土石方开挖容易破坏周围生态环境；除此以外，水利水电工程改变了水体流动的路径、速度、水位等多个方面，从而引起周边水文环境的变化。比如，水库储水时会提高水位，进而淹没原有的河床、湖泊、森林等生态环境，并影响周边植物、动物的生存与繁衍。另外，河流的水量、流速等因素的改变，必然会对其周围环境造成不良影响。

7. 核能利用对环境的影响

核能或称原子能是通过核反应从原子核释放的能量，也是近百年来人类不断发展的重要能源。由于核能发电的热量并不是来自燃烧，所以不会造成空气污染，也不会排放二氧化碳，从这点上看，核能比传统的化石能源要低碳环保得多，但是核能电厂在运转时，会将微量的放射性物质排到外界环境，且核能发电会产生中低阶的放射性废料，以及具有高强度放射性的核燃料。这些都会影响生物细胞及染色体，使其发生基因突变等症状，如果这些放射性物质有机会在环境中扩散，亦会威胁到生物的健康。而且由于核能发电的热效率较传统的火电站要低，所以热污染也更严重，会对当地的生态环境造成影响，如使海水温度剧增。核能利用中对环境影响最大的问题是核废料的处置，至今也未完全确定安全有效的办法来应对，目前公认较好的处理办法是深部地层埋藏。核能的利用是一把双刃剑，一旦发生意外将对周围环境造成巨大影响，苏联切尔诺贝利以及日本福岛核电站的事故引发的后果至今仍在持续。

第四节 能源与可持续发展

一、可持续发展的概念和理论

（一）可持续发展的概念

可持续发展（sustainable development）最初出现在20世纪80年代中期的一些文献中。1987年，在世界环境与发展大会发表的《我们共同的未来》报告中正式提出了可持续发展的定义：可持续发展是既满足当代人的需求又不危及后代人需求的发展，既实现经济发展目标，又实现人类赖以生存的自然资源与环境的和谐，使子孙后代安居乐业得以持续发展。这个定义明确地表达了两个基本观点：一是人类要发展，尤其是贫困人口要发展；二是发展有限度，特别是要考虑环境限度，不能危及后代人生存和发展的空间。具体地讲，就是在经济和社会发展的同时，采取保护环境和合理开发与利用自然资源的方针，实现经济、社会与环境的协调发展，为人类提供包括适宜的环境质量在内的物质文明和精神文明；同时还要考虑把局部利益和整体利益、当前利益和长远利益结合起来。

可持续发展是从环境保护的角度来倡导保持人类社会进步与发展的。它明确提出要变革人类沿袭已久的生产方式和生活方式，并调整现行的国际经济关系。这种调整和变革要按照可持续的要求进行设计和运行。这几乎涉及经济发展和社会生活的所有方面，包含了当代与后代的渴求、国家主权与国际公平、自然资源与生态承载力、环境与发展相结合等重要内容。就理性设计而言，可持续发展具体表现在：工业应当是高产低耗、能源应当被清洁利用、粮食需要保障长期供给、人口与资源应当保持相对平衡、经济与社会应与环境协调发展等。

（二）可持续发展的实质

人与环境的世界大系统的运行层次，可概括为相互联系的三个生产圈，即物质生产圈、人的生产圈、环境生产圈。物质生产圈为人的生产圈提供物质需求的消费产品，向环境生产圈排放生产过程中的污染物而污染环境；人的生产圈为物质生产圈提供人和技术资源，向环境生产圈排放消费过程中的污染物而污染环境；环境生产圈依靠自己的净化能力和生产能力向物质生产圈提供资源和生产环境，向人的生产圈提供人类文明所需的生存条件或环境。这就是三个生产圈的相互影响、相互制约的内在联系，而可持续发展就是使这三个生产圈良性循环的运行模式。

1. 从生态理论的角度

可持续发展是人类生态系统协调稳定的运行状态，生态圈的运行保持在一种稳定状态，即不随时间推移而衰减。人类生态系统的协调稳定的运行状态，是一种可持续保持的无限永恒存在的状态；可持续运行的生态系统中生产功能、生活功能、还原功能、调节功能可以始终保持着提供资源的潜力。

2. 从环境与发展的角度

从现实的环境与发展综合决策来考虑，可持续发展的思想实质是：发展经济，满足人类日益增长的基本需要，但经济发展不应超出环境的容许极限；经济与环境必须协调发展，保证经济、社会持续发展。其实质主要包括以下三点：

（1）对可更新资源的开发利用速度不超过其更新速度。

（2）对不可更新资源的开发利用速度不超出其可替代物的开发速度。

（3）污染物的排放总量（包括累积量）不超过环境容量。

（三）可持续发展理论的主要内容

1. 发展是可持续发展的前提

可持续发展并不否认经济增长（尤其是发展中国家的经济增长），而且发展是可持续发展的前提与核心。可持续发展的内涵是能动地调控自然-社会-经济复合系统，使人类在不超越环境承载能力的条件下发展经济、保持资源承载力和提高生产质量。

中国较低的经济发展水平、以煤炭为主的能源结构、资源分布严重不均匀性和绝对数量很大的贫困人口等因素都加大了实现可持续发展的难度。贫困与落后是造成资源与环境破坏的基本原因，是不可持续的。只有发展经济，继续坚持改革开放，采用先进的生产设备和工艺，降低能耗和成本，提高经济效益，增强经济实力，才有可能消除贫困；提高科学技术水平、为防治环境污染提供必要的资金和设备，才能为改善环境质量提供保障。因此，没有经济的发展和科学技术的进步，环境保护也就失去了物质基础。经济发展是保护生态系统和环境的前提条件。只有强大的物质基础和技术支持，才能使环境保护和经济持续协调地发展，所以应在发展中实现持续，对于发展中的我国理当如此。

2. 全人类的共同努力是实现可持续发展的关键

人类共居在一个地球上，是一个相互联系、相互依存的整体。从来没有哪一个国家能脱离世界市场达到全部自给自足，而且，当前世界上的许多环境问题与资源问题已超越国界和地区界限，具有全球的规模。因此，实现全球可持续发展需要全人类的共同努力，必须建立起巩固的国际秩序和合作关系。对于发展中国家，发展经济、消除贫困是当前的首要任务，国际社会应该给予帮助和支持。保护环境、珍惜资源是全人类的共同任务，但发达国家应负有更大的责任。对于全球的公物，如大气、海洋和其他生态系统，要在统一目标的前提下进行经营管理。

3. 公平性是实现可持续发展的尺度

可持续发展主张人与人之间、国家与国家之间应该互相尊重、地位平等，一个社会或一个团体的发展不应以牺牲另一个社会或团体的利益为代价。可持续发展的公平思想包含以下三点。

（1）当代人之间的公平。两极分化的世界是不可能实现可持续发展的，因此要给世界以公平的分配和公平的发展权，要把消除贫困作为可持续发展过程中特别优先考虑的问题。

（2）代际之间的公平。因为资源是有限的，要给世世代代人以公平利用自然资源的权利，不能因为当代人的发展与需求而损害子孙后代满足其需要的条件。

（3）有限资源的公平分配。各国拥有开发本国自然资源的主权，同时负有不使其自身活动危害其他地区环境的义务。发达国家在利用地球资源上占有明显的优势，这种由来已久的优势对发展中国家的发展长期起着抑制作用，这种局面必须尽快转变。

4. 社会的广泛参与是实现可持续发展的保证

可持续发展作为一种思想、观念，一个行动纲领，指导产生了全国发展的指令性文件《中国 21 世纪议程》。《中国 21 世纪议程》是全民参与的计划，在实施过程中要特别注意与部门和地方的结合，充分发挥各级政府的积极性。在当前由计划经济向社会主义市场经济转变过程中，管理者在决策过程中应自觉地把可持续发展思想与环境、发展紧密结合起来，并通过他们不断向人民群众灌输可持续发展的思想和组织实施《中国 21 世纪议程》。社会发展工作主要依靠广大群众和群众组织来完成，要充分了解群众意见和要求，动员广大群众参与到可持续发展工作的全过程中来。

5. 生态文明是实现可持续发展的目标

如果说农业文明为人类生产了粮食，工业文明为人类创造了财富，那么生态文明将为人类建设一个美好的环境。也就是说，生态文明主张人与自然和谐共生：人类不能超越生态系统的承载能力，不能损害支持地球生命的自然系统。

中国式现代化建设虽然以经济建设为中心，但是必须以生态文明观为取向，从生态文明意义上解放和发展生产力。解放生产力就是要推行体制创新，发展生产力就是要大力推进科学技术进步，尤其是新能源开发和生态环境保护技术的进步。我们既要金山银山，也要绿水青山，我们绝不能以牺牲生态环境为代价换取经济的一时发展。建设生态文明，不是要放弃工业文明，回到原始的生产生活方式，而是要以资源环境承载能力为基础，以自然规律为准则，以可持续发展、人与自然和谐为目标，建设生产发展、生活富裕、生态良好的文明社会。

6. 可持续发展的实施以适宜的政策和法律体系为条件

可持续发展的实施强调“综合决策”和“公众参与”。需要改变过去各个部门封闭、独立地分别制定和实施经济、社会、环境政策的做法，提倡依据科学原则、全面的信息、综合的要求和周密的社会、经济、环境考虑来制订政策并予以实施。可持续发展的原则要纳入经济发展、人口、环境、资源和社会保障等各项立法及重大决策之中。

二、可持续发展战略

（一）可持续发展生产模式

1. 清洁生产

《中国21世纪议程》指出："全球环境不断恶化的主要原因是不可持续的消费和生产模式，尤其是工业化国家的这类模式。"为了保护环境、保护人类，必须走可持续发展的道路，改变工业发展的模式更是其中最重要的组成部分。清洁生产便是在可持续发展战略指引下的全新的生产模式。

清洁生产的概念最早可追溯至1976年，欧洲共同体在巴黎举行的无废工艺和无废生产国际研讨会上提出"消除造成污染的根源"的思想。1989年联合国环境规划署工业与环境计划活动中心提出了"清洁生产"，并给出其定义：清洁生产是对生产过程与产品采取整体预防性的环境策略，以减少其对人类及环境可能的危害；对生产过程而言，清洁生产包括节约原材料与能源，尽可能不用有毒原材料并在全部排放物和废物离开生产过程以前就减少它们的数量和毒性；对产品而言，则是借由生命周期分析，使得从原材料取得至产品最终处置过程中，皆尽可能将对环境的影响减至最低；为实现清洁生产必须借由专门技术、改进工艺流程或改变企业文化（管理）。

清洁生产兼顾经济效益和环境效益，最大限度地减少原材料和能源的消耗，降低成本，提高效益；变有毒有害的原材料或产品为无毒无害，对环境和人类危害最小；对生产全过程进行科学改革与严格的管理，使生产过程中排放的污染物达到最小量；鼓励对环境无害化产品的需求和以环境无害化方式使用产品，环境危害大大减轻。因此，清洁生产方式可以实现资源的可持续利用，在生产过程中就可以控制大部分污染，减少工业污染的来源，从根本上解决环境污染与生产破坏问题，具有很高的环境效益。另外，清洁生产可以在技术改造和工业结构方面大有作为，能够创造显著的经济效益。清洁生产对经济发展的巨大贡献的一个重要表现就是清洁生产技术、产品与设备等方面的国际贸易与合作日趋活跃，与清洁生产有重要关系的环保产业已经成为国民经济的支柱产业。无论从经济角度还是从环境和社会的角度来看，推行清洁生产技术均是符合可持续发展战略的，已经成为世界各国实施可持续发展战略的重要措施和优先领域。

联合国工友组织和联合国环境规划署启动了国家清洁生产中心项目，约在30个发展中国家建立了国家清洁生产中心，这些中心与十几个发达国家的清洁生产组织构成了一个巨大的国际清洁生产网络。

我国是国际上公认的清洁生产做得比较好的发展中国家之一，已在20多个省、自治区、直辖市的20多个行业、400多家企业开展了清洁生产审计，建立了20个行业或地方的清洁发展中心。

2. 生态工业

1990年美国国家科学院与贝尔实验室共同组织了首次工业生态学论坛，对工业生态学的概念、内容和方法及应用前景进行了全面系统的总结，基本形成了工业生态学的概念框架。工业生态学是一门研究社会生产活动中自然资源从源、流到汇的全代谢过程及其生命支持系统相互关系的学科。

生态工业的学科基础是工业生态学，它是模拟生物新陈代谢过程和生态系统的循环再生过程所开展的“工业代谢”研究，一般认为它起源于20世纪80年代末。生态工业是按生态经济原理和知识经济规律组织起来的基于生态系统承载能力、具有高效的经济过程及和谐的生态功能的网络型、进化型工业，它通过两个或两个以上的生产体系或环节之间的系统融合使物质和能量多级利用，高效产出或持续利用。

生态工业园是实现生态工业和工业生态学的重要途径，它通过工业园区内物流和能源的正确设计，模拟自然生态系统，形成企业间共生网络，一个企业的废物成为另一企业的原材料，企业间能量及水等资源梯级利用。美国、加拿大、日本、德国、奥地利、瑞典、爱尔兰、荷兰、法国、英国和意大利都建成了一批生态工业园。这些发达国家在加强工业生态学理论研究的同时在大学里开设了专业学科，创办了一批杂志，集中讨论工业生态学和生态工业。发展中国家如印尼、菲律宾、泰国和印度等都在积极筹建生态工业园。

我国已经建立了100多个被国务院批准的各种生态工业园区，涉及大型联合企业、工业园区、工业集中的城镇。例如，广西贵港生态工业园，形成了从甘蔗→制糖→蔗渣造纸→碱回收→制酒精（废糖蜜）→复合肥的工业生物链。

3. 循环经济

循环经济思想萌芽于20世纪60年代，随着人类对生态环境保护和可持续发展的理论和认识深入发展，直到20世纪90年代循环经济才得到越来越多的重视和快速地发展。循环经济是对物质闭环流动型经济的简称。从物质流动的方向看，传统工业社会的经济是一种单向流动的线性经济，即资源→产品→废物。线性经济的增长，依靠的是高强度地开采和消耗资源，同时高强度地破坏生态环境，循环经济的增长模式是资源→产品→再生资源。

减量、再用、循环（reduction，reuse，recycle，3R），是循环经济最重要的实际操作原则。减量是指减少进入生产和消费过程的物质量；再用是指提高产品和服务的利用效率；循环是指输出的废物再次变成资源，以减少末端处理负荷。

循环经济正逐渐成为许多国家环境发展的主流，一些发达国家（包括日本、美国）已把循环经济看作资源可持续利用的重要途径。德国是发展循环经济的先驱国家，制定了《废物限制及废物处理法》《包装条例》《限制废车条例》《循环经济与废物管理法》。循环经济在我国刚开始引起人们的注意，随着我国生态工业的推进和WTO的加入，循环经济正在迅速发展。

4. 三者的关系

经典的清洁生产是在单个企业之内将环保延伸到该企业的方方面面，而生态工业则是在企业群落（群体）的各个企业之间，即在更高的层次和更大的范围内提升和延伸环保的理念和内涵。循环经济活动主要集中在三个层次：企业次层、企业群落层次和国民经济层次。在企业层次上根据生态效率理念，要求企业减少产品和服务的物料使用量，减少产品和服务的能源使用量。减少排放有毒物质，加强物质循环，最大限度利用可再生资源，提高产品耐用性与服务强度。在企业群落层次上，按照工业生态学原理建立企业群落物质上的能量集成、信息集成和企业间废物输入输出的关系。在国民经济层次上，当前主要宣传生活垃圾的无害化、减量化和资源化，即在消费过程和消费过程后实施物质和能源的循环（包括绿色包装、绿色消费和绿色营销等）。

清洁生产、生态工业和循环经济都是对传统环保理念的冲击和突破，主要表现在以下几方面。

（1）从单项到综合（三结合）的方向转变。传统的环保工作重点和主要内容是治理污染、达标排放。清洁生产、生态工业和循环经济突破了这一界限，大大提升了环保的高度、深度和广度，提倡并实施环境保护与生态技术、产品和服务的全部生命周期紧密地结合；将环境保护与经济增长模式统一协调；将环境保护与生活和消费模式同步考虑。

（2）从末端治理向全过程控制战略转变。传统的环保战略过重地依靠末端治理，清洁生产是一种整体预防的环境战略，工作对象是生产过程、产品和服务。

（3）从传统管理向先进的管理体制转变。清洁生产的实施要依靠各种工具，目前世界广泛流行的清洁生产工具有清洁生产审计、环境管理体系、生态设计、生命周期评价、环境标志和环境管理会计等，这些生产工具无一例外地要求在实施时深入企业的生产、营销、财务和环保等各个领域。总之，清洁生产强调的是源的削减，即削减的是废物的产生量，循环经济强调减量、再用，循环的排列顺序充分体现了清洁生产削减的精神，而生态工业把环保引入企业和企业群的各个方面，不仅是废物综合利用，而是通过积极主动的产业结构调整、产业升级，引进高新技术等措施改变工业“食物链”和“食物网”，升华为强大的工业系统网络，使其具有规模性、竞争性、先进性，从而达到可持续性。

三者之间的前提和本质是清洁生产，它的常用工具包括生态设计、生态包装、绿色消费等成为循环经济的实际操作手段。

（二）中国的可持续发展战略

我国的可持续发展战略是一个逐步形成的过程，是在我国环境政策的逐步完善中形成的。

在发展与变革进程中，中国正面临着前所未有的多重危机，至少有四大困境。

（1）人口继续膨胀与迅速老化，就业负担沉重。

（2）农业资源日益紧张，接近资源承载极限。

（3）环境污染迅速蔓延与自然生态日趋恶化。

（4）粮食需求迅速增加，而粮食增产举步维艰。

中国将不得不寻求一种与国外不同的、非传统的现代化发展模式。其核心思想就是实行以下体系：

（1）低度消耗资源的生产体系。

（2）适度消费的生活体系。

（3）使经济持续稳定增长、经济效益不断提高的经济体系。

（4）保证效率与公平的社会体系。

（5）不断创新，充分吸收新技术、新工艺和新方法的适用技术体系。

（6）促进与世界市场紧密联系的、更加开放的贸易与非贸易的国际经济体系。

（7）合理开发利用资源，防止污染，保护生态平衡。

实施可持续发展战略是一场深刻的社会变革。国内外的实践已经表明，国民经济与社会发展不能走“先污染、后治理”的路线，必须按可持续发展的要求，全方位调整产业结构，提高各行各业的技术水平，实现工业清洁生产，控制污染排放。

中国实现可持续发展的对策如下：

（1）促进人口长期均衡发展，提高人口素质。

（2）控制城市规模，调整城市生态。

（3）采用清洁生产，实现工业生态化。

（4）提高公众的环保意识，增大资金的投入，运用市场经济手段保护环境。

（5）继续发扬“全球伙伴”精神，开展广泛的国际合作。

三、我国的能源环境问题

近年来，我国在能源发展方面已经取得了巨大进展，在煤炭生产、石油天然气的勘探开发、大水电站建设、核电发展以及可再生能源的发展方面都取得了巨大的成就。但另一方面，我国也是一个能源消费大国，我国经济社会发展对能源的依赖比发达国家大得多。同时，我国在开发和利用能源方面还存在着许多问题。

1. 能源资源短缺，分布不均

我国能源资源是富煤、贫油、少气。煤炭保有资源量约 1.7 万亿 t，剩余探明可采储量约占世界的 13%，列世界第三位。已探明的石油、天然气资源储量相对不足。中国拥有较为丰富的可再生能源资源。水力资源理论蕴藏量折合年发电量为 6.19 万亿 kWh，经济可开发年发电量约 1.76 万亿 kWh，相当于世界水力资源量的 12%，列世界首位。但我国人口众多，人均能源资源拥有量在世界上处于较低水平。煤炭和水力资源人均拥有量相当于世界平均水平的 50%，石油、天然气人均资源量仅为世界平均水平的 1/15。耕地资源不足世界人均水平的 30%。我国能源资源分布广泛但不均衡。煤炭资源主要赋存在华北、西北地区，水力资源主要分布在西南地区，石油、天然气资源主要赋存在东、中、西部地区和海域。中国主要的能源消费地区集中在东南沿海经济发达地区，资源赋存与能源消费地区存在明显差别。大规模、长距离的北煤南运、北油南运、西气东输、西电东送，是中国能源流向的显著特征和能源运输的基本格局。

2. 能源消费结构不合理

在我国的能源消费结构当中，煤炭占到了 60%以上，而新能源，包括天然气、可再生能源、核电等比例都很低。现在，我国的石油产量已不能满足交通的发展，汽车拥有量的增加对能源提出了新的需求。我国已成为世界上最大的石油进口国，且进口量逐年增加。国际石油价格的不断攀升，给我国的经济发展带来很大压力，对国家经济安全也构成了威胁。

3. 能源利用效率不高

总体来看，我国目前的能源利用效率低于国际先进水平 10 个百分点以上，主要工业产品单位能耗平均比国际先进水平高出 30%。除了生产工艺相对落后、产业结构不合理等因素外，工业余热利用率低，能源（能量）没有得到充分综合利用是造成能耗高的重要原因。

4. 对开发和利用新能源和可再生能源战略意义认识不足

我国人口众多，人均能源资源相对匮乏。同时，我国能源利用结构不合理，对环境造成了很大的污染。因此，开发和利用新能源和可再生能源是我国能源发展的重点。但是，当前在我国发展新能源和可再生能源，对实施可持续发展以及减少环境污染的意义还没有得到充分、广泛的认识，对积极地、因地制宜地发展新能源和可再生能源的方针落实还不够。

5. 环境污染问题依然严重

污染问题是人类社会面临的主要环境问题，它也是人类社会活动的必然产物。虽然经过多年的治理，我国环境污染加剧的趋势基本得到控制，但是，环境污染问题依然相当严重。

据统计，我国各类污染物排放量均居世界首位，并远远超过自身的环境容量极限。目前，中国消费了世界约 23%的能源、15%的石油、55%的煤炭，SO_x、NO_x、CO_2等排放量居全球第一。在全国七大水系中，长江、珠江的水质较好，海河、黄河、淮河、辽河、松花江的水质一般，各大淡水湖泊和城市湖泊均受到不同程度的污染。重大污染事故时有发生。这些问题严重影响了人们的生产和生活，成为制约我国可持续发展的障碍因素。

结合可持续发展战略，必须妥善解决经济发展中的能源与环境问题。具体可以从几个方面着手：

（1）节能降耗、提高能源利用率的战略。随着经济的增长，各个国家都已经把节能降耗、提高能源的利用率作为能源发展的目标。我国能源的利用率比较低，因此，实行节能降耗和提高能效有着巨大的潜力。中国要以较少能源投入实现经济增长的目标，很大程度上取决于节能潜力的挖掘。因此，应将节能放在能源战略的首要地位，持之以恒地坚持节能降耗、提高能源利用率的战略。

（2）加速能源结构调整、大力发展清洁能源的战略。为了保护环境，实现能源、环境、经济的协调发展，世界各国都非常重视洁净能源的发展，加快了能源结构调整步伐。目前我国二氧化碳排放量已位居世界第一，其他温室气体排放量也居世界前列。如不加以控制，在将来受到具体减排指标约束时，很多行业会大受冲击，将不得不花费大量资金向排放量较小的国家购买排放权。2015 年 6 月，中国政府承诺二氧化碳排放 2030 年左右达到峰值并争取尽早达峰；单位国内生产总值二氧化碳排放比 2005 年下降 60%～65%。我国在未来很长一段时期，都需要采取大规模减排二氧化碳手段。因此，要加速能源结构调整，大力发展煤炭清洁利用和 CCUS 技术，增加天然气的使用份额，发展可再生能源和氢能等清洁能源。

（3）积极开发和利用可再生能源的战略。随着技术和管理水平的不断提高、产业规模的不断扩大，可再生能源在保障能源供应、实现可持续发展等方面将发挥越来越重要的作用，而且越来越受到各国政府的重视。开发利用可再生能源已经成为世界能源可持续发展战略的重点，成为大多数发达国家和部分发展中国家 21 世纪能源发展战略的重要组成部分。面对即将到来的可再生能源时代，各国特别是欧洲提出了去煤化战略。我国具有丰富的水能、风能、太阳能等可再生资源，而且已经具备了一定的技术积累，在中长期战略上应做好大力发展可再生能源的部署。

（4）大力发展循环经济。通过各种政策措施大力发展循环经济，建立以循环经济为主线的经济发展模式，以提高资源利用率，降低污染物的排放量，达到通过生产环节实现废弃物的减量化、无害化的目的，完成环境治理模式从末端治理向源头和全过程控制的转变。

（5）建立“谁治理、谁收费”制度。污染者付费，是在污染末端治理中深化市场机制的重要基础条件。应合理确定污染治理的收费标准，逐步达到补偿合理、成本略有盈利的水平，以实现“谁污染、谁治理”制度向“谁治理、谁收费”制度的转变，并通过税收、金融等方面的优惠政策积极引导社会资金进入污染治理和生态建设领域。

（6）广泛发挥各种群体在环境污染治理的积极作用。环境污染治理中，每个群体都是生力军，如非政府组织，他们可以在一定程度上完成靠政府的统一管理无法实现的信息传播与资源动员活动，对某些具体环境污染问题和治理政策的持续关注使其能够整合相当的人力、物力进行自发的监督、研究和联合治理行动。我们应该通过制度创新来激励非政府组织的参与，包括完善对非政府组织的登记管理制度，在政策、资金和信息等方面积极引导和扶持。

（7）环境绿化。环境绿化主要是通过种树植草来提高环境绿色覆盖率，森林和草地是城市的肺，绿化可以增强自然对污染物的自净能力。与国际上的许多城市相比较，我国很多大城市的人均绿化面积都很低。近年来随着环境意识的加强，从中央到地方政府大力提倡绿化并付诸实施，城市的绿化面积在不断增加。例如，2023 年北京人均公共绿地达到 16.9m²，城市绿化覆盖率达 49.8%，上海达到 8.8m²，这是一个很大的飞跃，但与世界大城市相比，除比东京高外，仍明显低于巴黎、伦敦和纽约等。我国人口众多，根据我国的国情不可能把人均绿化面积扩大到很高，但仍有很大的发展空间。

第五节 能源和碳中和

一、温室效应和气候变化

（一）温室效应

温室效应指大气通过辐射的选择吸收而防止地表热能耗散的效应。在晴空地区，大部分太阳短波辐射可能透过大气而被地表所吸收，但地表发射的大部分长波却被大气吸收，而且其中又有一部分由大气以长波形式发射回地面，由于大气的存在，地表的辐射平衡温度将比大气不存在的辐射平衡温度高得多。大气的这种增强向下辐射的作用与温室玻璃屋顶和四壁的作用有相似之处，故称为温室效应（见图 1-1）。在没有人类活动的时期温室效应也存在，但人类的工业活动（如化石燃料大量使用及含氟冷媒剂的开发和使用等）加剧了温室效应。

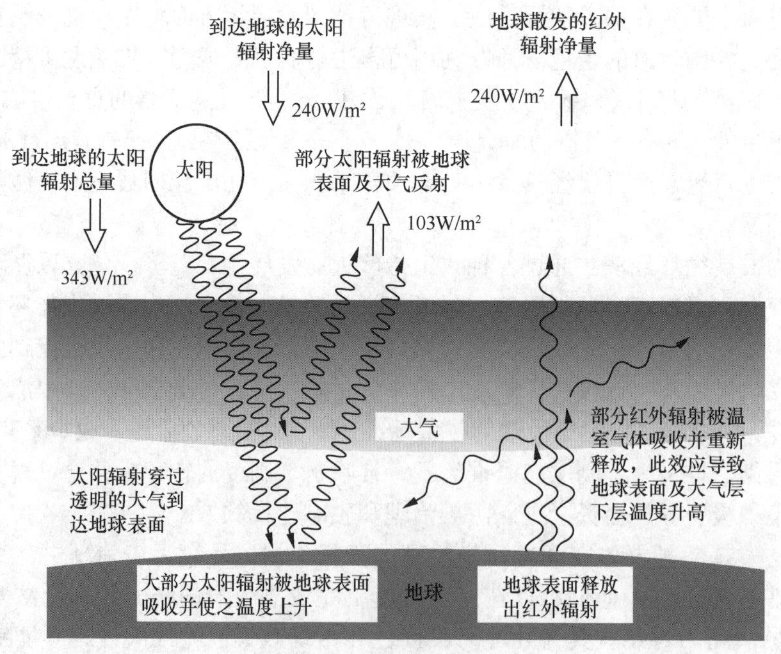

图 1-1 温室效应示意

在大气层中，促成温室效应的气体成分被称为温室气体。引起温室效应的气体主要有CO_2、CH_4、各种氟氯烃（CFC_s）、O_3和水蒸气等。大气中的水蒸气的含量要高于CO_2等温室气体，是导致自然温室效应的主要气体。有研究表明，在中纬度地区晴朗天气下水蒸气对温室效应的影响占60%～70%，CO_2仅占25%。但由于水蒸气在大气中的含量相对稳定，普遍认为大气中的水蒸气不直接受人类活动的影响，而以CO_2为主的其他温室气体随着人类工农业活动的发展，人为排放量大幅增加，因此目前各国主要关注各种人为温室气体的排放情况。在各种温室气体中，由于CO_2排放量最大，其对温室效应的贡献远超其他温室气体，成为对温室效应贡献最大的人为温室气体，其中，化石燃料所排放的CO_2占温室气体总排放量的56.6%，它不仅是自然活动的载体和产物，同时也是人类生产活动的产物。随着工业革命的到来，煤炭和石油加速消耗，大气中的CO_2浓度明显增加，而且增速越来越大，CO_2体积浓度已从工业化前的2.8×10^{-4}增加到2023年的4.2×10^{-4}。在没有新政策或采取进一步行动的情况下，到2100年大气中温室气体的含量将比现在增加1倍，全球平均温度将升高3～6℃，必将给全球带来毁灭性的影响。

（二）气候变化

气候变化是指气候平均状态统计学意义上的巨大改变或者持续较长一段时间（典型的为30年或更长）的气候变动。气候变化不但包括平均值的变化，也包括变率的变化。

气候变化的原因可能是自然的内部进程，或是外部强迫，或者是人为地持续对大气组成成分和土地利用的改变，既有自然因素，又有人为因素。人为因素主要有工业革命以来人类活动特别是发达国家工业化过程的经济活动。化石燃料燃烧和毁林、土地利用变化等人类活动所排放的温室气体导致大气温室气体浓度大幅增加，温室效应增强，从而引起全球气候变化。

全球气候变化会导致灾害性气候事件频发，会造成冰川和积雪加速融化，水资源分布失衡，生物多样性受威胁，对农、林、牧、渔等经济社会活动产生不利影响，甚至加速疾病传播，严重威胁全球经济和社会发展，危及人类生存安全和健康。尤其是全球变暖会引起海平面上升、洪涝、风暴等自然灾害，对沿海地区造成影响，并会使小岛屿国家或地区的沿海低洼地受到被淹没的威胁。气候变化已引起全球最广泛的关注和重视，全世界各国或地区都开展了多项与之相关的研究，其中最为权威的是联合国气候变化专门委员会（简称IPCC），根据IPCC发布的第六次评估报告的综合报告《气候变化2023》提出：人类活动主要通过排放温室气体，已毋庸置疑引起了全球变暖；2011—2020年，全球地表温度比1850—1900年高出1.1℃；若近期全球升温幅度超过1.5℃，则气候恢复力的发展前景将日益受到限制；若全球升温幅度超过2℃，则有些地区的气候恢复力发展将不可能实现。

二、应对气候变化的国际合作

（一）应对气候变化的政策背景

为使决策者和一般公众能更好地理解并接受全球变暖的相关科研成果，联合国环境规划署和世界气象组织于1988年组建了政府间气候变化专门委员会，并在1990年发布第一份全球气候变化评估报告。

各国政府应对气候变化已有越来越多的科学认识，从20世纪80年代末至90年代初先后召开了一系列以气候变化为主题的政府间会议。1990年，第二次世界气候大会呼吁建立气候变化框架条约，会议由137个国家和欧洲共同体进行部长级谈判。虽然会议的最后宣言中并未指定任何国际减排目标，但经过艰苦谈判，它确定的一些原则为以后的气候变化公约奠定了基础。同时该次会议也使公众意识到气候变化的严重性，新闻媒体也对气候变化及其会导致的预期影响进行了一系列报道。各国政府和国际组织多次就气候变化问题召开国际会议，并在会议上形成具有里程碑意义的有关公约和方案，反映了各国政府应对气候变化问题的政治意愿和承诺，对解决气候变化问题起到了良好的推动作用。

（二）联合国气候变化框架公约

1990年12月联合国批准了《联合国气候变化框架公约》（以下简称《公约》）。《公约》政府间谈判委员会在1991年2月—1992年5月期间共举行了5次会议，1992年6月参与谈判的150个国家的代表在巴西里约热内卢联合国环境与发展大会上签署了《公约》。《公约》于1994年3月21日正式生效。

《公约》生效后，从1995年开始每年都会举办缔约方会议。各国政府在历次缔约方会议上达成多项协议，包括著名的《京都议定书》、“巴厘路线图”和《巴黎协定》等。

《公约》是世界上第一个为全面控制二氧化碳等温室气体排放、应对全球变暖给人类经济和社会带来不利影响的国际公约，也是国际社会在应对全球气候变化问题上进行国际合作的一个基本框架，其最终目标是将大气中温室气体浓度稳定在不对气候系统造成危害的水平。截至2024年，已有197个国家加上欧盟签署《公约》，这些国家被称为《公约》缔约方，欧盟作为一个整体成为《公约》的一个缔约方。《公约》将缔约方分为以下三类，具体见表1-1。

表1-1 《联合国气候变化框架公约》所规定的缔约方类别

分类	包括国家	减排义务
附件一国家	工业化国家和正在朝市场经济过渡的国家	承担削减温室气体排放的义务。以1990年的温室气体排放量为基础进行减排，如果不能完成削减任务，可以从其他国家购买排放指标
附件二国家	经济合作与发展组织成员	承担为发展中国家提供资金、技术援助的任务，“还应帮助特别易受气候变化不利影响的发展中国家缔约方支付适应这些不利影响的费用”
其他	发展中国家	不承担削减义务，以免影响经济发展，可以接受发达国家提供的资金、技术援助，但不得出售排放指标

（三）京都议定书

《联合国气候变化框架公约的京都议定书》（简称《京都议定书》）是《公约》的补充条款，该议定书于1997年12月在日本京都举行的《公约》第3次缔约方大会通过，其目标是“将大气中的温室气体含量稳定在一个适当的水平，进而防止剧烈的气候变化对人类造成伤害”。

《京都议定书》的另一个重要成果是确立了三种灵活的减排机制：一是联合履约，即同为缔约方的发达国家之间通过项目合作、转让其实现的排放减量单位；二是排放权交易，即同为缔约方的发达国家将其超额完成的减排义务指标，以贸易方式，而不是项目合作，直接转让给另外一个未能完成减排义务的发达国家；三是清洁发展机制，即履约的发达国家提供资金和技术援助，与发展中国家开展温室气体减排项目合作，换取投资项目产生的部分或全部的“核证减排量”，作为其履行减排义务的组成部分。同时，发展中国家根据“共同但有区别的责任”原则，可利用清洁发展机制和自愿减排机制参与国际碳交易市场，自行开展减排。这些规定为全球碳交易市场的发展奠定了制度基础。

（四）巴厘路线图

“巴厘路线图”于2007年12月3日在印度尼西亚巴厘岛举行的《公约》第13次缔约方大会通过，被称为“人类应对气候变化历史中的一座新里程碑”。

“巴厘路线图”的主要内容包括：大幅度减少全球温室气体排放量，未来的谈判应考虑为所有的发达国家设定具体的温室气体减排目标；发展中国家应努力控制温室气体排放增长，但不设定具体目标。为更有效地应对全球变暖，发达国家有义务在技术开发、转让及资金支持等方面，向发展中国家提供帮助。在2009年年底之前达成接替《京都议定书》的减缓全球变暖的新协议。

“巴厘路线图”首次将拒不签署《京都议定书》的美国纳入旨在减缓全球变暖的未来新协议的谈判进程之中，要求所有发达国家都必须履行可测量、可报告、可核查的温室气体减排责任。“巴厘路线图”还强调必须重视适应气候变化、技术开发和转让、资金三大问题。

（五）哥本哈根协议

2009年11月在丹麦哥本哈根举行了《公约》第15次缔约方大会——哥本哈根气候大会。会议主要议题是就2012年《京都议定书》到期后如何有效控制全球气候变暖及温室气体减排的问题达成新的协议。此次会议被誉为“拯救人类的最后一次机会”的会议。

大会通过了不具法律约束力的《哥本哈根协议》。《哥本哈根协议》维护《公约》及《京都议定书》确立的“共同但有区别的责任”原则，就发达国家实行强制减排和发展中国家采取自主减排行动做出安排，并就全球长期目标、资金和技术支持、透明度等焦点问题达成了广泛共识。

哥本哈根会议之后，各国政府就“共同但有区别的责任”原则进行了艰难谈判，主要谈判焦点聚集在《京都议定书》第二承诺期的谈判。2011年举行的《公约》第17次缔约方会议——德班会议就《京都议定书》第二承诺期问题作出明确安排，启动绿色气候基金，决定设立“加强行动德班平台特设工作组”，围绕减缓、适应、气候资金、技术转让、能力建设等内容确定适用于所有缔约方的强化行动安排，期待在2015年以前完成2020年后新气候变化公约的制订工作。

（六）巴黎协定

《巴黎协定》是2015年12月12日在巴黎气候变化大会上通过、2016年4月22日在纽约签署的气候变化协定，该协定为2020年后全球应对气候变化行动作出了安排。《巴黎协定》的长期目标是将全球平均气温较前工业化时期上升幅度控制在2℃以内，并努力将温度上升幅度限制在1.5℃以内。

《巴黎协定》是继1992年《联合国气候变化框架公约》、1997年《京都议定书》之后，人类历史上应对气候变化的第三个里程碑式的国际法律文本，奠定了2020年后的全球气候治理格局。《巴黎协定》获得了所有缔约方的一致认可，充分体现了联合国框架下各方的诉求，是一个非常平衡的协定。协议体现了“共同但有区别的责任”原则，同时根据各自的国情和能力自主行动，采取非侵入、非对抗模式的评价机制，是一份让所有缔约国达成共识且都能参与的协议，有助于国际间（双边、多边机制）的合作和全球应对气候变化意识的培养。《巴黎协定》要求建立针对国家自定贡献（INDC）机制、资金机制、可持续性机制（市场机制）等的完整、透明的运作和公开透明机制以促进其执行。所有国家和地区都将遵循“衡量、报告和核实”的统一体系，但会根据发展中国家的能力提供灵活性。

三、碳达峰和碳中和

气候变化是人类面临的全球性问题，随着各国二氧化碳的排放，温室气体猛增，对生命系统形成了威胁。在这一背景下，世界各国以全球协约的方式减排温室气体，我国由此提出碳达峰和碳中和目标。

2020 年 9 月 22 日，习近平在第七十五届联合国大会一般性辩论上表示，应对气候变化的《巴黎协定》代表了全球绿色低碳转型的大方向，是保护地球家园需要采取的最低限度行动。中国将提高国家自主贡献力度，采取更加有力的政策和措施，力争二氧化碳排放于 2030 年前达到峰值，努力争取 2060 年前实现碳中和。

碳达峰就是我国承诺在 2030 年前二氧化碳的排放达到峰值；碳中和是指人为排放源与通过植树造林、碳捕集与封存（CCS）技术等人为吸收汇达到平衡的状态。

（一）中国减排承诺与意义

我国首次提出实现碳达峰与碳中和的目标，引起了国际社会的极大关注。中国是世界最大的碳排放国，占世界能源碳排放总量比重约 33%，对全球实现碳达峰与碳中和具有至关重要的作用。正如能源转型委员会（ETC）在《中国 2050—— 一个全面实现现代化国家的零碳图景》报告所言，无论对于整个世界还是对于中国自身，中国探索到 21 世纪中叶实现净零碳排放的战略路径意义重大。

（1）从相对减排目标到绝对减排目标。2009 年 9 月，时任国家主席胡锦涛在出席联合国气候变化峰会时首次提出中国 2020 年相对减排目标，即争取到 2020 年单位国内生产总值二氧化碳排放比 2005 年下降 40%～45%，非化石能源占一次能源消费比重达到 15%左右，森林面积比 2005 年增加 4000 万 hm^2，森林蓄积量比 2005 年增加 13 亿 m^3，大力发展绿色经济，积极发展低碳经济和循环经济。同时，我国是发展中国家，不可能承担超出我国能力或发展水平的绝对量化减排指标。

中国积极参与全球气候治理，是《公约》的首批缔约国，并为达成《京都议定书》《巴黎协定》及其实施细则作出了重要贡献。

（2）2015 年 11 月，习近平主席在第二十一届联合国气候变化大会（COP21）的首脑峰会上，代表拥有 14 亿人口的中国阐述了对巴黎气候大会的期待以及对于全球治理的看法。中国第二次提出 2030 年相对减排行动目标，即二氧化碳排放在 2030 年左右达到峰值并争取尽早达峰，单位国内生产总值二氧化碳排放比 2005 年下降 60%～65%，非化石能源占一次能源消费比重达到 20%左右，森林蓄积量比 2005 年增加 45 亿 m^3 左右。应对气候变化是我国可持续发展的内在要求，也是负责任大国应尽的国际义务。

根据联合国政府间气候变化专门委员会（IPCC）报告，若全球气温升温不超过 1.5℃，那么在 2050 年左右，全球就要达到碳中和；若不超过 2℃，则 2070 年全球要达到碳中和，这就是全球实现碳中和目标的时间点。为此，发达国家在碳排放已持续下降的过程中，均选择了 2050 年的时间点，而中国在尚未达到碳排放高峰的情况下，做出 2060 年前达到碳中和的政治承诺。

2020 年 12 月 12 日，习近平主席在气候雄心峰会上进一步提高国家自主贡献力度的新目标，到 2030 年，中国单位国内生产总值二氧化碳排放将比 2005 年下降 65%以上，非化石能源占一次能源消费比重将达到 25%左右，森林蓄积量将比 2005 年增加 60 亿 m^3，风电、太阳能发电总装机容量将达到 12 亿 kW 以上。这是世界上最为雄心勃勃的“2030 中国减排目标”，将带动全球减排提前达峰，并发动空前未有的全球性绿色能源革命，充分展现了中国在应对全球气候变化实现零碳排放的目标中发挥了全球领导作用。

（二）碳达峰及碳中和的发展机遇

未来中国经济发展趋势有利于实现碳排放达峰，创造了多方面的发展机遇。一是尽管中国总人口规模居世界首位，但是已经进入低增长阶段。2019 年中国人口为 14.00 亿人，据预测 2030 年上升至 14.63 亿人，年均增速为 0.4%，明显低于 1991—2019 年 0.7%的增速，而且未来一段时期还将进入零增长阶段，年均增速小于 0.2%，也将带动总人口能源消费等增速下降。二是中国经济增速明显下降，进入中高速阶段。2019—2030 年，中国年均增速约 5%，明显低于 1991—2019 年的 9.5%增速，也直接带动了能源消费增速下降。三是中国人均 GDP 从 2019 年的 16117 国际元（2017 年价格）上升至 2030 年的 25270 国际元，相对美国人均 GDP 水平从 25.8%提高至 35.8%，接近中等发达国家水平，并在应对气候变化、实现碳达峰的能力明显提高。四是中国仍然是世界上国内储蓄率、国内资本形成总额占 GDP 比重最高的国家，在绿色能源、绿色交通、绿色建筑、绿色基础设施、低碳经济等方面有强大的投资能力和国内市场规模。

（三）碳达峰及碳中和的挑战

1. 相对欧美国家实现碳中和时间短

中国在相对较低的发展水平条件下实现碳达峰目标，面临着前所未有的多重挑战。全球实现碳排放达峰的国家基本上是发达国家或后工业化国家。根据英国石油公司（BP）《2020 世界能源统计》提供的数据，美国于 2007 年达到能源消费高峰，同年达到碳排放高峰，CO_2 排放量为 60 亿 t 到 2019 年下降 15.6%；欧盟作为一个整体，早在 1990 年就实现了碳达峰，CO_2 排放量为 45 亿 t，到 2019 年下降 31%。这是典型的“双达峰”“双下降”模式。而中国则不同，到 2019 年能源消费、碳排放比 2006 年将分别提高 69.7%和 47.2%，仍处在“双上升”阶段，而且上升时间越长，峰值就越高，付出的代价就越大。因此，中国应尽早实现能源消费与碳排放“双达峰”“双下降”的发展目标。

2. 高碳产业结构调整压力大

中国与欧美具有不同的产业结构类型。2006 年，欧盟碳达峰时服务业增加值占 GDP 比重为 63.7%；2007 年，美国碳达峰时服务业增加值占 GDP 比重为 73.9%。一方面，中国服务业增加值占 GDP 比重从 2019 年的 53.9%上升至 2030 年的 62%左右，低于欧盟和美国。另一方面，即使到 2035 年，中国服务业增加值比重才能达到 65%左右。2006 年，欧盟制造业增加值占 GDP 比重为 15.8%。2007 年，美国制造业增加值占 GDP 比重为 12.7%。而 2023 年，中国制造业增加值占 GDP 比重高达 27.8%，到 2030 年仍在 22%左右，对能源消费需求量大、比重高。另外，我国目前工业能源消费占全国总量比重约 65%，明显高于工业增加值占 GDP 比重的 33.2%，相当于全国单位 GDP 能耗的 2 倍。这既反映了中国工业与制造业生产结构比重高，也反映了工业与制造业单位增加值能耗高，因此也成为全国节能减排的重中之重。

3. 单位GDP能耗水平高

中国与欧美具有不同的能源消费结构。中国以化石能源为主，2023 年高达 80%左右，其中煤炭消费比重占 56%，石油消费比重占 19%。而美国和欧盟煤炭消费比重仅为 12%和11%。因此，中国应加速从化石能源为主的能源消费结构转向可再生能源为主的结构。根据能源转型委员会报告，到 2050 年，一次能源结构将发生巨大变化，其中化石燃料需求降幅超过 90%，风能、太阳能和生物质能将成为主要能源，风能、太阳能比重将达到 75%。由于中国碳排放存量太高（2020 年能源碳排放量高达 100 多亿吨碳当量），实现碳排放下降乃至零排放，总量基数大、技术难度高、所剩时间紧，而且没有现成的减排模式，除非创新减排新模式。

由此可知，中国实现 2030 年碳达峰极具挑战性，是在比发达国家人均 GDP 低得多、尚未基本实现现代化的情况下达到这一目标。中国只有实现了碳达峰目标，才能够实现碳中和；而实现前者目标的时间越早，就越有利于实现后者目标。为此，中国政府制定了能源安全新战略，即推动能源消费革命，抑制不合理能源消费，推动能源供给革命，建立多元供应体系；推动能源技术革命，带动产业升级；推动能源体制革命，打通能源发展的快车道。

（四）实现碳达峰及碳中和的技术和路径

1. 低碳技术

支撑碳中和目标实现的关键就在于低碳技术的创新与推广应用。我国当前所处的发展阶段决定了能源需求总量和碳排放量在未来一段时期内将继续保持增长，这就需要有多种能够减少碳排放量甚至负排放的技术，来提高能源效率、催生新能源和可再生能源取代传统的化石能源以及捕获、利用、封存二氧化碳或者碳汇等。不仅如此，一些重点行业与领域也需要通过技术进步来支撑和推动其低碳化，如钢铁、建材、有色金属、炼油石化、煤化工等行业及建筑、交通等领域，就需要利用相应的技术实行低碳化改良或改造。这些直接或间接有助于减少碳排放量的技术，可以统称为“低碳技术”。所谓“低碳技术”，简言之，是指能够减少二氧化碳等温室气体排放、防止气候变暖而采取的一切减碳或无碳技术手段。低碳技术一般可分为三类：一是减碳技术，如节能减排技术、洁净煤技术等；二类是无碳或零碳技术，如核能、太阳能、风能、生物质能等可再生能源技术；三类是去碳技术，如二氧化碳捕获与埋存（CCS）或碳捕获、利用和封存（CCUS）技术等。除这三类技术外，还可包括相关的绿色低碳技术，如提升生态碳汇能力的技术。森林、草原、湿地、海洋、土壤、冻土等都具有固碳的作用，其中，森林是陆地生态系统最重要的碳库，具有强大的碳汇功能。因此，实现碳中和涉及社会的方方面面，是一个系统工程， 需要顶层设计，需要各国、各行业、各领域合作行动，才能实现。

2. 实现碳达峰和碳中和路径

我国以 2030 年前碳达峰为中期目标、2060 年前实现碳中和为最终目标，既是硬约束目标，又是阶段性目标，由此分解后提出各阶段的约束性目标和指标主要体现在四个阶段。

第一阶段（2021—2030 年）：核心目标为碳达峰，从高碳经济转向低碳经济。到 2030 年，我国 GDP 的二氧化碳强度比 2005 年下降 65%～70%，年均下降率 4.5%～5.0%；2030

年，非化石能源电力占总电量 50%，非化石能源占一次能源消费比重约 25%。单位能耗二氧化碳强度年下降率由当前 1.2%上升到约 2.0%；同时，从高碳能源（煤炭消费为主）转向低碳能源（煤炭消费比重明显下降），从高碳产业（钢铁、建材、有色金属、石化等为主）转向低碳产业（战略性新兴产业），从高碳经济［碳排放占世界比重高于 GDP（PPP）占世界比重］转向低碳经济［碳排放占世界比重低于 GDP（PPP）占世界比重］，从高碳社会转向低碳社会。

第二阶段（2031—2040 年）：核心目标为碳排放大幅度下降。我国基本实现低碳产业经济社会体系。

第三阶段（2041—2050 年）：主要产业特别是能源碳排放降至趋于零。能源转型委员会报告预测，中国到 2050 年的能耗总量为 22 亿 t（标准煤），比 2016 年水平低近 30%；电力行业发电量 2050 年增加到 15 万亿 kWh，可以实现零排放，其中工业直接电气化占 52%，建筑直接电气化占 21%，交通直接电气化占 9%，制氢和合成氨用电占 18%。这标志着中国实现了绿色工业革命。

第四阶段（2051—2060 年）：实现碳中和目标，基本建成零碳产业、零碳经济、零碳社会、零碳国家。

要大规模降低碳排放直至碳中和，未来将重点发展低碳或零碳新能源技术，如太阳能、风能、光能、氢能及燃料电池等替代能源和可再生能源技术。因此，低碳经济所引发的技术革命是一个体系，包括可再生能源技术、碳捕获和封存技术、智能电网技术、节能技术、环保技术、储能技术、建筑新材料技术、新能源汽车技术等。低碳经济模式的发展所依托的应该是一场新的工业革命，是能源和信息技术革命综合的新的技术革命，涉及能源、交通、建筑等各方面。为实现低碳经济的发展模式，技术模式必须有重大的飞跃性的转变，才能支撑起这种新的模式发展。

对电力系统，预计到 2050 年前，我国电源装机容量保持持续增长，2030 年装机容量达到 36.3 亿 kW，2050 年装机容量达到 57.5 亿 kW。增量部分以清洁能源为主，电源装机结构逐步优化，清洁能源装机占比 2030 年达到 60%，2050 年达到 82%。清洁能源发电量占比显著上升，常规转型与电气化加速两种情景下，2030 年非化石能源发电量占比分别达到 46.9%、52.0%，2050 年分别为 81.7%、83.7%。能源技术革命创新行动计划（2016—2030 年）提出的能源技术创新方向，主要包括高效太阳能利用技术创新、大型风电技术创新、先进储能技术创新、高效燃气轮机技术创新、煤炭清洁高效利用技术创新和先进核能技术创新 6 大方向。

根据预测，水泥、钢铁行业各有 60%、10%的过程碳排放难以有效削减，到 2050 年，非二氧化碳温室气体和工业难减排行业折算二氧化碳排放量仍然超 15 亿 t。因此，火力发电协同 CCUS 未来在我国将充分发挥“兜底保障”的重要作用，在保障电力安全的同时通过生物质能和碳捕集技术实现电力部门的负排放。

此外森林固碳潜力巨大，我国近 40 年来大力恢复天然森林植被、加强人工林培育，形成了以中、幼龄林为主的森林结构。我国现有森林面积 2.2 亿 hm^2，到 2050 年，将比 2015 年增加 3500 万 hm^2 的森林面积。2020 年《Nature》杂志的最新研究发现，我国陆地生态系统固碳能力巨大，年均吸收约 11.1 亿 t C。

北京理工大学魏一鸣教授对我国重点行业碳达峰碳中和路径进行了大量研究，提出了碳减排路径预测见图 1-2 和图 1-3。

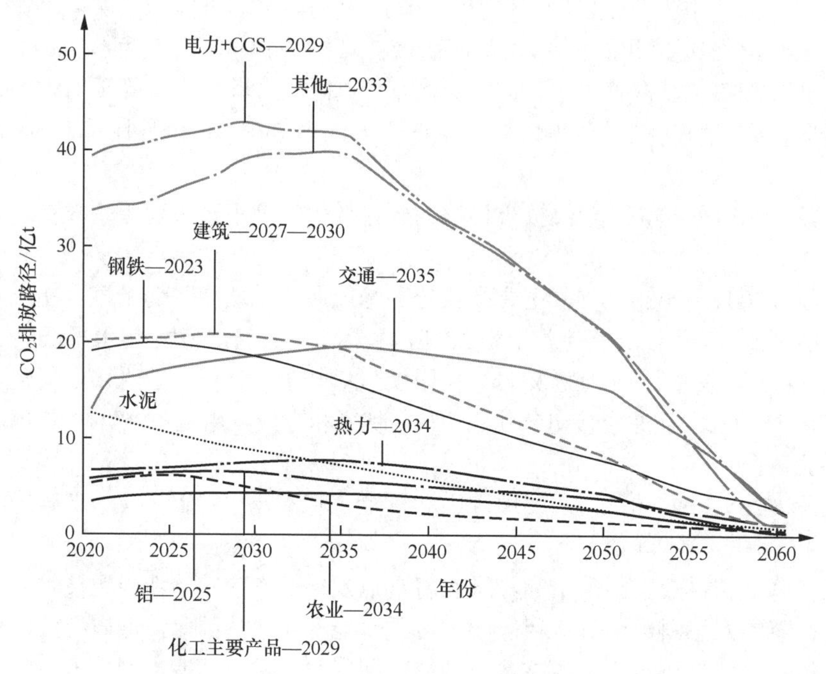

图 1-2　我国重点行业碳排放量

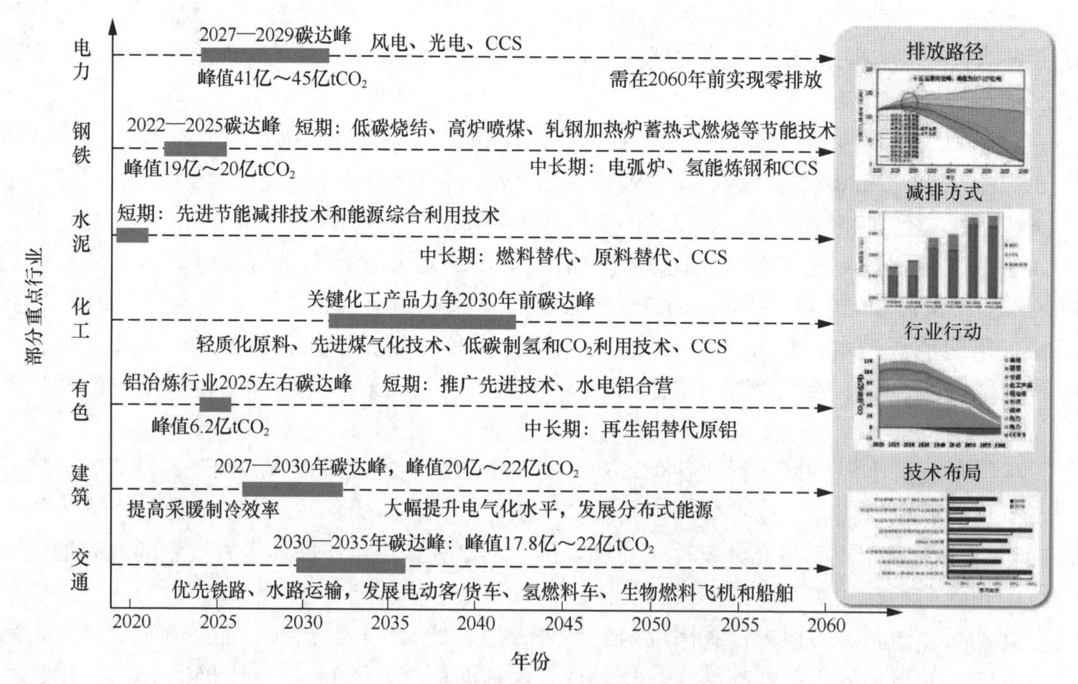

图 1-3　我国部分重点行业碳减排路径

思考题

1．试举例分析系统的概念和特征。
2．生态系统由哪些要素组成？什么是生态系统的形态结构和营养结构？
3．生态系统的功能表现在哪几方面？碳循环和氮循环与环境污染有什么关系？
4．由人为因素引起的生态平衡破坏的问题主要有哪几种类型？
5．可持续发展理论的主要内容是什么？我国实现可持续发展面临哪些问题？
6．什么是清洁生产、生态工业和循环经济？请说明三者的关系。
7．什么是碳中和？为什么说实现碳中和是一个系统工程？

[1] 吕永波．系统工程．北京：清华大学出版社，2006．

[2] 方梦祥，金滔，周劲松．能源与环境系统工程概论．北京：中国电力出版社，2009．

[3] 徐炎华．环境保护概论．北京：中国水利水电出版社，2009．

[4] IPCC Report. Climate Change 2023. Synthesis Report, 2023.

[5] 蔡博峰，李琦，张贤．中国二氧化碳捕集利用与封存（CCUS）年度报告（2021）——中国CCUS路径研究[R]．2021．

[6] INTERNATIONAL ENERGY AGENCY. Energy Technology Perspectives 2020—Special Report on Carbon Capture Utilisation and Storage．2020．

[7] 科学技术部社会发展科技司，中国21世纪议程管理中心．应对气候变化国家研究进展报告2019．北京：科学出版社，2019．

[8] 魏一鸣．关于我国实现“碳中和”的对策与建议．北京：“能源经济预测与展望研究报告发布会”，2021．

第二章　能源利用与转化技术

第一节　能源利用与转化基础

一、能量及其转换

1. 能量基本形式

人类历史发展与能源和能量利用技术发展紧密相关，按照物理学的定义，能量是物体（或系统）对外做功的能力。物质运动和变化是由于能量的存在。能源只是一种能量的载体，人们利用能源实质上利用的是能量。能量可以用不同的方式分类。从经典的观点来看，可以把能量分为动能和势能。然而，从实用的观点来看，根据能量的产生和利用的方式来描述能量的形式是很方便的。理解如何将一种形式的能量转换为另一种形式也很重要。能量的转换可以将无法直接利用的能量（如核能）转化为一种容易利用的形式（如电能）。

从实用的观点来看，能源存在的基本形式归纳起来有以下六种。

（1）机械能。机械能是物体空间状态变化（势能）或宏观机械运动（动能）所具有的能量。动能和势能的总和称机械能，势能又分为重力势能和弹性势能。任何物体系统如无外力做功，系统内又只有保守力做功时，系统的机械能是守恒的。

（2）热能。气体的热能是由构成物质的分子微观运动的动能产生的。热能是人类使用最为广泛的基本能量形式，实际应用中有85%～90%的能量都要转换成热能后再加以利用。

（3）化学能。化学能是与化学键有关的能量，也就是物质中原子电子之间的相互作用能。由于原子间化学键的变化，在化学反应中能量可以被吸收或释放。化学能不能直接做功，只有在发生化学变化的时候才可以释放出来，变成热能或者其他形式的能量。目前，化石燃料如煤炭、石油、天然气的燃烧是化学能转化为热能的典型过程。

（4）电能。电能是由带电荷物体的吸力或斥力引发的能量，是和电子的流动与积累相关的一种能量，是目前人们使用最多也最方便的二次能源。目前使用的电能主要是由电池中的化学能或通过发电机由机械能转换而来的。

（5）辐射能。辐射能是物体以电磁波形式发射的能量。太阳能是人类利用最多最典型的辐射能。从理论上讲，任何物体只要其自身温度高于绝对零度（即-273.15℃），都会不停地向外发出辐射能。

（6）核能。核能是蕴藏在原子核内部的物质结构能，是由于物质原子核内结构发生变化而释放出来的巨大能量，又称核内能。核能的能量规模与原子核内中子和质子之间的化学键有关。因此核反应中所能释放的能量比在化学反应中所能释放的能量要大好几个数量级。

2. 能量转换及主要过程

自然资源如煤炭、石油、天然气、生物质、地热、核燃料等中储存着某种形式的能量，除了作为工业原料以外，其本身一般不直接被利用，而是在一定条件下能够转换成人们所需要的能量形式。能量转换是能源利用中的关键环节，指能源的形态或能量的形式发生转换。

图 2-1 为各种能量之间的转换过程。能源的转换遵循热力学第一定律与第二定律。

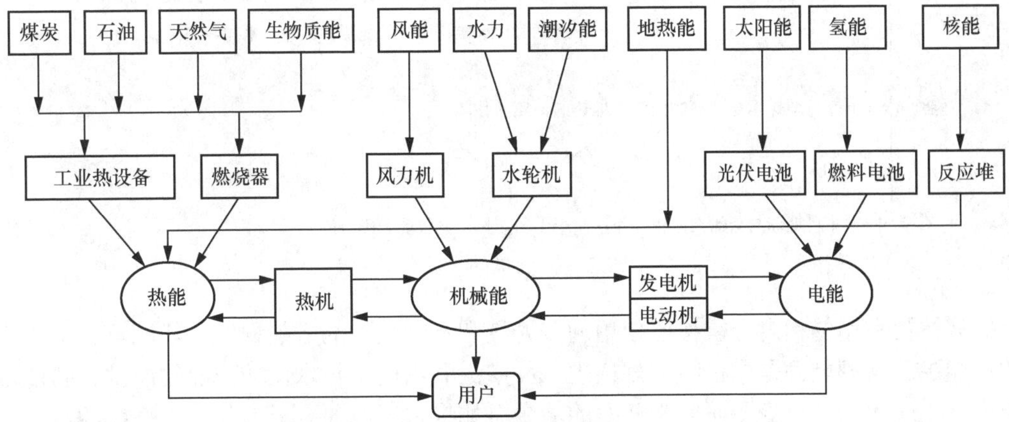

图 2-1　常见能量转换过程

（1）热力学第一定律与第二定律。热力学第一定律的内容就是能量守恒定律，其文字叙述如下：自然界一切物质都具有能量，能量有不同的表现形式，可以从一种形式转化为另一种形式，也可以从一个物体传递给另一个物体，在转化和传递过程中能量的总和不变。

能量贬值原理也就是热力学第二定律揭示的内容。它指出：能量转换过程总是朝着能量贬值的方向进行；反之，能量品质提高的过程不能自发单独进行。能量转换具有方向性，总是自发朝着能量品质下降的方向进行。

（2）能量转换的主要过程。

1）化学能转换为热能。化学能转换为热能的主要方式是燃料燃烧。目前常用的燃料为有机燃料，有机燃料按形态分为固体燃料（如煤炭、木材、油页岩等）、液体燃料（如石油等）和气体燃料（如煤气）。这些燃料可以与氧化剂发生化学反应（燃烧）而放出大量热量。将燃料燃烧化学能转变为热能的设备称为锅炉。

2）热能转换为机械能。热能转换为机械能是在热机中完成的，主要的热机有内燃机、汽轮机和燃气轮机。热机首先将燃料燃烧产生热能，同时产生高温高压气体——工质，作为热能和机械能相互转化的媒介物质。如内燃机将燃料的化学能转变成热能，并利用其所产生的高温、高压燃气在气缸内膨胀，推动活塞做功。

3）机械能转换为电能。通过同步发电机可以将汽轮机或燃气轮机的机械能转换成电能。汽轮机的机械能通过同步发电机中的电磁相互作用转变为定子绕组中的电能。

实际应用中，能量转换不是只有两种方式之间的转换，往往是多种转换方式结合。如火力发电厂中，燃料首先在锅炉中燃烧加热，使水变为蒸汽，即化学能变为热能。然后在汽轮机中，热能转化为机械能，蒸汽压力推动汽轮机旋转，随后，汽轮机带动发动机旋转，将机械能转变为电能。

二、能源分类

能源的种类繁多，其分类方式也有多种。

（1）按地球上能量来源分。能量的来源可分为以下三类，见图 2-2。

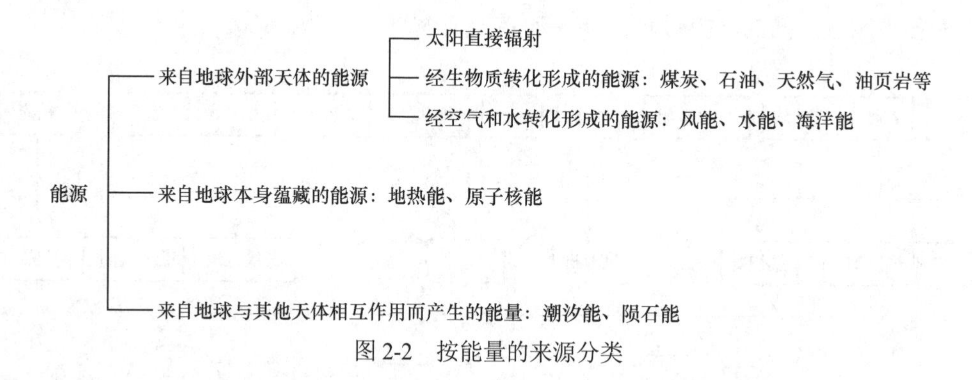

图 2-2　按能量的来源分类

（2）按被利用的程度分。按照使用的普遍性和利用技术的成熟程度，能源可分为常规能源和新能源。常规能源是指已经大规模生产和广泛利用的、技术比较成熟的能源。新能源指尚未大规模应用的、正处于研究和开发的能源，如煤炭、石油、天然气、大规模的水力电力能等能源为常规能源，而太阳能、风能、生物质能、海洋能、地热能、氢能等都属于新能源。新能源是在不同历史时期和科学技术水平条件下，相对于常规能源而言的。例如，原子核能在 20 世纪时还属于新能源，进入 21 世纪后，利用核裂变产生的原子能作为动力的发电技术已比较成熟，并得到广泛应用，因此核裂变能已成为常规能源。

（3）按获得的方法分。自然界中的能源按照成因或是否经过转换可分为一次能源和二次能源两类。自然界中现实存在、没有经过人为加工转换的能源，或由于自然条件变化而产生的称为一次能源，如原煤、原油、天然气、天然铀矿、木柴、水能、风能、太阳能、海洋能、地热能等均属这类能源。一次能源经过一定的加工或转换，使之转换成符合使用条件的能量的来源也称为能源，习惯上将其称为二次能源。大部分一次能源均可转换成二次能源，这不仅会使能源的用途更广，也为人类的生产和生活提供了更多便利，如电力和汽油。能源按获得方式分类见图 2-3。

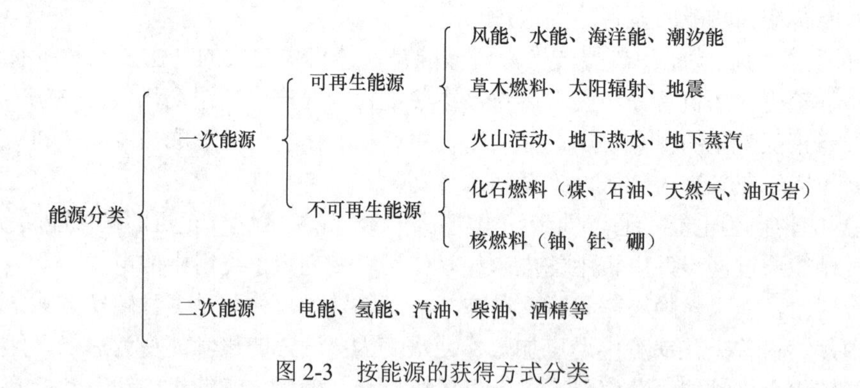

图 2-3　按能源的获得方式分类

（4）按能否再生分。一次能源按照能否再生又可分为可再生能源和不可再生能源两类。可再生能源是指在一个相当长的时间范围内，自然界可连续再生并有规律地得到补充的一次能源。这类能源大都直接或间接来自太阳，常见的可再生能源有太阳能、生物质能、水能、风能、海洋能、地热能等。不可再生能源是指随着人类的开发利用而变得越来越少的能源，如煤炭、石油、天然气、核燃料铀等都是经过自然界亿万年演变形成的有限量能源，它们不可重复再生，最终可被用尽。

（5）按能源本身的性质分。化石能源：指天然矿物源中含有能量的物质，它们所含的能量可通过化学或物理过程得到释放，如煤、石油、天然气和各种核燃料等。替代能源：指用于替代以往和目前大量使用的低效率能源的能源品种。垃圾能源：垃圾中含有有机物和可燃物，利用生物技术和化学方法将垃圾中所蕴藏的能量转变成热能或电能等形式提供的能源。终端能源：经过开采、精制、输送、储存和分配等过程最终到达用户供使用的能源。

（6）按对环境的污染情况分。清洁能源，如太阳能、风能、水能、氢能等；非清洁能源，煤炭、石油、核燃料等。

三、能源评价与管理

1. 能量密度

能量密度是指在一定的空间或质量物质中储存能量的大小。体积能量密度常用来评价各种能源储存能量的能力。表 2-1 为一次能源质量及体积能量密度对比。一次能源中石油质量能量密度最高，煤炭与其余各种燃料的质量能量密度接近。表 2-2 为一次能源转化为二次能源后的能量密度。氢气在标准温度和压力下占有相当大的体积，因此其体积能量密度很小。一次能源经过转化，能量密度会增加，单位质量或体积可以储存更多的能量。

表 2-1　一次能源能量密度对比

一次能源	质量能量密度/（MJ/kg）	体积能量密度/（MJ/m^3）
无烟煤	31.0	—
石油	47.2	34000
木材	16.2	—
压缩天然气	—	9200
液化天然气	—	22200

表 2-2　二次能源能量密度对比

二次能源	来源	质量能量密度/（MJ/kg）	体积能量密度/（MJ/m^3）
氢气	化石能源制氢、含氢物质制氢、化工副产品氢气回收、太阳能和风能制氢	142.0	11800
甲醇	天然气/木材热解	22.4	16010
柴油	原油	48.6	35690
生物柴油	油菜	43.7	—
生物乙醇	玉米	35.0	—
木炭	木材	29.0	—
锂离子电池	—	0.46～0.72	850
锂硫电池	—	1.26	1260

2. 能量转化效率

在能量的转换系统中，当耗费某种能量转换成所需的能量形式时，一般来说不可能百分之百地转换，实际过程中总会存在各种损失。损失的大小并不能确切评价转换装置的完善程度，一般采用“效率”这个指标进行评价。在能量转换装置中，效率就是取得的有效能与供给装置耗费的能的比值。例如，发电机的效率，是发电机提供的电能与发电机消耗的转动能之比。常采用式（2-1）计算：

$$H=\frac{W_{有用}}{W_{总}}\times 100\% \tag{2-1}$$

在热平衡中，用“热效率”的概念来衡量能量转换，没有考虑能量质量上的差别。为了全面衡量热能转换和利用的效益，应综合考虑热能的数量和质量，㶲指能量中的可用能部分，因此也会采用“㶲效率”来评价系统的能量转换效率，即被利用后收益的㶲与耗费的㶲的比值。当考虑系统内部不可逆损失及外部损失时，计算中需扣除这些损失之和。以锅炉为例，锅炉热效率和㶲效率计算方法见式（2-2）和式（2-3），㶲效率进一步表现出了量传递过程中质量变化和不同过程的效益。

$$热效率=\frac{蒸汽吸收的热量}{燃料燃烧放出的热量} \tag{2-2}$$

$$㶲效率=传热㶲效率\times燃烧㶲效率 \tag{2-3}$$

3. 能量的梯级利用

能量的梯级利用是指对能源在运动中所产生的能量逐级地加以合理利用。能量的形式多种多样，且在数量上具有守恒性，在质量上具有品位性，能源品位指能量转换为功能的能力大小。热能是能量转换与传递的主要形式之一。电能、机械能可全部转变为热能，而热能却只能部分转变为机械能或电能，即电能、机械能的品位比热能高。能源的梯级利用可以提高整个系统的能源利用效率，是节能的重要措施。

如热能在转变为机械能的过程中，温度越高的热能，其潜在可利用的部分就越多，热能品位较高。如处于3000℃高温热，可用来直接分解水蒸气，制成氢气和氧气；或者利用磁流体发电，将一部分热能直转变为电能。从这些装置里排出的热还有相当高的温度，约为1000℃的电热可用于燃气轮机发动机；从燃气轮机排出的热有500～600℃，可用于生产蒸汽，推动汽轮机做功发电；汽轮机排气的高温产生的热量还可以继续利用。

4. 能源全生命周期评价

生命周期有广义和狭义之分。狭义是指本义——生命科学术语，即生物体从出生、成长、成熟、衰退到死亡的全部过程；广义是本义的延伸和发展，泛指自然界和人类社会各种客观事物的阶段性变化及其规律。能源和生物一样具有生命周期，会先后经历创新期、成长期、成熟期、标准化期和衰亡期五个不同的阶段。

全生命周期分析（life cycle analysis，LCA）的思想最早出现于20世纪60代末。针对一种特定的产品，对其整个生命周期过程中资源消耗以及资源消耗对带来的环境影响程度进行分析和评价。全生命周期过程包括原料的获取采集、加工生产、产品包装、各阶段运输、使用消费及回收再利用等各个环节。LCA应用领域包括常规火电、风电、生物质发电、计算机及废弃物的处理，研究内容涵盖了温室气体排放、能源资源消耗、材料需求和生态足迹变化等。国内外研究者常采用LCA来评价不同能源的全生命周期的温室气体排放。

第二节　煤　　炭

一、煤炭分析及分类

煤炭的工业分析主要分为水分、灰分、挥发分和固定碳。灰分含量近似表示煤炭中的矿物质含量，挥发分和固定碳含量近似表示煤炭中的有机质含量。水分的测定方法：将煤加热至105～110℃并保持恒温，待煤质量保持不变时，煤的失重即为煤中水分。灰分的测定方法：干燥后的煤在815℃的条件下完全燃烧后的残渣即为灰分。挥发分的测定方法：煤在900℃隔绝空气加热 7min 后失去的重量减去水分即为挥发分。固定碳就是测完挥发分后的煤样重量减去灰分。

煤炭的元素分析就是对煤炭有机质的主要元素组成进行分析，主要有碳、氢、氧、氮和硫等五种元素。碳元素是煤分子骨架的重要组成元素之一，也是煤燃烧放热的重要元素之一，碳元素随着煤化程度的增加而增加。氢元素主要存在于煤分子的侧链与官能团上，虽然氢元素含量比碳元素少，但其发热量是碳元素的4倍，对煤的发热量影响很大，氢元素随着煤化程度的增加而减少。氧元素主要存在于煤分子含氧官能团上，氧元素随着煤化程度的增加而减少。氮元素在煤的燃烧过程中通常以 N_2 的形式进入烟气，在焦化过程中主要形成 NH_3、HCN 等。硫元素是煤中主要的有害元素，在气化过程中会生成 H_2S，使某些催化剂中毒失效；在燃烧过程中会生成 SO_2，不仅会腐蚀设备，还会污染大气。

煤是由植物经过物理和化学的演变与沉积而成，根据煤化程度不同，可把煤分成泥煤、褐煤、烟煤及无烟煤。

（1）泥煤是从植物刚刚转变过来的煤。结构上质地疏松，吸水性强。在化学组成上，其含氧量最高，达28%～30%，含碳、硫较低。特点是挥发分高，可燃性好，反应性高，灰分熔点很低，主要用于烧锅炉和做气化原料。因其吸水性强，不适合远途运输。

（2）褐煤是泥煤进一步变化后生成的。与泥煤相比，其密度较大，含碳量较高，氢、氧含量较少，挥发性相对低些。使用上黏结性弱，极易氧化和自燃，吸水性较强，在空气中易风化和破碎。

（3）烟煤是一种煤化程度较高的煤种。与褐煤相比，其挥发分少，密度较大，吸水性小，含碳量增加，氢和氧的含量较低。烟煤是工业上的主要燃料，也是化学工业的重要原料。烟煤的最大特点是具有黏结性，是炼焦的主要原料。

（4）无烟煤是矿物化程度最高的煤，也是年龄最大的煤。无烟煤的特点是密度大，含碳量高，挥发分极少，组织密实、坚硬、吸水性小，适合远途运输、长期储存。缺点是可燃性差，不易着火，但发热量大，灰分少，含硫低。

二、煤炭开采

1. 常规开采方法

常规的煤炭开采方法分为露天开采和地下开采。

露天开采是将煤层上方及其四周的土岩剥离，再利用露天沟道线路系统把煤炭和土岩运到地表。这种方法相比于地下开采而言，主要特点是安全性高、生产能力大、建设工期短、回采率高等。但由于对土层的大量剥离，容易造成土壤沙化，严重影响周边村庄的农田。

在我国地下开采比露天开采应用得更多，但过度的地下开采会影响地表的稳定性，造成地面塌陷。

传统的开采方法虽然给我国带来了巨大的经济效益，但同时也严重破坏了自然环境。煤炭开采破坏地下水资源，造成缺水地区供水不足；排出的废气进入大气，污染环境；导致土壤沙化、地表塌陷等问题。面对诸多环境问题，开发煤炭绿色科学开采方法变得尤为重要。

2. 煤炭绿色科学开采

煤炭绿色科学开采是指在以科学发展观引领的与地质、生态环境相协调理念下最大限度地获取煤炭资源，在不断克服复杂地质条件和工程环境带来的安全隐患前提下进行的安全、高效、绿色、经济、社会协调可持续开采。现有的绿色采煤技术主要包括保水开采技术、条带式开采技术、煤炭与瓦斯共采技术、煤炭地下气化技术、充填开采技术等。

保水开采技术是研究开采后上覆岩层的破断规律和地下水漏斗的形成机理，从采矿方法、地面注浆等方面采取措施，实现矿井水资源的保护。

条带式开采技术是指在煤矿开采块段沿一定的方向划分出条带，是一种用保留的条带煤柱支撑上覆岩层，以此控制围岩运动，其面积不应少于开采块段总面积，使地表移动变形保持在允许范围以内。

煤炭与瓦斯共采技术是指在煤炭开采的同时将产生的瓦斯气体也收集起来。传统的开采过程中，往往会将瓦斯气体先抽出，再进行煤炭开采。但瓦斯具有较高热值，如果能收集起来加以利用，会产生可观的效益。

煤炭地下气化技术是指将开采的煤炭在地下直接进行气化处理，再将得到的气体引到地上收集起来。这种技术可以减少煤炭开采造成的污染，但气化过程会产生有毒气体，危害工作人员的安全。

充填开采技术是用采煤过程中产生的不需要的岩石去充填巷道等空白区，保护土壤和岩石结构，以防止发生地面沉降、塌陷等事故。

三、煤炭转化

1. 煤炭常规转化

煤炭常规转化有以下方式：

（1）燃烧发电。我国的电力生产行业主要以火力发电为主，最常用的火力发电机组为凝汽式机组，下面主要介绍一下凝汽式机组的发电过程。煤粉燃烧加热锅炉中的水使其变成饱和蒸汽，经过加热器加热成过热蒸汽后，再经主蒸汽管道送入汽轮机的高压缸膨胀做功，高压缸出口的蒸汽送入锅炉的再热器加热后，再依次送入中压缸和低压缸膨胀做功，逐级膨胀后低温低压的蒸汽送入凝汽器被凝结成水，再由凝结水泵打到低压加热器，被加热后的水再送入除氧器，再由给水泵打到高压加热器，被加热后的水再送入锅炉，至此为一个循环，这样周而复始地循环做功，并带动发电机发电。目前我国发电效率普遍较高，如上海外高桥第三发电厂，其年平均煤耗量仅为276g/kWh，机组额定净效率超过46.5%。相对地，一般的百万机组的效率在42%以上。

煤在燃烧过程中往往会产生许多污染物，主要包括烟尘、硫氧化物、氮氧化物等。煤燃烧时生成的烟尘，按其生成机理可分为气相析出型烟尘和粉尘两种。气相析出型烟尘来源于固体燃料中的挥发分气体，是在空气不足的高温条件下热分解所生成的固体烟尘，也常称为炭黑。粉尘是固体燃料燃烧时产生的飞灰，其主要成分是炭和灰。固体燃料在燃烧之后一部分变成炉渣，一部分以飞灰的形式排入大气中。

（2）煤化工。煤化工是以煤为原料，经过化学加工的方法将煤转化为固体、液体和气体化学品的过程，主要的加工方法包括煤炭干馏、煤炭气化和煤炭液化。

煤炭干馏是煤在隔绝空气条件下加热，分解得到固体、液体和气体产物，且当温度和升温速率变化时，热解产物的成分和特性也会发生变化。干馏直接得到的产物有焦炭和煤气，从煤气中可以分离得到粗苯、焦油、氨等化学品。粗苯经过加工可以得到精制苯、甲苯、二甲苯、古马隆树脂、噻吩、溶剂油等产品。焦油经过加工可以得到萘、酚及其同系物、蒽、菲、咔唑、吡啶、沥青等产品。氨可用于生产制造硫铵、无水氨和浓氨水。

煤炭气化是指煤在一定条件下，与气化剂反应生成煤气的过程。气化的实质是将大分子固体物质转变为小分子气体物质，改变燃料的碳氢比。按照气化技术的发展阶段，煤炭气化方法可分为三代：第一代，各种常压固定床煤气发生炉、加压鲁奇炉、K-T 炉、温克勒炉等气化方法；第二代，德士古法、U-gas 法、Shell 气化法、Prenflo 气化法、GSP 气化法、KRW 气化法、液态排渣鲁奇炉气化等；第三代，原子能余热气化法、催化气化法等。

煤炭液化是指煤经过化学加工转化为液体燃料的过程，分为直接液化和间接液化。直接液化是指煤在催化剂和高温高压条件下进行加氢反应生成液体燃料的过程。间接液化是先通过煤气化将煤转化为合成气，再通过催化合成液体燃料的过程。直接液化得到的产品主要是轻质油和燃料油，间接液化中合成气可以合成甲醇、二甲醚，或者通过 F-T 合成制取烷烃、烯烃等产品。

2. *煤炭高效清洁燃烧*

煤炭高效清洁燃烧技术主要有以下几类：

（1）低氮燃烧。低氮燃烧通过改变燃烧条件来降低燃烧中 NO_x 的生成，方法主要有空气分级、燃料分级和烟气再循环。

（2）纯氧燃烧。纯氧燃烧是指纯氧代替空气与燃料发生反应。纯氧燃烧与空气燃烧相比有诸多优点：无须加热氮气，且热量不会被氮气带出，热效率提高；由于氮含量很少，燃烧产物二氧化碳和水蒸气（三原子气体）的浓度高，辐射传热量提高，传热效率提高；由于不含氮气，抑制了燃烧过程中热力型 NO_x 和快速型 NO_x 的生成，减少环境污染；由于烟气容积大幅减少，易于进行二氧化碳捕集，减少温室气体排放。纯氧燃烧的关键技术在于氧气的制备，工业上制氧技术大多采用空分的手段。

（3）化学链燃烧。化学链燃烧涉及空气反应器和燃料反应器，燃料在燃料反应器中与氧载体反应生成二氧化碳和水蒸气，还原的氧载体送回空气反应器被氧化，从而实现氧载体的再生。化学链燃烧与一般燃烧过程相比有以下优点：无须空分设备，二氧化碳捕集十分方便；燃烧温度较低，减少 NO_x 生成。但是由于氧载体在两个反应器间循环工作，需要有较好的耐磨性、反应活性和循环稳定性。煤炭的化学链燃烧主要有两种方式，包括原位气化化学链燃烧和化学链氧解耦燃烧。化学链燃烧原理见图 2-4。

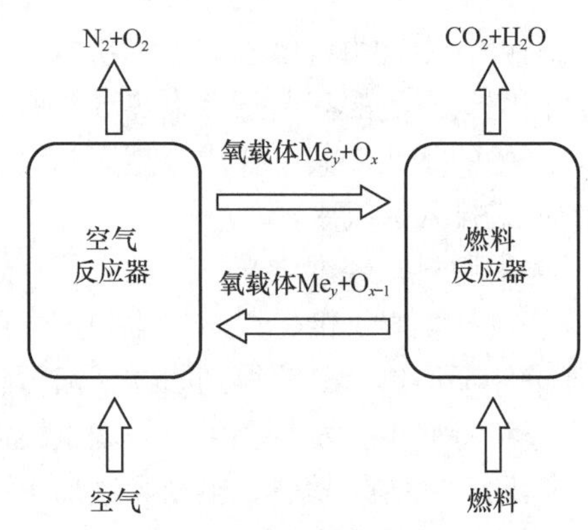

图 2-4 化学链燃烧原理

3. 煤炭高效气化

煤炭高效气化具有十分深远的意义，主要在于煤气的用途非常广泛，可以用于合成气、工业燃气、城市燃气、联合循环发电用燃气、冶金工业还原气等。合成气主要是利用煤气中的 CO 和 H_2，通过各种途径合成众多的化工产品，包括合成氨、醇类、烃类和酸类。作为工业燃气，煤气可广泛地用于钢铁、机械、建材、化工、轻纺和食品等行业，用以各种窑炉加热或直接加热产品。煤气化联合循环发电（IGCC）与传统的燃煤发电装置相比有众多独特的优势，比如高效率、低污染等。在冶金行业，煤气中所含的 CO 和 H_2 具有很强的还原作用，可直接还原铁矿石，生产海绵铁，取消烧结球团设备，简化传统的冶金工艺流程。

（1）气流床气化。气流床气化的原理如下：煤粉与气化剂（纯氧和水蒸气）一起喷入炉中，在高温辐射的作用下，煤粉的干燥、热解和气化瞬间完成。由于煤颗粒夹带在气流中，固体颗粒的体积分数相较于气体而言较小，因此可以认为每个煤颗粒是在被气体隔离开的独立空间内完成燃烧和气化反应的。入炉的煤粉极细，可以保证在极短的停留时间内反应完全。影响其气化效率的主要因素有压力、氧煤比、汽煤比等。

（2）超临界水气化。超临界水气化是指在煤气化过程中以超临界水为媒介，将煤中的碳元素和氢元素转化为 H_2 和 CO_2，并把水中的部分氢元素也转化为 H_2，也可以调整反应路径使不产 H_2 而产 CH_4。

4. 煤炭分级利用

煤炭分级利用，又称分质利用，是先通过热解将煤炭中的挥发分（煤气和煤焦油）提取出来、剩余的半焦再利用的一种手段。根据半焦气化程度不同，煤炭分级利用可分为三类：基于煤热解技术的煤炭分级利用、基于煤部分气化的煤炭分级利用和基于煤完全气化的煤炭分级利用。

基于煤热解技术的煤炭分级利用是先通过热解将煤炭转化为煤气、焦油和半焦。煤气经过净化和提纯可以作为化工原料、燃气蒸汽联合循环发电和工业与民用煤气；捕集下来的焦油经过加工可以转化为芳香烃、脂肪烃等；剩余的半焦具有高热值的特点，可以替代煤炭去电站锅炉燃烧，产生的蒸汽可以发电、供热或制冷。基于煤热解技术的煤炭分级利用见图 2-5。

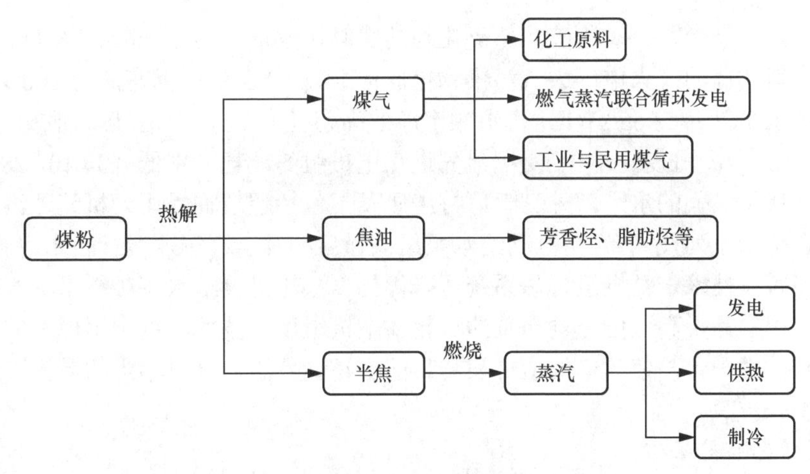

图 2-5　基于煤热解技术的煤炭分级利用

基于煤部分气化的煤炭分级利用的特点是反应器中存在气化剂，煤炭不仅会发生热解反应，还会发生气化反应，但半焦不会完全气化，剩余半焦送入电站锅炉燃烧发电或者供热，燃烧后的灰渣可以提取钒等贵重原料或用作水泥建材。煤气经过净化后可以送去 IGCC 或者制备甲醇等液体燃料，净化过程中脱除的 H_2S 和 COS 可以用来制备硫磺、硫酸等副产品。合成气经过蒸汽重整后变为 CO_2 和 H_2，CO_2 可以制备干冰、培养藻类、强化石油开采等，H_2 可以用于热电冷联产、大规模发电、燃料电池等。基于煤部分气化的煤炭分级利用见图 2-6。

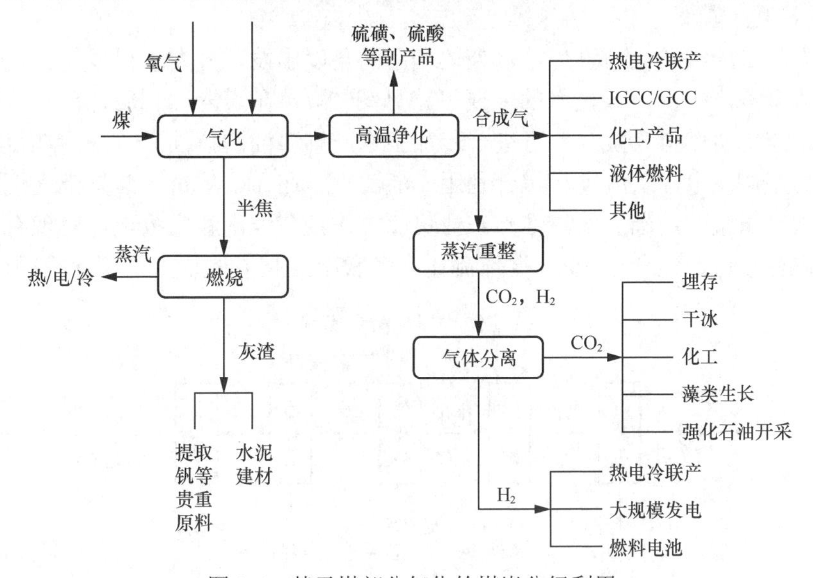

图 2-6　基于煤部分气化的煤炭分级利用

基于煤完全气化的煤炭分级利用与部分气化的工艺流程大致类似，唯一的不同在于半焦是完全气化的，没有送入电站锅炉燃烧那部分。

四、煤炭利用的典型案例

1. 清洁高效燃煤发电厂

上海外高桥第三发电厂（以下简称外三电厂）曾在 2015 年被报道为世界上最清洁高效

的燃煤发电厂，其烟尘、二氧化硫、氮氧化物的实时排放量分别是9.62、18.43、15.76g/m³，远低于我国最新实施的《火电厂大气污染物排放标准》。外三电厂拥有两台100万kW机组，其年平均能耗水平仅为276g/kWh，机组额定净效率超过46.5%（含脱硫、脱硝）。外三电厂的能耗水平，比德国、丹麦、日本、美国最先进煤电机组的能耗分别低8.3、10、28、31g/kWh，相当于领先一代至二代的水平。外三电厂持续研发了包括超超临界压力机组蒸汽氧化及固体颗粒侵蚀综合防治系列技术、大型汽动给水泵组低速启动及全程调速运行技术等12项世界首创的重大节能减排技术，及机组再热系统压降优化、汽轮机凝结水调频技术等6项国内首创技术。值得一提的是，高低位分轴布置的汽轮发电机组设计技术，可利用现有的600℃等级材料、设备和技术平台，使其单位造价在与目前超超临界压力机组相当的前提下，设计供电煤耗降至251g/kWh。

2. 大型绿色开采煤矿

赵官煤矿主要采用煤与瓦斯共采技术、矸石处理、废水净化等绿色开采技术，不仅提高了煤炭的开采效率，还保护了矿区的生态环境。瓦斯抽采是通过在井上建成低压瓦斯抽采泵站和瓦斯发电站各1座，井下建成高压移动式瓦斯抽采泵站2座，其中，地面瓦斯抽采泵站和井下移动泵站分别抽采采空区瓦斯和本煤层瓦斯，将瓦斯抽采出来后去发电；对于矸石处理，一方面用作采空区的充填材料，另一方面去地面砖厂制砖，以减少地面矸石山堆积；矿井涌水流到水仓后经过水泵排到地面主供水池，经净化处理后作为矿井静压供水水源和矿区绿化用水，实现矿区废水的有效利用。

3. 煤分级转化工程

浙江大学基于分级转化的思想，从整体利用的角度出发，开发了以发电为主的循环流化床煤分级转化多联产技术。该技术的主要思路见图2-7，在煤燃烧利用之前，将煤中富氢成分提取出来用作优质燃料（煤气和可进一步加工生产燃料油的焦油）或高附加值化工原料，剩下的半焦再燃烧发电，灰渣进行综合利用。浙江大学在1MW试验装置淮南烟煤热、电、气、焦油多联产试验的基础上，与淮南矿业集团合作，在淮南新庄孜电厂对现有75t/h循环流化床锅炉进行改造，建立了75t/h循环流化床多联产工业中试装置，运行状况良好。

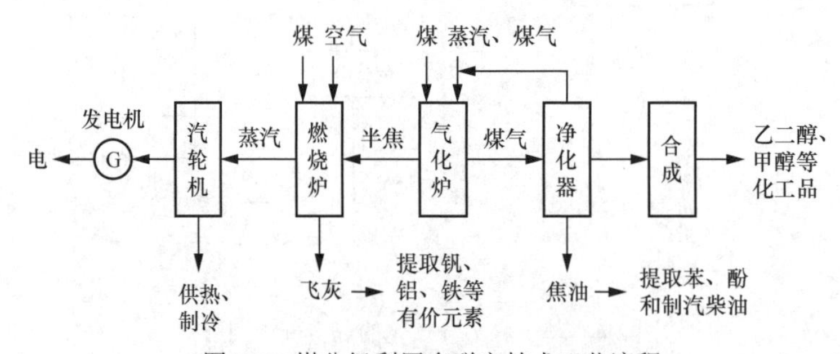

图2-7 煤分级利用多联产技术工艺流程

第三节 石 油

石油，一般也可被称作原油，是一种从地下深处开采出来的黏稠、深褐色液体混合物，常被称为“现代工业的血液”。从来源本质看，石油是古代生物中留存的有机物经过长时间演化过程后中形成的一种中间产物，属于一种不可再生的化石燃料资源。自 20 世纪 70 年代以来，石油在世界能源消费的构成中一直稳居首位。

一、石油特性

1. 石油分类

石油因其理化性质不同或工业用途不同，存在多种分类方法，见表 2-3。

（1）按密度分类。石油密度一般为 0.8～1.0g/cm³，在商业上通常按石油的相对密度不同划分为轻质石油（≤0.852）、中质石油（0.852～0.930）、重质石油（0.930～0.998）、特重质石油（≥0.998）。石油的性质密度因产地而异，我国石油原油的相对密度大多为 0.85～0.95g/cm³，属于偏重的常规石油。

（2）按含硫量分类。石油按含硫量可分为三类，分别为低硫石油（＜0.5%）、含硫石油（0.5%～2.0%）、高硫石油（＞2.0）。

（3）按化学特性因素值分类。石油也可根据化学特性因素值的不同进行分类，石蜡基石油（＞12.15）含较多石蜡，凝点高；中间基石油（11.5～12.15）含一定数量烷烃、环烷烃与芳香烃；环烷基石油（10.5～11.5）含油较多环烷烃、凝点低。

表 2-3　三种分类方法列表

分类标准	分类
相对密度	轻质原油、中质原油、重质原油、特重质原油
含硫量	低硫石油、含硫石油、高硫石油
化学特性因素值	石蜡基石油、中间基石油、环烷基石油

2. 石油的理化特性

石油的成分复杂，可溶于多种有机溶剂，不溶于水，其主要成分为碳氢化合形成的烃类，一般其质量分数为 95%～99%。烃类物质混合物以烷烃、环烷烃、芳香烃和不饱和烃为主，不同烃类对石油产品性质的影响各不相同，非烃类物质包含少量硫、氮、氧的化合物和胶质等。石油的平均低位发热量为 41.87MJ/kg。从元素组成的质量分数来看，碳（83%～87%）、氢（11%～14%）、氧（0.08%～1.82%）、氮（0.02%～1.7%）、硫（0.06%～0.8%）占比最高，微量金属元素（镍、钒、铁等）也存在于石油中。含硫、氧、氮的化合物对石油产品有害，可通过加工处理将其除去，提升石油品质。我国所产原油大多属于石蜡基石油，以含蜡较多，凝固点高，硫含量低，镍、氮含量中等，钒含量极少为主要特点。应对不同种类的石油，处理方式存在区别，得到石油产品的性能也不同。

二、石油勘探与开采

1. 石油的勘探

随着科学技术的飞速发展和油气田的大规模勘探与开发，人们获得了丰富的地质数据，并对油气的产生、运移、聚集等方面的规律有了进一步的了解，勘探的精度和深度达到了相对较高的水平，并且出现了许多新石油勘探技术，大大提高了石油勘探的效率。

目前一个完整的石油勘探流程包括调查和勘探阶段。调查阶段的主要任务是通过地面地质调查或地球物理测量或地球化学探测调查油气藏存在的条件与状况。在勘探阶段常采用钻井方法，并通过取芯和测试油气层来验证油气层的存在。目前主要有四种勘探方法：地质法、地球物理法、地震勘探法、地球化学法和钻探法。地质法是利用地质资料寻找油气田的基本方法，主要包括地面地质观测与研究、井下地质的观测与研究、实验室的测定和研究以及航空卫星照片的地质解释。地球物理法包括地震勘探、电法勘探、磁力勘探、重力勘探等多种勘探方法。地震勘探法是石油勘探中最常见、最重要的方法之一，它是指使用人工爆炸产生地震波，当爆炸点深入地下时，它在岩石密度发生明显变化的界面上产生反射波和折射波，利用地震勘探仪器记录后，再通过电子计算机对其进行处理和制图，做出地质解释，就可以知道各个反射层、折射层的深度、地层形态、断裂分布等，以便寻找可能的储油构造。地球化学法是一种基于有机化学、物理化学和生物化学的理论基础，使用先进的分析仪器进行勘探的新方法。研究内容主要包含有机物如何转化为油气，以及油气与周围介质之间的各种化学、物理化学和生物化学作用，使用从研究中获得的各种指标来评估区域含油前景和局部构造的油气属性。钻探法就是利用钻井寻找油气田的方法。钻探法是油气勘探中必须采用的重要手段，由调查、发现油气藏一直到油气藏的开采都必须进行钻探研究。

2. *石油的开采*

石油开采是指在储存石油的地方开采、提取和运输石油的过程。石油开采的不断发展，离不开测井工程、钻井工程、采油工程、油气集输技术的完善进步。

测井工程是指应用地球物理方法，把钻过的岩层和油气藏中的原始状况和发生变化的信息，尤其是储层中油、气、水的分布和变化，通过电缆传到地面，根据综合判断，确定应采取的技术措施。

钻井工程在油气田的发展中起着非常重要的作用。在油气田的建设中，钻井工程通常占总投资的50%以上。油气田的开发通常需要成百上千甚至更多的井。对用于不同目的的井（例如生产井、注入井、观察井和专门设计用于检查水洗油效果的检查井等），存在不同的技术要求。应确保钻好的井对油气层的污染最小，固井质量高，并且可以承受几十年的开采过程中各种井下作业的影响。此外，改善钻井技术、提高钻井速度常常是降低钻井成本的关键所在。

采油工程是一种将石油和天然气从井底提升到井口的工艺技术。石油和天然气的上升可以通过地层的能量自喷，也可以通过人工补充的能量（例如油泵和气举）提升。

各种有效的修井措施，能排除油井经常出现的结蜡、出水、出砂等故障，并确保油井正常生产。水力压裂或酸化等增产措施，可以有效缓解因油层渗透率太低、钻井技术措施不当以及开采过程损害油气层所造成的部分产能下降，提高生产能力。对注入井来说，则是提高注入能力。

油气集输工程是在油田上建设一套完整的工艺技术，用于油田油气的采集、分离、加工、计量、储存和运输。油气集输工程将井中产生的油、气和水等混合流体进行初步处理并分离，以获得尽可能多的油气产品。同时，分离出的水可加以利用防止环境污染、减少无效损失。

总而言之，开采得到的石油原油先从储层流入井底，再由井底升到井口，随之从井口输送到集油站，经过分离和脱水处理，被送入油气输送站，输出开采矿区，输入到存在石油需求的工厂，随之得到转化与利用。

值得注意的是，与一般的固体矿井相比，石油开采具有三个突出特征：①在整个开采过程中，开采对象不断流动，储油条件不断变化，必须针对这种情况采取应对措施。因此，油气田开采的全过程是一个不断了解和不断完善的过程。②通常情况下，矿工不会直接接触矿体。油气的开采，对油气藏条件的理解以及对油气藏产生影响的各种措施必须通过专门的测井来进行。③油气藏的某些特征必须在生产过程中，甚至是在井数中才能体现出来，为充分了解这些特征需要花费更多时间，因此勘探和开采阶段通常会交织结合一段时间。

三、石油的炼制及产品

1. 石油的炼制

根据其精炼过程，石油有两个主要分支：通过精炼生产各种燃料、润滑油、石蜡、沥青、焦炭和其他石油产品；或把经蒸馏得到的馏分油进行热裂解等加工，将基本原料分离出来，然后合成各种石油化工产品。前者是石油炼制工业体系，后者是石油化工工业体系。把原油蒸馏分为几个不同的馏分称为一次加工或初加工；将一次加工得到的馏分再加工制成商品油称为二次加工；将二次加工的商品油制造基础有机化学品原料的过程称为三次加工。一次加工包括常压蒸馏或常减压蒸馏。二次加工包括催化裂化、加氢裂化、催化重整、加氢精制、延迟焦化、烷基化等。三次加工包括采用裂解工艺制取乙烯、芳烃和其他化工原料的过程。

石油也可以根据最终产品分为三种基本类型：①燃料型。除了生产某些重油燃料油外，主要产品是用作燃料的石油产品，将减压馏分油和减压渣油进行轻质化处理，转化为各种轻质燃料。②燃料润滑油型。除了生产用作燃料的石油产品外，部分或大部分减压馏分油和减压渣油还被用于生产各种润滑油产品。③燃料化工型。除了生产燃料产品外，还可生产化工原料及化工产品，例如某些烯烃、芳香烃和聚合物的单体等。这种加工方法不仅充分合理地利用了石油资源，而且还提高了炼油厂的经济效益，是石油炼制加工的发展方向。燃料化工型石油加工流程见图 2-8。

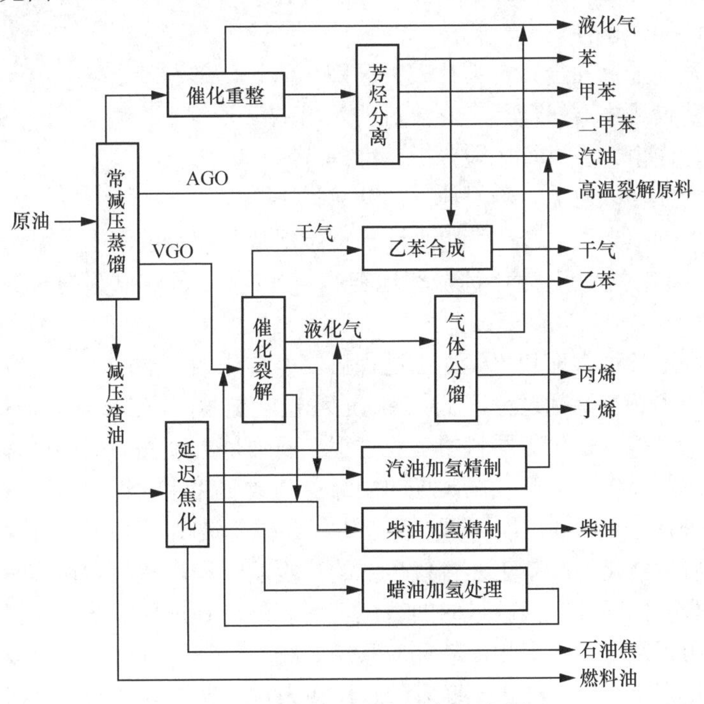

图 2-8　燃料化工型石油加工流程

2．石油的产品

石油系列产品用途丰富，多种多样，按用途可分为石油燃料、润滑油与润滑脂、蜡与沥青与石油焦、石油化工产品，见表 2-4。石油燃料占石油产品 80%以上；润滑油与润滑脂占全部石油产品的 2%左右，但品种繁多；蜡、沥青与石油焦是在生产燃料和润滑油时进一步加工得来的；石油化工产品是有机合成工业重要的基本原料和中间体。

表 2-4　　石油主要系列产品比较

炼制方法		原料	目的	主要产物
分馏	常压	石油原油	分离轻质油	汽油、煤油、柴油、溶剂油、重油
	减压	重油	充分分离重油，防止炭化	润滑油
裂化	热裂化	重油	提高轻质汽油的产率	汽油
	催化裂化			
裂解		分馏后产品	得到短链气态不饱和烃	乙烯、丙烯、丁二烯

四、石油的开采与转化案例

1．海上采油与炼制

海上采油平台主要用于开采石油和天然气以及对石油和天然气进行初步处理，见图 2-9。它是一个或多个生产井和油气处理基础设施，因此它必须具有相应的甲板面积和承载能力，并且还必须能够适应各种海洋条件或可能的操作条件。

图 2-9　海洋钻井平台的工作示意

海上油气开发与陆上油气开发没有太大区别，但海上采油平台的建设成本要昂贵得多，故对油气田范围的评估必须更加谨慎。要进行风险分析，准确选择平台位置和建设规模，以避免由于对地下油藏认识不足推断错误而造成的损失。如今，海上采油已逐步形成了整套的海上开采和集输的专用设备和技术。采油平台能够抵御风、浪、冰流和地震等各种灾害，能够开采的水深已经超过 200m。

2．绿色石油炼制

原油必须在经过各种物理和化学加工过程后，先转化为石油产品才能有效使用。这些转化过程的组合构成了石油炼制过程。石油炼制过程也就是生产汽、柴油等液体燃料和以乙烯、丙烯为主的低碳烯烃等有机化工原料的工业过程。石油炼制过程的核心过程是重油的催化裂化和轻质油与低碳烯烃生产。开发低碳导向的绿色高效石油炼制过程需要对催化裂化工艺进行研究，以及定向调变催化剂性能、调控反应历程并强化流动-反应间的多区耦合协控；发展低碳烯烃生产，研发催化裂解新工艺替代传统的热裂解过程，从而实现炼油过程中石油资源的高效定向转化和减排降耗。低碳导向的绿色高效石油炼制过程需要深入研究轻、重石油馏分催化转化反应历程及调控，多相流动反应系统非线性特征及耦合调控以及裂解产物多相平衡与传递规律。特别是在环保要求不断升级、绿色发展不断深入的当下，研究指导石油馏分定向转化的理论体系，构筑最优反应历程、定向转化催化剂与反应耦合系统，便于减少污染、降低二氧化碳排放，提高资源利用率和经济效益，完善绿色石油炼制系统。

第四节　天　然　气

由于石油资源的不确定性和天然气丰富的储量，诸多国家都正在将自己的能源使用对象转为天然气，以满足其能源需求的多样化及应对全球气候变化。而且，与煤炭相比，天然气作为一种较为清洁的能源，从长期来看，石油和天然气的产量约在2050年达到顶峰，在能源界天然气的地位可比肩石油。

一、天然气特性

天然气是主要由甲烷组成的低碳烃类混合物，并包括一定量的乙烷、丙烷和重烃以及少量N_2、H_2S、O_2、CO_2等气体。其中，碳的质量分数为65%～80%，氢的质量分数为12%～20%，平均最低发热量为38.97MJ/kg。用于出售的天然气已经过处理，主要由甲烷、乙烷和少量的丙烷组成。天然气是无色、无味、无毒、无腐蚀性的气体，燃烧产物主要为二氧化碳和水。与其他化石燃料相比，天然气仅排放少量的二氧化碳粉尘和微量的一氧化碳、碳氢化合物和氮氧化物。因此，天然气是一种高质量、高效的清洁能源。天然气可以甲烷质量分数为界，大于90%称为干气，小于90%称为湿气。湿气中乙烷、丙烷、丁烷及C4以上烃类占有一定数量。天然气也可按来源分为三类，即纯气井生产的气井气、凝析气井气和油田伴生气。

天然气蕴藏在地下多孔隙岩层中，包括油田气、气田气、煤层气、泥火山气和生物生成气等，也有少量出于煤层。天然气常被用作燃料能源和重要化工原料。具体来说，天然气主要用作燃料，也用于制造乙醛、乙炔、氨、炭黑、乙醇、甲醛、烃类燃料、氢化油、甲醇、硝酸、合成气和氯乙烯等化学物的原料。天然气还能制造炭黑、化学药品和液化石油气，由天然气生产的丙烷、丁烷是现代工业的重要原料。天然气的利用领域也可归纳为城市燃气、工业燃料、天然气发电和天然气化工四大类。

二、天然气的开采与运输

1. 天然气的开采

天然气也同原油一样埋藏在地下封闭的地质构造之中，有些和原油储藏在同一层位，有些单独存在。对于和原油储藏在同一层位的天然气，会伴随原油一起开采出来。对于只有单相气存在的，我们称之为气藏，其开采方法既与原油的开采方法类同，又存在特殊点。

天然气密度小、黏度小，密度仅为0.75～0.8kg/m³，在地层和管道中的流动阻力小，井筒气柱对井底的压力小。因此天然气开采时一般采用自喷方式，这和自喷采油方式基本一样。不过因为气井压力一般较高，加上天然气属于易燃易爆气体，对采气井口装置的承压能力和密封性能比对采油井口装置的要求要高得多。

天然气开采和原油一样储藏体系复杂，伴随天然气的开采进程，水会渗透窜入油气藏。水的侵入非但不能有效地驱替气体，反而会封闭空隙中未排出的气体，形成死气区，从而大大地降低了气藏的最终采收率。次气井产水后，气流入井底的渗流阻力会增加，气液两相沿油井向上的管流总能量消耗将显著增大。随着水侵影响的日益加剧，气藏的采气速度下降，气井的自喷能力减弱，单井产量迅速递减，直至井底严重积水而停产。因此，天然气开采上常采用堵水法和排水法治理气藏渗水问题。堵水法采用机械卡堵、化学封堵等方法将产气层和产水层分隔开或是在油藏内建立阻水屏障。排水法办法较多，常依据渗水量的多少采取小油管排水采气法、泡沫排水采气方法、柱塞气举排水采气法和深井泵排水采气法等方式。

2. 天然气运输

目前，世界上大规模的天然气运输基本上有管道天然气运输和液态天然气运输两种方法。陆上区域通常使用管道运输，海上运输通常使用专用船舶运输液化天然气（LNG）。考虑到天然气在通常状态下呈气态的特点，世界上天然气运输仍以管道运输为主，2023 年，全球天然气贸易量约为 1.25 万亿 m^3，其中全球管道气贸易量约为 6922 亿 m^3，占比 55.7%；LNG 贸易量约为 4.11 亿 t，占比 44.3%。世界天然气运输流向呈现出以俄罗斯出口欧洲各国、加拿大出口美国、俄罗斯与中亚各国出口中国的管道运输，和亚洲欧洲沿海各国进口卡塔尔、澳大利亚、美国、俄罗斯的海上运输的特征。

（1）管道运输。天然气管道运输是指在管道内将天然气通过加压使其在高压气浆的压力作用下向目的地进行输送的一种运输方式。考虑到我国幅员辽阔、内陆区域广大，管道运输易于形成完整有效的输送管网，能极大地提高天然气的利用效率，管道运输无疑是最好的天然气输送方式。

天然气的管道运输系统主要依靠矿场集气管道、干线输气管道、城市配气管道等基站设备系统。①集气管道。从气田井口装置通过集气站到天然气处理厂或起始气站的管道主要用于收集从地层中提取的未处理天然气。由于气井的高压，集气管道的压力大，管径为 50～150mm。②输气管道。从气源的气体处理厂或起始气站到主要城市的配气中心、大型用户或储气库的管道，以及气源之间的互连管线输送经过处理的天然气，同时满足管道运输的质量标准。输气管道的直径大于集气管道和配气管道，最大直径可达 1420mm。依靠压力运输，天然气运输管道长度可达数千公里。③配气管道：从城市调压计量站到用户支线的管道，压力低、分支多，管网稠密，管径小，除大量使用钢管外，低压配气管道也可用塑料管或其他材质的管道。

天然气管道运输系统是个连续密闭输送系统，从输送、储存到用户使用，天然气均处于带压状态。由于气体密度小，静压头影响远小于液体，设计时高差小于 200m 时静压头可忽略不计，线路几乎不受纵向地形限制。相对于其他运输方式，天然气管道运输通常埋于地下，其占用的土地很少，安全性能高，运输损耗少。运输管道建成后，每年的运输量大，运输成本低，建设周期短、建设费用低。管道沿线无“三废”排放，发生泄漏危险小，对环境污染小，受恶劣气候影响小。此外，管道运输全程可监管，易于实现远程管理和集中调控。

（2）海上运输。管道运输虽已较为方便可靠，但在一些情况下天然气管的铺设难以完成，投资巨大，为了解决这类问题，海上运输液化天然气的方法应运而生。与石油不同，天然气在常温常压下为气态，这意味着，就相同质量的能量而言，它所占的体积是石油体积的 600 倍。因此，在装船封罐之前必须进行压缩处理，将天然气转变为液态化工产物，或者复合型液态烃类物质，或将其低温冷却液化，存入液化天然气罐内进行运输。在过去的 40 年中，有大量液化天然气成功而安全地跨越辽阔的海域输送到达目的地。进口液化天然气的国家需要修建液化天然气终端站的特殊港口卸下液化天然气罐，终端站一般包含液化天然气卸载设备、液化天然气储存罐和液化天然气的再气化装置。最终，液化天然气从储存罐中抽出，加热转为天然气，通过天然气管线把这些气体输往民用和商业用户等主要的消费处。

三、天然气的利用

天然气是工业、供暖建筑和电力生产（尤其是在高峰时段）最重要的化石燃料之一，天然气燃烧技术已经成熟。在过去的半个世纪中，天然气的市场份额不断增加，应用越来越广泛。

1. 大型燃气发电

燃气发电是指利用天然气产生电力。燃烧天然气把水变成蒸汽，再用蒸汽推动汽轮机带动发电机运转而发电，属于一般的火力发电，其效率较低。天然气联合循环发电则是将天然气燃烧时产生的高温烟气，推动燃气轮机，进行一级发电，然后再利用燃气轮机排出的高温烟气加热水，产生蒸汽推动汽轮机，进行二级发电。这就是联合循环发电，效率较高，可达60%以上。

由于天然气燃烧热效率高，排放的污染物又较其他燃料少，因此天然气被认为是最清洁的发电燃料。目前天然气联合循环发电的技术已相当成熟，已进入商业运作，且规模很大。天然气发电厂运行灵活，机组启动快，既可基荷发电，也可以调峰发电，便于接近负荷中心，提高供电可靠性，并减少送变电工程量；但是天然气发电项目承担的经济风险要高于燃煤发电厂项目，特别是液化天然气发电成本高，一般要大大高于燃煤电站，因而天然气发电厂多用于调峰。页岩气开发成功助长了燃气发电的发展。

2. 天然气化工

天然气既是优质的清洁燃料，又是重要的化工原料。天然气可用于发电、燃料电池、汽车燃料、化工、城市燃气等，其中许多技术已经成熟。天然气作为化工原料，已初步形成独具特色的 C1 化学与化工系列，回收的天然气凝液是石油化工的重要原料。2022 年，我国天然气消费量约 3646 亿 m^3，在一次能源消费总量中占比 8.4%。从消费结构看，城市燃气消费占比 33%，工业燃料、天然气发电、化工行业用气规模占比分别为 42%、17%和 8%。其中，天然气作为化原料主要用于农用化肥，生产合成甲醇、化纤等其他化工产品。轻烃回收的产品液化石油气（LPG）、轻油或混合液态烃（NGL）可作为乙烯的生产原料。此外，利用天然气还可生产甲烷氯化物、硝基甲烷、氢氰酸、炭黑等化工原料，以及天然气合成汽油等，因此，天然气的化工利用前景十分广阔。天然气用作化工原料，现阶段主要是用于生产合成氨、甲醇、乙炔、氯甲烷、氢氰酸、二硫化碳等及其下游加工产品，而主导产品是合成氨和甲醇。

3. 分布式热电联供

天然气分布式热电联供是指分布在用户端，主要使用天然气作为燃料来实现能源的级联利用。分布式热电联供系统是一个清洁、高效的能源供应系统，是有效利用天然气的重要途径。利用发电以后产生的烟气余热实现夏季供冷、冬季供热，并全年提供生活热水，可以节省大量的空调用电。分布式热电联供综合能源利用效率超过 70%，能源效率高，清洁环保，安全性好，经济效益好。

目前常用的天然气分布式能源系统有热电联供系统（CHP）、冷热电三联供系统（CCHP）和建筑冷热电联供系统（BCHP）等几种形式。

第五节 非常规油气

除了目前大量开采的常规油气资源，仍有相当一部分油气以非常规形式存在。非常规油气是全球油气储量的重要组成部分，随着开采技术的发展进步，其资源重要性不断加强。美国为实现“能源独立”而进行了页岩革命，掀起了世界石油工业从常规油气到非常规油气的变革热潮，从而助推全球油气储量和产量增长、影响着各国能源战略格局。

非常规油气（unconditional oil and gas），通常指用传统技术无法获得自然工业产量、需用新技术改善储层渗透率或流体黏度等才能经济开采、连续或准连续型聚集的油气资源，广义上指利用常规技术无法进行规模化和经济化开采的油气资源。而在石油地质学中，非常规油气藏被定义为“不存在常规封闭条件而形成的油气聚集”。

一、页岩气

1. 页岩气特性

页岩气是赋存于以富有机质页岩为主的储集岩系中的非常规天然气，是连续生成的生物化学成因气、热成因气或二者的混合。页岩是一种渗透率极低的沉积岩，通常被认为是油气运移的天然遮挡，天然气可以储存在页岩岩石颗粒之间的孔隙空间或裂缝中。在裂缝和孔隙构成的泥页岩储集空间中，页岩气存在多种赋存相态，包括吸附态、游离态和溶解态，但以吸附态和游离态为主要赋存形式，溶解态的气体仅少量存在。大量的吸附态页岩气吸附于有机质颗粒、干酪根颗粒、黏土矿物颗粒以及孔隙表面之上，游离态的页岩气主要分布在孔隙和裂缝中，少量的溶解态气体则溶解于干酪根、沥青质、残留水及液态原油中。

页岩气的成分以甲烷为主，含有少量轻烃气体。在不同的页岩层系中，吸附气、游离气和溶解气所占的比例存在一定的差异，在异常高压气藏中，以游离气为主；在埋藏较浅的低压气藏中，则以吸附气为主。据统计，吸附态页岩气的含量占页岩气总含量的20%～85%。

页岩气藏物性差，渗透率极低，开发技术要求高，难度大。我国页岩气普遍埋藏较深，进一步增加了开发难度，但其储量大、开采寿命长、生产周期长，可采用独特的开采方式来发挥其潜力。

2. 页岩气的开采

页岩气开采的整个过程与常规的采油工程相似，从勘探开始，然后进行钻井、完井、储层改造，最后开始进行采油。由于页岩气藏物性差，渗透率极低，在固井、完井方式、储层改造方面需要突破一定的技术关口，以提升页岩气的采收率。

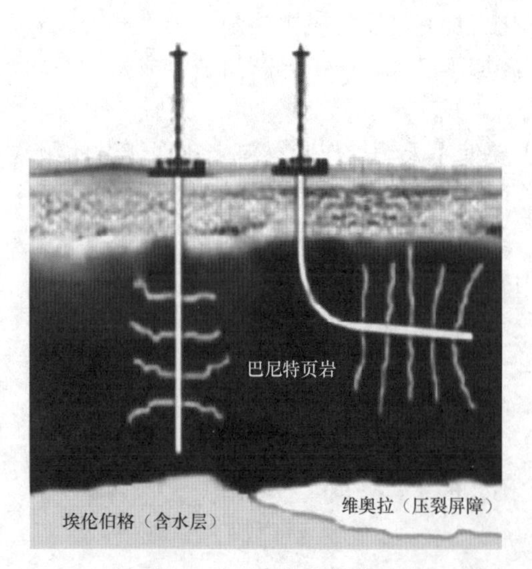

图2-10 垂直井和水平井示意

勘探方面主要采用地震勘探技术。主要是通过相干分析技术、地震属性分析、层间切片等预测页岩裂缝以提高探井成功率。

钻井主要有直井和水平井两种方式。一般情况下，若页岩储层为水平裂缝，主要采用垂直井；若页岩储层为垂直裂缝，多采用水平井，见图2-10。

完井是指井钻达到设计井深后，使井底和油层以一定结构连通起来的工艺。完井是钻井工作最后一个重要环节，又是采油工程的开端，与以后采油、注水及整个油气田的开发紧密相连。由于页岩气大部分以吸附态赋存于页岩中，而其储层渗透率低，既要通过完井技术提高其渗透率，又要避免地层损害，这直接关系到页岩气的采收率。

最后的准备工作是储层改造。裂缝的发育程度是页岩气运移聚集、经济开采的主要控制因素之一。仅有少数天然裂缝页岩气井可直接投入生产，90%以上的页岩气井需要采取压裂等增产措施沟通其天然裂缝，提高井筒附近储层导流能力。目前比较成熟的是水力压裂技术。水力压裂就是泵入大量低黏度近纯水的稀砂液段塞到页岩层中，以诱发新裂缝以及扩大页岩层中的原始裂缝，这是页岩气开采中的一项关键技术。

页岩气开发需要更高精的技术和更先进的设备以及更大的投资和成本，而目前阶段总体投入产出效益并不理想。页岩气渗透率低，采收率为 10%～20%，开发技术要求高，而且生产过程中不仅大量消耗水，还会导致一系列环境问题，如水力压裂所用的碳氢化合物或化学品对地下水的潜在污染，地下爆破对地表的影响，空气、土壤和噪声污染，以及动植物栖息地丧失等。

二、天然气水合物

1. 天然气水合物的特性

天然气水合物是甲烷等烃类气体或挥发性液体与水相互作用形成的白色结晶，俗称“可燃冰”，由于可燃冰中以甲烷（大于 90%）为主，也称甲烷水合物。可燃冰实质上是一种水包气的笼状物，见图 2-11，在笼架的中心有足够的空间，可容纳天然气的分子。在水合物中，水分子呈三维鸟笼状网形结构。甲烷等烃类分子被捕集到网状水分子间形成气水合物，天然气水合物的水分子与烃类分子间无化合键或离子键连接，因此极易分解或分离。除甲烷外，生成天然气水合物的气体还有乙烷、丙烷、丁烷、二氧化碳、硫化氢等常见天然气组分。只有细小的分子才能形成水合物，大于丁烷分子的气体分子一般不会形成水合物。

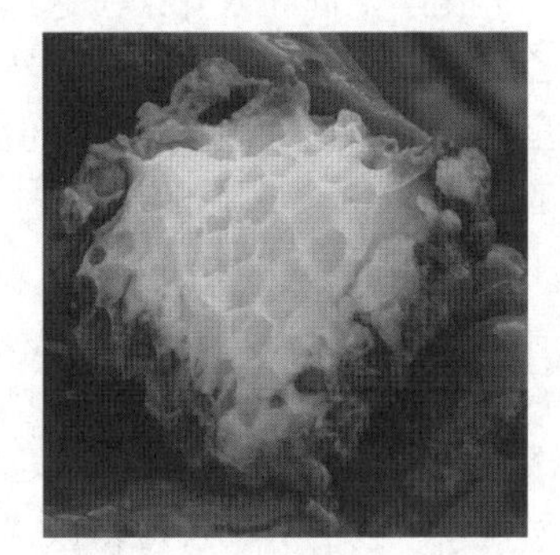

图 2-11　笼状天然气水合物

在自然界发现的天然气水合物多为白色、淡黄色、琥珀色等颜色，呈轴状、层状、小针状结晶体或分散状。它可存在于零度下，也可存在于零度以上低温高压环境。天然气水合物具有多孔性，硬度和剪切模量小于冰，密度接近于冰，热导率和电阻率远小于冰，可在零度以上生成，超过 20℃就会分解。

可燃冰的形成必须同时具备三个基本条件：①低温（0～10℃）；②高压（＞10MPa 或水深 300m 及以上）；③充足的气源。按成因和分布区域可将可燃冰划分为海洋型和冻土型两类。某些陆地永久冻土区具备充足的气源和低温高压环境，能够使可燃冰保持稳定的固体状态，当下层地层中的热解气向上逸散，遇到上层覆盖的冻土层，煤层气和水在低温、高压的条件下形成可燃冰，其组分除了甲烷，还有少量乙烷、丙烷等气体；在海洋深层 300～500m 的沉积物中也具备这样的低温高压条件，目前海洋中发现的可燃冰数量和规模比陆地上大，主要分布在东、西太平洋边缘和西大西洋边缘。

高能量密度、高热值、分布广是天然气水合物的显著特点，充填甲烷的可燃冰 $1m^3$ 可产出 $164m^3$ 气和 $0.8m^3$ 水，其能量密度是煤的 10 倍左右。据估计，陆地上 20.7%和深水海底 90%的地区具有形成天然气水合物的有利条件，天然气水合物总储藏量达到 $7.6×10^{18}m^3$，是已知含碳化合物总和（包括煤、石油和常规天然气等）的 2 倍，因此被认为是 21 世纪最有潜力的替代能源和清洁能源，开发利用潜力巨大。

2. 天然气水合物的开采

可燃冰开采主要围绕着“破坏”可燃冰的生成和生存条件来进行，主要包括热激发开采法、减压开采法、化学试剂注入开采法、CO_2 置换开采法和固体开采法，其中前三者为传统开采方法，后两者为新型开采方法。

热激发开采法是直接对天然气水合物层进行加热，使天然气水合物层的温度超过其平衡温度，从而促使天然气水合物分解为水和天然气的开采方法。热激发开采法可实现循环注热，且作用方式较快。但这种方法至今尚未很好地解决热利用效率较低的问题，而且只能进行局部加热。目前加热方式正不断改进。

减压开采法是一种通过降低压力促使天然气水合物分解的开采方法。减压途径主要有两种：①采用低密度泥浆钻井达到减压目的；②当天然气水合物层下方存在游离气或其他流体时，通过泵出天然气水合物层下方的游离气或其他流体来降低天然气水合物层的压力。减压开采法不需要连续激发，成本较低，适合大面积开采。但它对天然气水合物藏的性质有特殊的要求，只有当天然气水合物藏位于温压平衡边界附近时，减压开采法才具有经济可行性。

化学试剂注入开采法通过向天然气水合物层中注入某些化学试剂，如盐水、甲醇、乙醇、乙二醇、丙三醇等，破坏天然气水合物藏的相平衡条件，促使天然气水合物分解。这种方法虽然可降低初期能量输入，但缺陷很明显，它所需的化学试剂费用昂贵，对天然气水合物层的作用缓慢，而且还会带来一些环境问题。

CO_2 置换开采法以天然气水合物稳定带的压力条件为依据。在一定的温度条件下，天然气水合物保持稳定需要的压力比 CO_2 水合物更高。因此在某一特定的压力范围内，天然气水合物会分解，而 CO_2 水合物则易于形成并保持稳定。此时向天然气水合物藏内注入 CO_2 气体，CO_2 气体就可能与天然气水合物分解出的水生成 CO_2 水合物。这种作用释放出的热量可使天然气水合物的分解反应得以持续地进行。

固体开采法最初是直接采集海底固态天然气水合物，将天然气水合物拖至浅水区进行控制性分解。这种方法进而演化为混合开采法，首先促使天然气水合物在原地分解为气液混合相，采集混有气液、固体水合物的混合泥浆，然后将这种混合泥浆导入海面作业船或生产平台进行处理，促使天然气水合物彻底分解，从而获取天然气。

然而开采可燃冰可能引发一系列的环境与地质问题：可燃冰在开采过程中极易发生泄漏，大量甲烷气体分解出来经海水进入大气层，加剧温室效应；从工程角度分析，每开采 $1m^3$ 的可燃冰，将释放 $164m^3$ 的天然气，所形成的压力空缺可能会引发大陆坡沉积物的坍塌、移动，破坏海底环境，造成地质灾害，威胁到海上平台的安全；当环境变化时（如温度升高或者压力降低）极易导致可燃冰的失稳和分解，迅速由固态分解成水和膨胀的气体，甚至导致可燃冰中所含的甲烷气的大量释放，分解出的天然气呈气泡上升，使海水密度减小，又促使更多水合物分解，导致天然气大量从海底逸出，在海面上形成强大的涡流和天然气团，有国外学者认为百慕大三角区海域发生的许多船只飞机失踪事件与可燃冰扰动有关；此外，水合物分解所释放的甲烷进入海水后，有一部分可能被一些微生物或好氧细菌氧化，从而导致海水缺氧，引起大量生物死亡甚至灭绝，严重破坏生态环境。

第六节　核　　能

一、核能概述

核能（或称原子能）是通过核反应从原子核释放的能量，核能是人类最具希望的未来能源之一。原子核反应时产生的能量巨大，核能比化石燃料燃烧放出的能量大得多。核能分为两种：一种是原子核裂变反应时产生的核裂变能，如铀的裂变；另一种是轻元素原子核聚变反应时产生的核聚变能，如氘、氚、锂等。核聚变反应释放的能量比核裂变反应释放的能量更大。重元素的裂变技术已得到实际性的应用，而可控的轻元素聚变技术正在积极研究之中。

世界上有比较丰富的核资源，铀、钍、氘、锂、硼等都能成为核燃料，其中铀的储量约为 417 万 t，地球上可供开发的核燃料资源所提供的能量是化石燃料的 10 万倍以上。核能应用作为缓和世界能源危机的一种经济有效的措施具有许多优点：

（1）核燃料体积小而能量大，可以提供稳定而连续的能量。1kg 铀核裂变释放的能量相当于 2400t 标准煤释放的能量；核能不同于太阳能和风能，其能量供应是非间歇性的，稳定而连续。

（2）核能发电成本相对较低。一座 100 万 kW 的大型煤电站，每年需原煤 300 万～400 万 t，运这些煤需要 2760 列火车，相当于每天 8 列火车，还要运走 4000 万 t 灰渣。同功率的压水堆核电站，一年耗铀含量仅为 3%的低浓缩铀燃料 28t，每磅铀的成本约为 20 美元，换算成 1kW 发电经费是 0.001 美元左右，这比目前的传统发电成本要低很多；而且，由于核燃料的运输量小，所以核电站就可建在最需要的工业区附近。核电站的基本建设投资一般是同等火电站的 1.5～2 倍，不过它的核燃料费用却要比煤便宜得多，运行维修费用也比火电站少。如果掌握了可控核聚变反应技术，使用海水作为燃料，则更是取之不尽、用之不竭。

（3）核能发电较为安全。在核电厂设计、制造、建造、运行和监督管理中具有多层保护，在放射源与环境之间设置了多道屏障，对核电厂采取保守设计、精心制造、建造和运行。各国在对核电厂管理上从设计、制造、建造、运行乃至退役的全过程有着完善和严格的核安全法规体制，有一套完备的安全审核和监管制度。这些安全措施能有效地保障核电厂的安全，在所有运行状态下，能保证核电厂周围居民和厂内工作人员所受放射性辐照低于规定限值，有严重放射性后果的事故发生的概率极低。

（4）清洁、污染少。火电站不断向大气排放二氧化硫和氮氧化物等有害物质，同时煤里的少量铀、钛和镭等放射性物质也会随着烟尘飘落到电站的周围而污染环境。而核电站设置了层层屏障，基本上不排放污染环境的物质，其放射性污染也弱于烧煤电站。

在国际社会越来越重视全球气候变化、减少温室效应气体排放的形势和压力下，积极推进核电建设，已是各国能源建设的一项重要政策，对于满足各国经济和社会发展不断增长的能源需求，保障能源安全供应，保护环境，实现电力工业结构优化和可持续发展，都具有十分重要的意义。

二、核能基本原理

1. 核裂变原理

核裂变是指由重的原子核分裂成两个或多个质量较小的原子的一种核反应形式。只有一些质量非常大的原子核如铀、钍和钚等才能发生核裂变。这些原子的原子核在吸收一个中子以后会分裂成两个或更多个质量较小的原子核，同时释放出2～3个中子和很大的能量，又能使别的原子核接着发生核裂变，使过程持续进行下去，这种过程称作链式反应。原子核在发生核裂变时，会释放出巨大的能量。

目前，释放核能用于发电的最常见反应即为铀原子的裂变，尤其是^{235}U原子，这是因为^{235}U原子生成的副产品最适于把能量储存于工作液体中，同时在反应堆中保持链式反应。此外，^{235}U是最常见的元素，该元素可用于核电站的整个寿命周期，产生大量的能量。

当^{235}U原子核被热中子撞击时，中子被吸附，并发生如下反应中的一个：

$$^{235}U+n \longrightarrow {}^{236}U$$
$$^{236}U \longrightarrow Kr_{36}+Ba_{56}+2.4n+200MeV\text{（典型反应）} \tag{2-4}$$
$$^{236}U \longrightarrow {}^{236}U+\gamma$$

式中 γ——高能光子或高能量电磁颗粒。

原子核中的大部分能量以伽马射线的形式释放，其最小能量为$2\times10^{-15}J$，最大波长约为$1\times10^{-10}m$。在典型反应式中，尽管^{236}U裂变为氪和钡不是唯一的裂变反应，但却是一种代表性的裂变反应，^{236}U还可以裂变为其他物质。

平均每次反应产生一个中子并最终裂变为另一个^{235}U原子的过程被称为临界过程。该状态可以使核链式反应无限期地进行，这是因为只要未反应的燃料供应不间断，每秒的反应次数可保持不变。平均小于一次裂变反应并在下一代产生中子的过程被称为亚临界过程，且该过程最终将终止。而在超临界过程中，每次反应均产生中子的裂变反应大于一次，并且裂变的速率可以成倍增长。核反应堆控制系统旨在调节核反应，并防止该过程在稳定状态运行过程中变为亚临界过程或超临界过程。

在自然界已发现的铀中，99%以上为^{238}U，约0.7%为^{235}U。某些反应堆需要2%～3%的^{235}U反应，以实现临界反应过程。因此，有必要对铀进行浓缩，去除足够的^{238}U即增加混合物中^{235}U的百分比浓度，使其达到所需的百分比浓度，即2%～3%。目前，最常用的浓缩方法为气体离心机技术。

核燃料中的^{238}U可以为裂变反应提供基础，且多个反应均以中子撞击^{238}U原子核开始，这些反应如下所示：

$$^{238}U+n \longrightarrow {}^{239}U$$
$$^{239}U \longrightarrow N^{239}P+\beta \tag{2-5}$$
$$N^{239}P \longrightarrow {}^{239}Pu+\beta$$

式中 β——β衰变。

在该衰变过程中，原子核中的一个中子被转化为质子，并释放β颗粒；β颗粒是一种放射电子，在式中β颗粒由原子核释放。在这种情况下的β衰变中，由于原子核内部剩余颗粒的电荷发生变化，即由中性变为正性，因此可以释放带负电的β颗粒。

由一系列反应产生的钚原子为易裂原子，如果受到中子撞击，钚原子将发生裂变，并释放能量。在聚焦于^{235}U裂变的传统核反应中，一部分^{238}U在吸收一个中子后变成^{239}Pu，且^{239}Pu被中子撞击后将相应地发生裂变。虽然这些反应可以增加反应堆释放的能量，但是燃料中大部分的^{238}U仍未改变。

核电站和原子弹是核裂变能的两大应用，两者机制上的差异主要在于链式反应速度是否受到控制。核电站的关键设备是核反应堆，它相当于火电站的锅炉，受控的链式反应就在核反应堆中进行。

2. 核聚变原理

核聚变是指将两个较轻的核结合而形成一个较重的核和一个极轻的核（或粒子）的一种核反应形式。两个较轻的核在融合过程中产生质量亏损而释放出巨大的能量，两个轻核在发生聚变时虽然因它们都带正电荷而彼此排斥，然而两个能量足够高的核迎面相遇，它们就能相当紧密地聚集在一起，以致核力能够克服库仑斥力而发生核反应。

一个D（氘）和T（氚）发生聚变反应会产生一个中子，并且释放17.6MeV的能量，此外，两个D也可以进行聚变反应。这些反应可以表示为：

$$
\begin{aligned}
&{}_{1}^{2}\mathrm{H}+{}_{1}^{3}\mathrm{H}\longrightarrow{}_{2}^{4}\mathrm{He}+\mathrm{n}+17.6\mathrm{MeV}\\
&{}_{1}^{2}\mathrm{H}+{}_{1}^{2}\mathrm{H}\longrightarrow{}_{2}^{3}\mathrm{He}+\mathrm{n}+3.0\mathrm{MeV}\\
&{}_{1}^{2}\mathrm{H}+{}_{1}^{2}\mathrm{H}\longrightarrow{}_{1}^{3}\mathrm{He}+\mathrm{P}+4.1\mathrm{MeV}
\end{aligned}
\tag{2-6}
$$

要使原子核之间发生聚变，必须使它们接近到飞米级。要达到这个距离，就要使核具有很大的动能，以克服电荷间极大的斥力。要使核具有足够的动能，必须把它们加热到很高的温度（几百万摄氏度以上）。因此，核聚变反应又称为热核反应，热核反应已经成为了当前很有前途的新能源。参与核反应的轻原子核有氢（气）氘、氚、锂等，它们从热运动获得必要的动能而引起聚变反应。

受控核聚变是等离子态的原子核在高温下有控制地发生大量原子核聚变的反应，同时释放出能量。氘是最重要的聚变燃料，天然存在氘的含量很少（约占所有氢元素的0.02%），因此必须从轻氢中分离氘，将其浓缩，然后作为燃料使用；氚在自然状态下是不存在的，如果需要使用氚作为燃料，则必须进行合成。海洋是氘的潜在来源，这意味着一旦能实现以氘为基本燃料的受控核聚变，人们就几乎拥有了取之不尽、用之不竭的能源。

三、核能发电技术

1. 核反应堆

核反应堆是一种启动、控制并维持核裂变或核聚变链式反应的装置。相对于核武器爆炸瞬间所发生的失控链式反应，在反应堆之中核变的速率可以得到精确的控制，其能量能够稳定输出，供人们利用。核反应堆有许多用途，当前最重要的用途是产生热能，用以代替其他燃料加热水，进行蒸汽发电或驱动航空母舰等设施运转。

核反应堆有多种类型，按引起裂变的中子能量可分为热中子反应堆和快中子反应堆，简称热堆、快堆。在核裂变反应中产生的自由中子被称为快中子；将裂变时释放出的中子减速后，再引起新的核裂变，此时中子的运动速度与分子的热运动达到平衡状态，这种中子被称为热中子。热中子的能量在0.1eV左右，快中子能量平均在2eV。

目前核电站中运行的多是热中子堆，其中需要有慢化剂，通过它的原子与中子碰撞，将快中子慢化为热中子。慢化剂用的是水、重水或石墨。堆内还有载出热量的冷却剂，冷却剂有水、重水和氦等。根据慢化剂和冷却剂和燃料不同，热中子堆可分为轻水堆（用轻水作慢化剂和冷却剂，稍加浓铀作燃料）、重水堆（用重水作慢化剂和冷却剂，稍加浓铀作燃料）和石墨水冷堆（用石墨作慢化剂，用轻水作冷却剂，稍加浓铀作燃料），轻水堆又分压水堆和沸水堆。

利用热中子反应堆可以得到巨大的核能，^{235}U 能够在热中子的作用下发生裂变反应，但是在天然铀中 ^{235}U 只占极少部分；而占天然铀绝大部分的铀同素 ^{238}U 却不能在热中子的作用下发生裂变反应。不过 ^{238}U 在吸收中子后，经过两次 β 衰变，可以变成另一种可裂变的核材料 ^{239}Pu。而 ^{239}Pu 发生裂变时放出来的快中子会被 ^{238}U 吸收，又变成 ^{239}Pu。这就是说，在堆中一边消耗 ^{239}Pu，又一边使 ^{238}U 转变成新的 ^{239}Pu，而且新生的 ^{239}Pu 比消耗掉的还多，从而使堆中核燃料变多。反应循环持续下去，^{239}Pu 裂变再次释放出快中子，这种主要由快中子来引起裂变链式反应的反应堆，称为快中子反应堆，简称快堆。在快堆中，裂变燃料越烧越多，得到了增殖，故快堆又被称为快中子增殖反应堆。

快堆是当今唯一现实的增殖堆型，其形成的核燃料闭合式循环，可使铀资源利用率提高至 60%以上，也可使核废料产生量得到最大程度的降低，实现放射性废物最小化。

2. 核能发电系统

核能发电系统是利用核反应堆中核裂变所释放出的热能发电。当裂变材料在受人为控制的条件下发生核裂变时，核能就会以热的形式被释放出来，这些热量会被用来驱动蒸汽轮机。蒸汽轮机可以直接提供动力，也可以连接发电机来产生电能，其原理与火力发电相似。只是用核反应堆及蒸汽发生器来替代火力发电的锅炉，用核裂变能替代矿物燃料的化学能。

核能发电系统需要保证发电过程的稳定、安全运行，见图 2-12。核反应在反应堆堆芯内可以持续进行，并被实时监控，以使其保持在临界范围内。其中三个关键部分在反应堆堆芯内相互作用，使反应堆可以稳定运行。

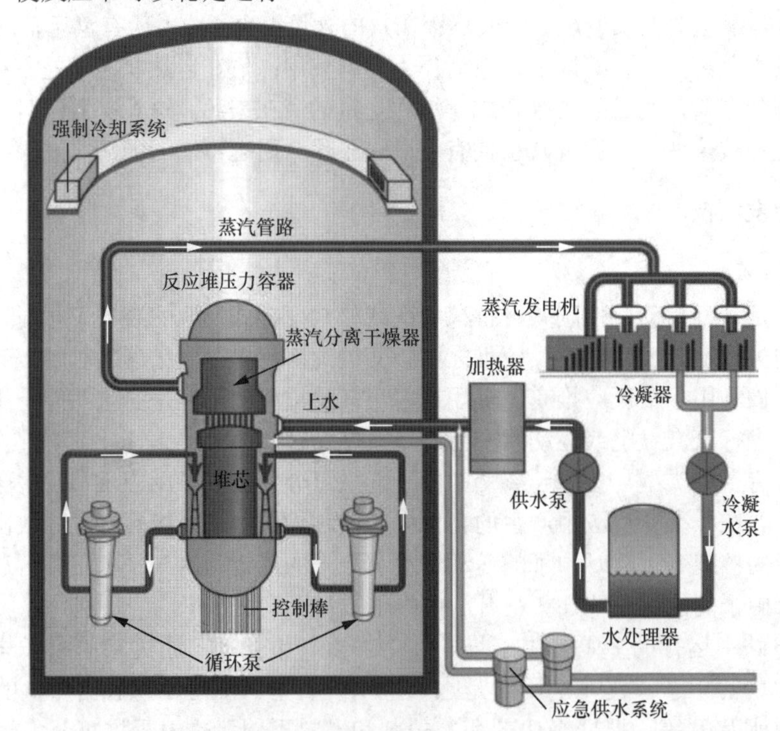

图 2-12 核能发电系统工作原理

（1）燃料棒。当反应堆运行时，其内部具有成千上万的燃料棒。燃料的形式为UO_2，之前铀已经在浓缩设施中被浓缩，因此UO_2包含在燃料棒内。这些燃料棒被装于锆合金中。

（2）慢化剂。由于^{235}U裂变释放的中子能量较大，并在冲出反应堆堆芯之前很容易撞击其他^{235}U原子，因此需要使用慢化剂降低中子的能量，使其热能降低至相当于几百摄氏度的温度。通过反应堆堆芯循环的水可以实现这一目的；在其他设计中，石墨和水可以共同用作慢化剂。并不是所有的中子被均匀降低至热能水平。有些中子不会和^{235}U以外的其他物质发生碰撞，而有些中子则被留在反应堆堆芯。这些损失加强了对一次裂变释放2个以上中子的需求，此时仅需要1个中子维持链式反应。

（3）控制棒。标准的反应堆设计约有200个控制棒，在通过控制棒驱动轴的运行过程中，控制棒可被插入反应堆，也可以从反应堆中移出，从而使裂变保持恰当的速率。控制棒可由多种物质制作而成，这些物质可以吸收中子而不发生裂变，如银铟镉合金、高硼钢及碳化硼。除了可以对中子产生减速作用之外，控制棒还可以在紧急情况时停止反应。当控制棒被完全插入时，链式反应进入亚临界状态并迅速停止。

反应堆堆芯外部的主要组成部分包括高压容器、安全壳系统及周边系统。高压容器为高强度金属容器，包括芯部、容器底部水的混合物及容器顶部的蒸汽。安全壳系统目的是在紧急状况时冷却高压容器中的各种物质，并防止放射性物质外溢至环境中。切尔诺贝利设计的主要败笔之一就是缺少一套综合的安全壳系统；在三里岛事故中，安全壳系统成功地阻止了大量放射性物质的泄漏。反应堆安全壳也是安全壳系统的一部分。通常情况下，反应堆还包括某些类型的安全壳喷淋注入系统（CSIS）；在紧急情况下，该系统可以把水硼混合物喷入安全壳结构内部，电机等设备被置于外部混凝土结构的外围。

目前，全球有四百多座核电站处于运营状态，大部分核电站使用水作为工作流体，有的核电站利用核能直接生产蒸汽（沸水型反应堆，BWR），而有的核电站通过把高压水加热至高温，使其在独立循环中转化为蒸汽（压水反应堆，PWR）。自20世纪50年代以来，不同国家按照各自计划发展核能，也开发了许多其他技术；虽然这些技术不如BWR和PWR设计应用得广泛，但目前仍然被使用。

四、核能利用与发展

1. 核电技术发展

纵观核电发展历史，核电站技术方案大致可以分为如下四代。

第一代核电站属于原型堆核电厂，主要目的是通过试验示范形式来验证核电在工程实施上的可行性，进行证明了利用核能发电的技术可行性。核电站的开发和建设开始于20世纪50年代。1954年，苏联建成发电功率为5MW的实验性核电站；1957年，美国建成发电功率为9万kW的希平港原型核电站；除此之外还有法国的舒兹核电站、德国的奥珀利海母核电站以及日本的美浜1号核电站等实验性和原型核电机组，在国际上被称为第一代核电机组。

第二代核电站主要是实现商业化、标准化、系列化、批量化，以提高经济性。20世纪60年代后期，因石油涨价引发的能源危机促进了核电发展，在实验性和原型核电机组基础上，陆续建成发电功率为30万kW的压水堆、沸水堆、重水堆、石墨水冷堆等核电机组，它们进一步证明了核能发电技术的可行性以及核电的经济性。然而，当时从事核电的专家认为发生堆芯熔化和放射性物质大量泄漏这类严重事故的可能性很小，所以第二代核电站应对严重事故的措施比较薄弱。目前，世界上商业运行的400多座核电机组绝大部分是在这一时期建成的，习惯上称为第二代核电机组，发生重大事故的切尔诺贝利核电站便是其中之一。

第三代核电站是第二代核电厂的改进，安全性和经济性都有了不同程度的提高。20世纪90年代，为了消除三里岛和切尔诺贝利核电站事故的负面影响，世界核电业界集中力量对严重事故的预防和缓解进行了研究和攻关，美国和欧洲先后出台了《先进轻水堆用户要求文件》（utility requirements document，URD）和《欧洲用户对轻水堆核电站的要求》（european utility requirements document，EUR），进一步明确了预防和缓解严重事故、提高安全性等方面的要求。国际上通常把满足URD或EUR的核电机组称为第三代核电机组，它包括了改革型的能动（安全系统）核电站和先进型的非能动（安全系统）核电站。

第四代核能系统概念最先由美国能源部的核能科学与技术办公室提出。2000年1月，在美国能源部的倡议下，美国、英国、瑞士等10个有意发展核能的国家联合组成了“第四代国际核能论坛”，并签署了合约，计划21世纪向市场推出能够解决核能经济性、安全性、废物处理和防止核扩散问题的第四代核能系统。根据设想，第四代核能方案的安全性和经济性将更加优越，废物量极少，无需厂外应急，并具备固有的防止核扩散的能力。目前正在研究中的快中子反应堆是第四代核技术发展的重点堆型，也是未来核能系统首选堆型之一。第四代核电系统包括三种快中子反应堆系统和三种热中子反应堆系统，分别是钠冷快堆系统、铅合金冷却快堆系统、气冷快堆系统、超高温堆系统、超临界水冷堆系统、熔盐堆系统。

核电站使用不同的核能堆型，其发电效率也会有差异，目前商用的核电堆型发电效率普遍可达35%，使用高温气冷堆技术的第四代核能系统发电效率可达40%以上。

2. 核能的热利用

核反应堆中除了常见的供电反应堆，还有供热反应堆。核能是清洁取暖的一种重要形式。核能供热是一项安全、简单、成熟、可靠的技术，利用核能供热，在寒冷、供暖期长的部分欧洲核电国家比较流行，并成功实施多年。国际上核能供热主要有两种方式，分别是热电联产和单一核能供热。

热电联产是指从大型核电站的汽轮机或管道中抽取部分热量，作为城市供热的热源。有的以发电为主、供热为辅，有的以供热为主、发电为辅。单一核能供热方式是指以纯供热为目的建造的低温核供热反应堆。单一核能供热相比于价格较低的化石能源供热经济性不占优，且容易受到政策等因素的影响，因而推广应用规模相对较小。

由于核能供热有良好的安全性、经济性、环境污染小等优点，20世纪60年代至70年代，国际上就开始核供热技术研发，至今已具有一定规模，主要采用核电机组热电联供方式。目前世界有一部分商用反应堆在发电的同时产生热水或蒸汽用于区域供热，主要分布于寒冷的东欧。核能供热的安全性与可靠性已经得到验证。

3. 人造小太阳

太阳和其他恒星本身是一个巨大的核聚变反应堆，它们内部有大量氢的同位素氘（重氢）和氚（超重氢）。在太阳高温高压的环境下，这些氘原子和氚原子不停地撞击而进行聚变反应，因此产生了照亮整个太阳系的巨大热量。所以核聚变反应堆又被称为“人造小太阳”。

核聚变有关放射性副产物有两个优点。首先，核聚变过程的主要产物是氦，所以不会再出现如核裂变中的高放射性核废料；其次，如果材料开发成功，那么用于核反应堆结构中的材料以及可以通过持续暴露激发出中子的材料的半衰期较短，从而使其在聚变反应堆使用期最后阶段的处理不再冗繁。

托卡马克装置也称环形磁室，其利用磁场形态和高真空室承受重氢以及超重氢在高温等离子的聚变发生环境中的反应。磁场可以使等离子远离环形室壁，聚变副产品（中子和α粒子）使等离子和环形室壁以及热增殖覆盖层发生碰撞，并将热量传递至工作流体，从而驱动涡轮机循环。

2006年，欧盟和中国、印度、日本、俄罗斯、韩国及美国等国政府在法国签署了建立下一代国际热核实验室反应堆（ITER）的协议，其目的是在所有科学层面以及部分工程层面研究聚变反应堆。中国独立设计制造了全超导核聚变实验装置EAST，EAST比国际热核聚变实验反应堆在规模上小很多，但两者都是全超导非圆截面托卡马克装置。随着这一技术的发展和反复实验，其商业应用将渐趋成熟，发电成本在不久的将来具有较强竞争力。

第七节　太　阳　能

一、太阳能资源

太阳是一个高温火球，其表面温度大约为6000K，不断地向宇宙空间辐射巨大的能量。太阳光照射到地球表面的示意见图2-13。当太阳光照射到地球时，光线经过大气层的吸收、散射和反射等作用后，最后只有约70%的光线能穿过大气层，以直射光或散射光的形式照射到地球表面。到达地表的光线一部分又被反射回大气层，最后剩下那部分光线被地表吸收，即能被人类利用的太阳能。照射到地球表面的太阳辐射中，从太阳直接辐射过来的那部分辐射叫直接辐射，被大气层散射的那部分辐射叫散射辐射，这两部分辐射是地球表面接收的总辐射，称为太阳总辐射。太阳辐射强度是用来表征太阳辐射能强弱的物理量，其定义为单位时间内垂直投射在单位面积上的太阳辐射能。

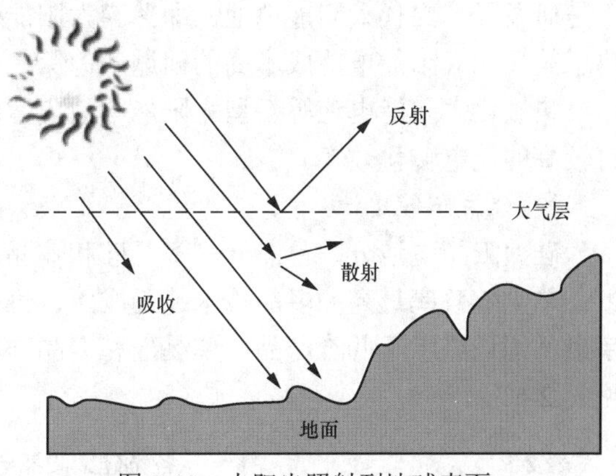

图2-13　太阳光照射到地球表面

我国陆地太阳能资源主要分布在北纬22°～35°之间的地区。从东南沿海到西北内陆，太阳能辐射逐步增强，青藏高原为资源的高值中心，平均每天峰值日照时间范围为5.4～6.2h；内蒙古和新疆部分地区平均每天峰值日照时间为3～5h；四川盆地则处于低值中心，平均每天峰值日照时间不到2h。我国所接收到的太阳辐射总能量，西部高于东部；南北比较，除青藏高原外，南部低于北部，这是由于我国南部地区多云、多雨的天气所致。我国平均日照时间大于2000h/a，陆地每年接收的太阳辐射总能量相当于24000亿t标准煤，属于地球上太阳能丰富或较丰富地区。

太阳能的优点是分布广泛、清洁友好、总量巨大、可持续时间长等，缺点是能量密度低、分布不集中、不易收集，且由于地球上四季轮回、昼夜更迭、天气变化的原因，太阳能辐射呈现间歇性。

下面介绍几种太阳能的利用方式，包括光电转化、光热转化以及几种其他形式的转化。

二、光电转化

光电效应原理见图 2-14。太阳光照在半导体 pn 结上，形成新的空穴-电子对，在内部电场的作用下，电子和空穴的密度分布平衡遭到破坏，空穴由 n 区流向 p 区，电子由 p 区流向 n 区，接通电路后就形成电流。

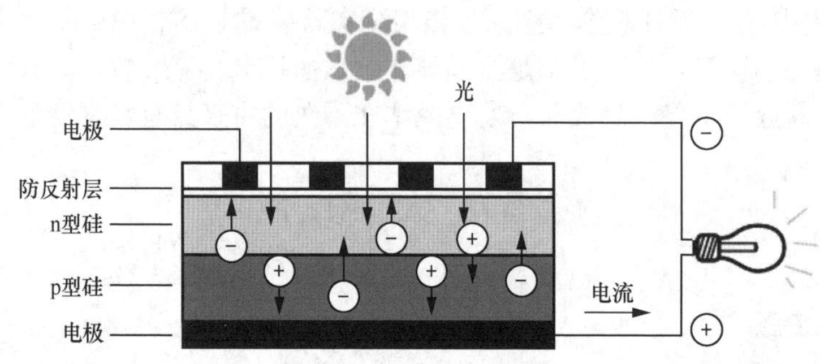

图 2-14　光电效应原理图

第一代太阳能电池以晶体硅为主，由于晶体硅材料在技术成熟度上领先于其他半导体材料，所以早期大多数采用晶体硅制造太阳能电池。但晶体硅太阳能电池的制作成本很难降低，于是研发了第二代太阳能电池，即薄膜太阳能电池，其最大的优势在于材料消耗少，这就解决了第一代太阳能电池成本高的问题。但第二代太阳能电池效率仍不高，第三代太阳能电池即染料敏化太阳能电池等新型太阳能电池应运而生。第三代太阳能电池不仅成本较低，还具有较高的光电转化效率。

1. *硅太阳能电池*

硅太阳能电池分为单晶硅、多晶硅和非晶硅，目前市场上应用较多的是前两种，原因如下：单晶硅效率最高；多晶技术趋于成熟、价格便宜，其效率与单晶硅相差不大；非晶硅效率最低，只能用于低阶产品；单晶硅和多晶硅易于再切割与加工。各类硅太阳能电池的特性见表 2-5。

表 2-5　各类硅太阳能电池特性对比表

种类	电池效率/%	优点	缺点
单晶硅	24	•转换效率高 •使用年限长	•制作成本较高 •制造时间长
多晶硅	18.6	•制作步骤较简单 •成本较低	•效率较单晶硅低
非晶硅	15	•价格最便宜 •生产最快	•户外设置后输出功率减少 •有光退化现象

单晶硅电池应用最普遍，多用于发电厂、充电系统、道路照明系统及交通标志等，转换效率高，使用年限长；其最大的缺点在于制作成本高、制造时间长。单晶硅电池效率最高为 24%。

多晶硅电池的电池效率较单晶硅低，但由于制作步骤简单，成本低廉，较单晶硅便宜 20%，因此一些低功率的电力应用系统均采用多晶硅太阳能电池。

非晶硅电池为目前成本最低的商业化太阳能电池，且无需封装，生产也最快，产品种类多，使用广泛，多用于消费性电子产品；但最大的缺点在于有光退化现象，导电率下降。

2. 薄膜太阳能电池

薄膜太阳能电池中，由于半导体材料具有直接能隙，光吸收系数很高，所以厚度只有数微米，相较于间接能隙的晶体硅材料（一般厚度为数百微米），薄膜太阳能电池用料较少，材料成本可以大幅减少。这里介绍两种典型的薄膜太阳能电池，分别是碲化镉（CdTe）太阳能电池和铜铟镓硒（CIGS）太阳能电池。两种电池的特性见表 2-6。

表 2-6　CdTe 电池和 CIGS 电池的特性对比表

材料	制备工艺	电池最高转化效率/%	模块最高效率/%	产品成本低于1美元/W的潜力	柔性模块	稳定性	空间能源应用	评价
CdTe	近距升华/气相传输	16	8.5	大	否	接触退化	否	Cd 的毒性
CIGS	蒸发/硒化	19.9	13.4/16.6	很大	是	未知原因的退化	是	低成本产品中的非真空工艺

CdTe 电池最高转化效率可达 16%，单位成本可以低于每瓦 1 美元，是目前成本最低的薄膜太阳能电池，并且碲和镉元素都可以从基本元素的冶炼过程中获得，不存在缺料问题。CdTe 电池最大的问题在于镉是重金属元素，面对日趋严格的环保指标，工艺环节中镉元素的处理成了最关键的问题。

CIGS 电池最高转化效率可达 19.9%，被认为是目前转化效率最高的薄膜太阳能电池，但仍存在许多需要解决的问题：铟的地球存量有限，可能会出现缺料问题；生产工艺中的四元共蒸镀法的缺陷是大面积生产的蒸发源与薄膜均匀性控制较困难；硒化氢的缺陷是组分不易控制，且气体（硒化氢）具有毒性。

3. 染料敏化太阳能电池

早期的染料敏化太阳能电池由于采用的是平整的工作电极，导致只有靠近电极的染料分子才可以有效地吸收入射光，电池转化效率低下。目前多采用纳米 TiO_2 为工作电极，大幅增加染料分子的吸附面积，电池转化效率大大增加。目前染料敏化太阳能电池的实验室最高转化效率约为 11%。

该电池的优势在于成本低且材料使用少，不需要昂贵的真空设备，制备容易，可进行大面积生产；但问题在于封装过程较为复杂，且高温下会出现严重的光退化现象。

三、光热转化

1. 集热器原理

集热器的目标就是尽可能多地吸收太阳光的热量，而尽量减少热损失，包括导热热损失、对流热损失和辐射热损失。对于导热热损失，可以通过在集热器内部去铺设玻璃棉等隔热材料来减少已被加热的热水向外部的导热热损失。对于对流热损失，可以在集热器表面铺设玻璃盖板等材料来减少外部空气与集热器的对流热损失。对于辐射热损失，可以通过在集热器表面涂上选择吸收面这种材料来减少辐射热损失。选择吸收面的分光特性是对太阳辐射的吸收率大，而对热辐射的吸收率小。一般情况下，发射率等于吸收率。因此，选择吸收面的热辐射发射率也小。

平板式集热器的示意见图 2-15。平板式集热器的主要问题在于玻璃盖板与集热板之间存在较大的空气层，对流损失严重，因此真空管式集热器的主要思路就是把该空气层抽成真空来减少对流损失。为了能获得比真空管式集热器更高的热量，就有了聚光式集热器。它采用反射镜或透镜等光学聚焦仪器来提高太阳能的能量密度。

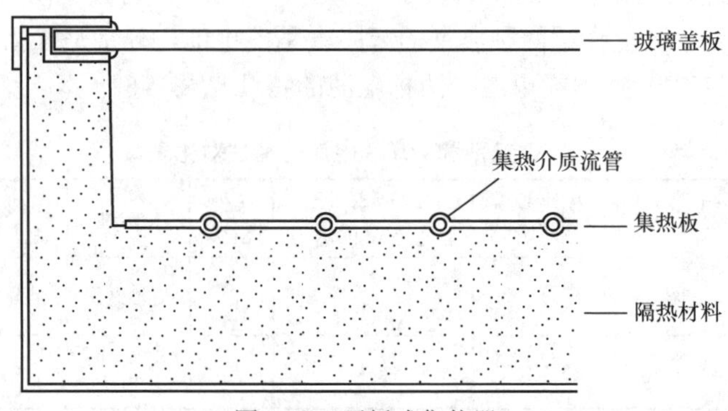

图 2-15 平板式集热器

2. 储热原理

由于太阳能在时间上是变化且不连续的，比如太阳能只能在白天获得，还必须是在晴天的情况下；而工业生产需要的能量是要连续供应的，晚上和阴天也需要能量供应，因此储热装置就显得尤为重要。储热装置就是先将太阳能储存起来，等到必要的时候再将其释放出来加以利用，由温度变化和相变引起的物质内部分子或原子的动能和势能的变化就会导致热量的吸收和释放。而且，由化学反应引起的物质内部分子和原子的结构变化也能导致热量的吸收和释放。利用温度变化来吸放热的方法叫显热储热，常用的材料有水、沙子等；利用相变来吸放热的方法叫相变储热，常用的材料有冰水系统、石蜡、水合盐、相变微胶囊等；利用化学反应来吸放热的办法叫化学储热，由于储热需要重复进行，所以化学反应必须是可逆反应。

3. 太阳能热发电

太阳能热发电是利用聚光器将低密度的太阳能变为高密度的能量，再利用该能量将工作流体变为高温高压的蒸汽去推动热机发电。根据聚光方式不同，太阳能热发电主要分为槽式、塔式和碟式。

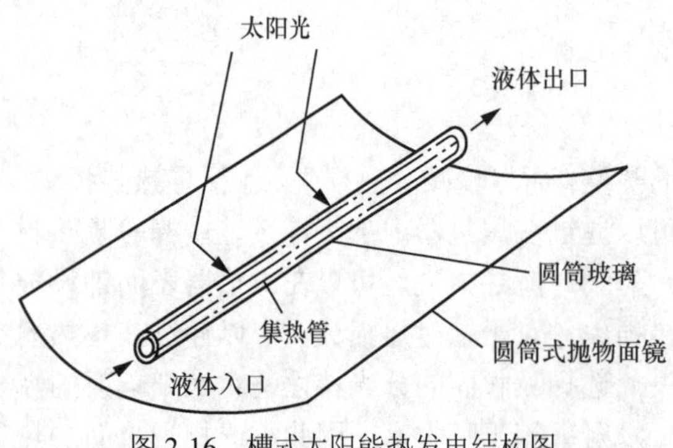

图 2-16 槽式太阳能热发电结构图

槽式太阳能热发电是通过在抛物线垂直方向可以移动的圆筒状抛物面镜将太阳光反射到焦线上的集热管上，从而吸收热量。通常采用单轴跟踪，聚光比（集热部件的面积与照射面积的比）通常低于 100，集热温度在 400～500℃。槽式太阳能热发电结构见图 2-16。

塔式太阳能热发电是在塔周围配置多个定日镜，太阳光通过安装在定日镜上的平面镜反射到塔顶部的集热器，从而实现聚光吸热。定日镜采用双轴跟踪，聚光比在 300～1500，集热温度在 800～1200℃。塔式太阳能热发电结构见图 2-17。

碟式太阳能热发电是以抛物线轴为中心，在旋转抛物面上安装反射镜，将热聚集在焦点处，在该处可放集热工质或安装斯特林发电装置直接发电。采用双轴跟踪，聚光比通常为 1000～3000，集热温度可达上千摄氏度。碟式太阳能热发电结构见图 2-18。

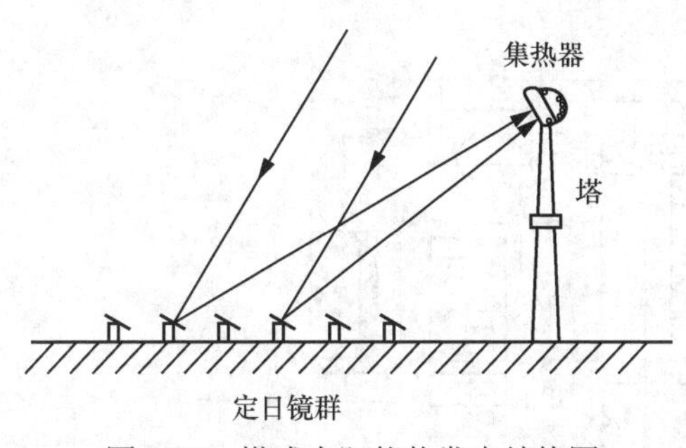

图 2-17　塔式太阳能热发电结构图

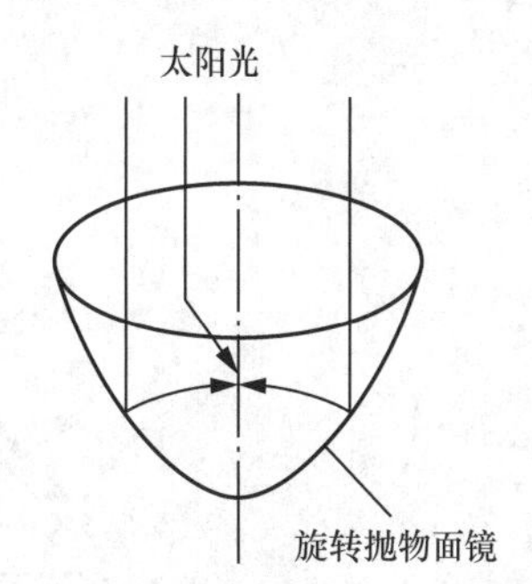

图 2-18　碟式太阳能热发电结构图

4. 太阳能热水器

太阳能热水器最主要的两个部件是平板式集热器和蓄水箱。平板式集热器在白天吸收太阳能，将冷水加热成热水，再将热水储存在蓄水箱中，待用户在需要的时候使用。太阳能热水器根据有无水泵可分为自然循环系统和受迫循环系统。

在自然循环系统中，水箱位于集热器的上方，集热器入口的冷水在吸收太阳能以后温度升高，在浮力作用下向上运动，水箱下部的水补充到集热器入口，在建立密度梯度以后，水就自然循环起来。在水箱顶部有一辅助能源，其目的是保证在晚上或者阴天的情况下，去负荷的热水温度也能有一个最低温度。太阳能热水器自然循环系统见图 2-19。

在受迫循环系统中，水箱和集热器的相对位置比较自由。水泵通常是通过差动控制器来控制的：当集热器出口的水温比水箱底部的水温高出给定值时，水泵就会启动，将集热器出口的热水泵到水箱底部以提高水温。此过程中为了防止反向循环而在集热器入口和水箱底部的管路上设置一个止回阀。太阳能热水器受迫循环系统见图 2-20。

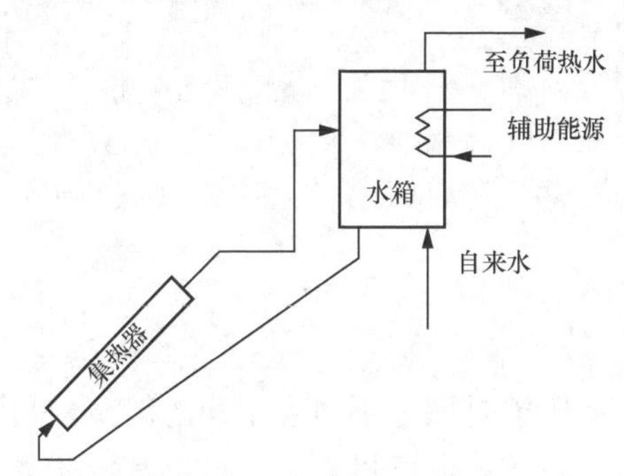

图 2-19　太阳能热水器自然循环系统

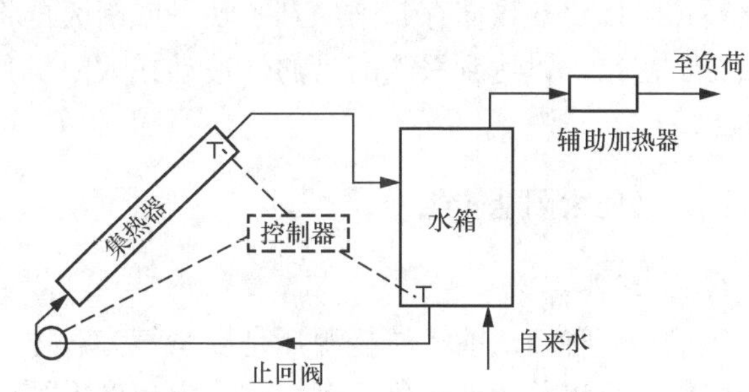

图 2-20　太阳能热水器受迫循环系统

5. 制冷与空调

太阳能制冷机在结构上与传统吸收式制冷机大致相同，就是把传统的发生器中的外加热源变为太阳能，工作介质采用氨。工作流程如下：来自吸收器的低浓度氨水经过溶液换热器，一边被热氨水加热一边被送入太阳辐射吸收器，被加热的氨水在太阳辐射吸收器中吸收太阳能气化成氨气，未气化的热氨水送入沸液器去往溶液换热器，氨气经过气液分离器送入冷凝器被液化成浓氨水，经过节流阀时节流膨胀温度降低，低温氨水在蒸发器中吸收环境的大量热量变为低温氨气，以达到制冷的目的，氨气与来自溶液换热器的冷氨水一起送入吸收器，至此为一个循环。太阳能制冷机见图 2-21。

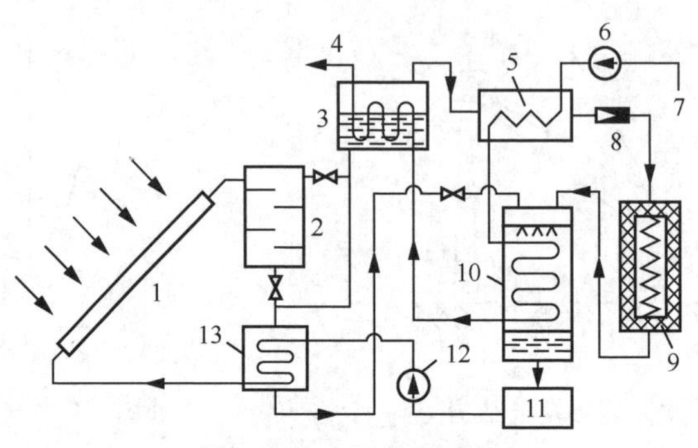

图 2-21　太阳能制冷机

1 —太阳辐射吸收器；2—沸液器；3—气液分离器；4—出水管；5—冷凝器；6—水泵；7—深井；8—节流阀；9—蒸发器；10—吸收器；11—储液筒；12—氨泵；13—换热器

6. 被动式阳光房

阳光房是一种利用太阳能来调节室内温度的建筑物，这种建筑物依赖其独特的建筑设计和结构设计充分利用太阳能，既能满足用户的采暖和制冷需求，又能节约能源、保护环境。被动式阳光房不需要外加的机械装置和辅助装置，只依靠太阳能就能达到采暖和制冷的效果。其采暖原理如下：太阳光从朝南的玻璃外罩直射进屋子，地面和墙壁等蓄热材料吸收大量热量，一部分以辐射和对流的方式给室内空气传递热量，另一部分以热传导的形式传递到内墙来加热屋子，蓄热材料还可以将热量储存起来，到了晚上或阴天再将热量释放出来，以达到采暖的目的。被动式太阳房见图 2-22。

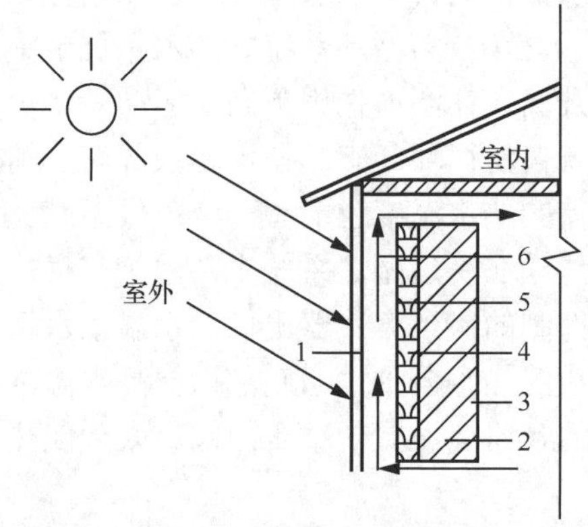

图 2-22　被动式太阳房

1—玻璃外罩；2—实体墙；3—内墙材料；4—外墙保温材料；5—吸热涂层；6—空气间层

四、其他太阳能转化

1. 太阳能制氢

氢能是一种公认的清洁能源，是以氢气为载体。太阳能是取之不尽且干净的能源。利用太阳能制氢可以替代部分化石燃料，一定程度上缓解全球的能源危机，并且可以减轻环境污染。太阳能制氢主要有三种方法，分别是太阳能热分解水制氢、太阳光电电解水制氢和太阳光催化分解水制氢。

太阳能热分解水制氢是利用聚光器将太阳光聚集起来，达到 2500K 的高温，使水在该条件下分解成氢气和氧气。该技术的主要问题在于聚光器的材料问题以及高温下氢气和氧气的分离。随着聚光技术和膜技术的发展，太阳能热分解水制氢也得到快速发展。这种方法的优势在于热效率高，并且无需催化剂。

太阳光电电解水制氢是由光阳极和阴极组成光化学电池，光阳极吸收光子产生电子，电子通过外部电路移动到阴极，水中的质子接收到电子生成氢气。光电解水的效率受限于光照下产生空穴电子对的数量和寿命，并且还受电极材料和催化剂的影响。

太阳光催化分解水制氢的原理与太阳光电电解水制氢类似，只是光阳极和阴极不再被隔离开，而是在同一粒子上，水分解成氢气和氧气的反应同时发生。因此，该技术的主要问题是同一粒子上产生的空穴电子对极易复合，影响光催化效率。光催化剂是主要研究的内容，其必须要具备如下特点：能高效吸收太阳光、高速的载流子分离及迁徙速率和高活性的反应活性中心。

2. 太阳燃料

太阳燃料的思路是先利用太阳光光催化水或者光电解水制氢，再利用二氧化碳加氢制得甲醇等液体燃料。二氧化碳加氢制甲醇的方法，主要是直接加氢法和电催化还原法。

直接加氢法是指二氧化碳和氢气在催化剂的作用下生成甲醇，主要采用的催化剂为铜系催化剂和贵金属催化剂。该方法是由一氧化碳加氢工艺发展而来，有一定的工业基础，但缺点是反应条件严苛，甲醇选择性较低。

电催化还原法有效克服了CO_2/CO_2^-的高氧化还原电位，从而使反应在常温常压下就能进行，具有操作简单、条件温和等特点，但是反应产物会有较多杂质生成，需要通过控制电极、催化剂和反应条件来实现甲醇的高选择性合成。该方法的缺点是能耗较大。

五、太阳能应用实例

1. 高效太阳能光伏发电

科学家设计了一种新型太阳能电池的原型，将多个电池堆叠到一个设备中，能捕捉太阳光谱中几乎所有的能量。这种电池的效率可达 44.5%，有望成为世界上效率最高的太阳能电池。堆栈式电池就像是太阳光筛子，每层的特制材料吸收特定波长集合的能量。等到阳光透过整个堆栈之时，近一半的可用能量都被转换为了电力。相对地，目前大部分常规太阳能电池最多只能将 25%的可用能量转换为电力。这种太阳能电池非常昂贵，但研究者认为其最重要的研究成果是表明了所能达到的效率上限。

2. 青海热发电

青海热发电项目的装机容量 50MW，设计年发电量 1.46 亿 kWh，采用塔式熔盐技术，配置 7h 熔盐储能系统，镜场由 27135 台 20m^2 的定日镜组成。该项目由聚光系统、吸热系统、储换热系统和发电系统组成。聚光系统跟踪太阳能运动轨迹，将分散的太阳直接辐射反射、聚焦至中央吸热塔顶的吸热器，以实现太阳能的聚集。吸热系统负责吸收太阳能能量，加热其内部的吸热介质（熔盐），将太阳能高效转换为热能。储换热系统将加热后的介质（熔盐）进行储存，在需要发电时利用高温介质（熔盐）与水进行热交换，以产生高温高压的蒸汽。发电系统就是利用高温高压的蒸汽推动汽轮机做功发电。

第八节 风 能

一、风资源

2020 年中国风能储备在世界上排名第一，陆上离地 10m 高度可用风能高达 2.5 亿 kW，海上 10m 高度可用风能高达 7.5 亿 kW。中国风能资源丰富的地区主要分布在“三北”（即东北、西北、华北）地区以及东南沿海地区。图 2-23 中，2021 年各省（区、市）70m 高度年平均风速在 3.9～6.7m/s，有 16 个省（区、市）年平均风速超过 5.0m/s，其中黑龙江、吉林、西藏、内蒙古 4 个省（区、市）年平均风速超过 6.0m/s。各省（区、市）70m 高度年平均风功率密度在 81.5～295.6W/m^2，有 16 个省（区、市）年平均风功率密度超过 150W/m^2，其中甘肃、新疆、西藏、黑龙江、辽宁、吉林、内蒙古 7 个省（区、市）年平均风功率密度超过 200W/m^2。中国海上风能资源主要分布在中国的东南沿海及其附近岛屿，有效风能密度在 300W/m^2 以上。沿海岸线向外延伸，风速逐步提高，风功率密度等级逐步增大，其中以台湾海峡的风能资源最为丰富。山东半岛沿海地区的年平均风速大于 7 m/s，江苏沿海区域海上年平均风速在 7～8m/s，离海岸线较远的区域风速更大，福建、浙江沿海区域其平均风速超过 9m/s，具有丰富的风能资源。

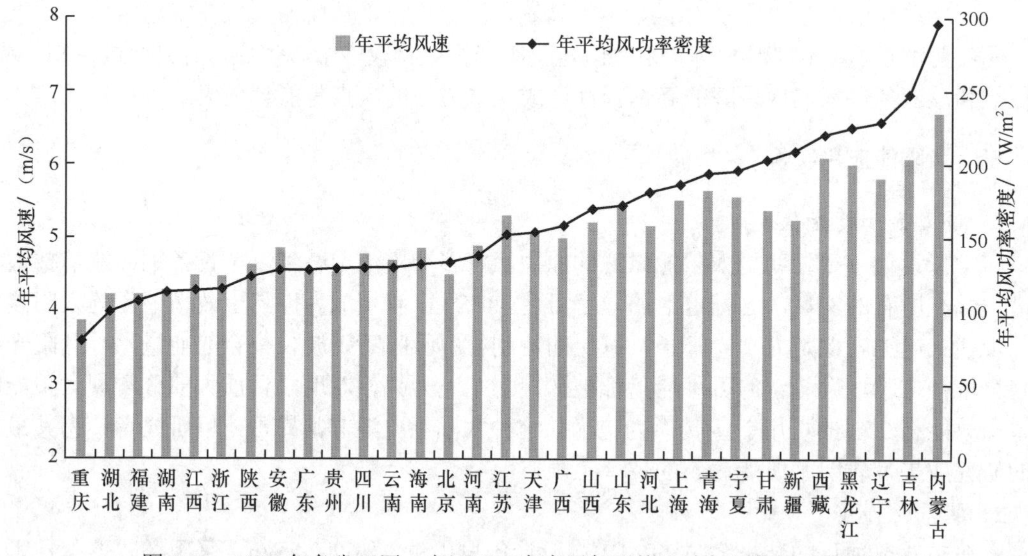

图 2-23 2021 年各省（区、市）70m 高度层年平均风速与平均风功率密度

二、风资源评估

风资源评估就是在风电场的短期测风数据基础上，利用风电场附近的长期观测站的测风数据来订正出能反映风电场长期平均水平的数据，再对该数据进行适当处理获得风资源的评价参数，进而完成对风电场风资源的评估。

1. 风电场风资源测量方法

测量位置的选择应满足三个条件：风电场主风向的上风向位置；附近没有高大障碍物；

该位置的风况与风电场的风况大致类似。测量位置数量由风电场的地形复杂程度而定，若风电场的地形较为简单，则选择一个测量位置；反之，则需要选择两个及以上测量位置。

测量仪器包括风速仪、大气气温计和大气气压计。测量参数包括风速、风向、风速标准偏差、气温和大气压。每秒采样一次风速，自动计算和记录每 10min 的平均风速，根据 10min 平均风速获得每小时平均风速，每 3s 采样一次的风速最大值记为极大风值；风向与风速是同步采集的，风向区域分为 16 等分，每个扇形区域是 22.5°；每秒采集和记录风速，自动计算和记录每 10min 的风速标准偏差；每小时采样并记录一次温度和大气压，日平均气温是每日逐小时气温的平均值，日平均大气压是每日逐小时大气压的平均值。

现场测量应连续进行至少一年的时间，且保证采集到的数据完整率在 98%以上，方可将该数据作为风电场的短期测风数据。

2. 风电场风资源评估方法

选择性地收集风电场附近气象站等长期观测站的测风数据，选择原则如下：有代表性的连续 30 年内逐年和每月的平均风速；与风电场的现场测量同期的逐小时风速和风向数据；累年平均气温和气压数据；建站以来记录到的最大风速、极大风速及其发生的时间和风向、极端气温、每年出现雷暴日数、积冰日数、冻土深度、积雪深度和侵蚀条件等。

测风数据的处理过程是先对风电场测量的原始数据进行完整性和合理性的检验，剔除掉无效数据并替换上有效数据，整理出至少连续一年完整的风电场的逐小时测风数据，随后再根据长期观测站的测风数据，将验证后的风电场的短期测风数据订正为一套能反映风电场长期平均水平的测风数据，即风电场测风高度上代表年的逐小时风速、风向数据。利用订正后的数据就能计算出各种风资源的评价参数，包括不同时段的平均风速和风功率密度、风速频率分布和风能频率分布、风向频率和风能密度方向分布、风切变指数和湍流强度等。

三、风能发电

1. 风机

风机按照风轮转轴与风向的位置不同可以分为水平轴风机和垂直轴风机，按照工作原理不同可分为升力型风机和阻力型风机。图 2-24 为各类风机的示意。

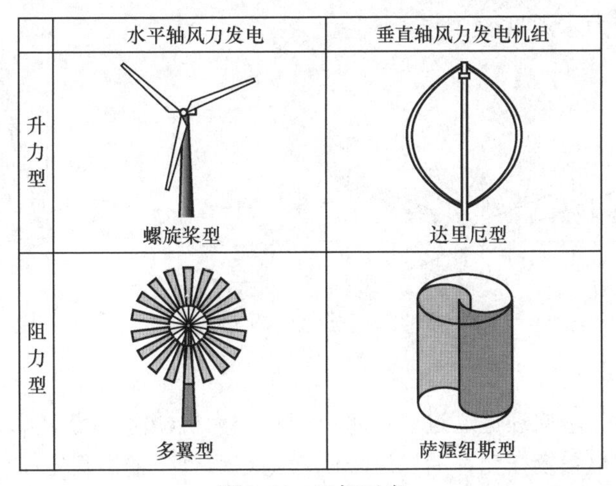

图 2-24　风机示意

水平轴风机的风轮转轴与风向的位置是平行关系，需要利用调向装置使风轮始终正面迎风，以充分利用风能，调向装置可以采用尾翼调向或者辅助风轮调向。水平轴风机主要有传统风车、低速风机和高速风机这三种类型。传统风车年代悠久，现在仍在某些地区保留下来用作提水、磨面等；低速风机的风轮叶片有12～24片，质量大，转速慢，但启动简单；高速风机的风轮叶片仅有2～4片，启动困难，但转速快，适合用作风力发电。

垂直轴风机的风轮转轴与风向的位置是垂直关系，由于该风机可以利用任一方向的来风，因此不需要调向装置。垂直轴风机有达里厄型、萨渥纽斯型、直叶片型等形式。

达里厄型风机的风轮由2～4片跳绳曲线型叶片构成，是对称翼型，只受纯张力，但其启动、调速和刹车较难；萨渥纽斯型风机是将圆筒从中间纵向切开，把切开后形成的两个半圆筒相对，并在中心处拉开一段距离而形成，其启动扭矩大，制造容易；直叶片型与达里厄型相比，全叶片的速度高，产生的升力大，且叶片制造容易。

叶片在风中受到的力 F 可以分解成垂直于来风的升力分量 L 和平行于来风的阻力分量 D，叶片与风向的夹角称为迎角 α，升力与阻力的比值称为升阻比 L/D。升力系数 C_L 和阻力系数 C_D 这两个无量纲数的定义式如下：

$$C_L = \frac{L}{\frac{1}{2}\rho A v^2} \tag{2-7}$$

$$C_D = \frac{D}{\frac{1}{2}\rho A v^2} \tag{2-8}$$

式中 A——叶片相对于来风的投影面积，m^2；

v——风速，m/s。

升力型风机主要利用升力分量来工作，希望升力分量越大而阻力分量越小，即希望有个较大的升阻比，因此叶片多采用流线型。达里厄型、直叶片型均属于升力型，其主要特点是转速高。阻力型风机主要是利用阻力分量，以萨渥纽斯型为例，凸半圆筒和凹半圆筒在受到来风的作用时都会有阻力，但由于凹半圆筒的阻力系数较大，因此风轮会按凹半圆筒的阻力方向旋转。升力与阻力示意见图2-25。

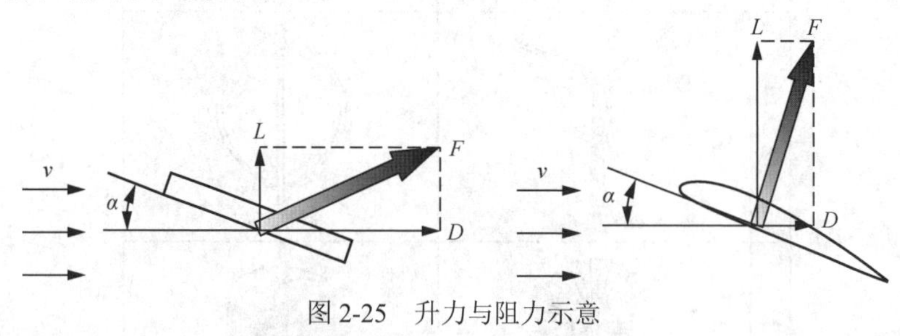

图2-25 升力与阻力示意

2. 风力发电系统

风力发电系统的基本原理是通过风机将风能转化为机械能，带动发电机发电，在限速装置作用下，使风力发电系统在允许的风速范围内稳定运行，输出稳定的电流和电压信号。

（1）风力发电系统的组成。风力发电系统主要由风机、发电机、蓄电池、限速装置等组成。风机在上节已作介绍，故在此不再赘述。

容量在 10kW 以下的小型风力发电系统采用永磁式或自励式交流发电机，容量在 100kW 以上的并网运行的风力发电系统则采用同步发电机或异步发电机。同步发电机可以通过调节励磁来调节电压及无功功率，可以向电网提供无功功率，改善电网的功率因数。但同步发电机在遇到阵风时，瞬态稳定性较差，而且还需要严格的同步并网装置。异步发电机并网简单，允许转速在一定范围内变化，因此可以吸收阵风的瞬态能量。但异步发电机需要从电网获得励磁，加重了对电网的无功功率的需求。

蓄电池的主要作用在于储能，在大风情况下将多余的电能储存起来，等到无风情况时用来供应负荷，从而实现连续供应负荷的要求。蓄电池除了储能，还有一定的稳压作用。常用的蓄电池有铅酸电池、镍镉电池、钠硫电池等。

限速装置是为了使风轮桨叶或风轮在风机超速时作出相应调整，以保证风机在规定转速下工作。常用的限速方法有风轮摆动法、桨叶偏转法和襟翼法。

（2）风力发电系统的运行方式。

1）独立运行。独立运行是指把风力发电系统输出的电能经蓄电池储能后，再供用户使用，这种方式可以供电网覆盖不到的边远地区利用。为了减小风能不连续的影响，风力发电系统还可以与其他动力源联合运行，互为补充，常见的形式有风力-柴油发电联合运行、风力-太阳能电池发电联合运行等。

风力-柴油发电联合运行有两种运行方式：风力发电机组与柴油发电机组交替运行，有风时风力发电机组发电，无风时柴油发电机组发电，两种发电机组没有机械和电气上的联系；风力发电机组与柴油发电机组并联运行，不管有风还是无风，两种发电机组都承担发电负荷。在并联运行时，柴油发电机组可以连续运行或断续运行。当柴油发电机组连续运行时，风力增大或者负荷减小会让柴油发电机组在轻载状态下运行，机组的发电效率会降低；当柴油发电机组断续运行时，可以显著节省燃油，但机组的频繁启停会严重影响机组的寿命。

风能和太阳能都具有不连续性的特点，如果能将两种自然能源联合起来加以利用，则可以实现能量互补，使电能输出更加稳定。风力-太阳能电池发电联合运行同样有两种运行方式：交替运行，即有风时风力发电机组发电，无风时太阳能电池发电，系统简单，但效率较低；同时运行，即风力发电机组和太阳能电池同时供电，系统效率高。

2）并网运行。并网运行是指将风力发电机组与电网连接，由电网来输送电能。并网运行有两种运行方式：恒速恒频方式，即风力发电机组的转速不随风速波动而变化，始终以恒定转速运行，从而输出恒定频率的交流电；变速恒频方式，即风力发电机组的转速随风速波动而变化，但仍输出恒定频率的交流电。恒速恒频方式系统简单，但无法充分利用风能，因为风机只有在一定尖速比下才能达到最高的风能利用率。变速恒频方式充分利用了风能，但需要增加能够实现恒频输出的电力设备，还需要解决风力发电机组在变速运行时会产生的一些问题。

3. *风力发电场*

风力发电场是由数台风力发电机组以一定的阵列布局安装组成的风力发电机群体，简称风电场。传统的风电场是安装在陆地上利用低空风来发电，但会受到风能资源不足的限制。下面介绍两种非传统风电场，分别是海上风电场和高空风电场。

海上风电场有以下优势：海上风速高，风切变小；海上风的湍流低，风电机组承受的疲劳负荷较低；对噪声要求低，风机的单机容量可以很大。但海上风电场还存在一些技术上的问题：在面对风和波浪的双重负荷下，风力发电机组的支撑平台技术很关键，主要有重力混凝土式、桩式和漂浮式；在复杂恶劣的海上环境下，风力发电机组的防腐蚀设计非常重要，而且项目的建设难度大大增加；海上风力发电机组的单机容量很大，相应的设计和制造更为复杂。

高空风的功率密度大，且稳定性好，特别是 6000～12000m 的高空，风功率密度可达 $10kW/m^2$ 以上。高空风电场有两类：第一类是将发电机用汽艇运至高空，通过涡轮或者多组叶轮带动发电机发电，再通过电缆将电能输送到地面；第二类是将发电机安装在地面，“风筝”在风力的作用下向上运动到高空，通过缆绳拉动滚筒转动，再通过联轴器、制动/离合装置带动发电机转子转动，从而实现发电。第一类的问题在于发电机需要随汽艇升空，安全性较差，而且由于发电机重量限制，发电规模也不大。第二类的优势在于发电机安装在地面，安全性和发电量大大增加，但是“风筝”在高空的运动轨迹较难控制。

上海东海大桥海上风电场见图 2-26，该风电场由 34 台单机容量为 3MW 的风电机组组成，总装机容量 102MW，其位于上海东海大桥东侧 1～4km、浦东新区海岸线以南 8～13km 的上海市海域。风电场平均水深 10m，风机高度设计为 90m，年平均风速 8.4m/s。风电机组的支撑结构采用高桩混凝土承台基础方案，可以用钢筋混凝土承台抵抗船舶的撞击而无需另外设置防护桩。风机安装采用整体吊装方案，在沈家湾预制基地布置了叶片、轮毂移动平台，在码头上安装了起重机和风机组装塔筒，用改装的半潜驳船作为风机整体运输船。机组并网是各台风机升压变压器采用 35kV 高压侧电压，通过海底电缆接入浦东临港新城海岸上的升压变电站后送入上海市电网。

图 2-26 上海东海大桥海上风电

第九节 水 能 发 电

水能是自然界广泛存在的一次能源，且可以通过水力发电厂轻松转换为高质量的二次能源——电能，所以，水能既是广泛使用的常规能源又是可再生能源，同时水力发电对环境完全无污染，因此，水能是取之不尽、用之不竭的优质能源。具体而言，水力发电利用河流、湖泊等具有高重力势能的水流至低处，将其中包含的重力势能转换为水轮机的动能，再借水轮机推动发电机产生电能。由于水能的特性，水力发电产生的电压低，如果要将其传输到远方的用户，则必须通过变压器增加电压，再经由输电线路输送到用户集中区的变电所，最终调节为适合家庭用户、工厂用电设备的电压，输送到终端用户。

水力发电本身具有如下优点：①水力发电利用的是可再生和清洁能源，对环境的影响较小。②水力发电的发电效率高。大中型水电站的发电效率为 80%～90%，而火电厂为 40%左右，核电站为 30%左右，光伏发电效率为 20%左右。③发电成本低。与火力发电相比，水力发电成本仅为前者的 25%左右，经济效益高。④调控便捷。水力发电机组启动和停止快捷方便，输出功率可变范围大，可迅速增减改变，是电力系统中削峰、调频、调相和事故备用的理想变动用电器，可提高供电品质。⑤可结合其他水利工程项目，水电具有许多社会效益，例如防洪、灌溉、航运、供水和水产养殖，利用水电站调节水量应对洪水，灌溉粮食应对旱灾，运输货物改善航道，保障人口用水，增添收益促进经济发展。⑥生态环境方面，水电不仅没有废水、废气、废渣排放，而且可以代替燃煤发电，从而减少了二氧化碳、二氧化硫和氮氧化物的排放。

水力发电也存在一些缺点：①水电站建造时间长，投资建造费用高；②水力发电站选址受河道地形等地理环境限制，建成后水电站改造增产难度大；③在生态环境方面，可能会造成生态破坏和生物物种多样性破坏，大坝以下水流侵蚀加剧，会对原生动植物产生影响；④影响其他水利工程，占用水道航运资源。

一、水力发电原理及系统

水力发电的基本原理是将水的势能转换为水轮机的机械能，然后借由发电机转换为电能。

水力发电机组是一种能量转换装置，可将水的势能转换为电能，一般由水轮机、发电机、调速器、励磁系统、冷却系统和电站控制设备等组成。

水轮机将水的势能转化为机械能，是机组的核心设备。根据水流原理，水轮机可分为冲击式和反击式。根据流道内水流相对于水轮机轴线的流向，可以将水轮机分为贯流式、轴流式、斜流式、混流式、切击式、斜击式、双击式等。根据结构特性，贯流式和轴流式又可进一步分为转桨式和定桨式两种。

大多数发电机采用的是同步发电机，转速较低，一般小于每分钟 750 转，有的发电机每分钟仅几十转。由于转速低，磁极数多，发电机的结构尺寸和重量比较大。水力发电机组的安装形式有立式和卧式两种，大、中型发电机多为立式结构，小型发电机则多为卧式。三峡水电站目前是世界上最大的水电站，安装了世界上最大的立式水轮发电机组。三峡溢洪坝两侧底部的水力发电站内共安装了 32 台 70 万 kW 级水力发电机组，以及 2 台 5 万 kW 的电源机组，总装机容量 2250 万 kW，相当于 20 座百万千瓦级核电站。

二、水电站分类及其应用

1. 水电站分类

水电站是水能利用中的主要设施。根据河流湖泊地理、水文条件不同，水电站集中落差、调节流量、引水发电的情况也不尽相同。按照集中河道落差的方式，水电站可以分为堤坝式、引水式、混合式和抽水蓄能式四种基本类型。按照水源的性质，水电站一般可分为抽水蓄能电站和常规水电站。按水电站利用水头的大小，水电站可分为高水头（＞70m）、中水头（15～70m）和低水头（＜15m）水电站。按水电站装机容量的世界标准，水电站可分为：大型水电站（装机容量不小于 100MW）、中型水电站（装机容量为 5～100MW）、小型水电站（装机容量小于 5MW）。我国现行的按水电站装机容量的划分标准，单厂装机容量 250MW 及以上的为大型水电站，25～250MW 的为中型水电站，小于 25MW 的为小型水电站。

2. 大型水电站

尽管所有水电系统的基本原理都相同，但从工程角度来看，设计的规模变得越来越复杂。大型水电项目通常包括大型水坝，采用隧道和动力室的地下结构，用于调节流量和功率输出的自动控制系统以及排空电力的专用高压输电线路。对于涉及水坝的大型项目，设计标准要高得多，因为若出现灾难性失败，生命、财产和投资等方面的损失数额均巨大。大型水力发电厂通常需要建造水坝和水库。其中一些水库很小，用于储存水以供应应对每日或每周的高峰负荷。其他的水库建得足够大，可以在雨季储存水用于旱季使用，并能在特殊情况下使用数年以满足旱年发电的需求。水库除向电厂供水外，通常还具有灌溉和防洪功能。

中国地势起伏复杂，呈阶梯状分布，水利资源丰富，已建成多座发电量排行世界前列的大型水电站。

（1）三峡水电站位于湖北省长江中游河段上，是目前世界上装机容量最大的水电站，机组尺寸和容量大，水头变幅宽，设计和制造难度均居世界之最。

（2）溪洛渡水电站位于四川和云南交界的金沙江上，于 2015 年竣工，是金沙江上最大的一座水电站。大坝采用混凝土双曲拱坝，坝高 276m，是世界最高大坝。

（3）向家坝水电站的坝址同样位于四川省与云南省交界的金沙江河段上，是金沙江水电基地最后一级水电站，也是中国目前第三大水电站。向家坝水电站于 2006 年正式开工建设，并于 2014 年全面投产。

3. 小水电

像大中型水电站一样，小水电也是水力发电，但它不是小型化的大水电。小型水力发电机组将水能转换为电能，并将其直接提供给负载或并到电网中以供负载使用。小型水电项目可以为偏远的农村城镇供电，也可以开发为电网供电。若向电网供电，需要保证小水电提供的电能安全可靠质量高，要求电能的电压和频率应为额定值且波动小。小水电本身具有一系列特点：①分散化，即单个电站容量不大，但其资源无处不在，易于获取；②生态性，对生态环境的负面影响很小；③简单性，技术成熟，不需要复杂而昂贵的技术；④本地化，当地人可以参与建设，并尽可能使用当地材料；⑤标准化，容易实现整套机电系统设备的标准化，可节省设计成本，缩短工期。因此，小水电的规划设计、建设、设备制造和运行管理必须适应这些特点，以实现先进的技术、可靠的运行、经济的投资和低成本的发展。小水电资源由于独特的特点，常分布于远离大型电网的山区，是农村能源的重要组成部分，也可发挥大型电网有力补充的作用。

4. 抽水蓄能电站

抽水蓄能电站是一种特殊类型的水力发电站，当电网负荷较低时会使用多余的电能，将水从低水位水库抽至高水位水库并将其作为势能进行存储。当负荷超过总发电量或电网的峰值负荷时，将高水位水排出以进行发电，供电力系统调峰使用，见图 2-27。抽水蓄能电站主要特点是适用于电力系统峰谷差异较大的场合，是一种具有较高灵活性的调峰电源，可以适应突然的负荷变化。2022 年我国抽水蓄能新增投产装机规模 880 万 kW，累计装机容量达 4578 万 kW，位居世界首位。随着对电网安全稳定和经济运行的要求不断提高，以及新能源在电力市场中所占份额的迅速提高，开发建设抽水蓄能电站的必要性和重要性日益突出。

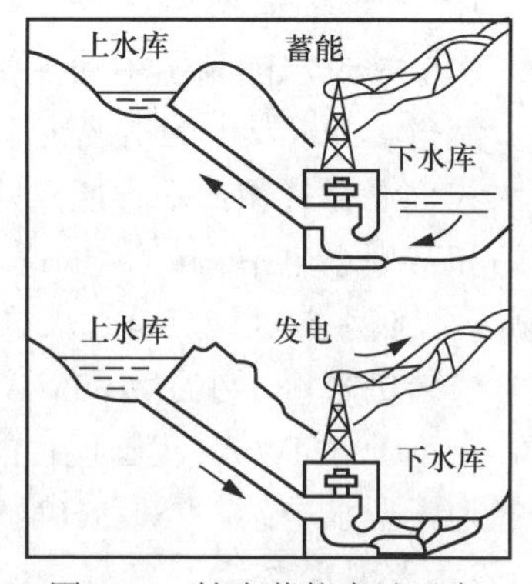

图 2-27 抽水蓄能电站示意

第十节　地　热　能

一、地热能资源

地热能是指来自地壳以及地球内部的能量，这些能量一般以热能形式存在。地热资源指的是能够经济地被人类所利用的地球内部的地热能、地热流体以及其有用组分。目前，常见的可利用的地热资源主要包括：最早可以追溯到石器时代的地热温泉、通过地源热泵技术开采利用的浅层热能资源、通过人工钻井直接开采取用的地热流体以及干热岩中的热力资源等。地热能资源种类繁多，不同地热资源可能依附其地质构造特征呈现出不同的特性，另外，开发利用形式及热流体传输方式也影响着地热能资源的实际应用情况。

通常情况下，结合地热资源本身的特征和能源开采利用方式，可将较成熟的地热资源分为浅层地热能资源、水热型地热资源和干热岩资源三种类型。另外，根据温度范围也可以将地热能进行资源品质上的划分，在中国一般把高于 150℃的称为高温地热，开采利用方式以发电为主；低于 150℃的则被称作中低温地热，此类品质地热资源同样也可用于发电，但更常用的利用方式是采暖、水产养殖及农业应用、医疗及洗浴、工业生产应用等，图 2-28 展示了地热资源温度与利用形式的关系图。

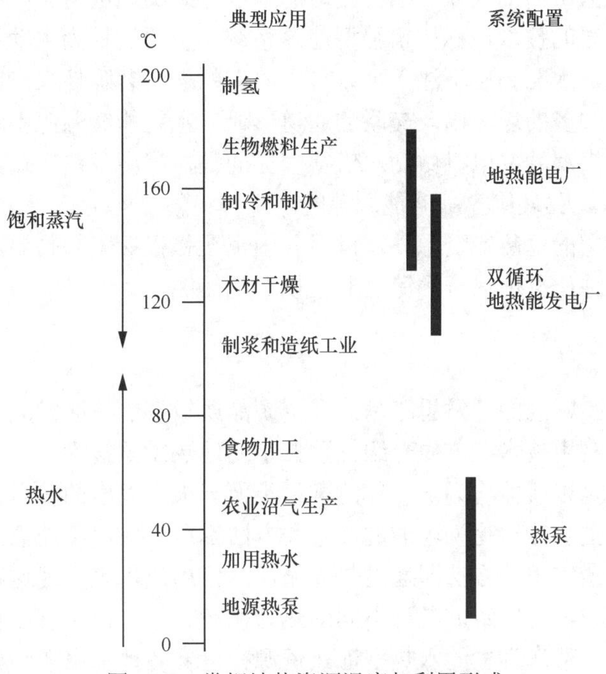

图 2-28　常规地热资源温度与利用形式

1. 水热型地热资源

水热型地热资源，顾名思义其能量传输介质主要是水、水蒸气或汽水混合物。以汽水为主的储集层在地壳深处随处可见，受地质条件影响，易于开发的水热型地热资源常出现在板块交界处，如太平洋板块附近的年轻火山、裂谷地带以及热带地区。水热型地热资源的分布具有明显的规律性和地带性，但受地质构造、岩浆活动、地层岩性、水文地质条件等因素的影响导致了总体分布及开采深度的不均匀性，但一般优质水热型地热资源的开采深度不超过4km。此类地热资源在我国的分布主要有高温型和中低温型，高温地热资源主要分布在藏南、滇西、川西以及台湾地区；中低温地热资源分布则相对比较广泛，主要集中在大型沉积盆地及山地的断裂带处。

2. 浅层地热能资源

浅层地热能资源的分布遍及大陆。全球大陆的浅层地表下都分布着此类地热能资源，这意味着其储量是巨大的。此类地热资源开采难度小，但由于其温度品质相对较低，一般只高于地表温度几到几十摄氏度，几乎无法达到工业生产乃至发电的需求，故这部分地热能常被用于供暖以及其他可以对其热能直接利用的场景，比如，地源热泵。采用地源热泵进行采暖的方式有着传统供暖方式无法媲美的环境和经济效益，是非常适合提取并利用浅层地热能的一种较为高效的方式。

3. 干热岩

干热岩的分布几乎遍及全球，但与浅层地热能资源不同的是，其常位于地壳的较深处，一般大于3 km，这也意味着其温度相较于另外两种类型高出很多，一般大于200℃，故此类地热资源是三类地热能资源中品质最高的一种。干热岩，顾名思义，几乎不存在天然的液体，由高温的岩石组成的位于地壳深处的岩层。尽管干热岩遍及全球，其最具开发利用潜力的选址，还是主要集中在火山活动区以及地壳较薄的地区，此类地区常分布在全球板块及构造地体的边缘。开采干热岩的技术被称作增强型地热系统，主要过程为主动将水注入，待其加热后再进行回收。首先，水在高压下注入，以扩大原有的岩石裂隙使水能够自由流入和流出以更好地换热。一旦足够多的裂隙以及交联的通道形成，水就能够源源不断地注入并产生可控的高温蒸汽，带动蒸汽涡轮发电机做功。值得一提的是，我国干热岩远景资源量折合标准煤856万亿t，潜力巨大，已属国家战略能源范畴。

除了上述三种类型的地热能资源外，世界各国也在积极探索超临界流体地热能、岩浆地热能、海域地热能、地压型地热资源等“非常规”地热能。

二、地热发电

对于地热能资源，常规的开发思路是：在资源品质较好的地区发展地热发电，在有条件的地区发展地热直接利用技术。首先介绍几种典型的地热发电技术。

地热发电本质上是以流体作为热载体的一种类似于火力发电的发电方式。理论上，火力发电技术中一切可以把热能转化为电能的技术和方法都可以应用于地热发电。热能转化为机械功再转化为电能的最实用的方法即通过热力循环，应用热机来实现这种转化。利用不同的工质或不同的热力过程，可以组成各种不同的热力循环。例如，温度比较高的蒸汽热田采用直接蒸汽发电，然而以蒸汽为主的水热型地热资源在世界各地都属较为稀有的地热能源；更为常见的以热水为主导的中低温地热资源不宜直接用于发电，结合闪蒸技术则可以很好地解决这个问题；还有更稳定、寿命时间更长、适用范围更广的二元地热系统，即双循环地热发电系统。

水热型地热能资源有以高温蒸汽为主导和以中低温热水为主导两种类型，是较容易获取的地热资源。

高温蒸汽为主导的热液源是最适合发电的，但也是最稀有的地热资源。顾名思义，高温蒸汽是这类系统中可用的地热资源，一般要求蒸汽温度大于 175℃。地面条件下开采的此类地热资源很少有超过 205℃、8bar 的。地热井开采出来的蒸汽首先经过一个离心式分离器变为较干净的蒸汽，然后进入汽轮机做功。冷凝后的蒸汽在冷却塔中进行冷却后再重新注入热井中。该流程图见图 2-29，此类直接利用开采出来的新鲜蒸汽的技术也被称为一次蒸汽法。一般该系统的热效率并不高，大概只有 15%，还不包括沿程损耗及传送泵损耗。事实上，较为公认的以蒸汽为主导的此类地热发电系统的热效率约为 10%。这就导致其系统设计要求更大的质量流量及设备尺寸才能满足可观的功率输出需求。

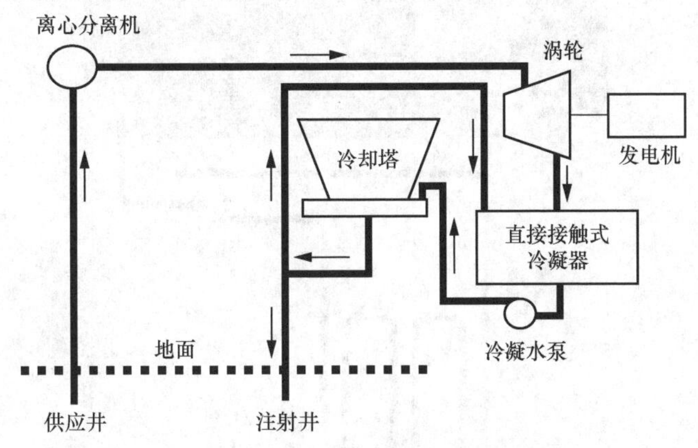

图 2-29　蒸汽型地热资源发电系统

相较于稀有的高温蒸汽型水热资源，以液体即热水为主的地热资源更加丰富。温度范围 150～315℃的热水都是可应用于发电的，另外，如果压力降低，水就会变成质量较低的两相混合物，在此仍称它为液体主导的热液型地热资源。开采利用此类地热资源的发电技术主要有三种：闪蒸型地热发电技术、混合流地热发电技术和双循环地热发电技术。

三、地热的热利用

前面已经介绍了水热型地热资源和干热岩的发电利用方式。浅层地热能资源虽然温度较低，但其分布广泛几乎遍及大陆，开发价值也非常大。对于温度较低的此部分地热能资源，无法用其进行发电，但直接对其进行热的利用会更有价值。众多地热的直接利用技术中，地源热泵技术应用最为广泛也最具经济与环境价值。

1. 地源热泵

通常情况下，在地表以下几米的地方，温度几乎保持全年不变。这就意味着夏季可以应用地源热泵向地面土壤排热，冬季又可以作为热源向室内供暖。传统热泵的工作方式是在夏天把热量排到大气，在冬天又从大气中提取能量。热源的不同是这两种热泵差异性的关键所在，也是地源热泵热效率大幅提高的根本。地源热泵的一般配置见图 2-30，热交换器通过地面回路中的循环泵在压缩机的制冷剂与地面之间传递能量。在冬季传统的空气源热泵的 COP 接近 3，而应用地源作为热源的热泵 COP 值接近 4。

最后，值得注意的是，一般传统住宅安装地源热泵系统的成本是普通设施的两倍，但从长远的角度上看，其能源成本的节约及后续的使用情况在合理的回报期内仍然具有经济上的吸引力。地源热泵还可广泛应用于商业、工业和政府建筑，在这些应用场景中与住宅同样具有环境和经济上的优势。

2. 其他利用

地热能其他直接利用方式有地热水产养殖、地热水灌溉、地热农作物干燥、温泉医疗等方面。

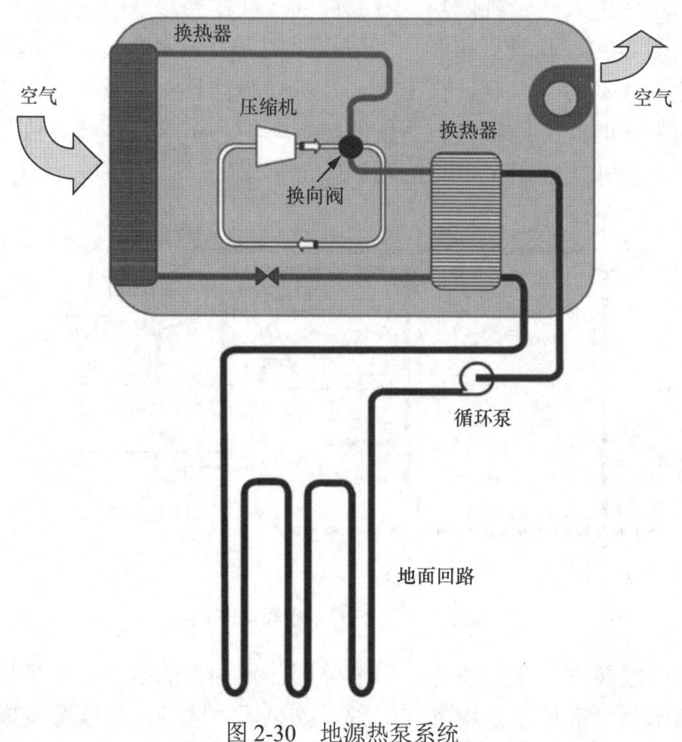

图 2-30 地源热泵系统

地热水产养殖可以培育对温度要求较高的品种，如罗非鱼、鲑鱼以及鳟鱼等，近年来利用地热水养殖热带鱼、龙虾、短吻鳄等品种的热度也在持续增加中。农业方面，用温度适宜的地热水进行农田灌溉，可以一定程度上对作物进行催熟增产，利用地热建造温室、利用地热对农作物进行干燥也是常见的应用方式。此外，地热在医疗方面也有一定程度的应用，各地温泉水的开发不仅可以带动一个地区的旅游产业，有些含矿物质的温泉水直接饮用还会带来疗养方面的益处。

第十一节 生 物 质 能

一、生物质分类及其特性

1. 生物质定义

生物质是指含有叶绿体或叶绿素的绿色植物或微生物通过光合作用而形成的各种有机物，包括地球上所有的动植物和微生物。生物质能则是指储存在生物质中的能量，其本质上是太阳能以化学能形式储存在动植物中的能量，是人类一直以来赖以生存的重要能源之一，也将在即将到来的能源变革中承担重要使命。广义上的生物质包括大自然中食物链的所有成员，植物、微生物和以它们为食的动物们，此外，动植物及微生物的遗体遗物也被认作所有生物质的重要组成部分。狭义上生物质能的概念则指在现今生产活动中可以被利用的生物质成分，如可用来生产燃料的玉米等粮食作物；农林业生产过程中产生的秸秆、林业废弃物等；畜牧业生产过程中产生的禽畜粪便、废弃物等；人类经济社会活动中产生的城市垃圾等。

生物质能可以被更高效、更清洁地利用，并可以满足未来全球能源的很大一部分需求。相较于传统化石能源以及其他形式的可再生能源，生物质能主要有以下几个优势：

（1）可再生性。相较于传统化石能源从初步形成到开采使用的亿万年以上的周期来说，生物质平均几年到几十年的生命周期赋予了其可再生的特性。生物质不断地被消耗，又不断通过绿色植物的光合作用被补充，人类在此过程中提取能量，只要消耗的速率不大于补充的速率，那么生物质能就是可再生的。

（2）低污染性。首先，碳循环方面的意义前已述及，即生物质充当燃料的使用过程中所释放的二氧化碳相当于其生长时固定的来自大气中的二氧化碳，因此对大气二氧化碳的净排放量近似于零；其次，相较于传统化石能源，生物质能拥有更低的硫含量和氮含量，燃烧过程中释放的 SO_x 和 NO_x 更少。

（3）总量丰富且分布广泛。生物质能源的资源储量极为丰富，据统计，地球每年可产生的生物质是人类能源消耗总量的 5～10 倍，并且生物质能的分布更加广泛，在煤炭等化石能源相对匮乏的地区，生物质能也能得到充分的利用。

生物质能相较于其他类型可再生能源的优势在于：

（1）与风能和太阳能在时域上的不稳定性相比，生物质能可以不受时间和空间限制源源不断地提供能源，而不需要额外的能量储存设施（如电池或储氢设备）。

（2）生物质能源是唯一可运输并储存的可再生能源。它既可以作为传统的一次能源直接使用，也可以通过一定的加工转化工艺作为二次能源使用。这意味着在现有的以传统能源为基础的能源体系下，生物质能源可以直接投入使用而不需要对现有体系作出太大的变革。

（3）除此之外，生物质能的推广使用还可为解决国家农村收入以及城市垃圾问题提供帮助。农林废弃物的回收给当地农民提供了一笔可观的收入；而城市垃圾这类生物质的处理并能源化利用也是一种解决城市污染问题的有效方法。

综上所述，生物质能是可再生能源的重要组成部分，同时作为唯一的一种可再生的碳源，是在未来有可能取代化石燃料，解决紧迫的能源危机和严重的环境污染问题的一条可行之路。

2. 生物质分类

从历史上看，自人类掌握了火的利用方式以来，就一直在利用储存在生物质中的能量。即使到了今天，生物质仍是许多发展中国家或农村家中唯一的燃料来源。本质上所有的生物质都是以碳、氢、氧三种元素为基础，在生产过程中还是习惯上将其进行分类。

按照生物质的来源和用途，生物质可分为农林废弃物、能源作物、禽畜粪便、城市垃圾、微藻等。值得一提的是，采用甘蔗、玉米淀粉等粮食生产燃料乙醇的生物质利用方式曾经风靡一时，然而这种“与人争粮、与粮争地”的方式引起了广泛的争议。现今已作为第一代生物能源逐渐淡出人们的视野，取而代之的是以农林废弃物、城市垃圾等非粮食类原料转化而成的第二代生物燃料能源以及更加高效环保的第三代和第四代生物能源。按原料成分，生物质还可分为淀粉类、木质纤维素类、糖类、油脂类等。

3. 生物质特性

生物质是唯一的一种可再生的碳源，也是唯一可以运输并储存的可再生能源，它与常规化石能源极为相似，因此可以用评价诸如煤、石油、天然气等燃料的方式去评价它。

能量在燃烧时以热的形式从生物质（及其生产液体或气体燃料）中释放出来。表 2-7 给出了典型的生物质燃料的能量密度，并与化石燃料进行了比较。按质量计算，生物质能的能量密度低于任何一种化石燃料；按体积计算，其密集程度也低于石油或煤炭。这也就意味着生物质燃料的体积总是相对较大的，进而增加了其运输的成本，限制了可远途运输的距离。表 2-8 给出了木材生物质和各类化石燃料的原子数比以及每单位碳的燃烧所释放的能量。其中，生物质的 C/H 比是相对较高的，这也就意味着相较于其他化石燃料产出等量的能量，生物质燃料的燃烧过程会释放出更多的二氧化碳。然而，就生物质的可持续增长而言，其燃烧过程中释放的碳只是在生物质生长过程中通过光合作用从大气中吸收的碳。

表 2-7 常见生物质、乙醇及化石燃料的能量密度

燃料种类	能量密度	
	kJ/kg	GJ/m^3
木材（空气中干燥，质量分数为 20%水分）	18～20	13
纸（废旧报纸）	17	9
粪便（干燥）	16	4
稻草（成捆）	14	1.4
甘蔗（空气中干燥）	14	10
生活垃圾	9	1.5
工业废物	16	—
草（新鲜）	4	3
植物油	37～39	—
乙醇	30	24
汽油	42	34
煤炭	28～31	50
天然气	55	0.038

表 2-8 生物质和化石燃料化学组成

种类	原子比例			元素比重/%			每千克碳释放的热量/GJ
	C	H	O	C	H	O	
煤炭	1	1	<0.1	85	6	9	24～25
石油	1	2	0	85	15	0	19
天然气	1	4	0	75	25	0	13.5
木材	1	1.5	0.7	49	6	45	21

二、生物质转化基本原理

生物质转化的途径有很多，这些过程一般可以分为物理化学转化、生物化学转化和热化学转化三个领域。

物理化学转化过程既不需要微生物，也不需要很高的操作温度。生物化学转化过程利用微生物种群将生物质转化为有用的燃料产品。热化学转化过程一般需要较高操作温度。

图 2-31 描述了每一种转化途径，给出了本节内容将要涉及的各种生物质转化途径。

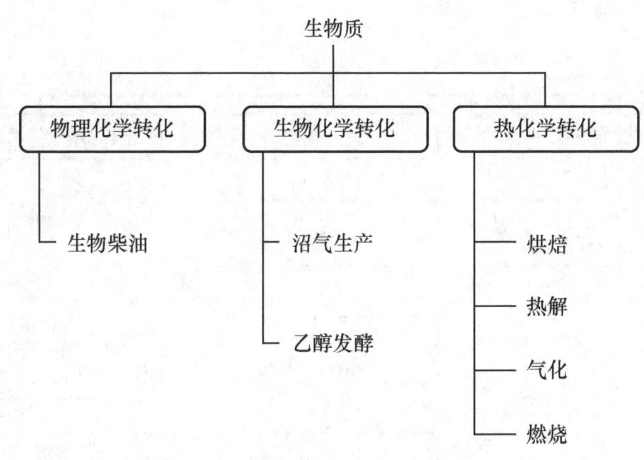

图 2-31　多种生物质转化利用方式

1. 物理化学转化

生物质物理化学转化过程主要涉及生物柴油的生产。生物柴油的生产是使得生物质燃料与现存商用载具引擎兼容的最简单直接的方法。在这个过程中，不涉及微生物的使用，转化的温度也相对较低。原料通常使用油类作物，也包括动物脂肪和油料。在商用生产生物柴油的设备中，原料通常经过精炼、漂白和脱臭处理，制成所谓的生物原油。原油再进行进一步的酯交换反应得到生物柴油。例如，以油料种子作物作为原料，将经历以下几个步骤：

（1）油籽首先在榨油之前进行清洗并储存。

（2）对油籽做进一步的加工，包括回火、裂化、脱壳、清洗和分离不需要的杂质。

（3）榨油过程可以通过多种方式进行，比如溶剂提取、机械榨油以及微藻样品的超声处理。

（4）精制阶段包括中和、脱蜡、脱胶等，然后进行漂白、除臭，得到生物原油。

（5）控制酯交换反应将生物原油转化成生物柴油，反应过程见下式：

$$100\text{kg原油}+10\text{kg甲醇}\longrightarrow 100\text{kg生物柴油}+10\text{kg甘油} \tag{2-9}$$

2. 生化转化

全世界使用的两种主要常规燃料仍是汽油和柴油。目前在世界范围内大规模生产的两种生物燃料即生物乙醇和生物柴油。生物柴油现常与普通柴油混合使用，而生物乙醇也是汽油燃料的常规添加剂。有关生物柴油的生产方法在前面已经提及，本部分将介绍生物乙醇的制取途径。另外，除了生物乙醇，沼气也是生物生化转化的一个重要应用。沼气是一种主要由甲烷和二氧化碳组成的混合气体，品质较高的沼气具有 65%的甲烷占比。

（1）生物乙醇。生物乙醇的生产方式（又称发酵过程）多种多样，取决于原料中的糖类、淀粉、木质纤维素的含量。图 2-32 为生物乙醇的生产流程图。

若原料完全以糖的形式存在，则只需要利用酵母菌等微生物进行发酵，将糖转化为乙醇即可。对于淀粉类的原料，在发酵过程中必须要先将其转化为糖。将淀粉转化为糖的最常见的微生物是各种类型的霉菌，如黑曲霉。这些霉菌产生的酶可以分解淀粉并将其转化为糖，这一过程称为糖化。若原料中含有丰富的木质纤维素，则需要通过不同的方式将纤维素转化为糖。该过程相对前两种较难，一些霉菌可以承担生产酶并分解纤维素的作用，但转换效率相对较低。纤维素是由长链的葡萄糖组成的，一旦被分解转化为单糖或简单糖，其发酵过程就与先前提到的酵母发酵类似。

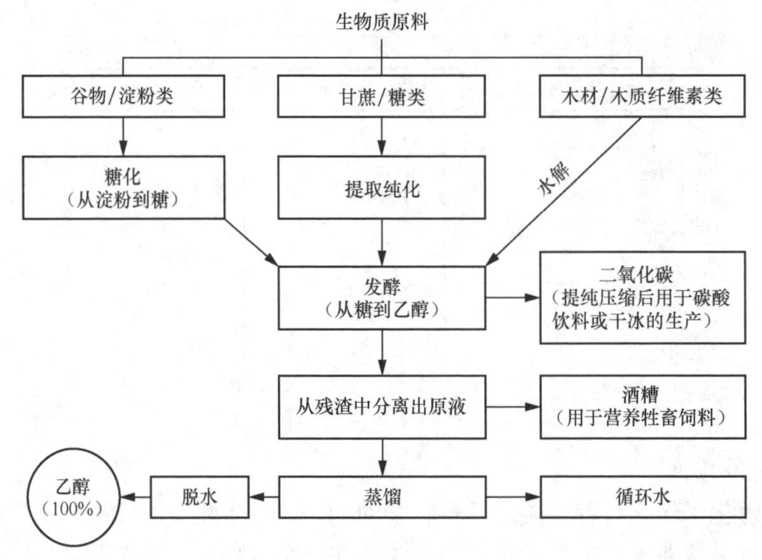

图 2-32 生物乙醇生产流程图

由葡萄糖发酵生产乙醇的过程方程见式(2-10)。酵母菌每消耗 1mol 葡萄糖便会生产 2mol 乙醇并释放出 2mol 二氧化碳。根据生产经验，一般每生产 1L 乙醇需要消耗 1.5kg 糖。

$$C_6H_{12}O_6 \xrightarrow{\text{酵母}} 2C_2H_6O + 2CO_2 + \text{热量} \tag{2-10}$$

发酵过程结束后，通过蒸馏将乙醇从发酵液中分离出来。发酵残留的残渣还可以用作动物饲料。接下来便是一系列的精制提纯工作。

（2）沼气。沼气生产，即厌氧消化。负责生产沼气的微生物是厌氧微生物——在无氧的环境下生长的微生物。厌氧消化的具体过程是把复杂的有机物转化为简单的有机化合物。转化的过程称为水解，由这些厌氧微生物分泌的酶进行。有机化合物首先被转化为有机酸，如丙酸和丁酸等。其他一些简单的有机化合物被转化成醋酸，这是厌氧反应器或厌氧消化器中最常用的有机酸。之后这些有机酸被产甲烷的微生物转化为甲烷。参与厌氧消化过程的两种微生物是产酸菌和产甲烷菌。产酸菌能承受低 pH 值（或非常酸性的条件），而产甲烷菌不能，所以如果反应器被产酸菌控制，甲烷的生产可能会停止，这一过程会导致酸化现象的产生。因此，必须注意确保产酸菌和产甲烷菌之间的生态平衡。最简单的控制方法是中和反应器的 pH 值，常用的中和剂如石灰（$CaCO_3$）或氢氧化钠（NaOH）。

3. 热化学转化

热化学转化过程是利用高温将生物质转化为有用产品的生物质转换过程。根据引入的空气量和反应所用的温度，基本上有四种类型，热转化过程包括烘焙、热解、气化和燃烧。烘焙和热解是不需要氧气或空气的反应，而气化和燃烧都需要氧气或空气的参与。烘焙一般在较低温度下进行，通常低于 300℃，而热解完全的温度一般超过 300℃。烘焙几乎不产生任何新的产品，只是以炭的形式提高了生物质的性质。气化使用少量的氧化剂（通常是空气、氧气或水蒸气），而燃烧过程则需要过量的空气来确保生物质中储存的能量完全释放出来。

（1）热解。热解过程在完全没有氧气的情况下进行。生物质被放在反应器中通过外部热源进行加热。反应会产生气体，及时将产生的气体从反应体系中提取出来并冷凝会另外得到一部分液体产品。在反应的最后，会形成三种重要的产品：固体产品称为炭，液体产品称为生物油，气体产品称为合成气。每一种产品所占的比例根据反应条件（温度、升温速率、气相停留时间等）的改变而实现控制。一般来说，在较低的温度下，会产生更多的固体产品；而在较高的温度下，会产生大量的合成气；液体生物油则是在中等温度并且较快的升温速率下得到较大的产率。

（2）气化。气化是在氧化剂（也叫气化剂）不足的情况下进行的热化学转化过程。通常气化剂的使用量需要严格的计算和控制。根据生物质的主要元素组成——碳（C）、氢（H）、氧（O）、氮（N）、硫（S）——来建立燃烧方程，计算完全燃烧时需要的空气量。结合气化当量比（气化过程需要气化剂的量与完全燃烧时需要的氧化剂量的比值）即可计算出气化过程需要的气化剂用量，若气化剂为空气，则一般为0.3～0.7。气化过程产生的合成气一般以一氧化碳和氢气为主，也含有一部分的甲烷、二氧化碳、乙烷、乙烯以及其他的低分子量的轻质烃类化合物。

（3）燃烧。生物质的直接燃烧仍是发展中国家和一些发达国家的常见形式。在发展中国家，木柴的燃烧可能是最方便的加热取暖和烹饪方式。发达国家也会用燃烧生物质的方式进行取暖，除此之外，还会进行燃烧生物质进行发电等更大规模的利用。

三、生物质发电

通过生物质进行发电的方式及其发电效率汇总见表 2-9。电能可以通过蒸汽轮机、内燃机、燃气轮机以及燃料电池从生物质中获取。

表 2-9　各种生物质转化方式的规模、效率和现状

转化方式		规模	净效率（LHV）	评价
沼气	厌氧消化	高达几兆瓦	10%～15%（电力）	适用于湿的有机废物和废水。荷兰和丹麦发展较好
燃烧	热力	1～5MW	70%～90%（现代锅炉）	在奥地利、德国、瑞典，颗粒燃烧取代了传统的壁炉
	热电联产，常规锅炉	0.1～1MW	60%～90%（总）	广泛应用于斯堪的纳维亚、奥地利和德国的区域供暖系统
		1～10MW	80%～100%（总）	
	热电联产，流化床锅炉	50～80MW	30%～40%（电力）	芬兰在这方面处于领先地位
	电力	20～100MW	20%～40%	—
	混燃	现存煤炭电厂 5～20MW，新电厂更高	30%～40%（电力）	在现存电厂中由于规模较大拥有较高的发电效率，投资改造成本可以忽略不计
气化	热电联产	100kW	15%～25%（电力），80%～90%（总）	—
	BIGCC	30～100MW	40%～50%（电力）	—
	固体氧化物燃料电池	—	45%～50%	—
	熔融碳酸盐燃料电池	—	45%～50%	—

1. 生物质燃烧发电

直接燃烧发电是将生物质在锅炉中直接燃烧，生产蒸汽带动蒸汽轮机及发电机发电。生物质直接燃烧发电的关键技术包括生物质原料预处理、锅炉防腐、锅炉的原料适用性及燃料效率、蒸汽轮机效率等技术。生物质直接燃烧又可按照燃烧的组织形式分为悬浮燃烧、层燃燃烧和流态化燃烧。其中后两种形式是目前工业应用的主流。

悬浮燃烧是将生物质预先进行粉碎后通过风力输送将燃料送到炉内燃烧。在悬浮燃烧系统中，燃料需要进行预处理，颗粒尺寸要求小于 15mm，含水率低于 15%。悬浮燃烧系统可以在较低的过剩空气条件下高效运行。但是由于生物质的品种容易变化、能量密度低以及容易引起结焦等原因，实际工程中很少直接将生物质进行悬浮燃烧。

层燃燃烧方式主要分为链条炉排、往复式炉排和振动式炉排等三种形式，燃料在固定或者移动的炉排上燃烧，燃烧所需空气从下方透过炉排供应，燃料处于相对静止的状态，燃料入炉后的燃烧时间由炉排的移动或振动来控制。目前国际上应用最为广泛的生物质层燃技术主要是以丹麦 BWE 公司为代表的水冷振动炉排炉，该技术能够很好地适用于秸秆等高碱生物质燃料。

流态化燃烧被认为是最适于将生物质高效转化为能源的方式之一。而作为一种特殊的流态化燃烧方式，循环流化床具有的低温燃烧、床内良好的混合和极佳的燃料适应性等特点使其在秸秆燃烧中的应用具有独特的优势。浙江大学是国内最早提出利用流态化低温燃烧特性组织实施秸秆燃烧的科研单位，通过机理以及不同规模的燃烧试验确定的循环流化床秸秆燃烧组织模式是国内外第一次提出的流态化秸秆燃烧方案。中节能投资建设的江苏宿迁生物质发电厂，是我国第一个全部采用国产技术建成的秸秆发电示范项目，装机容量 2×12MW，锅炉采用浙江大学设计的循环流化床锅炉。

2. 生物质气化发电

生物质气化发电通常指生物质气化/燃气轮机一体发电过程。燃气轮机与生物质气化炉结合起来的方式，整体转换效率可达 40%～45%。图 2-33 所示为生物质气化炉-燃气轮机整体联合循环系统（integrated biomass gasifier/gas turbine combined cycle system，BIGCC）的示意。从气化炉（900℃）中产出的合成气只部分经过冷却和清洗（350～400℃），然后在燃烧室中燃烧。加压气化还避免了一些与燃烧前压缩气体相关的能量损失。另外，该过程不需要刻意去除焦油等非气态成分。BIGCC 系统可以提供媲美火力发电厂的高能量转化效率，但其唯一需要注意的是前期的建设成本投入巨大，这也意味着成本回收周期被拉长。

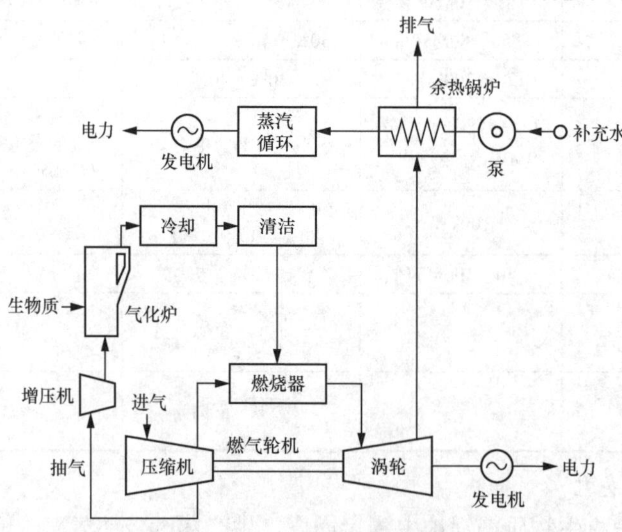

图 2-33 生物质气化炉-燃气轮机整体联合循环系统

3. 生物质气化耦合发电

生物质气化耦合燃煤发电的技术原理图见图 2-34，可简单理解为在气化中利用热化学处理将生物质从固态转变成可燃气体，提高能源利用效率。对生物质原料进行预处理后，将其送入气化炉，通过加热方式干燥原料。等原料内部水分完全被蒸发后，通过添加燃煤、增加风力等方式，提高气化炉内部温度，从而让挥发成分从原料中析出。空气携带的水蒸气、O_2 等气化介质，则会与挥发成分进行燃烧反应，向气化炉内部持续放热，让原料维持干燥状态，使热解反应与还原反应保持连续。同步进行的氧化反应，则会生成 CO，H_2，CH_4 等可燃气体，热值可达 6MJ/m³。对产物进行二次处理，将焦油、杂质等有效去除后，即可获得干净的可燃气体，用于之后在燃煤锅炉和燃煤共同完成发电工作。在将生物质原料从固态转化为气态时，借助物态变化可获得具有较高纯度的可燃气体，有效提升生物质能量转换效率。而且这个过程中可获得炭粉、焦油等副产品，可用于其他生产中，从而达到对生物质的综合应用。

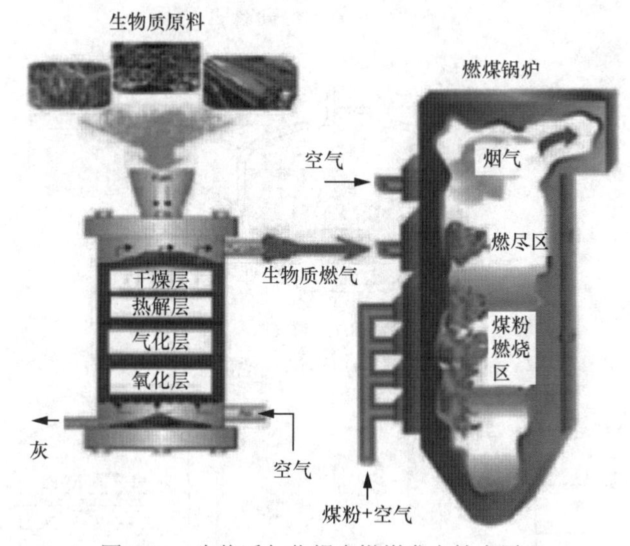

图 2-34　生物质气化耦合燃煤发电技术原理

四、生物质气体燃料制取

1. 沼气系统

如前所述，厌氧消化和热解一样，需要在没有空气的情况下进行。图 2-35（a）所示浮顶式沼气池常见于印度，图 2-35（b）所示固定圆顶式沼气池常用于我国农村一些户用小型沼气池的通用设计。此外，还有应用于处理城市垃圾以及动物粪便和农业废弃物的大型沼气池。

2. 气化

常见的生物质气化炉有两种形式，见图 2-36。一种是上吸式的固定床气化炉，气化剂空气从炉体底部注入，生物质原料则从上方的供料入口进入。由于上升的空气和下降的生物质之间能够进行更高效的热量交换，因此这种类型的气化炉的气化效率相对较高，但其缺点是会产生大量的焦油，需要在后续的步骤中去除。焦油中能量的损失也降低了整体的效率。相比之下，另一种下吸式气化炉能够很好地解决焦油的问题。合成气从气化炉下方被抽取出来。气相的流动方向与生物质固相的运动方向是相同的，这迫使所有的气化产品都要经过气化炉中最热的区域，在那里几乎所有最初产生的焦油都被充分分解成了气体。

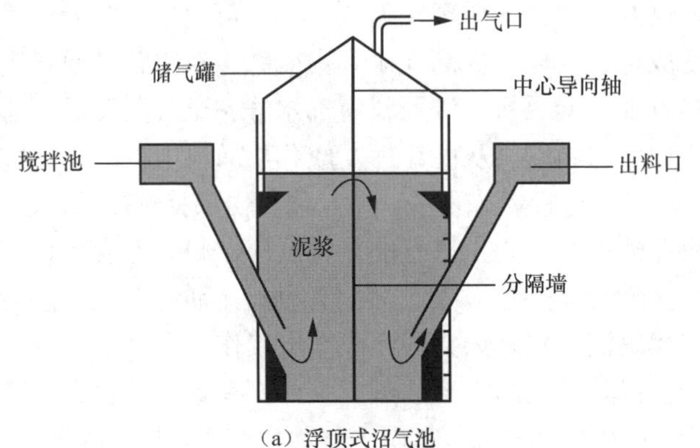

（a）浮顶式沼气池

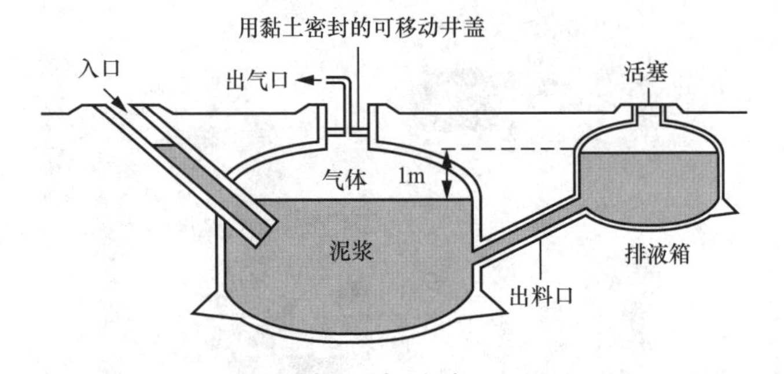

（b）固定圆顶式沼气池

图 2-35 小户型沼气池的设计

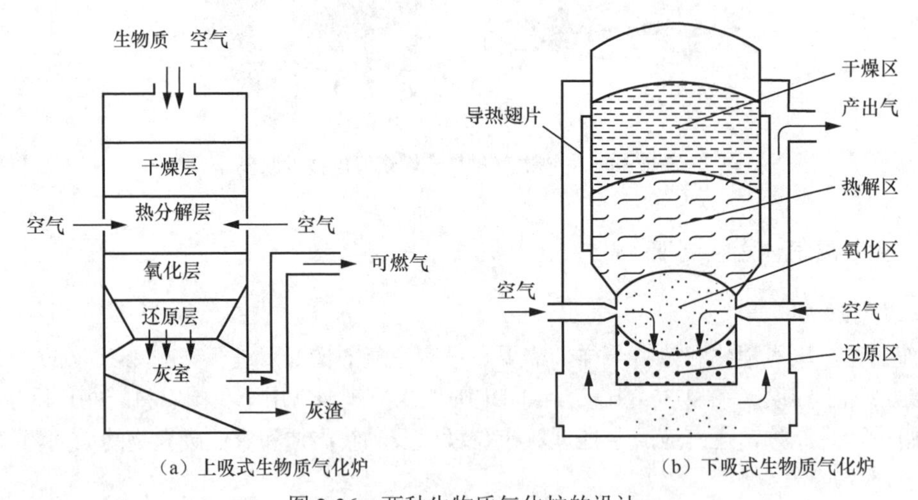

（a）上吸式生物质气化炉 （b）下吸式生物质气化炉

图 2-36 两种生物质气化炉的设计

五、生物质液体燃料制取

1. 生物乙醇制取

发酵是另一类厌氧过程，但需要大量的糖的输入。糖的最直接来源是甘蔗或者各种粮食如玉米、小麦或土豆等。但此类第一代生物质原料的使用引来了广泛争议，目前更倾向于使用木质纤维素类原料提取葡萄糖的第二代生物质能源。木质纤维素类生物质来源包括农业和林业残留物、草本植物以及木本植物等。木质纤维素类生物质由纤维素、半纤维素和木质素组成，其中纤维素占比 35%～50%、半纤维素占比 20%～35%、木质素占比 12%～20%。纤维素由长链的葡萄糖构成，也称为多糖；半纤维素由短而不同种类的糖类分支链组成，一般是木糖，也有阿拉伯糖、半乳糖、甘露糖等；木质素则是具有丰富芳香环的非均相物质。纤维素和半纤维素糖转化为乙醇的总效果各不相同，它们的相对比例影响着乙醇的总收率。木质素则具有很高的抗分解能力，因此会形成大量的固体残渣。

由木质纤维素生物质生产乙醇的大致步骤是：

（1）预处理。从半纤维素和木质素中分离纤维素。

（2）将纤维素和半纤维素分解为组成它们的低聚糖。

（3）糖的发酵。

（4）乙醇的提取和精炼。

纤维素和半纤维素被分解成组成它们的糖（通常是五碳糖和六碳糖）之后，发酵过程由微生物承担，一般依靠细菌、酵母菌或某些真菌进行。五碳糖和六碳糖的发酵过程如式（2-11）和式（2-12）所示：

$$3C_5H_{10}O_5 \longrightarrow 5C_2H_5OH + 5CO_2 \tag{2-11}$$

$$C_6H_{12}O_6 \longrightarrow 2C_2H_5OH + 2CO_2 \tag{2-12}$$

在这两种反应中，1/3 的碳会损失并进入二氧化碳中，因此有些高效的厌氧发酵厂还会结合碳的捕集技术尽可能减少这一部分的损失。木质纤维素生物质加工过程中产生的固体残渣还可以用于燃烧发电，图 2-37 概述了乙醇、热能、电力的联合生产。

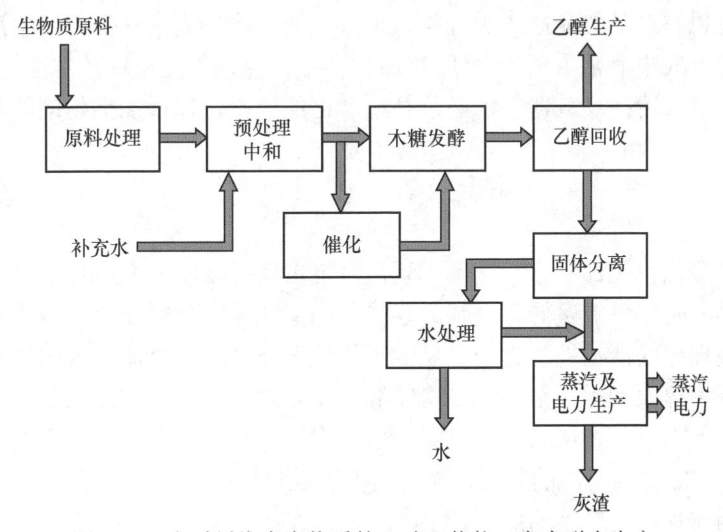

图 2-37　木质纤维素生物质的乙醇、热能、电力联合生产

2. 生物油制取及提质

调节生物质原料热解反应的条件，可以有选择地控制某一类产品的生成。生物质在常压、高加热速率（一般 1000～10000℃/s）、短的气相停留时间（0.5～2s）、适中的热解温度（500～700℃）下瞬间气化，然后快速冷凝成液体，即可最大程度上获得液体产品——生物油。通过

快速热解制取的生物油一般可以达到原料质量的 40%～60%，并且该过程需要的热量完全可以通过热解过程产生的部分可燃气体来供应。

生物油相较于生物质原料更易于储存，方便运输，且能量密度大大提高。生物油的生产工艺可连续、利用方式多种多样。产品油不仅可以作为工业锅炉等产热设备的燃料，还可以进一步改性纯化。高品质的生物油改性产品，其品质接近于柴油或者汽油，可以应用于汽车或者航空，能够从一定程度上代替化石能源。催化加氢、催化裂解、添加溶剂和乳化等方法是目前常见的生物油改性提质的有效手段。预处理的方式不同也会大幅度改变热解产物的分布。另外，生物油中还有数百种含氧化合物，其中不乏众多具有商业应用价值的产品。

3. 生物柴油制取

前已述及，生物柴油是一种从植物油或动物脂肪中提炼出来的液体燃料产品，相当于柴油燃料，可以在未经改装的柴油发动机中使用。生物柴油是由生物原油通过酯交换反应所制备的。制备过程中，需要在催化剂（通常是 NaOH 或 KOH）的作用下，将 80%～90%的油和 10%～20%的醇（如甲醇、乙醇、丙醇或丁醇）的混合物加热，得到生物柴油和副产品甘油（$C_3H_8O_3$）。

另外，养殖微藻用于生产生物柴油也是较为高效且清洁的思路。结合微藻强大的二氧化碳捕集能力，生物柴油可被大规模地生产。

4. 新型燃料制取

费托合成法是将普通碳氢化合物如合成气、天然气等转化为液体燃料的方法。它可以用来生产比普通柴油更加清洁的燃料，进而达到对生物油的提质以及更高规格燃料的要求。一般来说，气化高温高压条件下产生的氢气和一氧化碳混合物，可以引入费托工艺的反应器，进一步在催化剂的帮助下，使碳和氢重新结合生成更长链的碳氢化合物，也就是油类产品。虽然费托工艺可以将产品的品质大大提高，但其也有一个问题——催化剂的污染。催化剂的催化作用是费托合成中非常重要的一环，然而大多数催化剂都对原料的洁净程度要求非常高，因此原料合成气进入费托反应器之前必须经过严格的清洗，以增加催化剂的循环使用寿命。

第十二节 氢 能

氢是自然界最轻也是最丰富的化学元素，占宇宙所有物质的 80%以上。氢是一种能源载体，和电池一样，是一种能量储存机制。氢能是指氢在发生化学变化和电化学变化过程中产生的能量，是最理想的清洁能源之一。氢能不像化石能源、生物质、太阳能等可再生能源可以直接从自然界中提取利用，是一种二次能源，需要通过一定的方法从其他能源制取。氢能具有可再生、环保无毒、燃烧热值高、利用形式多、可储存等其他能源无法取代的优势。随着技术的进步，氢能作为清洁的替代能源，其优越性日渐显现。可以预见，氢能在 21 世纪能源舞台上将成为一种举足轻重的能源。

一、氢能特性

1. 氢的物理化学性质

氢元素在地球上的资源十分丰富，它主要以化合物的形式存在，其中水（H_2O）、烃类以及各种有机酸、淀粉、蛋白质等均含有大量的氢。氢在自然界中存在 2 个稳定的同位素：氕

（1H）和氘（2H）以及一个放射性同位素氚（3H）（半衰期为12.26年），其原子量为1.008，在已知的所有元素中最轻，排在元素周期表的第一位。氢的键能大，常温下氢是稳定的。由于氢只有一个电子，它可以与活泼金属（Na、Li、Mg 等）反应生成氢化物，也可以与许多非金属（O_2、Cl、S 等）反应，还可以与有机化合物反应。氢在不同温度下具有气、液、固三种形态。

2. 氢的能源特性

氢作为能源具有多方面的优点。它储量丰富，以化合物的形式存在于地球，特别是水资源。从化合物中制取氢气的方式有多种，与常规的化石能源相比，具有比较大的灵活性。氢气在常温常压下密度低，因此占有相当大的体积。氢燃烧产生的热量大，氢的低位热值为120.0MJ/kg，高位热值为141.86MJ/kg，相同质量的条件下氢气燃烧产生的热量为轻柴油燃烧的2.8倍、煤的5.5倍左右。氢能利用形式多，既可以通过燃烧产生热能，再转化为机械能，又可以作为能源材料用于燃料电池，或转换成固态氢用作结构材料，且氢燃烧后的产物是水，不像石油、煤炭燃烧后会产生大量的烃及CO、CO_2、氮氧化物和有机酸，造成环境污染。

二、氢的制备

1. 电解水制氢

电解水制氢是目前应用较广且比较成熟的方法之一。电解水制氢是氢氧燃料生成水的逆过程，因此只要提供一定形式的一定能量，就可使水分解。在已成型的现代工业中，水的电解是在碱溶液中完成的，所用的碱一般是KOH（20%～30%），图2-38为电解水的示意，反应式如下：

$$\text{阳极：} 2OH^- - 2e^- \longrightarrow \frac{1}{2}O_2 + H_2O \tag{2-13}$$

$$\text{阴极：} 2H_2O + 2e^- \longrightarrow 2OH^- + H_2 \tag{2-14}$$

$$\text{总反应：} H_2O \longrightarrow H_2 + \frac{1}{2}O_2 \tag{2-15}$$

电解水制氢是一种很成熟的技术，其工艺简单无污染。来自电源的电能以化学能的形式储存在氢气中。这个过程就像所有的能量转换过程一样，不是100%有效的，其效率一般在70%左右，缺点是耗电量大。制备每立方米的氢气耗电4.5～5.5kW/h。

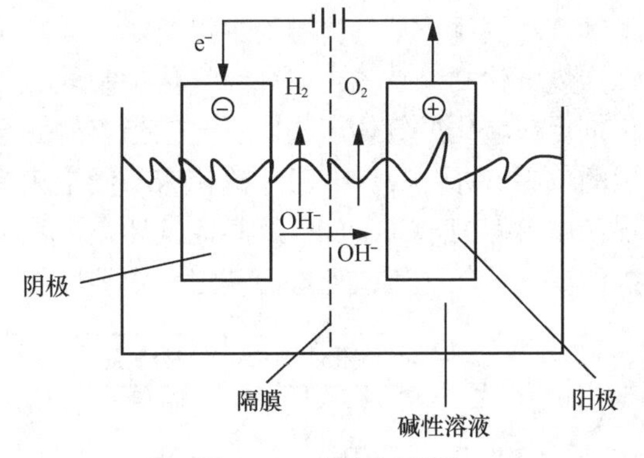

图2-38　电解水示意

2. 化石燃料制氢

根据目前的研究开发和生产现状，在相当长的时期内，氢气的生产还将主要依赖于化石原料。

（1）天然气水蒸气制氢。天然气的主要成分是甲烷（CH_4），天然气制氢的方法包括天然气/水蒸气转化、天然气部分氧化重整制氢、天然气/水蒸气转化、天然气/水蒸气重整与部分氧化联合制氢、天然气催化裂解制氢等。

天然气水蒸气重整制氢是目前工业化制氢应用最广泛的方法。该法以脱硫后的天然气为

原料，在 840～950℃利用蒸汽通过催化剂作用，发生复杂化学反应，从而生产出氢气。甲烷-水蒸气重整反应方程式为

$$CH_4 + H_2O \longrightarrow CO + 3H_2 \tag{2-16}$$

$$CO + H_2O \longrightarrow CO_2 + H_2 \tag{2-17}$$

上述过程可概括为一个总的反应式如下：

$$CH_4 + 2H_2O \longrightarrow CO_2 + 4H_2 \tag{2-18}$$

生成物主要为 H_2、CO、CO_2。CO 及 CO_2 可通过两种方法从氢气中分离：①通过化学过程提取氢气，其纯度为 95%～98%；②通过变压吸附在吸附剂上直接净化产生纯度 99%的氢气。

（2）烃类制氢。烃类部分氧化制氢的优点是所有的烃类化合物如轻质油和重油均可作为其原料。该过程在一定压力下进行，可采用催化剂，催化部分氧化通常是用以甲烷或石脑油为主的低碳烃作为原料；也可不采用催化剂，无催化剂部分氧化则以重油为原料，反应温度在 1150～1315℃，制得的气体中氢气含量一般为 50%左右。

天然气部分氧化的主要反应为

$$CH_4 + \frac{1}{2}O_2 \longrightarrow CO + 2H_2 \tag{2-19}$$

烃类自热重整制氢，该技术将烃类部分氧化和水蒸气重整反应耦合，在同一反应器中实现催化反应。该反应与传统的天然气水蒸气重整制氢相比，变外供热为自供热，既可限制反应器的高温，又降低了体系的能耗，通过控制烃与氧、烃与水的比例，可实现绝热操作，并降低了生产成本。

上述制氢工艺中，不但最终产物将排放大量温室气体 CO_2，而且中间会生成 CO，因此，目前正在探索其他无 CO 生成的制氢方法。其中天然气的直接热解是直接转化制氢的一种技术。甲烷经高温催化分解为 H_2 和 C。将天然气和空气按完全燃烧的比例混合，同时进入炉内燃烧，使温度达到 1300℃，然后停止供空气，只供天然气，使甲烷在高温下分解为氢和炭黑。

（3）煤制氢。煤制氢技术包括直接和间接两种工艺。直接制氢工艺包括煤的焦化（高温干馏）和气化，从气体产物中提取氢。间接工艺是把煤转化为甲醇，然后由甲醇重整制氢。

煤气化制氢首先是将煤经气化炉制取煤气，煤的气化则是煤在高温常压或加压下，与气化剂反应转化成气体产物，且一般指煤的完全气化，即将煤中的有机质最大限度地转变为有用的气态产品。反应一般在流化床、固定床等系统内进行。气化剂为水蒸气或氧气（空气）。煤气中含有 H_2、CO、CH_4 及其他气体，然后经过脱硫除尘、CO 和 CH_4 等的重整变换与分离、提纯等气体净化工艺处理而获得一定纯度的产品氢。图 2-39 为煤气化制氢的流程图。

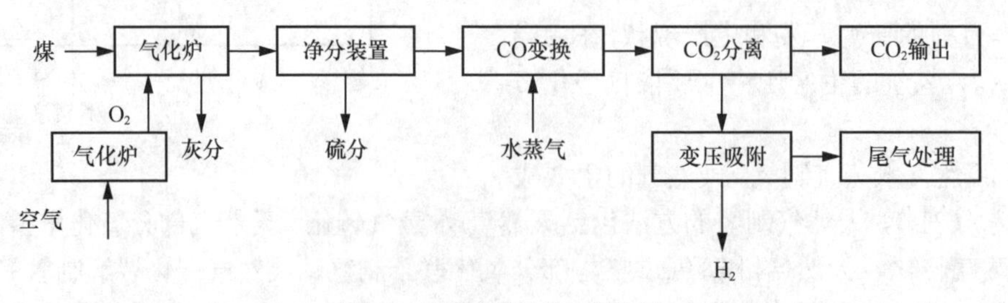

图 2-39 煤气化制氢的流程

煤制氢的反应方程式如下：

$$C(s)+H_2O(g)\longrightarrow CO(g)+H_2(g) \tag{2-20}$$

$$CO(g)+2H_2O(g)\longrightarrow CO_2(g)+2H_2(g) \tag{2-21}$$

（4）醇类水蒸气重整制氢。甲醇及乙醇水蒸气重整或部分氧化制氢也已取得很大的进展，其中甲醇因为运输、储存、装卸都十分方便等得到更大的关注及发展。甲醇做燃料制氢的工艺包括甲醇分解制氢、甲醇部分氧化制氢和甲醇水蒸气重整制氢。目前乙醇制氢工艺的研究工作主要集中在欧洲、美国和日本等国家和地区。理论上乙醇制氢有水蒸气重整、部分氧化、氧化重整几种方式。

3. 可再生能源制氢

化石能源制氢不但会排放一定量的污染物和二氧化碳，且摆脱不了人们对天然气和煤等常规能源的依赖。从长远的可持续发展观点来看，应着重发展以可再生能源为一次能源的制氢技术。

（1）太阳能制氢。利用太阳能作为获取氢气的一次能源，主要有以下几种方式：太阳能光解水制氢、太阳能光化学制氢、太阳能电解制氢、太阳能热化学制氢、太阳能热水解制氢、光合作用制氢及太阳能光电化学制氢。

利用太阳能光解水制氢，相当于把间歇分散的太阳能直接转变成高度集中的洁净氢能源。1972 年有研究发现，n 型半导体 TiO_2 电极在光照条件下能够分解水产生氢气，开辟了利用太阳能光催化材料制氢的研究道路。太阳光中的光子在一定的环境下可以被水中加入的光敏化剂吸收并使它激发，当光子吸收能量达到一定水平时，在光解催化剂的作用下就能把水先分解为氢离子和氢氧根离子，再生成氢和氧。在上述三个步骤中可分别利用太阳能的光化学作用、光热作用和光电作用。

（2）生物质能制氢。生物质含有大量的碳氢化合物，且可以通过气化和微生物制取氢。

生物质气化制氢主要将生物质原料如薪柴、麦秸、稻草等压制成型，在高温下气化炉（或裂解炉）内通过化学方法将生物质经热解、水解、氧化、还原等一系列过程转化为以 H_2、CO、CO_2、CH_4 为主的产品气体。之后经过蒸气重整、变换、氢气内分离和压缩等工业上成熟的化工过程生成高纯氢气。

微生物制氢是指利用微生物在常温常压下进行酶催化反应可制得氢气。在生理代谢中能够产生分子氢的微生物可以分为两个主要类群：光解产氢生物（绿藻、蓝细菌和光合细菌）和发酵产氢细菌。

（3）风电等间接制氢。在目前的各种制氢技术中，利用风能、地热能、潮汐能等丰富、清洁的、可再生的新能源所产生的电能作为动力来电解水是较为成熟和有潜力的技术，是通向氢经济的最佳途径。风能发电只需交流-直流转换即可与电解槽相接产氢，经济性较好。

4. 工业副产物提纯制氢

（1）氯碱工业制氢。氯碱工业生产以食盐水为原料，利用隔膜法或离子交换膜法两种工艺，生产包括烧碱、聚氯乙烯（PVC）、氯气和氢气等产品。国内氯碱行业基本上全部采用离子膜电解路线，一氧化碳含量较低且无化石燃料中的有机硫和无机硫，因此是燃料电池氢源的较优选择。氯碱副产制氢具有氢气提纯难度小、耗能低、自动化程度高以及无污染的特点，氢在提纯前纯度已高达 99%以上。

（2）焦炉煤气制氢。焦炉煤气是炼焦的副产品，采用焦炉煤气制氢工序主要有压缩和预净化、预处理、变压吸附和氢气精制。其中焦炉煤气预处理利用变温吸附进行除硫除萘，然后利用变压吸附提高氢气纯度，最后精制氢气的纯度可以达到 99.999%。焦炉煤气制氢装置具有自动化程度高、操作简单、节能降耗的优点，但是也存在易产生废气、清洁度较低的缺点。

（3）轻烃裂解制氢。轻烃裂解制氢主要有丙烷脱氢和乙烷裂解两种路径。丙烷脱氢是制备丙烯的重要方式，丙烷在催化剂条件下通过脱氢生成丙烯，其中氢气作为丙烷脱氢的副产物。乙烷蒸气裂解制取乙烯技术较为成熟，已成功应用数十年，技术上不存在瓶颈。轻烃原料组分决定了其氢气杂质含量远低于煤制氢和焦炉气制氢，纯度较高，提纯难度小。

5. 其他方式制氢

（1）S-I 循环制氢。碘硫循环利用水、碘和二氧化硫反应得到硫酸和氢碘酸。硫酸在 800～900℃下分解产生水、二氧化硫和氧气，而氢碘酸在 300～500℃下分解成为氢气和碘。S-I 循环被认为是众多热化学循环分解水制氢路线中的优选方案之一，它可以在温度低于 1000℃时进行，制氢率达到 52%左右。

（2）等离子化学制氢。等离子化学制氢是水蒸气进入等离子体区，在高频放电作用下水分子的外层电子逃离束态，被电场加速的离子彼此作用形成氢和氧。

三、氢的存储与运输

1. 氢的存储

在常温常压下氢为气态，密度为空气的 1/14，体积大，因此氢的储存对于氢的工业利用至关重要。目前氢的储存方法主要有压缩气态储氢、低温液化储氢、有机溶剂储氢、金属氢化物储氢和碳质储氢。

（1）压缩气态储氢。最直接的储氢方式是气态高压储氢。压缩氢气与压缩天然气类似，压缩后的气态氢储存在压缩气瓶内，通过减压阀的调节可释放出氢。由于氢气密度低，要求压缩机密封好。气瓶需要用铝或石墨材料制造，要求容器承受高压、质量轻、寿命长。我国目前使用容积 40L、压力 15MPa 的钢瓶储氢。高压储氢的缺点是能耗高，需要消耗其他能源来压缩氢，此外还有相应的安全问题。

（2）低温液化储氢。氢也可以作为液态储存，通过高压绝热膨胀而降低温度。液氢的沸点很低，氢气一般冷却到-253℃，即可呈液态。这种存储方法需要特殊制造高真空的绝热容器，以保证氢始终处于低温。以液态方式储存氢比气态储氢更为有效、更经济。但是，液态氢液化过程时间长，而且消耗大量的能量，大约储存能量的 47%被消耗掉。氢的气化潜热很小，只有 0.91kJ/mol，非常容易气化，因此，液氢不宜长期储存。目前，液氢损失率每天可达 1%～2%。

（3）有机溶剂储氢。借助烃类储氢剂与氢气发生可逆反应，可将氢气储存并在需要的时候释放，如环己烷、甲基环己烷等溶剂。这些溶剂储氢密度高效率高，单位质量储氢密度可达到 5.0%～7.2%，且氢载体储存运输安全，但其具有反应温度较高，脱氢效率较低，且催化剂成本高易被中间产物毒化等缺点，因此目前还未广泛应用。

（4）金属氢化物储氢。元素周期表中的金属都能与氢反应形成金属氢化物，且反应比较简单，只要控制一定的温度和压力，金属和氢接触就会发生反应。反应过程为在一定的温度和压力条件下氢与金属结合，形成一种相对安全、稳定的金属氢化物放出热量，氢能储存在固态金属中。将这些金属氢化物置于一定条件下，它们又会分解，同时吸收热量释放氢。在未来几年具有商业化前景的燃料电池动力车，其常用的燃料储存方式就是储氢合金储氢。

（5）碳质储氢。碳质储氢技术是近年来根据吸附理论发展起来的物理储氢方法，主要包括活性炭吸附储氢和碳纳米材料吸附储氢。

活性炭是一种具有多孔结构和大的内部比表面积的材料。氢在活性炭上的吸附是一种物理平衡，温度恒定时加压吸附（吸氢）、减压脱附（放氢）。石墨纳米纤维是近年来为吸附储氢而开发的一种材料，它是乙烯、氢气、一氧化碳的混合物在特定的金属或合金催化剂表面经高温（700～900K）分解而得，在一定范围内直径越细，质量越高，纳米碳纤维的储氢量越大。表 2-10 为同样体积（$0.1m^3$）下各种储氢方式对比。

表 2-10　　储 氢 方 式 对 比

项目	燃料质量/kg	总质量（含容器）/kg	单位体积能量/（$MJ/0.1m^3$）	单位质量能量/（MJ/kg）
压缩气态储氢（35MPa）	2.0	100	280	2.8
压缩气态储氢（70MPa）	3.5	150	500	3.3
液态储氢	7.2	100	1000	10
TiH_2（金属氢化物）	18	450	2550	5.7
汽油（有机溶剂）	72	85	3480	44.5

2. 氢的运输

（1）气体管路输送。氢气的密度特别小，为了提高输送能力一般将氢气加压，用管网输送，管道运输是实现氢气大规模、长距离输送的方式，但其投资大，配件开发及安全规范须进一步研究。

（2）压缩储氢罐。将氢气体积缩小然后装在高压容器中，通过储氢容器装在车、船等运输工具上进行输送。在技术上，这种运输方法已经相当成熟。但这种方法存在以下缺点：钢瓶的体积和质量大，运费较高，运输有危险。

（3）液氢输送。当液氢生产厂离用户距离较远时，可以把液氢装在专用低温绝热槽罐内，放在机车、卡车、船舶或者飞机上运输，相同条件下液态氢的质量比压缩氢气多出 5 倍，效率较高，但其缺点是储氢过程能耗大，使用不方便。国内目前多用于航天及军事领域。

（4）固氢输送。用金属储氢材料储存输送氢比较简单，即用储氢合金储存氢气，然后运输装有储氢合金的容器。固氢输送有如下优点：①体积储氢密度高；②容器工作条件温和，不需要隔热容器和高压容器；③系统安全性好，避免爆炸危险。固氢输送最大的缺点是运输效率太低（不到 1%）。

四、氢能的应用

1. 氢经济

为了使氢能在运输业以及包括住宅、工业或农业在内的其他领域都能扮演重要的角色，我们需要大规模发展相应的氢能基础设施，包括能够实现高效的生产和供气的设施，以及能够使氢能作为能量载体安全使用的所有技术。这也意味着相当大的投资和新兴的广阔市场——氢经济体系由此诞生。氢经济（hydrogen economic）是能源以氢为媒介（储存、运输和转化）的一种未来的经济结构设想，是20世纪70年代提出的。氢是一种清洁能源，燃烧生成水，不会产生任何污染物。现有绝大多数生产化石燃料的基础设施可以用来制取氢气，通过高效储氢材料常温储存或经管道输送，其危险性不高于天然气。从1999年启动项目开始，冰岛正努力成为第一个建立氢经济的社会。利用氢燃料电池发电，取代当前对环境造成污染的不可再生的化石燃料。加强对储氢材料、氢的电解制取和燃料电池的开发力度，大幅度降低其成本，这一合理的氢经济结构的实现，或将为时不远，目标是取代现有的石油经济体系，达到环保可再生可持续发展的目标。

2. 制氢站与加氢站

制氢站制造氢气，用于冷却发电机（转子）。工业中的制氢站有水电解、甲醇裂解、氨分解、天然气重整制氢等。加氢站是给燃料电池汽车提供氢气的燃气站，也是氢经济最重要的组成部分之一。

目前有两种类型的氢气站：外供氢加氢站以及内制氢加氢站。外供氢加氢站内无制氢装置，氢气通过运氢车或者管道由制氢厂运输至加氢站，由压缩机压缩并输送入高压储氢瓶内存储，最终通过氢气加气机加注到燃料电池汽车中使用。内制氢加氢站内建有制氢系统，氢气来源包括电解水制氢、天然气重整制氢等，制备好的氢气一般需经纯化、干燥后再进行压缩、存储及加注等步骤。因氢气按照危化品管理，制氢站只能在化工园区内，故目前国内尚未有站内制氢加氢站。

最早的氢气加氢站可以追溯到20世纪80年代位于美国Los Alamos的加氢站。目前，运行中的补给站主要分布在欧洲、美国和日本。在美国，加氢站数量最集中的地区是加利福尼亚州。中国一直推广燃料电池汽车，目前建成的加氢站还不能满足大规模加氢的需要，因此加氢站的建设迫在眉睫。

3. 氢燃料电池

氢燃烧电池是一种将化学能直接转化为电能的电化学发电装置，其原理在于通过电解水的逆反应从而将氢和氧分别供给阳极和阴极。阳极和阴极之间设有质子交换膜，在催化剂作用下，氢原子外层电子发生游离从而变成氢离子。由于质子交换膜仅允许氢离子通过而电子将被阻挡在膜外，因此电子将在膜的一侧不断聚集，此时在电子聚集处接上导线则可以使得电子流动形成电流，而电子到达阴极后，可以和透过膜的氢离子与氧反应生成水，并释放出一定的热。

氢燃料电池由于通过电化学反应而非采用汽、柴油燃烧或蓄电池储能方式，其只会产生水和热，不会产生有毒有害物质，因而具有无污染的优势。氢燃料电池由于是直接将化学能转化为电能，无需通过热能和机械能的中间转化，因而具有效率高的优势。氢是宇宙中最常见的元素，氢及其同位素占到了太阳总质量的84%，因而氢燃料电池也具有易于获取的优势。此外，氢燃料电池由于省去内部机械传动部件，因而也具有噪声低和可靠性高的优势。自20世纪60年代，氢燃料电池已成功应用于航空航天领域。目前，氢燃料电池正逐渐向汽车和飞机领域拓展，包括日本丰田汽车公司和美国波音公司等知名企业正在对氢燃料电池的应用展开研究。目前价格和成本是制约氢燃料电池普及应用的主要原因，如何实现氢燃料电池的高效经济应用仍是今后氢燃料电池相关研究的重点。

4. 氢燃料发动机

氢燃料发动机基本原理是将氢气直接作为发动机燃料在燃烧室内燃烧，然后推动涡轮膨胀做功，并带动螺旋桨或者风扇旋转产生推力。氢燃料发动机分为纯氢燃料发动机和掺氢燃料发动机。纯氢燃料发动机是通过对现有汽油机进行适当的改装后直接燃用氢气。掺氢燃料发动机是指添加一部分氢包括天然气混氢和汽油混氢等到碳氢燃料中，将氢作为汽油机的部分代用燃料，达到提高发动机热效率、降低化石燃料消耗和排放的目的。

氢燃料发动机的实用化比较容易实现，氢气可以在进气管内与空气预混，也可以直接喷入气缸形成混合气。氢燃料发动机本身具有诸多优点，从主要经济技术指标来看，与汽油发动机相比，氢燃料发动机的 CO_2 和 NO_x 排放量显著低于汽油发动机，燃烧热、系统效率和发动机使用寿命则显著优于汽油发动机，表现出较好的经济技术优势，见表 2-11。从环保的角度来看，氢燃料燃烧产物主要是 H_2O 和少量的 NO_x，不会产生颗粒、积碳、结胶、金属产物等，可以显著减少发动机的磨损以及润滑油的污染，因而氢被视为发动机最清洁的燃料。

表 2-11　汽油发动机与氢燃料发动机主要经济技术指标对比

类别	汽油发动机	氢燃料发动机
CO_2 排放量/（g/MJ）	89.0	0
NO_x 排放量/（g/MJ）	30.6	28.8
燃烧热/（MJ/kg）	44.0	141.9
系统效率/%	20~30	40～47
发动机使用寿命/万 km	30	40

第十三节　海　洋　能

一、海洋能概述

地球的表面积约为 5.1×10^8km²，其中陆地表面积 1.49×10^8km²，海洋面积为 3.61×10^8km²，占整个地球表面积的 70.8%。一望无际的汪洋大海，不仅为人类提供航运、水产和丰富的矿藏，而且还蕴藏着巨大的能量。

海洋能一般指依附在海水中的可再生能源，海洋通过各种物理过程接收、储存和散发能量，这些能量以潮汐、波浪、温度差等形式存在海洋中，主要包括潮汐能、潮流能、波浪能、海流能、海水温差能和盐差能等。更广义的海洋能还包括海洋上空的风能、海洋表面的太阳能及海洋生物质能等。

海洋能按储存形式可分为机械能、热能和化学能。其中，海水温差能是热能，低纬度的海面水温较高，与深层冷水存在温度差，储存着温差热能。河口水域的海水盐度差能是化学能，入海径流的淡水与海洋盐水间有盐度差，若隔以半透膜，淡水向海水一侧渗透可产生渗透压。潮汐能、潮流能、海流能、波浪能都是机械能，潮汐能是地球旋转所产生的能量通过太阳和月亮的引力作用而传递给海洋的，具有周期性变化；潮流能、海流能是海流规则运动产生的机械能，较为稳定；波浪能是一种在风的作用下产生的并以位能和动能的形式储存的机械能。究其成因，潮汐能和潮流能来源于太阳和月球对地球的引力变化，其他均源于太阳辐射。各类海洋能的特性见表 2-12。

表 2-12 各类海洋能特性

种类	成因	富集区域	能量大小	时间变化
潮汐能	由作用在地球表面海水的月球和太阳的引潮力产生	45°～55° N 大陆沿岸	与潮差的平方以及港湾面积呈正比	潮差和流速、流向以半日、半月为主周期变化，规律性很强
潮流能			与流速的平方以及流量呈正比	
波浪能	由海面上风的作用产生	北半球两大洋东侧	与波高的平方以及波动水面面积呈正比	随机的周期性变化，周期为 1～10s
海流能	由温度、盐度分布不均引起的海水密度、压力梯度或海面风的作用产生	北半球两大洋西侧	与流速的平方以及流量呈正比	比较稳定
温差能	由海洋表层和深层吸收的太阳辐射热量不同和大洋环流径向热量输送而产生	低纬度大洋	与具有足够温差海区的暖水量以及温差呈正比	相对稳定
盐差能	由淡水向海水渗透形成的渗透压产生	大江河入海口附近	与渗透压和入海淡水量呈正比	随入海淡水量的季节和年度变化而变化

总而言之，海洋能具有以下特点：

（1）蕴藏量巨大。追根溯源，海洋能大部分来自太阳能。太阳辐射催生了风能，进而转化为海水的机械能，此外太阳辐射还直接向海洋输入了热能，地球接收的大部分太阳能以热的形式留在海洋中，其中也有部分形成蒸发、对流和降雨等，所以海洋能的总蕴藏量巨大。根据计算，全世界各种海洋能固有功率的数量以温度差和盐度差能最大，分别为 400 亿 kW 和 300 亿 kW；波浪能和潮汐能居中，各为 30 亿 kW，而世界能源消耗水平为数十亿千瓦。然而巨量的海洋能资源并不是全部可以开发利用的。据 1981 年联合国教科文组织出版的《海洋能开发》估计，全球海洋能理论可再生的功率为 766 亿 kW，技术上允许利用的功率为 64 亿 kW。

（2）可再生性。海洋能来源于太阳辐射能与天体间的引力作用，而且海洋能的再生不受人类开发活动影响，所以海洋能取之不尽、用之不竭。

（3）能量不稳定。海洋能有较稳定与不稳定的能源之分，较稳定的能源有温度差能、盐度差能和海流能，不稳定的能源分为变化有规律与变化无规律两种。属于不稳定但变化有规律的有潮汐能与潮流能，既不稳定又无规律的是波浪能。

（4）属于清洁能源。海洋能发电不消耗一次性化石燃料，也不会产生有害气体和热，开发后其本身对环境污染影响很小。

（5）一次性投资大。无论在沿岸近海还是外海进行海洋能开发，都会存在风、浪、海流等动力作用、海水腐蚀、海洋生物附着以及海洋能普遍能量密度较低等问题，这要求能量转换设备在保证具有一定规模的同时，其材料还要满足强度高、防腐性能好，故其设计施工技术复杂，最终导致海洋能开发项目一次性投资大、造价高。但是由于海洋能发电并不占用土地，也不会对人类活动产生影响，作为补充能源仍具有一定的综合利用效益。

海洋是个庞大的蓄能库，将太阳能以及派生的风能等以热能、机械能等形式储存在海水里，不像在陆地和空中那样容易散失，是不折不扣的“能量之海”。从技术及经济上的可行性，可持续发展的能源资源及地球环境的生态平衡等方面分析，海洋能中的潮汐能作为成熟的技术将得到更大规模的利用；波浪能将逐步发展成为新行业，最早的波浪发电方式是振荡水柱式，它可分为固定式和漂浮式两种，近期主要是采用固定式，但大规模利用要发展漂浮式；

可作为战略能源的海洋温差能将得到更进一步的发展，并将与开发海洋综合实施，建立海上独立生存空间和工业基地相结合；潮流能也将在局部地区得到规模化应用。海洋能的利用是和能源、海洋、国防和国土开发都紧密相关的领域，应当从发展和全局的观点来全面考虑。

二、潮汐能

潮汐现象是指海水在太阳、月球和地球引潮力作用下所产生的周期性涨落，是沿海地区的一种自然现象。潮汐能是指海水潮涨和潮落形成的水的动能与势能，这种能量是永恒的、无污染的能量。与水力发电相似，潮汐能是利用潮差位能将势能转化为机械能，再转化为电能。潮汐发电要建水库，形成水头并保持水位平稳，利用水位差来发电，涨潮和落潮的水位差越大，所具有的能量就越大。

一般利用潮汐发电必须具备两个物理条件：第一，潮汐的幅度必须大，至少要有几米；第二，海岸地形必须能储蓄大量海水，并可进行土建工程。潮汐发电的工作原理与一般水力发电的原理是相近的，即在河口或海湾筑一条大坝，以形成天然水库，水轮发电机组就装在拦海大坝里。潮汐发电站主要有三种：单库单程电站、单库双程电站和双库双程电站。

潮汐能是一种清洁、不污染环境、不影响生态平衡的可再生能源，潮水每日涨落，周而复始，取之不尽，用之不竭；同时也是一种相对稳定的可靠能源，很少受气候、水文等自然因素的影响，全年总发电量稳定，可以作为沿海地区的重要补充能源。潮汐电站不需淹没大量农田构成水库，不存在人口迁移、淹没农田等复杂问题，而且可用拦海大坝，促淤围垦大片海涂地，把水产养殖、水利、海洋化工、交通运输结合起来，大搞综合利用。潮汐能开发一次能源和二次能源相结合，不用燃料，不受一次能源价格的影响，而且运行费用低，是一种经济能源。与河川水电站一样，潮汐电站存在一次投资大、发电成本低的特点。

三、潮流能

对于由天体引力引起的海水的周期性流动，人们习惯上把海面垂直方向涨落称为潮汐，而海水在水平方向的流动称为潮流。潮流能即潮水流动的动能，主要是指海底水道和海峡中较为稳定的流动以及由于潮汐导致的有规律的海水流动。和波浪相比，潮流的变化要平稳且有规律得多，潮流随潮汐的涨落平均每天两次改变大小和方向。

潮流能主要的利用方式是发电，其基本原理类似于风力发电，即将海水的动能转换为机械能进而再将机械能转换为电能。潮流能发电装置不同于传统的潮汐能发电机组，它是一种开放式的海洋能捕获装置，该装置叶轮转速相对要慢很多，一般来说，最大流速在 2m/s 以上的流动能都具有利用价值，潮流能发电装置根据其透平机械的轴线与水流方向的空间关系可分为水平轴式和垂直轴式两种结构。

水平轴式发电系统，即轮机转轴与海流流向平行，该发电装置具有效率高、自启动性能好的特点，若在系统中增加变桨或对流机构，则可使机组适应双向的潮流环境。垂直轴式发电系统中，轮机的转轴与海面垂直，海水流动驱动叶片，带动转轴垂直转动，从而驱动发电机发电，类似水车。加拿大 BIne Energy 公司在垂直式潮流发电装置设计方面技术较为成熟，著名的 Davis 四叶片垂直轴涡轮机就是该公司的产品。

由于潮汐的周期性，潮流能的变化具有较强的规律性，对其可进行较为准确的预测。潮流能开发装置一般安装在海底或漂浮在海面，无须建造大型水坝，对海洋环境影响小，也不占用宝贵的土地资源，不排放任何污染物，是环境友好型绿色能源。

四、波浪能

波浪能是指海洋表面波浪所具有的动能和势能，它是由风把能量传递给海洋而产生的，是海洋能的一个主要的能源种类，也是海洋能中能量最不稳定的一种能源。

波浪能利用的主要方式是波浪发电，即通过波浪的运动带动发电机发电，将水的动能和势能转变成电能，还可以用于抽水、供热、海水淡化及制氢等。波浪能利用装置的种类繁多，但这些装置大多源于几种基本原理，即利用物体在波浪作用下的振荡和摇摆运动、波浪压力的变化以及波浪的沿岸爬升等实现能量的转换。

据计算，世界上波浪能储量理论上可达 3×10^9 kW，但实际可利用的波浪能占理论储量的1/3 左右。在盛风区和长风区的中纬度地区沿海，波浪能的密度一般都很高，例如英国沿海、美国西部沿海和新西兰南部沿海等，英国具有世界上最好的波浪能资源，日本也非常重视波浪能发电，在波浪能发电技术领域走在世界前列。我国波浪能的理论存储量约为 7000 万 kW，沿海波浪能流密度为 2～7kW/m^2，主要分布在广东、福建、浙江和台湾沿海。

五、温差能

海洋温差能是海水吸收和储存的太阳辐射能，也称为海洋热能。太阳辐射能随纬度的不同而变化，纬度越低，水温越高；纬度越高，水温越低。海水温度随深度不同也发生变化，表层因吸收大量的太阳辐射热，温度较高，随着海水深度加大，水温逐渐降低。南纬 20°至北纬 20°，海水表层（深 130m 左右）的温度通常是 25～29℃，红海的表层水温高达 35℃，而深达 500m 层的水温则保持在 5～7℃。海水温差发电是指利用海水表层与深层之间的温差能发电，海水表层和底层之间形成的 20℃温度差可使低沸点的工质通过蒸发及冷凝的热力过程（如用氨作工质），从而推动汽轮机发电。

除了发电之外，海洋温差能利用装置还可以同时获得淡水、深处海水，可以与深海采矿系统中的扬矿系统相结合，因此，基于温差能装置可以建立海上独立生存空间并作为海上发电厂、海水液化厂或海洋采矿、海上城市或海洋牧场的支持系统。温差能也被国际社会公认为是最具有开发潜力的海水资源，据计算，全球可开发利用的温差能在 20 亿 kW 左右，低纬度大洋地区是最适于发展海洋温差发电的区域，年平均的温差维持在 20℃以上。我国的海洋温差能资源主要分布在东海、南海海域，储量巨大，可开发装机容量有 3.73 亿 kW，具有清洁、环保、无污染、能量稳定的特点，综合开发利用优势明显，可以作为补充能源缓解沿海地区能源紧缺的状况，有着潜在的开发前景。

六、盐差能

盐差能是指海水和淡水之间或两种含盐浓度不同的海水之间的化学电位差能，主要存在于河海交接处。同时，淡水丰富地区的盐湖和地下盐矿也可以利用盐差能。通常，海水（3.5%盐度）和河水之间的化学电位差有相当于 240m 水头差的能量密度，这种位差可以利用半渗透膜（水能通过，盐不能通过）在盐水和淡水交接处实现，利用这一水位差就可以直接由水轮发电机发电。目前盐差能发电技术可分为渗透压能法、蒸汽压能法和反电渗析法三种。

盐差能是海洋能中能量密度最大的一种可再生能源，然而盐差能资源分布不均，可观的盐差能资源主要分布在大型江河入海口附近，而且受汛期影响，盐差能表现出明显的季节变化和年际变化。据估计，世界各河流区域的浓度差能量约有 300 亿 kW，可供利用的大约有 30 亿 kW，其中中国可以开发利用的约有 1 亿 kW，主要集中在各大江河的出海口，尤其是长江、珠江入海口。同时，我国青海省等地还有不少内陆盐湖可供利用。

七、海流能

大洋水体有规则的运动称为海流。太阳是地球上风的根源，而风又使海洋中出现流系，这种由风直接产生的海流称风海流。海洋里除了风海流外，还有其他原因引起的海流，如由于海水密度分布不均而产生海水流动的密度流、海水涨落潮时发生水平运动的潮流等。根据海流形成的主导因素，可将海流分为风海流、密度流和补偿流三种类型。

据计算，全球海流能储量约 6 亿 kW，其中实际可利用海流能占 50%左右，一般在北半球两大洋西侧分布较为密集，这得益于强大的洋流——墨西哥湾流和黑潮。根据我国 130 个水道的统计结果可知，我国沿海海流理论平均功率为 1400 万 kW。我国洋流资源分布在全国沿海各地，浙江最多，台湾、福建、辽宁等省次之，其沿海海区均有能量密度高、理论蕴藏量大的洋流。

利用海流发电比陆地上的河流发电优越得多，既不受洪水的威胁，又不受枯水季节的影响，常年水量和流速不变，完全可以成为人类可靠的能源。但由于海水的密度比空气大，且装置必须放置于水下，故海流发电面临着一系列的关键技术问题——安装维护、电力输送、防腐、海洋环境中的载荷与安全性能等。

思考题

1. 预测一下我国未来 30 年的能源结构。
2. 如何提高燃煤机组的发电效率？
3. 为什么要对石油进行二次加工？常见的石油产品有哪些？
4. 天然气开采与运输过程中有哪些注意事项？
5. 非常规油气藏主要有哪些？这些非常规油气开采过程中面临哪些问题？
6. 核能发电具有怎样的特点？试述确保核能系统安全稳定运行的关键部件及其作用。
7. 太阳能电池的效率为什么不高？
8. 风机主要有哪几类？各自的特点是什么？
9. 什么是抽水蓄能电站？抽水蓄能电站在电力系统中发挥什么作用？
10. 简述地热资源的来源及其类型。
11. 生物质能转化技术包括几种？分别是什么？
12. 相比于煤、石油、天然气等传统能源，氢气具有哪些优势?目前制约我国氢能发展的限制因素有哪些？怎样解决这些限制因素？
13. 试述海洋能的 6 种利用方式及其原理。结合我国地理位置，思考哪些利用方式适合我国海洋能未来发展方向。

参考文献

[1] 陈砺，严宗诚，方利国．能源概论．2 版．北京：化学工业出版社，2019.
[2] 方梦祥，曾伟强，岑建孟，等．循环流化床煤分级转化多联产技术的开发及应用[J]．广东电力，2011，24（09）：1-7.
[3] 戴咏川，赵德智．石油化学基础．2 版．北京：中国石化出版社，2016.
[4] 陈德春．天然气开采工程基础．东营：中国石油大学出版社，2007.
[5] 郭肖．非常规油气开发．北京：科学出版社，2018.
[6] FRANCIS M V，LOUIS D A，LARGUS T A．能源系统设计与实践．杨德胜，王翡翠，译．北京：科学出版社，2016.
[7] 李灿．太阳能转化科学与技术．北京：科学出版社，2020.
[8] 中国气象局．中国风能太阳能资源年景公报[EB/OL]. (2023-02-07) [2024-05-21]. https://www.cma.gov.cn/2011xwzx/2011xqxxw/2011xqxyw/202402/t20240207_6066988.html.
[9] 田世豪，周伟．水利水电工程概论．3 版．北京：中国电力出版社，2010.
[10] 莫一波，黄柳燕，袁朝兴，等．地热能发电技术研究综述．东方电气评论，2019，33（02）：76-80.
[11] 刘川川，巩李明，任燕丽，等．燃煤耦合生物质气化发电关键技术研究．化工管理，2022（05）：55-57.
[12] 毛宗强，毛志明，余皓．制氢工艺与技术．北京：化学工业出版社，2018.
[13] 赵斐，张宏杰．氢动力内燃机应用前景分析．中国资源综合利用，2020，38（06）：72-74.
[14] 董昌明．海洋绿色能源．北京：科学出版社，2016.
[15] 钱伯章．水力能与海洋能及地热能技术与应用．北京：科学出版社，2010.

第三章 污染物排放和控制

人类活动和生产过程会产生各种污染物危害人类和环境，污染物是指进入环境后能够直接或者间接危害人类的物质，接受污染物影响的环境要素可分为大气污染物、水体污染物、土壤污染物等。本章主要介绍大气污染物、水体污染物和固体污染物来源、分类和对环境的影响及其控制方法。

第一节 大气污染与控制

目前，大气污染已成为环境污染的主要问题之一。本部分将介绍大气污染与控制的基本知识，分析大气污染物的来源和类型及其相互影响，介绍大气污染控制工程中的烟尘和有害气体净化的基本原理和方法，提出从系统工程角度进行大气污染一体化控制方案。

一、大气的组成与结构

（一）大气的组成

大气是由多种气体及悬浮物混合而成，其组成可分为三部分：干燥清洁的空气（简称干洁空气）、水蒸气和各种杂质。干洁空气的主要成分是氮气和氧气，其次是氩气和二氧化碳，此外还有一些稀有气体和甲烷、二氧化硫、二氧化氮和臭氧等。

表 3-1 列出了干洁空气中各种组分的浓度。干洁空气的平均分子量为 28.966，在 273.15K 和 101325Pa 标准状态下，密度为 1.293kg/m^3。从地面到 90km 的高空，干洁空气的组成基本保持不变，其原因有三：首先，由于大气的垂直运动、水平运动、湍流运动及分子扩散，使不同高度、不同地区的大气得以交换和混合；其次，分子态氮和其他惰性元素的理化性质不活泼；最后，固氮作用所消耗的氮基本上被反硝化作用形成的氮补充，而燃烧、氧化、呼吸和有机物分解等作用所消耗的氧可以由植物光合作用产生的氧得到补充。大气含有 0.1%～5%的水蒸气，而正常范围为 1%～3%。大气中也含有一些固态和液态杂质，其浓度为 10～100mg/m^3，它们主要来源于人工源排放、土壤、植物花粉、岩石风化和火山爆发。另外，大气中还存在云、雾和冰晶等悬浮物和少量的带电离子。

表 3-1 干洁空气中的各种组分

气体组分		分子量	体积浓度/%
主要组分	氮（N_2）	28.01	78.08
	氧（O_2）	32.00	20.95
次要组分	氩（Ar）	39.94	0.934
	二氧化碳（CO_2）	44.01	0.042

续表

气体组分		分子量	体积浓度/%
微量组分	氖（Ne）	20.18	18.2
	氦（He）	4.003	0.524
	甲烷（CH_4）	16.04	2.0
	氪（Kr）	83.80	1.14
	二氧化氮（NO_2）	46.05	0.25
	氢（H_2）	2.016	0.5
	氙（Xe）	131.30	0.87
	一氧化碳（CO）	28.01	0.10
	二氧化硫（SO_2）	64.06	0.02
	臭氧（O_3）	48.00	0.04

（二）大气的结构

大气是自然环境的重要组成部分，是人类赖以生存的必不可少的物质条件。在自然地理学上把地球引力作用下而旋转的大气层称为大气圈。大气圈与宇宙空间之间的界限很难准确划分，在大气污染气象学研究方面，常把大气圈的上界大气层定在 1200～1400km，1400km 以外的称为宇宙空间。

大气的总质量约为 550 亿 t，大约是地球重量的百万分之一。由于地心引力的作用，大气的密度随高度的增加而显著下降，因此大气质量在垂直方向的分布是极不均匀的。大气的主要质量集中在下部，其质量的 50%集中在离地面 5km 以下的范围内，75%集中在离地面 l0km 以下的范围内，90%集中在离地面 30km 以下的范围内。根据大气气温的垂直分布、化学组成和运动规律，大气层被划分为五层：对流层、平流层、中层、暖层和逸散层（见图 3-1）。

1. *对流层*

对流层处于大气圈的最底层，厚度为 8～17km。对流层的厚度从赤道向两极减小，在低纬度地区为 17～18km，中纬度为 10～12km，高纬度地区为 8～9km。对流层相对大气圈的总厚度来说是很薄的，但它的质量却占整个大气圈的 3/4。该层的特点如下：

（1）气温随高度增加而降低，平均每上升 100m，气温下降 0.65℃。在不同地区、不同季节和不同高度，降低的数值并不相同。

（2）大气具有强烈的对流运动，使高低层的空气得以进行交换。贴近地面的空气受地面散热的影响，体积膨胀，密度降低，暖气上升；反之，上层的冷空气下降，故在垂直方向上易形成强烈的对流，对大气污染物的扩散和传播有着重要的影响。

（3）气体密度大。对流层占大气总质量的 75%、水汽的 90%，主要天气现象（云、雾、雪、雹等）及化学污染物的产生和变化均发生在该层。

对流层是对人类生产、生活影响最大的一个层次，大气污染现象也主要发生在这一层，特别是靠近地面的 1～2km 范围内。

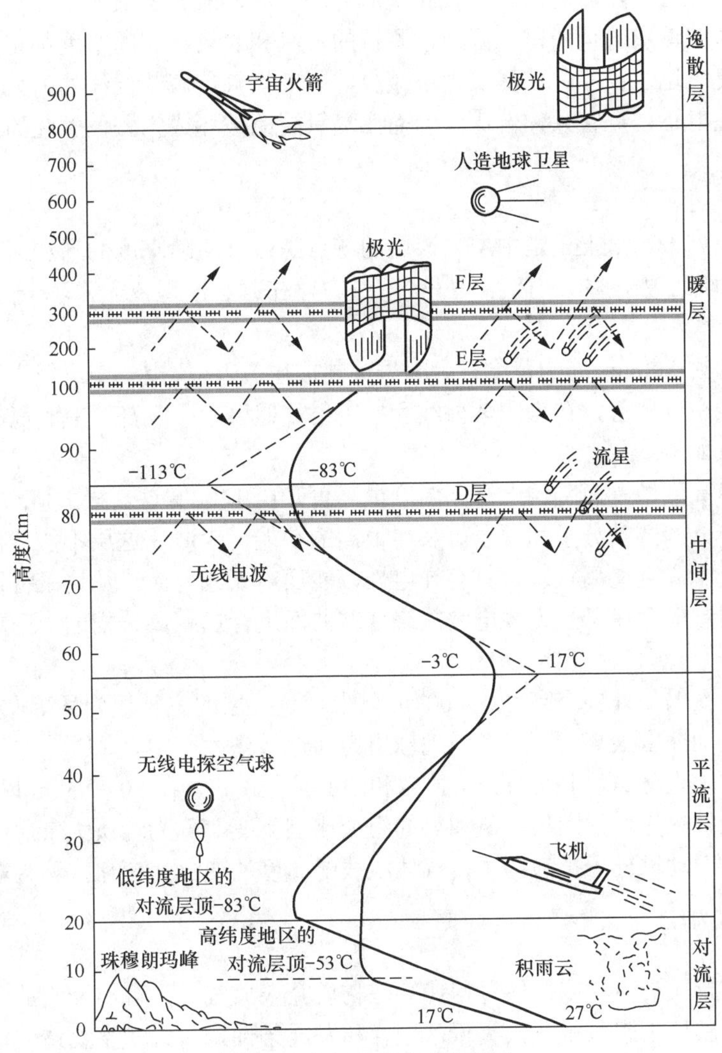

图 3-1　大气垂直方向的分层

2. 平流层

自对流层顶到 55km 左右的范围是平流层。其下部气温稳定，在 30～35km 高度时，气温均保持在-55℃左右；上部气温随高度增加而增加，到平流层顶部可升至-3℃以上。在高度 20～25km 处，臭氧含量最高，通称为臭氧层。平流层的特点如下：

（1）大气稳定。在高度为 15～35km 范围内形成厚度约 20km 臭氧层。由于臭氧能够吸收太阳的紫外线同时被分解为原子氧和分子氧，当它们重新化合产生臭氧时，以热的形式释放出大量的能量，因此，吸收紫外线能量的净效应是释放出热量，这是平流层温度升高的原因。

（2）平流层内垂直对流运动很小，主要是因为该层气温上热下冷。气流运动方式以平流运动为主，污染物进入此层后，形成一薄层气流，很快随着地球的旋转运动而分布到全球。

（3）大气透明度高，没有对流层中那种云、雨等现象，尘埃很少，是现代超高速飞机飞行的理想场所。但是，随着超高速飞机和宇航业的发展，航天器散发出的一氧化碳和氮氧化物等还原性气体在该层大量滞留，因而，测得的水汽和二氧化碳的浓度都相当高。氮氧化物与臭氧层中的臭氧迅速反应，使臭氧大量减少，降低大气遮蔽紫外线的能力，使得人们暴露在大量紫外线辐射下，危害人体健康。因而，臭氧层的破坏成为人们关注的又一全球性环境问题。

3. 中层

从平流层顶到 80～85km 是中层。该层的特点是：气温随高度的增加而下降，并有相当强烈的垂直运动。至中层顶，气温可达-92℃左右，在此会出现夜光云。

4. 暖层

从中层顶到约 800km 处的范围称为暖层（热成层）。该层空气密度很小，仅占大气质量的 0.05%。由于空气稀薄，在太阳紫外线和宇宙射线照射下，一部分氧和氮的分子分解成原子。该层的特点如下：

（1）气温随高度增高而普遍上升，温度最高可升至 1200℃这一极大值。

（2）空气十分稀薄，分子和原子可获得很高的动能，声波在这层不能传播。

（3）空气处于高度电离状态，具有导电性，能反射无线电波。从这一特征来说，又可称为电离层。电离层的存在又是无线电波能绕地球曲面进行远距离传播的一个重要条件。

5. 逸散层

该层是大气圈的最外层，高度达 800km 以上。这一层的空气极为稀薄，几乎全部电离，且空气粒子的运动速度很高，可以摆脱地球引力而逸散到太空中。

大气成分的垂直分布，主要由分子扩散和湍流扩散决定。在 80～85km 以下的大气层中，大气运动以湍流扩散为主，大气中氮和氧的组成比例不变，称为均质大气层；在 85km 以上大气层中，大气运动以分子扩散为主，气体组成随高度的变化而变化，称为非均质层。

二、大气污染

大气污染是指人类活动或自然过程使某些物质介入大气，呈现出一定的浓度，达到一定的时间，并因此破坏生态系统和人类正常生存和发展条件，对人和生物造成危害的现象。

大气污染按其成因分为自然因素和人为因素。自然因素包括火山爆发、森林火灾、土壤和岩石风化及大气圈中的空气运动等；人为因素包括生产活动和生活活动，例如燃煤锅炉、取暖、汽车尾气排放等。正常情况下，自然环境具有的物理、化学和生物机能（即自然环境的自净作用），可使自然过程所造成的大气污染经过一段时间后消除，恢复生态平衡，因此可以说，大气污染主要是由人类活动造成的。

按照污染的范围，大气污染可分为四类：①局部地区污染，局限于小范围的大气污染，例如工厂烟囱排气污染物的影响；②地区性污染，涉及一个地区的大气污染，例如工业区及其附近地区；③广域污染，涉及比某个地区或大城市更广泛区域的大气污染；④全球性污染，涉及全球范围（或国际性）的大气污染。

（一）大气污染源

大气污染的来源极为广泛，为了满足污染调查、环境评价、污染治理等不同方面研究的需要，对人工源进行了多种分类。

1. 燃料燃烧

燃料燃烧产生的污染物，例如火力发电厂、钢铁厂、水泥厂和炼焦厂等工矿企业，以及各种民用炉灶、取暖锅炉的燃料燃烧，均向大气排放出大量污染物。燃烧排气中的污染物组分与能源消费结构有密切关系。发达国家能源以石油和天然气为主，大气污染物主要是一氧化碳、氮氧化物和有机化合物。而我国，燃烧排放的污染物约占大气总污染物的70%以上，其中煤炭燃烧产生的占95%以上。因此我国大气中主要污染物是以颗粒物、二氧化硫、氮氧化物为主。煤的直接燃烧所排放的烟尘是我国大气污染的主要特征。

2. 工业生产过程

工业生产过程产生的污染物例如冶金工厂的炼钢、炼铁和有色金属冶炼，以及石油、化工和造船等各种类型的工矿企业，在原材料及产品的运输、粉碎以及由各种原料制成成品的过程中，都会有大量的污染物排入大气中。由于工艺、流程、原材料及操作管理条件和水平的不同，所排放污染物的种类、数量、组成、性质等差异很大。这类污染物主要有粉尘、碳氢化合物、含硫化合物、含氮化合物以及卤素化合物等多种污染物，约占大气总污染物的20%。

以上两种污染源的设备是固定不动的，所以也称为固定污染源。

3. 农业生产过程

生产过程对大气的污染主要来自农药和化肥的使用。有些有机氯农药如DDT，在水中施用后能在水面悬浮，并同水分子一起蒸发而进入大气；氮肥在施用后，可直接从土壤表面挥发成气体进入大气；而以有机氮或无机氮进入土壤内的氮肥，在土壤微生物作用下可转化为氮氧化物进入大气，从而增加了大气中氮氧化物的含量。此外，稻田也会释放甲烷等有害气体，对大气造成污染。

4. 交通运输

各种机动车辆、飞机、轮船等均排放污染物到大气中。由于交通运输工具主要以燃油为主，因此主要的污染物是碳氢化合物、一氧化碳、氮氧化物、含铅污染物、苯并（a）芘等。排放到大气中的这些污染物，在阳光照射下，有些还可经光化学反应生成光化学烟雾，因此它也是二次污染物的主要来源之一。近年来，由于我国经济快速发展，机动车辆每年以8%的速度急剧增长，城市机动车尾气污染日益严重，已成为我国城市大气污染的主要来源。由于交通运输污染源是流动的，也称为流动污染源。

大气污染物的上述几个来源，具体到不同的国家，由于燃料结构的不同，生产水平、生产规模以及生产管理方法的不同，污染物的主要来源也不相同。根据对烟尘、二氧化硫、氮氧化物和一氧化碳四种主要污染物的统计表明，我国大气污染物主要来源于燃料燃烧，其次是工业生产与交通运输，它们所占的比例分别为70%、20%和10%。我国目前燃料构成是以燃煤为主，煤炭在一次能源的比例高达60%左右，因此，控制煤烟型的大气污染，将是我国大气污染防治的主要任务。但在部分大城市，大气污染已由煤烟性污染转变为机动车尾气污染为主。

（二）主要大气污染物

排入大气的污染物种类很多，按照其存在状态可分为气溶胶状态污染物和气体污染物。

按照与污染源的关系，大气污染物可分为一次污染物和二次污染物。若大气污染物是从污染源直接排出的原始物质，进入大气后其物理化学性质没有发生变化，称其为一次污染物；若由污染源排出的一次污染物与大气中原有的某一种（几种）成分或几种一次污染物之间发生物理化学的变化，形成了与原污染物性质不同的新污染物，则形成的新污染物称为二次污染物。目前，在地区性的大气污染中，影响较大的是粉尘（烟尘）、SO_x、NO_x、一氧化碳、总氧化剂（O_3）、C_nH_m 和重金属等；而在全球性大气污染中影响较大的则是飘尘、CO_2、Pb 和 Hg 等重金属。二次污染物质主要是光化学烟雾和硫酸烟雾。

1. 气溶胶污染物

气溶胶污染物指由悬浮于气态介质中的固体或液体粒子所组成的空气分散系统。按其物理性质又分为粉尘、烟和霾。

（1）粉尘：也称灰尘、尘埃，指悬浮于气体介质中的小固体粒子，在重力作用下发生沉降，但在一段时间内能保持悬浮状态。它通常是由于固体物质的破碎、研磨、分级、输送等机械过程，或土壤、岩石的风化等自然过程形成的。粒子的形状往往是不规则的，其尺寸范围，一般在 1～200μm，而超微粉尘尺寸小于 1μm。属于粉尘类的大气污染物的种类很多，如黏土粉尘、石英粉尘、煤粉、水泥粉尘和各种金属粉尘等，它们是固态粒子的分散性气溶胶。

（2）烟：它是固态粒子的凝聚性气溶胶，是由熔融物质挥发后生成的气态物质的冷凝物。在生成过程中总是伴有诸如氧化之类的化学反应。烟颗粒的粒子尺寸很小，一般为 0.01～1μm。烟的产生是一种较为普遍的现象，如有色金属冶炼过程中产生的氧化铅烟、氧化锌烟和在核燃料后处理厂中的氧化钙烟等。粉尘与烟的界限难以划分，常统称为烟尘。

（3）霾：也称灰霾，指空气中的灰尘、硫酸、硝酸、有机碳氢化合物等粒子能使大气混浊，视野模糊，并导致能见度恶化，如果水平能见度小于 10000m 时，将这种非水成物组成的气溶胶污染物造成的视程障碍称为霾。

上述气溶胶污染物，当粒径大于 10μm 时，由于本身的重力作用会迅速沉降于地面，称为降尘；粒径小于 10μm 时，能在大气中长期飘浮，称为飘尘；小于 lμm 的粒子，在大气中做布朗运动。

在我国的环境空气质量标准中，还根据粉尘颗粒的大小，将其分为总悬浮物、可吸入颗粒物和细颗粒物。

总悬浮颗粒物（TSP）：指能悬浮在空气中，空气动力学当量直径小于 100μm 的颗粒物。

可吸入颗粒物（PM_{10}）：指能悬浮在空气中，空气动力学当量直径小于 10μm 的颗粒物。

细颗粒物（$PM_{2.5}$）：指环境空气中空气动力学当量直径小于等于 2.5μm 的颗粒物。它能较长时间悬浮于空气中，对空气质量和能见度等有重要的影响。

2. 气体状态污染物

目前受到人们关注的有害气体有：硫氧化物（SO_x）、氮氧化物（NO_x）、碳氧化物（CO_x）、臭氧（O_3）、碳氢化合物（C_nH_m）和氟化物（如 HF）等。

（1）硫氧化物：主要指二氧化硫（SO_2）和三氧化硫（SO_3），它们是目前大气污染物中数量较大、影响面较广的一种气态污染物，且大都是由燃烧含硫的煤和石油等燃料时产生的。黑色冶炼、有色冶炼、硫酸化工厂等生产过程也排放大量的硫氧化物。在燃烧过程中，硫先被氧化产生 SO_2，其中约有 5%在空气中又被氧化成 SO_3。若烟尘中含有锰铁等金属的氧化物时，SO_2 会更多地催化转化为 SO_3。它与大气中的水雾结合在一起，便形成硫酸烟雾，其毒性比 SO_2 大 10 倍，对人体、生物、建筑物的危害更大。

（2）氮氧化物：氮和氧的化合物有 N_2O、NO、NO_2、N_2O_3、N_2O_4 和 N_2O_5，用氮氧化物

（NO_x）表示。其中，大气污染物主要指 NO 和 NO_2。NO 的毒性不大，但进入大气中能缓慢地氧化为 NO_2，其毒性为 NO 的 5 倍。当 NO_2 参与大气中的光化学反应，形成光化学烟雾后，其毒性更强。人类活动产生的氮氧化物主要来源于燃料的燃烧过程、机动车和柴油机的排气，其次是生产和使用硝酸（HNO_3）的工厂、氮肥厂、有机中间体厂及黑色和有色金属冶炼厂等排放的尾气中均含有氮氧化物。

（3）碳氧化物：二氧化碳（CO_2）和一氧化碳（CO）是各种大气污染物中发生量最大的一类污染物。我国居民普遍采用小炉灶，排放的 CO 含量很高。工业炉窑，如高炉、平炉、转炉和冲天炉等，也排放一定量的 CO。国外的氮氧化物则主要来源于汽车尾气，其中含有 4%～8%的 CO。

CO 是无色无味的窒息性气体，其与血红蛋白的结合能力比氧大 200 倍，空气中存在 0.1%的 CO 就能阻止 50%的血红蛋白与氧结合。当 CO 进入大气后，由于大气的扩散稀释作用和氧化作用，一般不造成危害，但在城市冬季采暖季节或在交通繁忙的十字路口，在不利的气象条件下，也可能危害人体健康。

当燃料在有足够氧的情况下燃烧时产生 CO_2，CO_2 是一种无色无味的气体。高浓度 CO_2 的积累可导致麻痹中毒，甚至死亡。CO_2 含量超过 6%时，将威胁人的生命安全。随着地球上 CO_2 浓度的增加，产生“温室效应”，使全球气温升高，生态系统和气候发生变化。

（4）碳氢化合物：主要指烷烃、烯烃和芳烃，其中有挥发性烃及其衍生物，也有多环芳烃等。挥发性烃由含碳燃料不完全燃烧、石油裂解等过程产生，在光化学反应中产生的衍生物有丙醛、甲醛等。碳氢化合物的主要危害是在臭氧的存在下，与原子 O、O_2、NO 等能发生一系列复杂的光化学反应，生成诸如臭氧、过氧乙酰硝酸酯（PAN）等氧化物以及甲醛、酮、丙烯醛等还原性物质。这些污染物能在太阳光的照射下产生浅蓝色烟雾，称为光化学烟雾，它的毒性比 NO_2 要强得多。

（5）氟主要以 HF 的形式存在于空气中，有时也以 SiF_4 的形式存在。在潮湿的空气中，后者缓慢地转变为 HF。冶炼工业中的钢铁厂和电解铝过程、化学工业的磷肥和氟塑料生产等都排放氟。

3. 二次污染物

二次污染物中危害最大也最受到人们重视的是光化学烟雾。光化学烟雾主要有如下类型：

（1）伦敦型烟雾：大气中未燃烧的煤尘、SO_2，与空气中的水蒸气混合发生化学反应所形成的烟雾，也称为硫酸烟雾。

（2）洛杉矶型烟雾：汽车、工厂等排入大气中的氮氧化物或碳氢化物，经光化学作用所形成的烟雾，也称为光化学烟雾。

（3）工业型光化学烟雾：在我国兰州西固地区，氮肥厂排放的 NO_x、炼油厂排放的碳氢化合物，经光化学作用所形成的光化学烟雾。

（三）区域性和全球性的大气污染

1. 温室效应

太阳表面温度很高，辐射出的能量波长短、频率高，能顺利透过大气层和其他微量气体，如二氧化碳、甲烷、一氧化氮等，几乎无衰减地到达地面；而地表向大气的长波辐射会被上述气体吸收，由此引起全球的气温升高的现象，称为温室效应。据资料表明，由于人类的活动，使得大气中二氧化碳的体积浓度由 1850 年以来的 280×10^{-6} 上升到 1990 年的 354×10^{-6}

和2022年的421×10^{-6}。在近100年里，全球地面平均气温上升了0.3～0.6℃，海平面上升了14～25cm。为此，联合国气候大会提出暖化温度低于2℃的全球目标，并要求各国提出减量目标。2015年11月30日，国家主席习近平出席巴黎气候变化大会开幕式，承诺到2030年我国单位国内生产总值二氧化碳排放比2005年下降60%～65%、非化石能源占一次能源消费比重达到20%左右、森林蓄积量比2005年增加45亿m^3。2020年9月22日，习近平主席在第七十五届联合国大会上郑重宣布，中国将力争于2030年前实现碳达峰、2060年前实现碳中和，这标志着我国绿色低碳发展迈进新阶段。

2. 酸雨

pH值小于5.6的雨、雪或其他形式的大气降水（如雾、露、霜）统称为酸雨。酸雨的形成是一种复杂的大气化学和大气物理现象。由于人类的活动（尤其是矿石燃料的燃烧）排放出的二氧化硫和氮氧化物进入大气后，在紫外线的作用下，与水蒸气和碳氢化合物及氧化剂发生反应，生成硫酸和硝酸，并在特定的条件下，以雨、雾等形式的大气降水降落下来而成为酸雨。酸雨有“空中死神”之称，它可使土壤酸化、养分淋失、植被破坏、地表水和地下水酸化，从而破坏生态系统；同时，酸雨还能腐蚀建筑物和损害人的呼吸器官等。

3. 臭氧层破坏

大气中臭氧主要集中在离地面20～25km的平流层，称为臭氧层。臭氧层覆盖整个地球，它可以吸收太阳紫外线，保护地球上各种生命免受过度紫外线的伤害。人类向大气排放的氟氯烷烃和一氧化氮等气体是导致臭氧层破坏的主要原因。臭氧层的破坏会导致地球上的生物遭受超剂量的紫外线辐射危害，引起人体免疫力的下降、作物减产，患皮肤癌和白内障的概率大大增加。目前，臭氧层破坏已成为主要的全球环境问题之一。

（四）大气污染的危害

大气污染物对人体健康、植物和家禽都有重要的影响。

1. 对人体的危害

大气污染物对人体产生危害的途径主要有三条：表面接触、摄入含污染物的食物和水、吸入被污染的空气，其中以第三条途径危害最大。大气污染物对人体的危害主要表现如下：

烟尘是对人体造成危害的主要因素，有毒金属粉尘和非金属粉尘（铬、锰、镉、铅、汞、砷等）进入人体后，会引起人中毒性死亡。例如，吸入铬尘能引起鼻中溃疡和穿孔，以及肺癌发病率增加；吸入锰尘能引起中毒性肺炎；吸入镉尘能引起心肺机能不全；无毒粉尘对人体亦有危害，例如含游离二氧化硅的粉尘吸入人体后，在肺部沉积，引起纤维性病变，使肺组织逐渐硬化，严重损害呼吸功能，引起矽肺病。

当SO_2年平均体积浓度为0.03×10^{-6}时，会妨碍植物的生长；为0.05×10^{-6}时，会损伤呼吸器官；为0.12×10^{-6}时，引起结构材料的腐蚀。SO_2的味阈值是0.3×10^{-6}，嗅阈值是（0.3～1.0）$\times10^{-6}$，大气中SO_2体积浓度的大小是衡量大气污染程度的重要指标之一。

NO_2对人体的呼吸系统有损害，在体积浓度为0.12×10^{-6}时，人便感到臭味；在16.9×10^{-6}时，作用于人体10min，会增加人体呼吸道阻力和刺激眼睛；在150×10^{-6}时，甚至可能导致人出现致命的肺气肿。当NO_2与其他污染物共存时，如与SO_2和O_2进行光化学反应时，其毒性更大。

臭氧体积浓度在 0.2×10^{-6} 以下时，对人体无明显影响；浓度在（0.3～1.0）$\times10^{-6}$ 时，对咽喉有刺激，使呼吸道阻力增加；浓度为（1～2）$\times10^{-6}$ 时，会损害中枢神经系统，并使肺功能下降。臭氧对人的嗅阈值是 0.02×10^{-6}。

苯及其同系物是一种常见的污染物，其中，苯的毒性最强，对造血器官与神经系统损害最为显著。

多环芳烃（PAHs）则是毒性更强的污染物，其中含有许多致癌物质。例如，酚对皮肤、黏膜有强腐蚀性，对呼吸器官有强刺激作用，对肺、心、肝和肾脏均有影响。

氟对眼睛及呼吸器官有强烈刺激作用，浓度高时可引起肺气肿和支气管炎。

铅蒸气产生于有色金属的冶炼、蓄电池、橡胶等生产过程，加铅汽油中含有四乙基铅。铅进入人体后，多蓄积于肝脏中。无机铅中毒可使四肢肌肉麻痹，面色苍白，有机铅中毒会引起造血器官和神经系统错乱。

汞蒸气产生于汞矿的冶炼和使用汞的生产过程。汞是一种剧毒物质，通过呼吸道和肠胃进入人体，或皮肤直接吸收而中毒，表现为消化系统和神经系统的病症。

2. *对植物的危害*

大气污染对农林生产有相当大的影响，每年常因此造成巨大的经济损失。大气污染对植物的伤害通常发生在叶面部分。最常遇到的毒害植物的气体有二氧化硫、臭氧、氟化氢、氯化氢及氮氧化物等。

大气中 SO_2 的含量过高，特别当其转变为硫酸烟雾时，对植物的损害较大。SO_2 会妨碍植物的叶面气孔进行正常的气体交换，影响光合作用，并对叶面有腐蚀作用，致使叶面出现失绿斑点，甚至全部枯黄，严重者可引起植物全部死亡。植物受害程度与空气中二氧化硫浓度及植物暴露时间有关。在低浓度且进入植物体内的 SO_2 较少时，植物可以进行氧化、还原、中和，不会受到伤害。若亚硫酸盐在植物体内氧化为硫酸盐，毒性将大大减轻。低浓度长时期暴露，一般也不会引起叶片失绿。当达到一定浓度后，植物开始受影响，受伤害程度随着浓度增大而加深，而且因植物不同而各有差异。高浓度 SO_2 大量接触叶面，酸化气孔附近的叶片组织，破坏叶肉，形成失绿现象，在叶边缘特别明显。由于叶片被破坏，植物的光合作用将受到影响。

氟化物对植物的危害，几乎完全来自大气，出现的症状与 SO_2 相似。不同之处是氟化物的危害不发生在“功能叶”上，而对幼芽、幼叶的影响最大。症状出现在叶边和叶脉间，危害后几小时出现萎蔫现象。

臭氧等强氧化剂对植物有很大损伤作用。经臭氧损坏的叶片，栅栏组织的坏死部分出现有色斑点和条纹，这是由于醌类化合物与氨基酸和蛋白质作用，引起细胞聚合的结果。另外，臭氧等强氧化剂进入植物体内，可能形成自由基和较稳定的强氧化剂（如过氧化氢），干扰植物体内的氧化过程，使生长不正常，引起植物产量和质量的下降。例如，臭氧体积浓度超过 0.09×10^{-6} 时，烟草“生理斑点病”发生频率增大；达到 0.11×10^{-6} 时，烟草发病率为100%；至 0.165×10^{-6} 时，烟草严重受害。

二氧化氮对植物的影响与二氧化硫相似，浓度高时也能引起植物伤害；浓度低时，可增高叶片中叶绿素含量，但长期暴露，会使幼叶衰老和脱落。研究表明，番茄暴露在体积浓度为（0.15～0.26）$\times10^{-6}$ 二氧化氮下 10～19 天，其干重减轻。

氯气和氯化氢是化学工业经常排出的气体，对厂区四周农田有较大影响。氯是植物生长必需的少量元素，参加多种代谢反应。亲水氯离子对胶体原生质起着渗透作用，氯离子也能改变酶的效应，降低水解酶活性。氯离子的强烈水合作用，能引起碳水化合物代谢平衡和蛋白质合成的破坏，影响植物产量和质量。氯化物过量时，由于光氧化作用，促使叶绿素破坏，叶片坏死；少量时，叶片失绿。

3. 对家禽的危害

大气污染对家禽、家畜的影响分为直接和间接两个方面。直接影响表现在发生烟雾期间，家畜吸入污染物，引起呼吸道感染，发生中毒。例如，1950 年墨西哥市郊发生硫化氢泄漏事件，造成该地区一半的家畜中毒死亡。间接影响表现在污染物沉降到草地和土壤中，通过食物链，造成家禽和家畜中毒。

大气中氟化物沉降到土壤中，可在牧草中积累，牲畜食用后，会患氟骨病。资料表明，当使用含氟量质量浓度大于 2.6×10^{-8} 的饲料喂养牲畜时，5 年后牲畜会出现严重的氟中毒症状。通过 X 光检测可以判断是否氟中毒，氟中毒的轻重与牲畜的骨骼和牙齿中的含氟量有一定的关系。

（五）大气污染控制的综合措施

大气污染综合防治是指为了达到区域环境空气质量控制目标，对多种大气污染控制方案的技术可行性、经济合理性、区域适应性和实施可能性等进行最优化选择和评价，从而得出最优的控制技术方案和工程措施。大气污染控制综合防治措施主要包括全局性措施和工程技术措施两个方面。

1. 全局性措施

（1）全面规划、合理布局。大气污染控制是一项综合性很强的技术。影响大气环境质量的因素很多，所以在建设前必须进行全面环境规划，采取区域性综合防治措施。做好城市和大工业区的环境规划设计工作，采取区域性综合防治措施，统一对城市和工业区进行全面规划、合理布局，既要考虑各企业间以及生活区和行政区之间的联系、配合和协调，又要考虑各企业间污染源对环境的复合影响等。

现在我国及各工业国家都规定，在新建和改、扩建工程项目时，要先作环境影响评价，提出环境质量评价报告书，论证该地区是否能够建厂，以及建厂后对环境可能造成的影响和需要采取的环境保护措施。

（2）严格环境管理。完整的环境管理体制是由环境立法、环境监测和环境保护管理三部分组成的。环境法是进行环境管理的依据，它以法律、法令、条例、规定和标准等形式构成一个完整的体系。环境监测是环境管理的重要手段，在主要环境领域内建立完善的监测网和提供及时、准确的监测数据，保障环境管理和监督有效地进行。环境保护管理机构是实施环境管理的领导者和组织者。

2015 年国家环境保护部、国家发展和改革委员会和国家能源局联合发文《全面实施燃煤电厂超低排放和节能改造工作方案》，要求全国所有燃煤电厂实现超低排放（即在基准氧含量 6%条件下，烟尘、SO_2、NO_x 排放浓度分别不高于 10、35、50 mg/m^3）。

（3）合理的经济政策。控制环境污染的经济政策主要包括：保证必要的环境保护设施的投资；从经济上对治理环境污染给予鼓励；对综合利用产品实行利润留成和减免税政策：贯彻“谁污染谁治理”的原则，并把排污收费的制度和行政、法律制裁措施具体化，一般分为排污收费，赔偿损失和罚款，追究行政责任以至刑事责任。

（4）绿化造林。植物具有美化环境、调节气候、截留粉尘和吸收大气中有害气体等功能。绿化造林能在大面积的范围内、长时间、连续地净化大气，尤其是在大气中污染物影响范围和浓度比较低的情况下，森林净化是行之有效的方法。在城市和工业区有计划、有选择地扩大绿地面积，可以使大气污染综合防治具有长效性和多功能性，而且对美化环境、调节空气温度和小气候、保持水土、防风防沙也有显著作用。

2. 工程技术措施

（1）高烟囱扩散稀释。采用高烟囱扩散稀释的方法主要是利用大气传输、扩散来稀释污染物，使大气污染物向更高、更广的范围扩散，减轻局部地区大气污染。目前世界上很多国家都主要采用高烟囱扩散的方法防止 SO_2 污染。但是利用高烟囱扩散的方法，只能减轻局部地区大气污染，而大气污染物的绝对量并没有减少，而且烟囱越高，造价越高（一般情况下，烟囱的造价与其高度的平方成正比）。所以在实际工作中，应根据各地区大气污染情况，确定合适的烟囱高度，同时控制污染物的总排放量。

（2）局部控制。局部控制是对污染源采取的工程治理技术，即在污染源处直接采取有效的净化措施来进行处理，控制污染物的浓度或者回收利用。

三、气体污染物的净化技术

根据大气污染物的存在状态，其治理技术概括为颗粒污染物治理技术和气态污染物治理技术两大类。

（一）颗粒污染物的治理技术

大气中固体颗粒污染物与燃料燃烧关系密切，由燃料或其他物质燃烧等过程产生的烟尘都以固态或固液共存的形式存在于气体中。减少颗粒状污染物的排放方法有两大类：一是改变燃料的构成，以减少颗粒物的生成；二是在固体颗粒物排放到大气之前，采用控制设备防尘，以降低对大气的污染。根据除尘设备的工作原理，除尘方式大致可分为机械式除尘、湿式洗涤除尘、过滤式除尘和静电除尘等。

1. 机械式除尘

机械式除尘是利用重力、惯性和离心力等机械力将颗粒物从气流中分离出来，达到净化的目的。根据三种作用力的不同，机械式除尘器可分为重力沉降室、惯性除尘器和旋风除尘器。

（1）重力沉降室。重力沉降室是通过重力作用使粉尘从气流中沉降分离的除尘装置。含尘气流进入重力沉降室后，由于扩大了流动横断面积而使气体流速大大降低，使较重的颗粒得以缓慢降落到灰斗中。重力沉降室可有效地捕集 50μm 以上的粒子，除尘效率为 40%～60%，它具有结构简单、投资低、维护管理容易及压力损失小等优点；但因占地面积大、除尘效率低，故一般只能作为预除尘装置。

（2）惯性除尘器。为了改善沉降室的除尘效果，可在沉降室内设置各种形式的挡板，使含尘气流冲击在挡板上，气流方向发生急剧改变，借助粉尘本身的惯性力作用使其从气流中分离出来。惯性除尘器主要用于净化密度和粒径较大的金属或矿物性粉尘。该方法设备结构简单，阻力较小，但分离效率较低，为 50%～70%，只能捕集 10～20μm 以上的粉尘。

（3）旋风除尘器。旋风除尘器也称离心式除尘器，它使含尘气流沿某一定方向做连续的

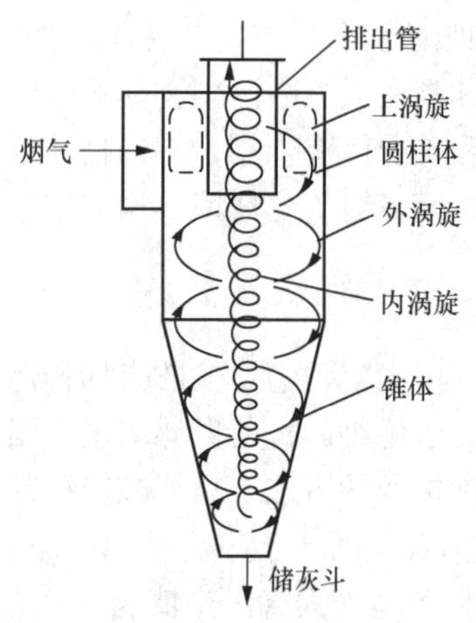

图 3-2 旋风分离器气流流动状况

旋转运动，让粒子在随气流旋转中获得离心力，从而将粉尘从气流中分离出来。普通旋风除尘器由进气管、筒体、锥体和排气管等部件组成，旋风分离器气流流动状况见图 3-2。

除尘效率与气流旋转速度、颗粒浓度及粒径分布有关。旋风除尘器适用于去除非黏性、非纤维性粉尘的非腐蚀性气体，对大于 5μm 以上的颗粒具有较高的去除效率。这类除尘设备构造简单、投资少、动力消耗低、占地面积小、制造安装和维护修理容易，多用来进行锅炉烟气除尘、多级除尘及预除尘，现已广泛地应用于各工业部门。旋风除尘器用于高温气体除尘时，则需要采用耐高温防磨损材料，或在内壁衬隔热材料；如果用于净化腐蚀性气体，则应采用防腐塑料，或在内壁喷涂防腐材料。

2. 湿式洗涤除尘

湿式除尘器是使含尘气体与液体（一般为水）密切接触，利用形成的液膜、液滴与粉尘发生惯性碰撞、黏附、扩散漂移与热漂移、凝聚等作用，从废气中捕集尘粒或使粒径增大，并兼备吸收气态污染物作用的装置。

湿式除尘器种类很多，主要有重力喷雾洗涤器、旋风式洗涤分离器、板式洗涤器、填料洗涤器和文丘里洗涤器等，可以根据不同的防尘要求选择不同类型的除尘器。喷淋塔式防尘器是最简单的一种，含尘气体从塔的底部进去，而水从安装在塔顶上的许多喷头中淋洒下来。这种除尘器通常只能除去直径大于 10μm 的颗粒，除尘效果有一定局限性。旋风洗涤器上附加了水滴捕集作用，因此比干式旋风除尘器的除尘效率明显提高。同时旋转运动使其带水现象减弱，可采用比喷雾塔中更细的喷雾以提高除尘效率。旋风洗涤器适于净化大于 5μm 的粉尘，在净化亚微米范围的粉尘时，常将其串接在文丘里洗涤器之后，作为凝聚水滴的脱水器。文丘里洗涤器是一种高效湿式洗涤器，常用在高温烟气降温和除尘上，也可用于气体吸收，主要由文丘里管和脱水器（旋风分离器）组成。

湿式除尘器可以有效地将直径为 0.1～20μm 的液态或固态粒子从气流中除去，同时也能脱除气态污染物，当粉尘大于 10μm 时，除尘效率可达 90%～95%。它具有结构简单、造价低、占地面积小、操作及维修方便和净化效率高等优点，能够处理高温、高湿、易燃、易爆的废气及黏性的粉尘和液滴。采用湿式除尘器时，要特别注意设备和管道腐蚀以及污水和污泥的处理等问题。另外，湿式除尘过程不利于副产品的回收。

3. 过滤式除尘

过滤式除尘器是利用多孔过滤介质分离捕集气体中固体或液体粒子的装置，按滤尘方式有内部过滤与外部过滤之分。

（1）内部过滤。内部过滤是把松散多孔的滤料填充在框架内作为过滤层，粉尘在滤层内部被捕集，颗粒层过滤器就属于这一类过滤器。这种除尘器的特点是：耐高温（可达 400℃）、耐腐蚀、滤材可以长期使用，除尘效率比较高，适用于冲天炉和一般工业炉窑。

（2）外部过滤。外部过滤用纤维织物、滤纸等作为滤料，通过滤料的表面捕集粉尘。这种除尘方式的最典型的装置是袋式除尘器（见图 3-3），它是过滤式除尘器中应用最广泛的一种。袋式除尘器的除尘机制主要是粉尘通过滤布时，因产生筛滤、碰撞、拦截、扩散、静电和重力沉降等作用而被捕集。它的性能不受粉尘浓度、粒度和空气量变化的影响，但不适于处理含油、含水及烧结性粉尘，也不适于处理高温含尘气体。一般情况下，被处理气体温度应低于 100℃，处理高温烟气时需预先对烟气冷却降温。

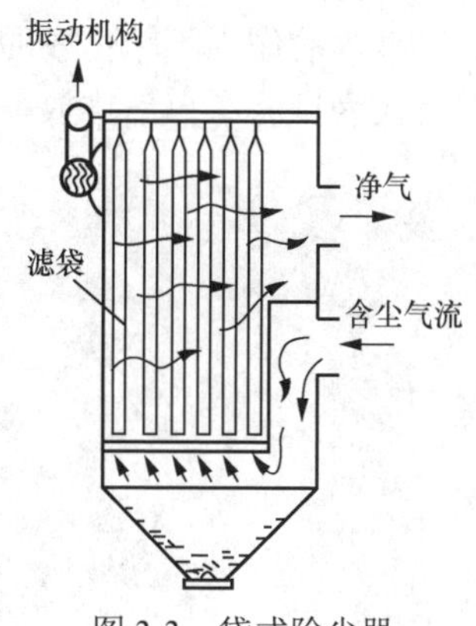

图 3-3 袋式除尘器

过滤式除尘器捕集粒径达到 0.01μm。当粉尘粒径大于 0.1μm 时，除尘效率可高达 99.9%以上。近年来随着清灰技术和新型材料的发展，过滤式防尘器在冶金、水泥、陶瓷、化工、食品和机械制造等工业和燃煤锅炉烟气净化中得到了广泛应用。

4. 静电除尘

静电除尘（见图 3-4）是利用高压电场产生的静电力（库仑力）的作用实现固体粒子或液体粒子与气流分离的方法，具有独特的性能与特点。它几乎可以捕集一切细微粉尘及雾状液滴，其捕集粒径范围在 0.01～100μm。当粉尘粒径大于 0.1μm 时，除尘效率可高达 99%以上。由于静电除尘器（见图 3-5）是利用库仑力捕集粉尘的，所以风机仅仅担负运送烟气的任务，因而静电除尘器的气流阻力很小，即风机的动力损耗很小。尽管本身需要很高的运行电压，但是通过的电流却非常小。因此，静电除尘器所消耗的电功率亦很小，净化 1000m^3 烟气大约耗电 0.1～3kW。此外，静电除尘器适用范围广，从低温、低压至高温、高压，在很宽的范围内均能适用，尤其能耐高温，最高可达 500℃。静电除尘器的主要缺点是设备庞大、造价偏高、钢材消耗量较大，除尘效率受粉尘比电阻的影响很大，需要高压变电及整流设备。目前，静电除尘器广泛应用于冶金、化工、水泥、建材、火力发电和纺织等工业部门。

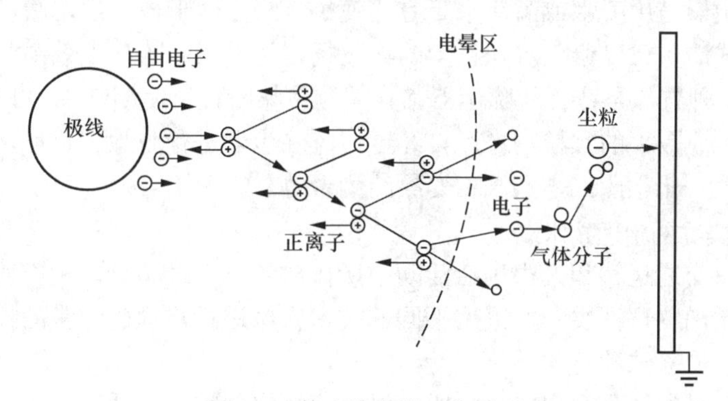

图 3-4 静电除尘器工作原理

5. 细颗粒物（PM2.5）除尘技术

（1）PM2.5 的来源和危害。PM2.5 是指环境中空气动力学当量直径不大于 2.5μm 的颗粒物，其直径还不到人头发丝的 1/20。虽然 PM2.5 的粒径如此之小，但是它的来源却很多，可以分为一次颗粒来源和二次颗粒来源两类，一次颗粒是指直接向大气中排放的 PM2.5，二次颗粒是由空气中的硫氧化物、氮氧化物和挥发性有机物在太阳光、紫外线或者氧化剂如臭氧、氢氧基等的作用下转化成的硫酸盐、硝酸盐、铵盐和半挥发性有机物等，其中两种颗粒来源都有人为排放和自然排放。

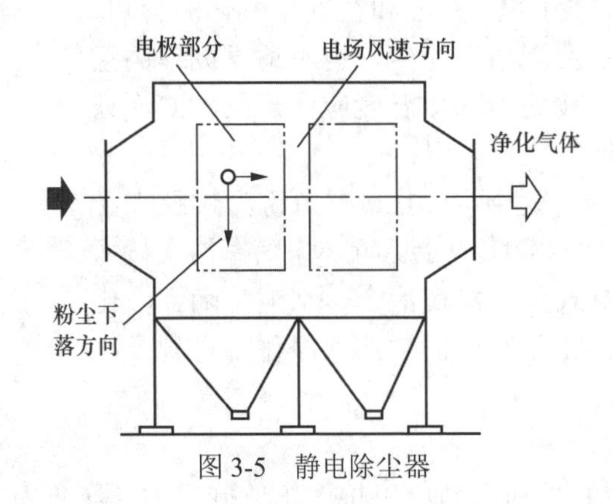

图 3-5　静电除尘器

PM2.5 的危害主要分为对环境影响和对人体危害两个方面。对环境的影响主要表现在造成大范围的雾霾天气，降低环境的能见度；对人体危害是指空气动力学当量直径小于 2.5μm 的颗粒物被人体吸入后会进入支气管、肺泡并沉积下来，甚至进入人体血液，会对人体造成严重危害，包括会引发哮喘、支气管和心血管病等方面的疾病。

（2）PM2.5 的控制和脱除。根据我国目前的国情，PM2.5 的很大一部分来自燃煤锅炉，而且这种状况还会持续很长一段时间。燃煤锅炉会在尾部烟道安装相关除尘器以脱除颗粒物，传统的除尘器包括静电除尘器、布袋除尘器、机械除尘器等。随着技术的进步和传统除尘器面临的瓶颈，电袋复合除尘器、湿式静电除尘器等大量新型的除尘器应运而生。

电袋组合式除尘器是综合利用和有机结合电除尘器与布袋除尘器的除尘优点，先由电场捕集烟气中大量的粉尘，再经过布袋收集剩余细微粉尘的一种组合式高效除尘器。

湿式静电除尘器是用喷水或溢流水等方式使集尘极表面形成一层水膜，实现极板清灰的静电除尘器。湿式清灰可以避免沉积粉尘的再飞扬，达到很高的除尘效率。

此外，还有一种方法是在传统除尘器前设置预团聚阶段，使烟气中的 PM2.5 通过物理或者化学的作用团聚成较大的颗粒物之后再经过传统除尘器进行脱除。目前，工业应用的预团聚方式包括电团聚、化学团聚、蒸汽相变凝结团聚等。

（二）气态污染物的治理技术

工农业生产、交通运输和人类生活活动中所排放的有害气态物质种类繁多。针对这些物质不同的化学性质和物理性质，需采用不同的技术方法进行治理。通常的技术包括燃烧法、吸收法、吸附法、冷凝法和催化转化法等。

（1）燃烧法。燃烧法是利用有机物质可以氧化燃烧的特性，通过氧化作用把废气（或废液）中的有机化合物有效地转化为 CO_2 和 H_2O。这种方法不仅能将废气中的有机成分转化成可向大气环境排放或容易回收的组分，而且先进的焚烧系统还可以回收燃烧产物和燃烧产生的热量。

（2）吸收法。吸收法是利用某些液体来吸收排气中的有害物质，将其中的一种或几种气态污染物除去，是控制气态污染物的重要技术措施之一。为增大气体组分的吸收率和吸收速度，人们多采用化学吸收。吸收过程在吸收塔内进行，吸收设备有喷淋塔、填料塔、泡沫塔和文丘里洗涤器等。工业生产中排出的硫氧化物、氮氧化物、氨、硫化氢、氯化氢和氟化氢等都可采用吸收法，特别是当需要处理的气体量较大时吸收法更具有优越性。

（3）吸附法。吸附法是利用多孔固体吸附剂吸附气体（或液体）混合物中一种或数种组分，使其吸附在吸附剂表面上，达到去除有害物质的目的。在吸附过程中，以分子引力和静电力进行吸附的，称为物理吸附；以化学键力进行吸附的，称为化学吸附。吸附效率与固体吸附剂的吸附性质、吸附时间以及污染物被吸附组分的浓度有关。吸附法常用于回收有机溶剂或处理低浓度、大流量的气体。常用的吸附剂主要有活性炭、分子筛、活性氧化铅、沸石和硅胶等。

（4）冷凝法。冷凝法是利用不同物质在不同温度下具有不同饱和蒸气压的特性，通过对气体的冷凝，使处于蒸气状态的有害物质冷凝成液体，从废气中分离出来，从而使废气净化。冷凝法也是常用的工业废气净化方法之一。这种方法所需设备简单，易于管理，回收的物质较为纯净，但其净化效率较低，多用于回收浓度较高的有机气体和某些可利用的纯物质。预先去除影响操作、腐蚀设备的有害组分，以及作为吸附、燃烧等净化方法的预处理，以减轻负荷。

（5）催化转化法。利用催化剂的催化作用，使废气中的有害组分发生化学反应（氧化、还原、分解），并转化为无害物或易于去除物质。催化法净化方法的效率较高，在治理过程中不用将污染物与气流分离，可直接将主流气中的有害物净化，不造成二次污染；但该法也存在贵金属催化剂价格昂贵、操作要求高、废气中污染物难于回收利用等的缺点。

下面简单介绍主要气态污染物的治理方法。

1. 二氧化硫治理技术

二氧化硫污染的控制是人们关心的大气污染问题之一。大气中的 SO_2 主要来源于燃烧过程及一些工业生产排放的废气。目前，在我国燃料燃烧排放 SO_2 占二氧化硫总排放量的 90%，是控制 SO_2 污染的主要对象。通常可采用三种方法减少燃烧中 SO_2 排放：燃烧前进行燃料脱硫、燃烧过程中固硫、燃烧后烟气脱硫。

（1）燃料脱硫。煤中含硫包括无机硫和有机硫。前者主要是硫铁矿，后者以噻吩、硫醚及硫醇等形式存在于煤分子结构中。目前，燃料脱硫主要有煤炭的固态加工、煤炭的转化和重油脱硫三种方式。

1）煤炭的固态加工。主要是采用重力分选法，通过粉碎、分选将煤中的无机硫去除 40% 以上，脱硫程度取决于煤中黄铁矿硫颗粒的大小及无机硫含量。重力分选法选煤技术又分湿法和干法。湿法选煤不仅耗水量大，而且极易造成环境污染；干法选煤有分选精度高、投资少等特点，具有良好的应用前景。在有机硫含量大或者其中黄铁矿嵌布很细的情况下，仅用重力分选法一般不能达到环保要求。目前煤炭的固态加工方法还有溶剂精制煤（SRC）型煤固硫、氧化脱硫和化学浸出法等。

2）煤炭的转化（煤的气化和液化）。煤的气化是指以煤炭为原料，采用空气、O_2、CO_2 和水蒸气等气化剂在气化炉中反应，生产出不同组分、不同热值的煤气。按煤在气化炉中的流体力学行为，可分为移动床、流化床、气流床三种方法。移动床方法主要采用 O_2 与水蒸气作气化剂对煤加压气化，适用于灰分高、水分高的褐煤。流化床方法以 8mm 以下的颗粒煤为原料，气化剂同时作为流化介质，该方法的特点是排灰中碳含量低。气流床方法以 O_2 和少量的水作为气化剂对煤加压气化，该方法工艺清洁、高效，代表着煤气气化技术的发展方向。

目前典型的技术包括德士古水煤浆气化技术和壳牌干煤粉气化技术，气化生产的煤气，体积小，H_2S 容易被脱除回收，净煤气进行燃气蒸汽联合循环发电和燃料电池发电，效率高，是未来清洁发电技术的主要发展方向。

煤炭的液化是指把固体的煤炭通过化学加工，使其转化为液体产品的技术。根据不同的加工路线可分为直接液化法和间接液化法两大类。直接液化法是指通过高温高压对煤直接加氢，降低 C/H 的比例，从而得到液体产品。间接液化法是先把煤气化转化为合成气（CO 和 N_2），再用催化剂转化为液体。煤炭通过液化可以将其中的硫等有害元素以及矿物质去除，产品为洁净燃料。

3）重油脱硫。由于原油精馏时，有 80%～90%硫残留于重油中，所以重油在使用前须经过一定的处理。重油脱硫是在催化剂作用下，通过高压加氢反应，切断碳与硫的化学键，以氢置换出碳，同时生产的 H_2S 气体，可用吸收法去除。

重油脱硫可分为直接脱硫和间接脱硫两种。直接脱硫即选用抗中毒性好的催化剂（CO、Ni），对重油直接加氢进行脱硫。间接脱硫即对重油先进行减压蒸馏，馏出油催化加氢脱硫后与残油混合，或以丙烷作为溶剂对残油进行处理，分离出沥青后，再与馏出油混合进行加氢处理。

（2）燃烧过程中固硫。燃烧过程中固硫是指向燃烧室内同时加入煤和固硫剂（例如石灰石），使煤在较低温度（850～930℃）燃烧。煤中以硫酸盐形态存在的硫不会分解，留在灰渣中，而煤中的有机硫和硫化物均能与石灰石中的钙反应，以硫酸钙的形式固定在灰渣中。

目前，普遍采用循环流化床燃烧技术，常压循环流化床的钙硫比一般为 1.5～3.0，脱硫率可达 85%以上。流化床燃烧技术能使燃煤锅炉无需添加污染控制装置就能满足 SO_2 的环保排放的要求。同时由于燃烧温度低，空气中的 N_2 只有少量被氧化，故流化床锅炉燃烧产生的氮氧化物（NO_x）较少。影响流化床燃烧脱硫的主要因素有钙硫比、燃烧温度、脱硫剂的颗粒尺寸和孔隙结构等。

（3）烟气脱硫。烟气脱硫是目前控制燃煤 SO_2 排放最有效和应用最广的技术。烟气脱硫的方法很多，可按对脱硫产物的处理方法分为抛弃法和回收法两类，也可按脱硫剂是否以溶液（浆液）状态进行脱硫而分为湿法和干法。

烟气脱硫的主要困难在于 SO_2 浓度低、烟气体积大、硫的总量大，需要根据烟气系统的大小等多种因素选择适宜的脱硫方法。目前湿法脱硫工艺应用最多，共占脱硫电厂装机容量的 83%；湿干法（喷雾干燥法）约占 10%；其他各类方法的市场占有率不足 10%。

1）湿法。湿法脱硫先用石灰或石灰石浆液吸收 SO_2 废气，生成 $CaSO_3$，再与 O_2 反应氧化成 $CaSO_4$，经固液分离后排除。这种方法脱除 SO_2，同时副产石膏。

$$\text{石灰石：} SO_2+CaCO_3+2H_2O \longrightarrow CaSO_3 \cdot 2H_2O+CO_2$$

$$\text{石灰：} SO_2+CaO+2H_2O \longrightarrow CaSO_3 \cdot 2H_2O$$

由于石灰和石灰石来源广，价格较低，脱硫产物可以回收，也可以抛弃，因而用它们脱硫的运行费用低。石灰、石灰石法的脱硫效率一般在 90%左右。该法的缺点是设备腐蚀严重（特别是烟气中含有氯化物）、结垢和堵塞（影响吸收洗涤塔操作）。为防止结垢，在吸收过程中应控制亚硫酸盐的氧化率在 20%以下。同时选用的吸收器应具有通气量大、气液相间的相对速度高、有较大的液体表面积、内部构件少和压力损失小等条件。

湿法脱硫还包括改进石灰石/石灰湿法（加入已二酸、加入硫酸镁和双碱流程）、废碱液吸收法、氧化镁法、海水脱硫和氨吸收法等。

由于己二酸的来源丰富，价格低廉，在现已运行的石灰石/石灰流程中加入己二酸，可缓冲洗涤浆液的pH值，抑制SO_2溶解，使液面处SO_2浓度提高，且可以不修改工艺。加入$MgSO_4$可改进溶液的化学性质，使SO_2以可溶性盐的形式被吸收，克服石灰石法易结垢的缺点。双碱流程是指加入碱金属盐类或碱类的水溶液，以克服石灰石法易结垢的缺点和提高SO_2的去除率。

钠碱液吸收法是利用氢氧化钠、氢氧化镁或碳酸钠水溶液作为吸收剂。该法的特点为对SO_2吸收能力大，不易挥发，对吸收系统不存在结垢、堵塞等问题，工艺成熟简单、吸收效率高，所得副产品纯度高，但耗碱量大、成本高，因此只适于中小气量烟气的治理。

氧化镁法是使用MgO的浆液吸收SO_2的方法，生成含水的亚硫酸镁和少量的硫酸镁。该法具有脱硫效率高、可回收硫和不产生固体产物等优点，在镁矿资源丰富的地区具有一定的竞争力。

海水脱硫是近几年发展起来的新型烟气脱硫工艺，其原理是海水中含有大量可溶性盐（NaCl、硫酸盐、碳酸盐），所以海水通常呈碱性（具有天然的酸碱缓冲能力），可以在海水中加入石灰调节其碱度进行烟气脱硫。该法具有脱硫成本低、工艺设备简单、无固体产物的优点，但排放海水的硫酸盐、COD值上升，pH值和溶解氧下降，会对环境造成一定的危害。

氨吸收法是采用一定浓度的氨水作吸收剂进行脱硫，其最终的固体废弃物是硫酸铵。氨法烟气脱硫主要包括SO_2的吸收和吸收后溶液的处理两部分。氨法工艺成熟，流程设备简单，操作方便、副产品硫酸铵可作化肥，是一种较好的方法。该法适用于处理硫酸生产尾气，但是氨易挥发，吸收剂消耗量大，原材料成本高，工艺复杂，运作成本高。

2）湿干法。喷雾干燥法脱硫工艺采用雾化的脱硫剂浆液进行脱硫。脱硫过程中雾滴被蒸发干燥，最后的脱硫产物也呈干态，因此也称为湿干法或半干法。在喷雾干燥法脱硫过程中，SO_2被雾化的氢氧化钙浆液或碳酸钠溶液吸收；液滴被高温烟气干燥后，形成的干废物（亚硫酸盐、硫酸盐、飞灰及未反应的吸收剂）由除尘器去除。

湿干法的优点在于所用原料价值低廉，容易得到；缺点在于采用固体物料，并直接生成固体物质，易发生设备的堵塞和磨损。

3）干法。由于湿法脱硫后烟气温度降低，湿度加大，影响排放后上升的高度，烟气往往笼罩在烟囱周围，难以扩散。为克服这些缺陷，采用固体粉末或非水的液体作为吸收剂或催化剂进行烟气脱硫的方法，称为干法脱硫。目前，使用较多的是干法喷钙脱硫。干法喷钙脱硫是将脱硫剂（石灰石粉料）喷入锅炉炉膛，在炉膛受热分解成氧化钙和二氧化碳，热解生成的氧化钙随烟气流动，与SO_2反应，脱除一部分SO_2；然后生成的硫酸钙和未反应的氧化钙随烟气进入活化反应器，在这里未反应的氧化钙与起增湿作用的喷水雾中的水反应。生产活性较高的氢氧化钙，再与SO_2反应，从而达到去除SO_2的目的。反应方程式如下：

$$CaO+SO_2+1/2O_2 \longrightarrow CaSO_4$$

$$Ca+SO_3 \longrightarrow CaSO_3$$

$$Ca(OH)_2+SO_2+1/2O_2 \longrightarrow CaSO_4+H_2O$$

干法喷钙脱硫具有设备简单、投资低、费用少、占地面积少和产物易处理等优点，适用于老电厂改造；缺点是使用和生成的都是固体物质，会影响锅炉效率和传热，增加灰负荷，使过热器易结渣，特别是影响电除尘的除尘性能。

其他脱硫方法还有吸附法和催化氧化法等。吸附法一般采用活性炭等作吸附剂，SO_2 和 O_2 及水蒸气在活性炭表面反应生成硫酸而被吸附，它的脱硫率高达 90%。催化氧化法则使用钒系催化剂等将 SO_2 氧化，并回收硫酸来达到净化的目的。

2. 氮氧化物治理技术

氮氧化物的主要危害是破坏臭氧层、引起全球气候变暖、形成光化学烟雾等。大气中的氮氧化物的来源主要有两方面：一方面是自然界中的固氮菌、雷电等自然过程所产生的；另一方面由人类活动产生。在人为产生的氮氧化物中，包括汽车尾气和电厂等燃烧产生的占 90% 以上；然后是化工生产中的硝酸生产、炸药生产、硝化过程、金属表面处理等。目前，主要处理方法有燃烧中脱硝和尾气脱硝。

（1）燃烧过程脱硝。

1）低氧燃烧。低氧燃烧要求炉内燃烧反应在尽可能接近理论空气条件下进行，一般来说，采用低氧燃烧可以降低 NO_x 排放 15%～20%，但这种方式有一定的局限性：在过量空气系数过低时，会造成 CO 浓度和飞灰含碳量的增加，燃烧效率将会降低。此外，低氧浓度会使得炉膛内某些区域成为还原性气氛，从而会降低灰熔点，引起炉膛结渣与腐蚀。因此，采用该法需选取合理的过量空气系数，避免出现为降低 NO_x 的排放而产生的其他问题。

2）烟气再循环。烟气再循环方法通过烟气循环风机把锅炉烟气循环到燃烧气流里，从而降低火焰总体温度，并且烟气中的惰性气体能够冲淡氧的浓度，从而导致热力 NO_x 生成的减少。经验表明，当烟气循环量为 15%～20%时，煤粉炉的 NO_x 排放浓度可降低 25%左右。但是，再采用烟气再循环法会影响燃烧稳定性，增加未完全燃烧热损失。

3）空气分级燃烧。空气分级燃烧法将燃烧空气所需的空气量分成两级送入，使第一级燃烧区内过量空气系数在 0.8 左右，燃料先在缺氧的富燃料条件下燃烧，使得燃烧速度和温度降低，因而不但延迟了燃烧过程，而且在还原性气氛中降低了生成 NO_x 的反应率，抑制了 NO_x 在这一区域的生成量。在二级燃烧区内，因燃烧用的空气剩余部分以二次空气输入，此时空气量虽多，但因火焰温度低，NO 生成量不大，最终空气分级燃烧可使 NO_x 生成量降低 30%～40%。

4）低 NO_x 燃烧器。燃烧器是锅炉设备的重要部件，它保证燃料稳定着火、燃烧和燃料的燃尽等过程；通过特殊设计的燃烧器结构，可以将其他降低 NO_x 的原理用于燃烧器，以尽可能地降低着火区氧的浓度，适当降低着火区的温度，达到最大限度抑制 NO_x 生成的目的。低 NO_x 燃烧器如阶段燃烧型、自身再循环型、浓淡燃烧型、分割火焰型和混合促进型等，这些新型燃烧器可达到降低 NO_x 浓度 30%～60%。

（2）尾气脱硝。

1）吸收法。根据所使用的吸收剂，又可分为水吸收法、酸吸收法、碱液吸收法等多种方法，但目前都仅限于处理气体量小的情况。

a. 水吸收法。当 NO_x 主要以 NO_2 形式存在时，可用水作吸收剂。水与 NO_2 反应生成硝酸和亚硝酸。通常情况下，亚硝酸很不稳定，很快发生分解产生的 NO 不与水发生化学反应，仅能被水溶解很少一部分，所以 H_2O 吸收 NO_2 数量很少。为了高效脱除 NO_2，需要较长的停留时间使 NO 氧化成 NO_2。

b. 酸吸收法。浓硫酸和稀硝酸都可用来吸收含 NO_x 的尾气。NO_2 与硫酸生成亚硝基硫酸，亚硝基硫酸可用于硫酸生产及浓缩硝酸。

$$NO+NO_2+2H_2SO_4 \longrightarrow 2NOHSO_4+H_2O$$

稀硝酸吸收 NO_x 的原理是利用其在稀硝酸中有较高的溶解度而进行的物理吸收。该方法常用来净化硝酸厂尾气，净化率可达 90%。影响吸收效率的主要因素有温度、压力以及稀硝酸的浓度。

c. 碱性溶液吸收法。通常采用 NaOH 和 Na_2CO_3 混合溶液作吸收剂净化 NO_x 尾气。为获得较好的净化效果，可采用氨-碱两级吸收法。首先用氨在气相中与 NO_x 和水蒸气反应，生成白色的 NH_4NO_3 和 NH_4NO_2；然后用碱溶液进一步吸收 NO_x、NH_4NO_3 和 NH_4NO_2。碱液吸收法常用的碱液有氢氧化钠、碳酸钠、氨水等，该法设备简单、操作容易、投资少，但吸收效率较低，特别是对 NO 吸收效果差。

2）吸附法。吸附法常用的吸附剂为活性炭、分子筛、硅胶和含氨泥煤等。吸附法可以较为彻底地消灭 NO_x 的污染，又能将 NO_x 回收利用。目前用吸附法吸附 NO_x 已有工业规模的生产装置。

活性炭对低浓度氮氧化物具有很高的吸附能力，并且解吸后可以回收，但由于温度高时活性炭有可能燃烧，给吸附和再生造成困难，因此限制了该法的使用。

丝光沸石分子筛是一种极性很强的吸附剂，废气中极性较强的 H_2O 和 NO_2 分子被选择性地吸附在表面上并进行反应生成硝酸放出 NO，新生成的 NO 和废气中原有的 NO 与被吸附的 O_2 进行反应生成 NO_2，生成的 NO_2 再与 H_2O 反应重复上一个反应步骤，这样不断循环，最后达到去除 NO_x 的目的。该方法很有前景，但是由于烟气量大，吸附剂用量大、运动动力大，且吸附剂的再生是影响该技术实用推广的主要因素。

3）催化还原法。催化还原法是在催化剂的作用下，用还原剂将废气中的 NO_x 还原为无害的 N_2 和 H_2O 的方法。通常分为非选择性催化还原和选择性催化还原两类。

a. 非选择性催化还原（SNCR）。SNCR 脱硝技术是将 NH_3、尿素等还原剂喷入锅炉炉内与 NO_x 进行选择性反应，不用催化剂，因此必须在高温区加入还原剂。还原剂喷入炉膛温度为 850～1100℃的区域，迅速热分解成 NH_3，与烟气中的 NO_x 反应生成 N_2 和水。该技术以炉膛为反应器。SNCR 烟气脱硝技术的脱硝效率一般为 30%～60%，受锅炉结构尺寸影响很大，多用作低 NO_x 燃烧技术的补充处理手段。采用 SNCR 技术，目前的趋势是用尿素代替氨作为还原剂。

b. 选择性催化还原（SCR）。SCR 脱硝技术是指在催化剂的存在下，还原剂（无水氨、氨水或尿素）与烟气中的 NO_x 反应生成无害的氮和水，从而去除烟气中的 NO_x。选择性是指还原剂 NH_3 和烟气中的 NO_x 发生还原反应，而不与烟气中的氧气发生反应。SCR 脱硝技术与其他技术相比，脱硝效率高，技术成熟，是工程上应用最多的烟气脱硝技术。SCR 系统的脱硝效率为 80%～90%。其主要化学反应原理如下：

$$4NO + 4NH_3 + O_2 \longrightarrow 4N_2+6H_2O$$

$$6NO + 4NH_3 \longrightarrow 5N_2+6H_2O$$

SCR 工艺流程见图 3-6：还原剂（氨）以液体形态储存于氨罐中，液态氨在注入 SCR 系统烟气之前经由蒸发器蒸发气化，气化的氨和稀释空气混合，通过喷氨格栅喷入SCR反应器上游的烟气中；充分混合后的还原剂和烟气在SCR反应器中反应，去除NO_x。

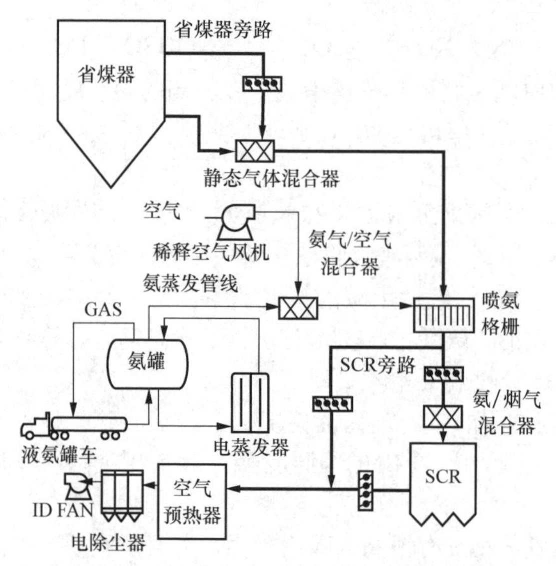

图3-6 SCR烟气脱硝系统热面高灰布置工艺流程示意

SCR脱硝系统中最关键的因素是催化剂，目前的SCR催化剂一般为使用TiO_2载体的V_2O_5/WO_3及MoO_3等金属氧化物。催化剂的这些主要成分占99%以上，其余微量组分对催化剂性能也有重要作用。

催化剂按结构可分为板式、波纹式和蜂窝式。全世界约95%的燃煤发电厂使用蜂窝式和板式催化剂，其中蜂窝式催化剂由于其强耐久性、高耐腐性、高可靠性、高反复利用率、低压降等特性，得到广泛应用。从目前已投入运行的SCR看，75%采用蜂窝式催化剂，新建机组采用蜂窝的比例也基本相当。

4）电子束烟气脱硫脱硝法。电子束烟气脱硫脱硝法（EBDC）用高能电子束对烟气进行照射，产生辐射化学反应，生成OH、O和HO_2等自由基，这些自由基可以和SO_2、NO_x生成硫酸和硝酸，而且同时脱硫脱硝。该法的特点是系统简单，脱硝效率达75%左右，脱硫效率可达90%以上，但该法能耗较高。

3. 含氟废气的治理技术

含氟废气主要是指含HF和SiF_4的废气，主要来源于炼铝工业、钢铁工业以及黄磷、磷肥和氟塑料生产和搪瓷、玻璃的生产过程，其治理方法主要有吸收法和吸附法两种。

（1）吸收法。用吸收法控制气态氟化物时，主要是用水或碱性吸收液作吸收剂。

用水吸收净化含氟废气的方法利用了氟化氢和四氟化硅都易溶解于水的特性——HF被水吸收后生成氢氟酸，SiF_4被水吸收后生成氟硅酸。若保持足够低的温度（292.69K以下），用水吸收氟化氢可以得到任意浓度的氢氟酸。

碱性吸收液主要有Na_2CO_3溶液和氨水。用Na_2CO_3吸收后生成含NaF的吸收液，经处理后可回收冰晶石，该法可用于处理电解铝废气。用氨水吸收后的吸收液经处理可副产硅胶和冰晶石。此法主要用于磷肥厂和高炉废气的治理。

用水作吸收剂比较经济，但吸收效率低，而用碱性溶液作吸收剂的吸收效果较好。

（2）吸附法。用吸附法治理氟化物的典型工艺是电解铝生产中的含氟废气治理。该法是用 Al_2O_3 作为吸附剂吸附氟化氢的，吸附后得到的氟氧化铝可代替冰晶石作为电解铝的原料。在整个吸附过程中吸附效率高，可达 95%～98%，吸附剂不需再生，且整个系统中没有污染物排出。

4. 重金属废气治理技术

含铅废气向空气中逸散时，铅分子迅速氧化，形成含有细小铅粒的气溶胶，其粒径很小，很难用常规控制方法进行分离，又不能被固体吸附剂吸附，故一般采用化学吸收法净化。由于氧化铅易溶于稀醋酸溶液和硝酸溶液，因此，稀醋酸溶液和硝酸可以用来作为氧化铅的吸收剂。氧化铅和醋酸进行化学反应生成醋酸铅，醋酸铅易溶于水，可以回收作为化工原料。操作过程中应注意，醋酸易挥发，为了减少吸收过程中的损失，吸收剂的浓度应较低。该方法净化效率高，但设备易被腐蚀，且存在二次污染的可能。

空气中的汞以蒸气状态存在，冶金、仪表等工业生产中产生的汞是以汞蒸气状态散发的。含汞废气的治理方法主要有吸附法、吸收法和气相反应法三种。

用吸附法净化含汞废气，可用充氯的活性炭，还可用细粒软锰矿作为吸附剂。含汞废气与吸附在活性炭表面的氯进行化学反应，生成氯化汞。活性炭饱和后放在密闭容器内高温加热再生，在高温条件下，氯化汞分解为氯气和汞蒸气，经冷凝后回收。

用吸收法净化汞蒸气，可以采用高锰酸钾、次氯酸钠和热硫酸溶液作为吸收剂。高锰酸钾溶液与汞蒸气接触时，生成氧化汞和二氧化锰，而二氧化锰和汞蒸气接触又生成络合物，络合物可用二氯化硅进行还原，污水可进行再处理，这样便达到了去除汞蒸气的目的。

气相反应法是用含碘的气体与含汞废气发生气体化学反应，从而去除汞蒸气，该法特别适用于室内汞蒸气的去除。

5. 二噁英的治理技术

二噁英（PCDD/FS）是氯代二苯并二噁英（PCDDS）和氯代二苯并呋喃（PCDFS）的总称，主要来源于焚烧和化工生产，前者包括氯代有机物或无机物的热反应，如城市废弃物、医院废弃物及化学废弃物的焚烧、钢铁和某些金属冶炼以及汽车尾气排放等；后者主要来源于氯酚、氯苯、多氯联苯及氯代苯氧乙酸（除草剂）等生产过程、制浆造纸中的氯化漂白及其他工业生产中。

PCDD/FS 的毒性很强，其毒性与氯原子取代的 8 个位置有关，2，3，7，8 四个共平面取代位置均有氯原子的 PCDD/FS，即 6 种 PCDDS 和 11 种 PCDFS 是有毒的，其中以 2，3，7，8-四氯二苯并恶英（2，3，7，8-TCDD）的毒性最强，也是目前人类发现的毒性最强的物质，其毒性相当于氰化钾的 1000 倍。PCDD/FS 对人体的影响是多方面的，虽然在长期、低暴露剂量下，PCDD/FS 的致癌机理仍不清楚，但是此类化合物会影响儿童神经系统发育、改变新生儿性别比等。鉴于 PCDD/FS 严重的危害性，世界一些国家和组织对其允许摄入量进行了评估，如世界卫生组织公布的一天允许摄入量为 1～4pgTCDD 或 TEP/kg，一月允许摄入量为 70pgTCDD 或 TEP/kg。

由于 PCDD/FS 反应机理的复杂性、众多复杂的影响因素以及检测方法的限制，PCDD/FS 的生成机理尚未完全研究清楚。目前几种被公认的 PCDD/FS 生成机理主要有：直接释放机理、从头合成（de nove）反应机理、前驱物合成机理和高温气相反应机理。

PCDD/FS 控制措施包括生成前控制、生成过程控制和生成后控制（即烟气净化技术）。

（1）生成前控制与生成过程控制。一般认为，PCDD/FS 的生成浓度与反应物中氯的含量密切相关，因此，在焚烧前对固体废弃物进行分类、加工处理，降低固废中的氯含量，将会降低 PCDD/FS 的生成概率和浓度；控制燃烧条件可有效地减少 PCDD/FS 的生成，一些常见的燃烧过程优化，如温度条件控制、供氧条件控制以及投加添加剂等都是基于此原理。

（2）烟气净化技术。由于 PCDD/FS 化学性质稳定，烟气中浓度很小，通常为标准状态下 ng TEQ/m^3 吸附在颗粒物表面。因此，单一烟气净化工艺很难达到越来越严格的 PCDD/FS 排放标准，而几种烟气净化工艺组合则能达到较好的去除效率。常见的工艺及其组合有：静电除尘器（EP）+湿式洗涤器（WB）；旋风除尘器（cylone）+干式石灰吸收剂喷射系统（DSI）+袋式除尘器（BF）；活性炭喷射系统（ACI）+静电除尘器（EP）；喷雾干燥吸收塔（SDA）+袋式除尘器（BF）；湿式洗涤器（WB）+活性炭（AC）；活性炭滤床或滤布（CB/F）等。不同的工艺组合之间的去除效果相关较大，常见的 PCDD/FS 去除工艺组合中，对 PCDD/FS 去除起重要作用的是活性炭的吸附作用；从抑制 PCDD/FS 生成的观点考虑，为了达到理想的 PCDD/FS 去除效果，建议不采用静电除尘器。但活性炭的加入而带来的额外氯源和催化剂（活性炭中含有的 $CuCl_2$ 和 $FeCl_2$ 等）造成了更多的 PCDD/FS 生成，是未采用活性炭的烟气净化系统的 1.8～1.95 倍。因此，为了减少 PCDD/FS 的排放量，需要增加其他 PCDD/FS 控制手段，如在活性炭后加入碱性物质或对飞灰进行高温熔化处理等。

（3）其他 PCDD/FS 控制技术。

1）PCDD/FS 的催化分解。大量的研究和现场检测表明，用于商业的 NO_x 催化剂对 PCDD/FS 的催化分解有促进作用，因此，可以用分解 NO_x 的选择性催化还原剂装置去除烟气中的 PCDD/FS，目前研究较多的是 V_2O_5-WO_3-TiO_2 催化剂。

2）紫外线(UV)光解。紫外光光解可分为直接光解和光催化两种。紫外光解 PCDD/FS 具有能耗低等优点，但反应时间长、分解效率低，不能完全分解 PCDD/FS，而且经济性差。目前的研究趋势是降低反应时间和寻找高效催化剂等。

3）PCDD/FS 的微生物降解。PCDD/FS 的微生物降解主要有细菌好氧降解、厌氧细菌还原脱氯和白腐真菌降解等。其中白腐真菌对 PCDD/FS 的降解能力较强，它具有菌体外的非特异性的降解体系，能降解微量的 PCDD/FS。

4）综合静电气体净化系统（integrated electro-static gas cleaning systems）。综合静电烟气净化系统是静电除尘器分别与脉冲电晕（pulsed coro-na）、电晕喷淋（corona shower）和电子束法（electronbeam）相结合的优化系统的总称。这些系统对颗粒物、酸性气体、温室气体、臭氧消耗物质、挥发性有机物和有害气体都有一定的去除效率。

6. *燃煤烟气超低排放技术*

燃煤烟气超低排放技术是指火电厂燃煤锅炉采用多种污染物高效协同脱除集成系统技术，使其大气污染物排放浓度基本符合燃气机组排放限值，即二氧化硫不超过 35mg/m^3、氮氧化物不超过 50mg/m^3、烟尘不超过 5mg/m^3。采用主要关键技术如下（见图 3-7）：

（1）针对烟尘，采用低低温电除尘、湿式电除尘、高频电源等技术，实现除尘提效，排放浓度不超过 5mg/m^3。

（2）针对二氧化硫，采用增加均流提效板、提高液气比、脱硫增效环、分区控制等技术，对湿法脱硫装置进行改进，实现脱硫提效，排放浓度不超过35mg/m³。

（3）针对氮氧化物，采用锅炉低氮燃烧改造、SCR脱硝装置增设新型催化剂等技术，实现脱硝提效，排放浓度不超过50mg/m³。

（4）针对汞及其化合物，采用SCR改性催化剂技术，可使汞氧化率达到50%以上，经过吸收塔脱除后，排放浓度不超过3μg/m³。

（5）针对SO_3，采用低低温电除尘、湿式电除尘等，排放浓度不超过5mg/m³。

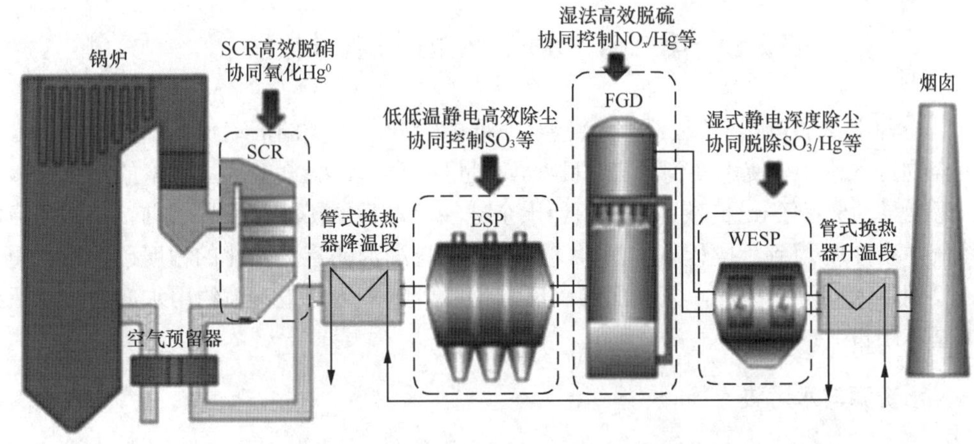

图3-7 燃煤烟气超低排放技术工艺路线

ESP—静电除尘器；FGD—烟气脱硫；WESP—湿法静电除尘器

7. CO_2排放控制技术

气候变化是当今世界面临的严峻挑战，控制CO_2为主的温室气体排放迫在眉睫。目前，主要有三种CO_2减排技术：①提高能源利用率和转化率，节约用能，如IGCC、NGCC等新型发电技术；②采用燃料替代，大力发展低碳能源、核能、可再生能源和新能源；③从化石燃料的利用中分离回收CO_2。这三种方案相对应的节能和高效率用能技术、新能源技术以及碳捕获技术的发展已经引起广泛关注，其中碳捕获、利用和封存技术尤其受到重视。

CO_2捕集、利用与封存（CCUS）技术由多个工艺单元组成，包括CO_2捕集、运输、利用和封存。其中CO_2捕集技术是实现CCUS的关键，也是目前限制CCUS广泛应用的重要因素之一。常用的碳捕集技术有化学吸收法、固体吸附法、膜分离法和低温法等。化学吸收法利用吸收剂与CO_2的可逆反应，即低温（40℃）时吸收剂发生CO_2吸收反应，反应产物在高温（120℃）时发生CO_2解吸反应。有机胺是常用的化学吸收剂，新型吸收剂研发和工艺流程优化是化学吸收法的研究重点。固体吸附法是利用吸附材料捕集CO_2。传统活性炭、沸石等吸附材料以物理吸附为主，吸附材料成本低，但CO_2选择性差、反应速率慢、吸附容量小。新型吸附材料如钙基、钠基、氨基吸附材料，因其能与CO_2发生可逆化学反应，吸附容量、选择性和吸附速率得到提升，但仍存在吸附材料稳定性差、流态化易磨损、难以大型化等技术瓶颈。金属有机骨架化合物（MOFs）等新型吸附材料的比表面积高，性能较稳定，但材料成本高，水汽削弱作用明显，尚处于实验室研究阶段。膜分离法是利用膜材料对CO_2气体的选择透过性，膜材料是该技术的关键，一般为复合聚合物膜，由基层膜和选择性膜复合而成，基层膜较厚，提供机械支撑，对气体无选择性，成本低，而选择性膜对气体有选择透过性。低温分离法利用不同气体的沸点不同，在高压低温条件下通过蒸馏工艺分离混合气体中的 CO_2。烟气首先冷却至液化温度（–100～–135℃），然后冷凝的液态 CO_2 从其他气体中分离。分离后的 CO_2 经干燥、压缩成液态后，由高压管道或车辆运输至 CO_2 利用或进行 CO_2 地质封存。CO_2 利用指的是以 CO_2 为原材料进行高价值化学产品合成，如建筑材料、碳纳米管等。地质封存指的是压缩的 CO_2 注入合适的地下地质层中，实现安全、可靠和永久的封存，可用于封存 CO_2 的地下地质层有盐层、贫气贫油层、不开采煤层等。

第二节　水体污染与控制

水是一种宝贵的自然资源，是社会经济发展的命脉。人类的活动使大量的工业、农业和生活废弃物排入水中，使水受到污染。目前，全世界每年有 4200 多亿立方米的污水排入江河湖海，污染了 5.5 万亿 m^3 的淡水，这相当于全球径流总量的 14%以上。目前，我国河流的水环境系统中有 40%遭到不同程度的污染，江河特别是湖泊的富营养化的程度已非常严重，如滇池、巢湖、太湖等。因此，人类面临水资源的危机越来越严重，节约用水、控制水污染是我国的基本国策。

一、水资源与水污染

（一）水资源与水危机

1. 水资源

全球总储水量约为 13.9 亿 km^3，其中海洋占 97.2%，而淡水总量仅为 0.36 亿 km^3，除冰川和冰帽之外，可利用的淡水总量不足世界总储水量的 1%。这部分淡水与人类的关系最密切，并且具有经济利用价值，虽然在较长时间内可以保持平衡，但在一定时间、空间范围内，其数量却是有限的。

2. 水危机

目前，人类面临水资源的危机越来越严重，主要表现在以下几个方面。

（1）水资源分布不均匀，季节变化大。世界每年约有 65%的水资源集中在不到 10 个国家中，而占世界总人口 40%的 80 多个国家却严重缺水。水源最丰富的地方是拉丁美洲和北美洲，而在非洲、亚洲、欧洲人均拥有的淡水资源就少得多。中东是一个严重缺水的地区，其主要的水源是约旦河。与该河息息相关的国家有约旦、叙利亚、黎巴嫩、以色列和巴勒斯坦。这些国家几乎没有其他可以代替的水源，缺水问题极为严重。另一个缺水严重的地区是非洲，在这里争夺尼罗河流域水的冲突极端激烈，该流域包括埃及、苏丹、埃塞俄比亚、肯尼亚等 9 个世界上干旱最严重的国家。如果上游国家用水增加，就会使埃及这样的下游国家用水减少，加剧干旱。

我国水资源总量为世界的 6%，约为 28000 亿 m^3，居世界第 5 位；人均只有 2000m^3，约为世界人均水资源量的 1/4，列世界第 109 位，被联合国农业组织列为世界 13 个缺水国家之一。加上我国的水资源在地区分布上很不均匀，水土资源组合不平衡，水量年内及年际变化大，水旱灾害频繁，水土流失严重，许多河流含沙量大，并且各地对水资源的开发利用也很不平衡，这些都构成了我国水资源的主要问题。

（2）用水需求增加，城市与工业区过度集中发展。近 40 年来，全世界工业用水增加近 7

倍，农业用水仅增加 2 倍，在发达国家工业用水占 40%以上，而在发展中国家工业用水则不到 10%。我国工业用水量从 1980 年的 508 亿 m^3 增长到 2021 年的 1050 亿 m^3，主要是能源、冶金、化学工业等部门的冷却用水量大，如在热电厂，每生产 1000kWh 电，需用水 200～500m^3，农业用水的消耗主要是灌溉用水。

目前世界上城市居民约占世界人口的 50%，而城市占地面积只占地球上土地总面积的 0.3%，并且在城市周围又大量建设了工业区，因此集中用水量很大，超过当地水资源的供水能力。

（3）用水浪费，不合理开发与使用水资源。发达国家和发展中国家同样存在这样的现象，只是重点有所不同。发达国家的人均生活用水量高，如美国人均用水量为 700L/d 以上，远远超过基本需求；而发展中国家工业生产中由于技术落后，单位产品耗水量大，而且水的重复利用率低。2020 年我国万元 GDP 用水量 57.2m^3、万元工业增加值用水量 32.9m^3，分别比 2015 年下降 28.0%和 39.6%。

（4）水体污染破坏了有限的水资源。这是造成水危机的重要原因之一，我国每年没有处理的水的排放量是 2000 亿 t，这些污水造成了 90%流经城市的河道受到污染，75%的湖泊富营养化，所以在南方地区，资源不缺水，但是水质性缺水。

（二）水污染

1. 水体

水体一般是河流、湖泊、沼泽、水库、地下水、冰川和海洋等“储水体”的总称。在环境学领域中水体是包括水中的悬浮物、溶解物质、底泥和水生生物等完整的生态系统或完整的综合自然体。

2. 水体污染

水体污染是指排入水体的污染物在水体中的含量超过了该物质在水体的本底含量和水体的自净能力，从而破坏了水体原有的用途。

造成水体污染的原因有自然和人为两个方面，前者如火山爆发产生的尘粒落入水体而引起的水体污染，后者如生活废水、工业废水等未经妥善处理就排入水体而造成的污染。通常所说的水体污染均指人为的污染。

水污染可分为化学型污染、物理型污染和生物型污染。化学型污染是指废水及其他废弃物排入水体后，其中的酸、碱、有机和无机污染物造成的水体污染；物理型污染包括色度和浊度污染、悬浮固体污染、热污染和放射性污染；生物型污染是由于将生活污水、医院污水等排入水体，随之引入某些病原微生物造成的。

除此之外，某些污染物质（包括微生物或热能）以各种形式通过各种途径进入地下水体而造成的地下水污染，排入海洋中的污染物质而引起的海洋污染以及饮用水污染等已引起人们的关注。

3. 水体污染源

（1）点源。点源主要是指工业污染源和生活污染源。

1）工业废水的特点：工业废水是水体最重要的污染源，它量大、面广、含污染物多、成分复杂、在水中不易净化，处理也比较困难，它具有以下特点：①悬浮物质含量高，可达 30000mg/L（而生活污水一般在 200～500mg/L）。②需氧量高，有机物一般难以降解，对微生物有毒害作用。③COD 为 400～10000mg/L，BOD 为 200～5000mg/L（生活污水 210～

600mg/L）。④pH 值变化幅度大，一般在 2～13。⑤温度较高，排入水体可引起热污染。⑥易燃，常含有低燃点的挥发性液体，如汽油、苯、二硫化碳、甲醇、酒精和石蜡等。⑦含多种多样的有害成分：硫化物、氰化物、汞、镉、铬和砷。

2）生活污水的特点：①含 N、P、S、纤维素、淀粉、糖、类、脂肪和蛋白质等。在厌气细菌作用下，易产生恶臭物质，如硫化氢、硫醇和 3-甲基氮杂茚（粪臭素）。②含有大量合成洗涤剂，对人体可能有一定的危害。③含有多种微生物，每毫升污水中可含有几百万个细菌，病原菌也多。

（2）面源。农业污水和灌溉水是水体污染的主要面源。由于农田施用化肥和农药，灌溉后排出的水或雨后径流中常含有农药和化肥，对水体影响很大，如农药污染、富营养化。在污水灌溉区，河流、水库、地下水均会出现污染。

此外，地质溶解作用以及降水对大气淋洗，使污染物进入水体，这也是一种面源。

4. 水体中主要污染物

对水体污染影响较大的污染物主要有以下几类。

（1）固体污染物。固体物质在水中有三种存在形式：溶解态、胶体态和悬浮态。悬浮物在水体中沉积后，淤塞河道，危害水体底栖生物的繁殖，影响渔业生产。溶解性固体对农业和渔业有不良影响，而胶体成分易造成废水浑浊和色度高。

（2）需氧污染物。生活污水和某些工业废水中所含的碳水化合物、蛋白质、脂肪和木质素等有机化合物可在微生物作用下最终分解为简单的无机物质、二氧化碳和水，这些无机物质在分解过程中需要消耗大量的氧气，故称之为需氧污染物。

需氧污染物是水体中最普遍存在的一种污染物。当溶解氧耗尽后，产生厌氧分解，形成具有强烈毒性和恶臭的物质，如氨、硫化氢和甲烷等，使水色变黑，底泥泛起，导致水质腐败。

（3）植物营养物质污染。所谓植物营养物主要是氮、磷、钾、硫及其化合物。但过多的营养物质进入天然水体，将恶化水体质量，影响渔业的发展和危害人体健康。

在地表水中，氮化合物（NH_4^+，NO_2^-，NO_3^-）的总量一般不超过百分之几至十分之几毫克每升（mg/L），磷化合物（$H_2PO_4^-$，HPO_4^{2-}）等的数值也大致在这个范围内。天然水中过量的植物营养物质主要来源于三个途径：化肥、生活污水的粪便（氮的主要来源）和含磷洗衣剂，由于雨雪对大气的淋洗和对磷灰石、硝石、鸟粪层的冲刷，使得一定量的植物营养物质汇入水体。

植物营养物污染的危害将造成水体富营养化。水体中植物营养物质含量的增加，将导致水生生物，主要是各种藻类大量繁殖，而藻类过度旺盛的生长繁殖将造成水中的溶解氧量急剧变化，使水体处于严重缺氧状态，造成鱼类大量死亡。一般来讲，总磷超过 0.02mg/L 或无机氮超过 0.3mg/L，即可认为水体处于富营养化状态。

（4）有毒污染物。废水中能对生物引起毒性反应的物质称为毒性污染物，简称毒物。毒物毒性的大小与其种类、浓度、作用时间、环境条件（如温度、pH 值、溶解氧浓度等）、有机体种类以及健康条件等因素有关。大量有毒物质排入水体，会危及水生生物的生存，在食物链中逐级转移、浓缩，最后进入人体，危害人的健康。

废水中的毒物分为无机毒物、有机毒物和放射性物质三类。

1）无机毒物。无机毒物包括金属和非金属两类。金属毒物主要为重金属（汞、铬、镉、镍、锌、铜、锰、钛、钒、铅等）及轻金属铍，非金属毒物有砷、硒、氰化物、硫化物、亚硝酸盐等。其中以汞、镉、铅、铬、砷毒性最大，有人称之为“五毒”。

重金属污染物最主要的特性是在水体中不能被微生物降解，而只能发生各种形态之间的相互转化，以及金属分散和富集的迁移过程。这种迁移主要通过沉淀、吸附和氧化还原等物理化学变化而起作用。

2）有机毒物。有机毒物种类繁多，常见的有酚、醛、稠环芳香烃、芳香胺类、杂环化合物、多氯联苯和有机农药等。许多有机毒物具有三致效应（致畸、致突变、致癌）和蓄积作用。

3）放射性物质。放射性物质能释放出对人体有害的X射线、α射线、β射线和γ射线等，主要危害为诱发症、损害孕妇和胎儿、缩短寿命、引起遗传性伤害。

（5）酸碱污染物。酸性废水主要来源于矿山排水、冶金和金属加工酸洗废水、雨水淋洗含 SO_2 的烟气后流入水体而形成的酸雨。碱性废水主要来自碱法造纸、人造纤维、制碱、制革等工业废水。

酸碱废水不仅能改变水体的 pH 值，而且会大大增加水中的一般无机盐类和水的硬度，破坏水体的自然缓冲作用，消灭或抑制细菌和微生物的生长，妨碍水体的自净功能，腐蚀管道和船舶。

（6）生物污染物。生物污染物主要指各种致病微生物和其他有害的有机体，例如肝炎、伤寒、霍乱、疟疾、脑炎的病毒和细菌及蛔虫和钩虫卵等。废水中生长有细菌、藻类、水草或贝壳类动物时，会堵塞管道和输水设备。

（三）污水的水质指标

水质指标是表示水中杂质的种类、成分和数量，是判断水质的具体衡量标准。表 3-2 是水质指标的分类。

表 3-2 水质指标的分类

物理性水质指标		化学性水质指标			生物学水质指标
感官物理性状指标	其他物理性水质指标	一般的化学性水质指标	有毒的化学性水质指标	氧平衡指标	
温度、色度、嗅和味、浑浊度、透明度等	总固体、悬浮固体、溶解固体、可沉固体、电导率等	pH、碱度、硬度、各种阳离子、阴离子、总含盐量、一般有机物质等	各种重金属、氰化物、多环芳烃、各种农药等	溶解氧 DO、化学需氧量 COD、生化需氧量 BOD、总需氧量 TOD 等	细菌总数、总大肠菌群、各种病原细菌、病毒

下面仅介绍几种国家相关排放标准中主要的水质指标。

1. 悬浮物

水体中悬浮物质含量是水质污染的基本指标之一，表明的是水体中不溶解的悬浮和漂浮物质，包括无机物和有机物。悬浮物对水质的影响主要为阻塞土壤孔隙，形成河底淤泥，还会阻碍机械运转。

悬浮物能在 1～2h 内沉淀下来的部分称之为可沉固体，此部分可粗略地表示水体中悬浮物的量。生活污水中沉淀下来的物质通常称作污泥，工业废水中沉淀的颗粒物则称作沉渣。

2. 废水中的有机物

废水中的有机物的组成比较复杂，要想分别测定各种有机物的含量比较困难，一般采用下面几个指标来表示有机物的浓度：

（1）生物化学需氧量（BOD）。BOD 是指在人工控制的一定条件下，使水样中的有机物在有氧的条件下被微生物分解，在此过程中消耗的溶解氧的数量（单位为 mg/L）。BOD 越高，反映有机耗氧物质的含量也越多。

（2）化学需氧量（COD）。COD 是指在一定严格的条件下，水中各种有机物质与外加的强氧化剂（$K_2Cr_2O_4$，$KMnO_4$）作用时所消耗的氧化剂量，以氧（O）的每升毫克数（单位为 mg/L）表示。COD 越高，表示废水中的有机物越多。

（3）总有机碳（TOC）。TOC 是指废水中的有机物全部转化成 CO_2 后的测定值，因而废水中的无机碳（CO_2，HCO_3^-等）在分析前必须从废水中去除，或者通过计算加以校正。

总有机碳的测定是在 900～950℃高温下，以铂为催化剂，使水样气化燃烧，有机碳即氧化成 CO_2，测量所产生的 CO_2 量，在此总量中减去碳酸盐等无机碳元素含量，即可求出水样中的 TOC。目前该方法已有仪器可以直接测量，用以间接表示水中有机物质含量的综合性指标。

（4）总需氧量（TOD）。TOD 是测试废水中有机碳及未氧化的氮和硫的指标。

3. pH值

pH 值也是污染指标之一，生活污水一般呈弱碱性，其 pH 值在 7.2～7.6，工业废水的 pH 值变化极大。污水的 pH 值对排水管道，特别是强酸性工业废水对混凝土材料有腐蚀作用，并对水生生物及细菌的生长与活动有直接影响，从而会影响到污水的生物处理和水体的自净过程。

4. 细菌数

污水和有些工业废水中含有大量的细菌，每毫升污水中的细菌数常以百万计。水处理中以每毫升水样中细菌总数及 1L 水中含大肠菌数的多少来表示水体被细菌污染的程度。这些细菌的大部分是无害的，但其中可能含有对人体健康有危害的病原菌和寄生虫卵，将引起肠道传染病（主要是伤寒、副伤寒和疟疾）。如制革厂废水中常含有炭疽菌，这种细菌极难杀灭。污水包括废水的处理必须消灭病原菌，使之不致为害。

5. 有毒物质

工业废水中对人体和生物危害较大的有毒物质主要有氰化物、甲基汞、砷化物、镉、铅和六价铬等，此外还有酚和醛等。

以上五个指标是表示水体污染的重要指标，此外还有温度、颜色和放射性物质浓度等。

（四）水质标准

为了保护环境、保护水体的正常用途，对排入水体的生活污水和工农业废水提出了一定的限制和要求，即水质标准。下面介绍几种常用的水质标准和水质要求。

1. 地表水环境质量标准

GB 3838—2002《地表水环境质量标准》适用于全国江河、湖泊和水库等具有使用功能的地面水域，依据地面水水域使用目的和保护目标将其划分为五类。

Ⅰ类：主要适用于源头水、国家自然保护区。

Ⅱ类：主要适用于集中式生活饮用水水源地一级保护区、珍贵鱼类保护区、鱼虾产卵场等。

Ⅲ类：主要适用于集中式生活饮用水水源地二级保护区、一般鱼类保护区及游泳区。

Ⅳ类：主要适用于一般工业用水及人体非直接接触的娱乐用水区。

Ⅴ类：主要适用于农业用水区及一般景观要求水域。

同一水域兼有多类功能的，依最高功能划分类别。

2. 生活饮用水卫生标准

GB 5749—2022《生活饮用水卫生标准》是为保证水质适于生活饮用，它与人体健康有直接关系。

3. 污水综合排放标准

GB 8978—1996《污水综合排放标准》适用于现有单位水污染物的排放管理，以及建设项目的环境影响评价、建设项目环境保护设施设计、竣工验收及其投产后的排放管理。

标准将排放的污染物按其性质及控制方式分为两类：第一类污染物，不分行业和污水排放方式，也不分受纳水体的功能类别，一律在车间或车间处理设施排放口采样；第二类污染物在排污单位排放口采样，两类采样的最高允许排放浓度必须达到其标准要求。

（五）水体自净

1. 水体自净的概念

进入水体的污染物，通过一系列物理、化学和生物等作用，使污染物的浓度逐渐降低，经过一段时间后水体将恢复到受污染前的状态，这一现象就称为水体自净。

但水体自净的能力是有限的，其影响因素很多，如水体的地形和水文条件、水中微生物的种类和数量、水温和水中溶解氧的恢复状况、污染物的性质和浓度等。

2. 水体自净的机制

水体自净的机制比较复杂，一般由以下几种过程所组成。

（1）物理过程：包括稀释、扩散和沉淀等。

（2）化学和物理化学过程：包括氧化、还原、吸附、凝聚和中和等。

（3）生物化学过程：污染物在水中微生物的氧化作用下分解成无机物而使污染物浓度降低。

在水体自净过程中，生物化学过程比较重要。有机物的生物化学降解过程见图 3-8。

在图 3-8 中，从生物化学需氧量 BOD 的变化来看，在上游未受污染的水体中，由于水中没有过多的有机物去消耗氧，所以 BOD 值较低（约 3mg/L）。在 0 点（污水排入点），BOD 突然增大到 20mg/L，随着排放的有机物逐步被氧化，BOD 从排放点向下游逐步下降，并慢慢恢复到废水注入前的水平。

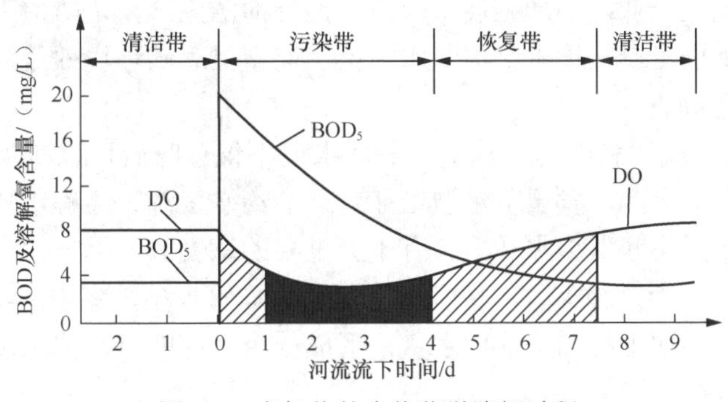

图 3-8　有机物的生物化学降解过程

从溶解氧 DO 的变化来看，未受污染的水中溶解氧较高，在 0 点，因微生物的分解作用消耗氧，溶解氧开始逐渐降低，待达到最低点（约 2.5mg/L）后，由于下游大气复氧和生物光合作用等而使溶解氧含量增加，最终恢复到废水注入前的水平。这条曲线称为氧垂曲线，它反映了废水排入河流后溶解氧的变化情况，表示出河流的自净过程以及最缺氧点距离受污点的位置和溶解氧的含量，因此可作为控制河流污染的基本数据和制订治污方案的依据。

二、水污染防治

（一）各类水污染的防治对策

由于大量污水的排放，我国的许多河流、湖泊等水域都受到了严重的污染。水污染防治已成为我国最紧迫的环境问题之一。根据发生源的不同，水污染主要分为工业水污染、城市水污染和农村水污染。对各类水污染应分别采取如下基本防治对策。

1. 工业水污染防治对策

在我国总污水排放量中，工业污水排放量约占 60%。工业水污染的防治是水污染防治的首要任务。国内外工业水污染防治的经验表明，工业水污染的防治必须采取综合性对策，从宏观性控制、技术性控制以及管理性控制三个方面着手，才能收到良好的整治效果。

（1）宏观性控制对策。首先在宏观性控制对策方面，应把水污染防治和保护水环境作为重要的战略目标，优化产业结构与工业结构，合理进行工业布局。

目前我国的工业生产正处在一个关键的发展阶段，应在产业规划和工业发展中，贯穿可持续发展的指导思想，调整产业结构，完成结构的优化，使之与环境保护相协调。工业结构的优化与调整应按照“物耗少、能耗少、占地少、污染少、运量少、技术密集程度高及附加值高”的原则，限制发展那些能耗大、用水多、污染大的工业，以降低单位工业产品或产值的排水量及污染物排放负荷。积极发展第二产业，优化第一、第二与第三产业之间的结构比例，达到既促进经济发展又降低污染负荷的目的。在人口、工业的布局上，也应充分考虑对环境的影响，从有利于水环境保护的角度进行综合规划。

（2）技术性控制对策。技术性控制对策主要包括以下内容。

1）积极推行清洁生产。清洁生产是通过生产工艺的改进和改革、原料的改变、操作管理的强化以及废物的循环利用等措施，将污染物尽可能地消灭在生产过程之中，使废水排放量减少到最少。在工业企业内部加强技术改造，推行清洁生产，是防治工业水污染的最重要的对策与措施。这不仅可以从根本上消除水污染，取得显著的环境效益，而且还可以带来巨大的经济效益和社会效益。

2）提高工业用水重复利用率。减少工业用水量不仅意味着可以减少排污量，而且可以减少工业新鲜用水量。因此，发展节水型工业对于节约水资源、缓解水资源短缺和经济发展的矛盾，同时减少水污染和保护水环境具有十分重要的意义。

工业节水措施可分为三种类型：技术型、工艺型与管理型，见表 3-3。这三种类型的工业节水措施可从不同层次上控制工业用水量，形成一个严密的节水体系，以达到节水同时减污的目的。

表 3-3 **工业节水的类型**

节水类型	措施
技术型	间接冷却水的循环使用；生产工艺水的回收利用；水的串接使用；水的多种使用；采用各种节水装置
工艺型	改变耗水型工艺；少用水或不用水；汽化冷却工艺；空气冷却工艺；逆流清洗工艺；干法洗涤工艺
管理型	完善用水计量系统；制订和实行用水定额制度；实行节水奖励、浪费惩罚制；制订合理水价；加强用水考核

工业用水的重复利用率是衡量工业节水程度高低的重要指标。提高工业用水的重复用水率及循环用水率是一项十分有效的节水措施。电力、冶金、化工、石油、纺织、轻工是我国六大重点用水部门，也是重点节水部门。应在这些部门重点开展节水工作，根据国外先进水平及国内实际状况，规定各种行业的水重复利用率的合理范围，以促进提高水的重复利用和循环利用水平。

3）实行污染物排放总量控制制度。长期以来，我国工业废水的排放一直实施污染物浓度控制的方法。这种方法对减少工业污染物的排放起到了积极的作用，但也出现了某些工厂采用清水稀释废水以降低污染物浓度的不正当做法。污染物排放总量控制是既要控制工业废水中的污染物浓度，又要控制工业废水的排放量，从而使排放到环境中的污染物总量得到控制。实施污染物排放总量控制是我国环境管理制度的重大转变，它将对防治工业水污染起到积极的促进作用。

4）促进工业废水与城市生活污水的集中处理。在建有城市废水集中处理设施的城市，应尽可能地将工业废水排入城市下水道，进入城市废水处理厂与生活污水合并处理。但工业废水的水质必须满足进入城市下水道的水质标准。对于不能满足标准的工业废水，应在工厂内部先进行适当的预处理，使水质满足标准后，方可排入城市下水道。实践表明，在城市废水处理厂集中处理工业废水与生活污水能节省基建投资和运行管理费用，取得更好的处理效果。

（3）管理性控制对策。管理性控制对策包括：进一步完善废水排放标准和相关的水污染控制法规和条例，加大执法力度，严格限制废水的超标排放；健全环境监测网络，在不同层次，如车间、工厂总排出口和收纳水体进行水质监测，并增强事故排放的预测与预防能力。

2. 城市水污染防治对策

我国城市基础设施落后，城市废水的集中处理率目前不足 10%。大量未经妥善处理的城市废水肆意排入江河湖海，造成严重的水污染。因此，加强城市废水的治理是十分重要的。

（1）将水污染防治纳入城市的总体规划。各城市应结合城市总体规划与城市环境总体规划，将不断完善下水道系统作为加强城市基础设施建设的重要组成部分予以规划、建设和运行维护。对于旧城区已有的污水/雨水合流制系统应作适当的改造。新城区建设应在规划时考虑配套建设雨水/污水分流制下水道系统。应有计划、有步骤地建设城市废水处理厂。城市废水厂的建设是解决城市水污染的重要手段。

（2）城市废水的防治应遵循集中与分散相结合的原则。一般来讲，集中建设大型城市废水处理厂与分散建设小型废水处理厂相比，具有基建投资少、运行费用低、易于加强管理等优点。但在人口相对分散的地区，城市废水厂的服务面积大，废水收集与输送管道敷设费用增加，适当分散治理可以减少废水收集管道和废水厂建设的整体费用。此外，从废水资源化的需要来看，分散处理便于接近用水户，可节省大型管道的建设费用。因此，在进行城市废水处理厂的规划与建设时，应根据实际情况，遵循集中与分散相结合的原则，综合考虑，确定其建设规模。

（3）在缺水地区应积极将城市水污染的防治与城市废水资源化相结合。随着世界城市化进程加快，许多城市严重缺水，特别是工业和人口过度集中的大城市和超大城市，情况更加严重。例如，美国洛杉矶、得克萨斯州、亚利桑那州、内华达州的一些城市，墨西哥的墨西哥市，我国的大连、青岛、天津、北京、太原等城市普遍缺水。因此，在水资源短缺地区，在考虑城市水污染防治对策时应充分注意与城市废水资源化相结合，在消除水污染的同时进行废水再生利用，以缓解城市水资源短缺的局面，这对于我国北方缺水城市尤有重要意义。如北京市在城市污水防治规划中考虑了城市污水的回用需求，污水处理厂的位置是根据回用的需要决定的，这便于就地消纳净化出水，以缓解北京市水资源的紧张状况。

（4）加强城市地表和地下水源的保护。由于大量污水的排放，许多城市的饮用水源都受到了不同程度的污染。调查资料表明，我国约17%的居民的饮用水中有机污染物浓度偏高。淮河流域一些城镇的饮用水大部分不符合卫生标准。城市水污染的防治规划应将饮用水源的保护放在首位，以确保城市居民安全饮用水的供给。

（5）大力开发低耗高效废水处理与回用技术。传统的活性污泥法城市污水处理工艺虽然能有效地去除污水中的有机物，但具有基建费较大、运行费较高等缺点，以我国的经济实力难以负担。此外，该工艺还不能有效地去除污水中的氮、磷等营养物质。因此，必须根据各地情况，因地制宜地开发各种高效低耗的新型废水处理与回用技术，例如，厌氧生物处理技术、生物膜法、天然净化系统等，尽可能地降低基建投资，节省运行费用，以更快地提高城市污水的处理率，有效地控制水污染。

3. *农村水污染防治对策*

最常见的农村水污染是各类面污染源，如农田中使用的化肥、农药，会随雨水径流流入到地表水体或渗入地下水体；畜禽养殖粪尿及乡镇居民生活污水等，也往往以无组织的方式排入水体，其污染源面广而分散，污染负荷也很大，是水污染防治中不容忽视而且较难解决的问题。应采取的主要对策如下。

（1）发展节水型农业。农业是我国的用水大户，其年用水量约占全国用水量的60%。节约灌溉用水，发展节水型农业不仅可以减少农业用水量，减少水资源的使用，同时可以减少化肥和农药随排灌水的流失，从而减少其对水环境的污染，此外，还可节省肥料。因此，发展节水型农业具有十分重要的意义。

农业节水可以采取的各种措施有：①大力推行喷灌、滴灌等各种节水灌溉技术；②制订合理的灌溉用水定额，实行科学灌水；③减少输水损失，提高灌溉渠系利用系数，提高灌溉水利用率。

（2）合理利用化肥和农药。化肥污染防治对策有：改善灌溉方式和施肥方式，减少肥料流失；加强土壤和化肥的化验与监测，科学定量施肥，特别是在地下水水源保护区，应严格控制氮肥的施用量；调整化肥品种结构，采用高效、复合、缓效新化肥品种；增加有机复合肥的施用；大力推广生物肥料的使用；加强造林、植树、种草，增加地表覆盖，避免水土流失及肥料流入水体或渗入地下水；加强农田工程建设（如修建拦水沟埂以及各种农田节水保田工程等），防止土壤及肥料流失。

农药污染防治对策有：开发、推广和应用生物防治病虫害技术，减少有机农药的使用量；研究采用多效抗虫害农药，发展低毒、高效、低残留量新农药；完善农药的运输与使用方法，提高施药技术，合理施用农药；加强农药的安全使用与管理，完善相应的管理办法与条例。

(3) 加强对畜禽排泄物、乡镇企业废水及村镇生活污水的有效处理。对畜禽养殖业的污染防治应采取以下措施：合理布局，控制发展规模；加强畜禽粪尿的综合利用、改进粪尿清除方式、制订畜禽养殖场的排放标准、技术规范及环保条例；建立示范工程，积累经验逐步推广。

对乡镇企业废水及村镇生活污水的防治应采取以下措施：对乡镇企业的建设统筹规划，合理布局，并大力推行清洁生产，实施废物最少量化；限期治理某些污染严重的乡镇企业（如造纸、电镀、印染等企业），对不能达到治理目标的工厂，要坚决关、停、并、转，以防治对环境的污染及危害；切合实际地对乡镇企业实施各项环境管理制度和政策；在乡镇企业集中的地区以及居民住宅集中的地区，逐步完善下水道系统，并兴建一些简易的污水处理设施，如地下渗滤场、稳定塘、人工湿地以及各种类型的土地处理系统。

（二）废水处理的基本方法

废水中污染物多种多样，从污染物形态可分为：溶解性的、胶体状的和悬浮状的污染物；从化学性质可分为：有机污染物和无机污染物；有机污染物从生物降解的难易程度又可分为可生物降解的有机物和不可生物降解的有机物。废水处理即是利用各种技术措施将各种形态的污染物从废水中分离出来，或将其分解、转化为无害和稳定的物质，从而使废水得以净化的过程。

根据所采用的技术措施的作用原理和去除对象，废水处理方法可分为物理处理法、化学处理法和生物处理法三大类。主要废水处理技术的分类及其去除对象见表3-4。

1. 废水的物理处理法

废水的物理处理法是利用物理作用来进行废水处理的方法，主要用于分离去除废水中不溶性悬浮污染物，在处理过程中废水的化学性质不发生改变。主要工艺有筛滤截留、重力分离（自然沉淀和上浮）、离心分离等，使用的处理设备和构筑物有格栅和筛网、沉砂池和沉淀池、气浮装置、离心机、旋流分离器等。

(1) 格栅与筛网。格栅是由一组平行的金属栅条制成的具有一定间隔的框架，将其斜置在废水流经的渠道上，用于去除废水中粗大的悬浮物和漂浮物，以防止后续处理构筑物的管道阀门或水泵受到堵塞。筛网是由穿孔滤板或金属网构成的过滤设备，用于去除较细小的悬浮物。

(2) 沉淀法。沉淀法的基本原理是利用重力作用使废水中重于水的固体物质下沉，从而达到与废水分离的目的。这种工艺处理效果好，并且简单易行，因此在废水处理中应用广泛，是一种重要的处理构筑物。在废水处理中，沉淀法主要应用于：①在沉砂池去除无机砂；②在初次沉淀池中去除重于水的悬浮状有机物；③在二次沉淀池去除生物处理出水中的生物污泥；④在混凝工艺之后去除混凝形成的絮凝体；⑤在污泥浓缩池中分离污泥中的水分，浓缩污泥。

(3) 气浮法。气浮法用于分离比重与水接近或比水小，靠自重难以沉淀的细微颗粒污染物。其基本原理是在废水中通入空气，产生大量的细小气泡，并使其附着于细微颗粒污染物上，形成比重小于水的浮体，上浮至水面，从而达到使细微颗粒与废水分离的目的。

(4) 离心分离。离心分离使含有悬浮物的废水在设备中高速旋转，由于悬浮物和废水质量不同，所受的离心力的不同，从而可使悬浮物和废水分离。根据离心力的产生方式，离心分离设备可分为旋流分离器和离心机两种类型。

表 3-4 废水处理方法的分类及去除对象

分类	处理工艺	处理对象	适用范围
物理处理法	调节池	均衡水质和水量	预处理
	格栅	粗大悬浮物和漂浮物	预处理
	筛网	较细小的悬浮物	预处理
	沉淀	可沉物质	预处理
	气浮	乳化油、比重接近 1 的悬浮物	预处理或中间处理
	离心机	乳化油、固体物	预处理或中间处理
	旋流分离器	较大的悬浮物	预处理
	砂滤池	细小悬浮物、乳化油	中间或深度处理
化学处理法	中和	酸、碱	预处理
	混凝	胶体、细小悬浮物	中间或深度处理
	化学沉淀	溶解性有害重金属	中间或深度处理
	氧化还原	溶解性有害物质	中间或深度处理
	吹脱	溶解性气体	预处理或中间处理
	萃取	溶解性有机物	预处理或中间处理
	吸附	溶解性物质	中间或深度处理
	离子交换	可离解物质	深度处理
	电渗析	可离解物质	深度处理
	反渗透膜	盐类	深度处理
生物处理法	好氧生物处理	胶体和溶解性有机物	中间处理
	厌氧生物处理		中间处理
	土地处理		深度处理
	稳定塘		深度处理

2. *废水的化学处理法*

化学处理法是利用化学反应来分离、回收废水中的污染物，或将其转化为无害物质，主要工艺有中和、混凝、化学沉淀、氧化还原、吸附、离子交换、膜分离等。

（1）中和法。中和法是利用化学方法使酸性废水或碱性废水中和达到中性的方法。在中和处理中，应尽量遵循“以废治废”的原则，优先考虑废酸或废碱的使用，或酸性废水与碱性废水直接中和的可能性，其次才考虑采用药剂（中和剂）进行中和处理。

（2）混凝法。混凝法是通过向废水中投入一定量的混凝剂，使废水中难以自然沉淀的胶体状污染物和一部分细小悬浮物经脱稳、凝聚、架桥等反应过程，形成具有一定大小的絮凝体，在后续沉淀池中沉淀分离，从而使胶体状污染物得以与废水分离的方法。通过混凝，能够降低废水的浊度、色度，去除高分子物质、呈悬浮状或胶体状的有机污染物和某些重金属物质。

（3）化学沉淀法。化学沉淀法是通过向废水中投入某种化学药剂，使之与废水中的某些溶解性污染物质发生反应，形成难溶盐沉淀下来，从而降低水中溶解性污染物浓度的方法。化学沉淀法一般用于含重金属工业废水的处理。根据使用的沉淀剂的不同和生成的难溶盐的种类，化学沉淀法可分为氢氧化物沉淀法、硫化物沉淀法和钡盐沉淀法。

（4）氧化还原法。氧化还原法是利用溶解在废水中的有毒有害物质，在氧化还原反应中能被氧化或还原的性质，把它们转变为无毒无害物质的方法。废水处理使用的氧化剂有臭氧、氯气、次氯酸钠等，还原剂有铁、锌、亚硫酸氢钠等。

（5）吸附法。吸附法是采用多孔性的固体吸附剂，利用固-液相界面上的物质传递，使废水中的污染物转移到固体吸附剂上，从而使之从废水中分离去除的方法。具有吸附能力的多孔固体物质称为吸附剂。根据吸附剂表面吸附力的不同，吸附法可分为物理吸附、化学吸附和离子交换性吸附。在废水处理中所发生的吸附过程往往是几种吸附作用的综合表现。废水中常用的吸附剂有活性炭、磺化煤、沸石等。

（6）离子交换法。离子交换是指在固体颗粒和液体的界面上发生的离子交换过程。离子交换水处理法即是利用离子交换剂对物质的选择性交换能力去除水和废水中的杂质和有害物质的方法。

（7）膜分离。可使溶液中一种或几种成分不能透过，而其他成分能透过的膜，称为半透膜。膜分离是利用特殊的半透膜的选择性透过作用，将废水中的颗粒、分子或离子与水分离的方法，包括电渗析、扩散渗析、微过滤、超过滤和反渗透。

3. 废水的生物处理法

在自然界中栖息着巨量的微生物，这些微生物具有氧化分解有机物并将其转化成稳定无机物的能力。废水的生物处理法就是利用微生物的这一功能，并采用一定的人工措施，营造有利于微生物生长、繁殖的环境，使微生物大量繁殖，以提高微生物氧化、分解有机物的能力，从而使废水中的有机污染物得以净化的方法。

根据采用的微生物的呼吸特性，废水生物处理法可分为好氧生物处理、厌氧生物处理和自然生物处理法三大类。根据微生物的生长状态，废水生物处理法又可分为悬浮生长型（如活性污泥法）和附着生长型（生物膜法）。

（1）好氧生物处理法。好氧生物处理是利用好氧微生物，在有氧环境下将废水中的有机物分解成二氧化碳和水。好氧生物处理处理效率高，使用广泛，是废水生物处理中的主要方法。好氧生物处理的工艺很多，包括活性污泥法、生物滤池、生物转盘、生物接触氧化等工艺。

（2）厌氧生物处理法。厌氧生物处理是利用兼性厌氧菌和专性厌氧菌在无氧条件下降解有机污染物的处理技术，最终产物为甲烷、二氧化碳等。多用于有机污泥、高浓度有机工业废水，如啤酒废水、屠宰厂废水等的处理，也可用于低浓度城市污水的处理。污泥厌氧处理构筑物多采用消化池，最近二十多年来，开发出了一系列新型高效的厌氧处理构筑物，如升流式厌氧污泥床、厌氧流化床、厌氧滤池等。

（3）自然生物处理法。自然生物处理法即利用在自然条件下生长、繁殖的微生物处理废水的技术，主要特征是工艺简单，建设与运行费用都较低，但净化功能易受到自然条件的制约，主要的处理技术有稳定塘和土地处理法。

4. 废水处理工艺流程

由于废水中污染物成分复杂，单一处理方法不可能去除废水中的全部污染物，常需要多个处理方法有机组合成适宜的处理工艺流程。确定废水处理工艺的主要依据是所要达到的处理程度，而处理程度又主要取决于原废水的性质、处理后废水的出路以及接纳处理后废水水体的环境标准和自净能力。

（1）城市废水的一般处理工艺流程。城市废水的一般处理工艺流程见图 3-9，根据不同的处理程度，可分为预处理、一级处理、二级处理和三级处理。

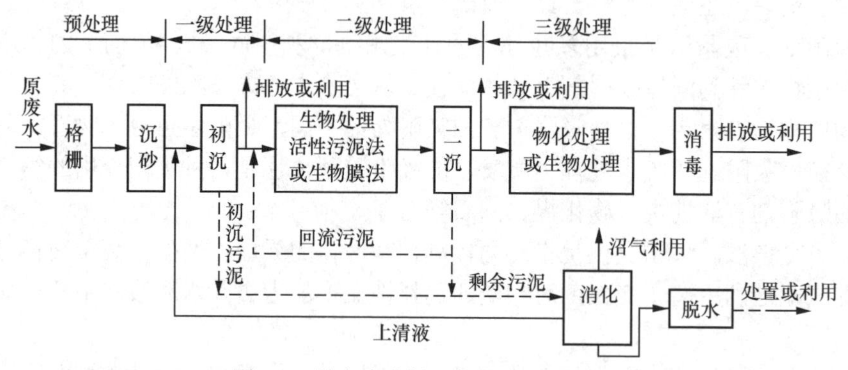

图 3-9　城市废水的一般处理工艺流程

1）预处理。主要工艺包括格栅、沉砂池等物理方法，用于去除城市污水中的粗大悬浮物和比重大的无机砂粒，以保护后续处理设施正常运行并减轻负荷。

2）一级处理。一级处理一般为物理方法，主要去除污水中的悬浮状固体物质。悬浮物去除率为 50%～70%，有机物去除率为 25%左右，一般达不到排放标准。因此一级处理属于二级处理的前处理。主要工艺为沉淀池。

3）二级处理。二级处理为生物方法，用于大幅度去除污水中呈胶体或溶解性的有机物，有机物去除率可达 90%以上，处理后出水 BOD_5 可降至 20～30mg/L，达到国家规定的污水排放标准。主要工艺有活性污泥法、生物膜法等。

4）三级处理。在二级处理之后，用于进一步去除残存在废水中的有机物和氮磷，以满足更严格的废水排放要求或回用要求。采用的工艺有生物除氮脱磷法或混凝沉淀、过滤、吸附等一些物化方法。

（2）工业废水的处理工艺流程。由于工业废水水质成分复杂，且随行业、生产工艺流程、原料的变化而变化，故没有通用的工艺流程。可参考表 3-4 所列单元技术，以及所要处理的工业废水的水量和水质、处理程度要求，选取适宜的单元技术和工艺流程。

（三）城市废水资源化

1. 城市废水资源化的意义

经济的持续快速发展和人口的膨胀加剧了对水的需求，造成世界范围内的水资源短缺。水资源短缺威胁着人类的生存和发展，已成为全球人类共同面临的最严峻的挑战之一。

为解决困扰人类发展的水资源短缺问题，开发新的可利用水源是世界各国普遍关注的课题。城市废水水质、水量稳定，经处理和净化以后可以作为新的再生水源加以利用。世界上不少缺水国家把城市废水的资源化作为解决水资源短缺的重要对策之一，围绕城市废水的资源化与再生利用开展了大量的研究，包括废水回用途径的分析与开拓、废水资源化工艺与技术研究、回用水水质标准的建立、回用水对人体健康的影响、促进废水资源化的政策与管理体系等。

城市废水如不加以净化，随意排放，将造成严重的水环境污染。如将城市废水的净化和再生利用结合起来，去除污染物，改善水质后加以回用，不仅可以消除城市废水对水环境的污染，而且可以减少新鲜水的使用，缓解需水和供水之间的矛盾，为工农业的发展提供新的水源，取得多种效益。许多国家和地区把城市废水再生水作为一种水资源的重要组成，对城市废水的资源化进行了系统规划。例如，美国佛罗里达州的南部地区、加利福尼亚州的南拉谷纳、科罗拉多州的奥罗拉、沙特阿拉伯、意大利及地中海诸国等。实践表明，城市废水经处理后可以被有效地用于农业、城市和工业等领域。作为缓解水资源短缺的重要战略之一，城市废水资源化显示了光明的应用前景。

2. 废水资源化途径与再生水水质标准

（1）废水资源化途径。根据城市废水处理程度和出水水质，经净化后的城市废水可以有多种回用途径，大体可分为城市回用、工业回用、农业回用（包括牧渔业）和地下水回灌。在工业回用中，主要可用作冷却水；城市回用中有城市生活杂用水、市政与建筑用水等；农业用水则主要是灌溉用水。

（2）再生水水质标准。对于城市废水的回用工程，最重要的是再生水的水质要满足一定的水质标准。回用对象不一样，所规定的标准也不一样。以下介绍几种废水回用途径及相应的水质标准。

1）回灌地下水。再生水回灌地下蓄水层作饮用水源时，其水质必须满足或高于 GB 5749—2022《生活饮用水卫生标准》。考虑到微生物降解有机物对地下水质的影响以及对人体健康的危害，除一般常规监测指标外，还要求对苯、四氯化碳等二十多种有机物和 6 种农药有机物进行监测。

2）工业回用。再生水的工业回用主要有三个方面：回用作冷却水、工艺用水以及锅炉补给水。回用作冷却水的再生水水质应满足冷却水循环系统补给水的水质标准；在用作工艺用水时，由于工艺的不同，水质也千差万别，应根据不同工业的不同工艺，满足其相应的水质标准；用作蒸汽锅炉补给水的水质与锅炉压力有直接关系。再生水往往需要经过补充处理后才能适用于锅炉补给水。

3）农业回用。再生水的农业回用主要用于灌溉。通常对灌溉用水的水质要求为：①应不传染疾病，确保使用者和公众的卫生健康；②不破坏土壤的结构与性能，不使土壤退化或盐碱化；③不使土壤中的重金属和有害物质的积累超过有害水平；④不得危害作物的生长；⑤不得污染地下水。

为了使再生水回用农业的水质符合以上要求，以保障人民身体健康，促进农业持续发展，世界卫生组织以及各国均制订了污水灌溉农田的水质标准。我国最新颁布了 GB 5084—2021《农田灌溉水质标准》。

3. 城市废水资源化实例

作为解决水资源短缺的重要对策之一，国内外对城市废水的资源化与回用都十分重视，并取得了许多成功的经验。以下列举一些废水资源化的成功实例，以供我国广大缺水地区在探索、研究和推广废水资源化中借鉴和参考。

（1）美国的废水再生与回用。美国城市污水处理后主要回用于工艺用水、工业冷却水、景观用水、地下水补给、娱乐养殖及污水灌溉等多种用途，其中农业灌溉、工业回用和城市生活等其他方面分别占总用水量 60%、30%和 10%。例如加利福尼亚州橘子县 21 世纪水厂实施再生水回灌地下。该城市由于超量开采地下水，造成地下水位低于海平面，促使海水不断流向内陆，致使地下淡水退化不宜饮用。为防止地下水位下降造成海水入侵，橘子县为此兴建了 21 世纪水厂，该厂废水处理的设计能力为 5678m^3/d。原水为城市污水二级处理出水，进一步经沉淀、过滤和活性炭处理后回灌地下水。由于回灌地下总溶解性固体的限制为 500mg/L，因此一部分再生水在回灌地下水之前还采用反渗透法进行了脱盐。21 世纪水厂的净化水通过 23 座多点注入管井分别注入 4 个蓄水层，与深层蓄水层井水以 2∶1 的比例混合以阻止海水的入侵。该项工程表明：人工控制海水入侵是可行的；城市废水经深度处理后能够达到饮用水水质标准；工程经长期运行证明稳定、可靠。

（2）日本的废水再生与回用。日本在废水再生和利用方面进行了大量研究开发和工程建设，主要用于厕所冲洗、城市河道补充和景观灌溉。但是，由于再生水质量标准不完善，再生水设施能耗高，日本的再生水利用仍然有限。因此，2010—2015 年间，日本实施了革新科技核心项目（CREST），旨在开发膜技术和臭氧氧化技术相结合的高效再生水生产工艺。通过对工艺性能和经济可行性的综合评估，发现 UF+UV 工艺能够以较低的成本去除病毒，从而实现再生水农业利用。

（3）以色列的废水再生与回用。以色列属半干旱国家，再生水已成为该国的重要水资源之一。100%的生活废水和 72%的城市废水已经回用。每年全国废水总量为 2.5×10^8m^3，处理量达 2.18×10^8m^3，处理率接近 90%。再生水用作灌溉达 1.046×10^8m^3（占 42%），回灌地下为 0.7×10^8m^3（约占 29%），排海水量为 0.7×10^8m^3（约占 29%）。废水处理后储存于废水库。全国共修建 127 座废水库，其中地面废水库 123 座，地下废水库 4 座。废水进行农业灌溉之前一般通过稳定塘系统处理。有些城市将城市二级生物处理出水，再经物化处理后回用于工业冷却水。此外，废水经深度处理后回灌地下水，再抽出至管网系统，或并入国家水资源调配系统，输送至南部地区，或用于一般供水系统，最南部地区甚至将其作为饮用水源。

由于采取了上述废水回用的措施，以色列大大提高了水资源的有效利用，从而缓和了水资源短缺对社会经济发展的制约。

第三节　固体废弃物的处理与处置

一、概述

随着社会经济的发展和科学技术的进步，现代工业得到迅猛发展，人类生活水平迅速提高，但随之而来也出现了诸多的环境问题，日益增多的固体废物便是其中一个不可忽视的重大问题。我国每年产生固体废物超过 100 亿 t，历年堆存的工业固体废物总量达 600 亿～700 亿 t。

（一）固体废物的定义

《中华人民共和国固体废物污染环境防治法》明确指出：固体废物，是指在生产建设、日常生活和其他活动中产生的污染环境的固态、半固态废弃物质。它主要包括工业固体废物、农业固体废物、城市生活垃圾和废水处理污泥等。

这里的废物是指某一物质在特定利用过程中，或某些性能已经没有使用价值，而并非指某一物质的一切使用过程或一切性能都没有使用价值。因此。废物往往只是相对的概念，具有一定的时间性和空间性。在一个企业或部门被丢弃不用的东西，转移到另一个企业或部门则可能变为有用的资源；在一段时间被认为没用的废物，在另一段时间里则可能成为有用的资源。但是，这些被丢弃不用的废物在未找到新的用途之前，它们仍属于废物之列，所以废物常常被看作“放错地点的资源”。

（二）固体废物的来源

固体废物主要来源于人类的生产和消费活动，人们在资源开发和产品制造过程中必然有废物产生，任何产品经过使用和消费后都会变成废物。表 3-5 列出了从各类发生源产生的主要固体废物。

表 3-5　固体废物的分类、来源和主要组成物

分类	来源	主要组成物
矿业废物	矿山选冶厂等	废石、尾矿、金属、废木、砖瓦、灰石、水泥、砂石等
工业废物	冶金、交通、机械、金属结构等工业	金属、矿渣、砂石、模型、陶瓷、边角料，涂料、管道、绝热和绝缘材料、黏接剂、废木、塑料、橡胶、烟尘、各种废旧建筑材料
	煤炭	矿石、木料、金属、煤矸石等
	食品加工	肉类、谷物、果类、蔬菜、烟草等
	橡胶、皮革、塑料等工业	橡胶、皮革、塑料、布、线、纤维、染料、金属等
	造纸、木材、印刷等工业	刨花、锯木、碎木、化学药剂、金属填料、塑料填料、塑料等
	石油化工	化学药剂、金属、塑料、橡胶、陶瓷、沥青、油毡、石棉、涂料等
	电器、仪器仪表等工业	金属、玻璃、木材、橡胶、塑料、化学药剂、研磨料、陶瓷、绝缘材料等
	纺织服装业	布头、纤维、橡胶、塑料、金属等
	建筑材料	金属、水泥、黏土、陶瓷、石膏、石棉、砂石、纸、纤维等
	电力工业	炉渣、粉煤灰、烟灰等
城市垃圾	居民生活	食物垃圾、纸屑、布料、庭院植物修剪物、金属、玻璃、塑料、陶瓷、燃料、灰渣、碎砖瓦、废器具、粪便、杂品等
	商业、机关	管道，碎砌体，沥青及其他建筑材料，废汽车，废电器，废器具，含有易爆、易燃、腐蚀性、放射性的废物，以及类似居民生活栏内的各种废物等
	市政维护、管理部门	碎砖瓦、树叶、死禽畜、金属锅炉灰渣、污泥、脏土等
农业废物	农林	稻草、秸秆、蔬菜、水果、果树枝条、糠秕、落叶、废塑料、人畜粪便、禽粪、农药等
	水产	腥臭死禽畜、腐烂鱼、虾、贝壳，水产加工污水、污泥等
有害废物	核工业、核电站、放射性医疗单位、科研单位	金属、含放射性废渣、粉尘、污泥、器具、劳保用品、建筑材料
	其他有关单位	含有易燃、易爆和有毒性、腐蚀性、反应性、传染性的固体废物等

1. 工业固体废物

固体废物数量大、品种繁多。冶金、煤炭、电力，化工和建材等工业是产生固体废物最多的部门，固体废物主要有冶金渣、燃料渣和化工渣等，我国每年生产工业固体废弃物达到 40 多亿吨。我国每炼 1t 铁，就会产生 0.3～0.4t 高炉渣，一年约排出上亿 t 高炉渣；钢渣的排量约占粗钢产量的 15%～20%；我国每年排放的有色金属渣约为 3000 万 t，其中数量最多的是氧化铝渣，其次是铜渣、铅渣、锌渣及稀有金属渣等；在采矿工业中大量存在的采矿废石和尾矿，不但种类繁多，并且数量巨大，每生产1t炼铁精矿，约产生1.5t尾矿，目前我国每年排出尾矿近10亿t。

2. 城市固体垃圾和废水处理污泥

城市固体垃圾是指居民生活中产生的各种固体废物，如煤渣、纸屑、废塑料和生活残渣等。我国每年的垃圾排放量大约为10亿t。其中，生活垃圾约为4亿t，建筑垃圾约为5亿t，餐厨垃圾约为1000万t。目前，我国的城市垃圾每年以8%速率增长，生活垃圾累积存量达70亿t。废水处理污泥是在城市污水处理过程中产生的污泥，占废水处理量的2%左右。

（三）固体废物的分类

固体废物有多种分类方法：按废物的化学性质，可以把固体废物分为无机废物和有机废物；按其来源，可分为矿业固体废物、工业固体废物、城市垃圾、农业废物和放射性固体废物（也称有害废物）。

为了采取不同的处理方式对固体废物进行管理、无害化处理和综合利用，《中华人民共和国固体废物污染环境防治法》根据固体废物的理化性质分类如下。

（1）工业固体废物：是指在工业生产、加工过程中产生的废渣、污泥和矿石等固体废物。

（2）城市生活垃圾：是指在城市日常生活或者为城市日常生活提供服务的活动中产生的固体废物以及法律、行政法规定视为城市生活垃圾的固体废物。

（3）危险废物：是指列入国家危险废物名录或者根据国家规定的危险废物鉴别标准和鉴别方法认定的具有危险特性的废物。危险特性主要指毒性、易燃性、腐蚀性、反应性、传染疾病性以及放射性等。

（四）固体废物的危害

1. 污染土壤

（1）占用土地。随着我国城市化趋势的增强，城市数量增多、规模扩大，固体废弃物的产生量也急剧上升。据统计，全国累计堆存废物量已达600亿～700亿t，由于固体废物的长期堆放，与农业争地的问题十分突出。

（2）毒化土壤。废物随意堆放或没有适当防渗措施的垃圾填埋，其中的有害成分很容易经过风化、雨雪淋溶、地表径流的侵蚀而产生有毒液体，而这些有毒液体会渗入土壤，易造成土壤板结、杀死土壤生物，严重破坏土壤生态系统，甚至导致寸草不生。在20世纪80年代，我国内蒙古包头市的某尾矿长期堆积，造成坝下游的大片土地被污染，使一个乡的居民被迫迁移。

2. 污染水体

（1）淤塞水域。不少国家直接将固体废物倾倒入河流、湖泊和海洋，甚至把向海洋投弃作为一种处置方法。美国20世纪70年代末将15%的污泥等固体废物投弃于海洋。中国由于向水体投弃固体废物，导致20世纪80年代的江湖水面比50年代减少了133万hm^2（2000多万亩）。

（2）破坏水体。固体废物投入水体，污染水质，直接影响和危害水生生物的生存和水资源的利用。堆积的固体废物经过雨水浸淋及自身的分解，渗出液和滤液亦会污染江河、湖泊，甚至污染地下水。某选矿厂的尾矿堆积量达上千万吨，严重污染下游水体和地下水，使渗出氟的浓度高达10.6mg/L。

3. 污染大气

废物中的微粒与粉末能随风飞扬，使能见度下降。有害物质本身还会散发大量毒气，使大气受到严重污染。目前，采用焚烧法处理固体废物已成为有些国家大气污染的主要污染源之一。我国的部分企业，采用焚烧法处理塑料排出 Cl_2、HCl 和大量粉尘，也造成了严重的大气污染。

4. 影响环境卫生，传播疾病

由于城市人口剧增，垃圾和粪便的排放量大大增加。城市垃圾及粪便的清运能力不足，无害化处理仅达 20%左右。大量的生活和工业垃圾由于缺少处理系统而露天堆放，垃圾围城现象日益严重，成堆的垃圾臭气熏天，病菌滋生，严重影响城市容貌和环境卫生，并对人的健康构成潜在威胁。

5. 浪费资源

（1）人力和财力浪费。污染固体废物要用大量人力和财力去进行管理和处置。一个大型工厂为管理废渣往往需几十人甚至几百人。

（2）资源浪费。固体废物实际上是宝贵的资源，其中的绝大部分物质都可以利用。炼铁的废渣如高炉渣是制造建筑材料的好原料；制造硫酸的废渣如硫铁矿烧渣是炼铁和提取有色金属的原料；城市生活垃圾经堆肥处理后是土壤的改良剂等。这些固体废物如不及时加以利用，实际上是对资源的巨大浪费。

总之，固体废物的危害是多方面的，也是很严重的，见图 3-10。我国某冶炼厂排放的锌渣含镉量达 80mg/kg，日积月累，使该厂区 1km 半径之内，空气中的含镉量增大 260 倍，井水中含镉量增大 6 倍，土壤中含镉量增大 100 倍，该地区所生产的大米含镉量增大 80 倍，鸡兔肾脏中含镉量增大 600 倍。英国历史上流行的几次鼠疫也都同垃圾处理不当有关。目前，固体废物的处理及综合利用率很低，绝大部分的废物只是向市郊弃置，造成了严重的二次污染，因此必须采用严格有效的技术方法来进行固体废物的污染控制。

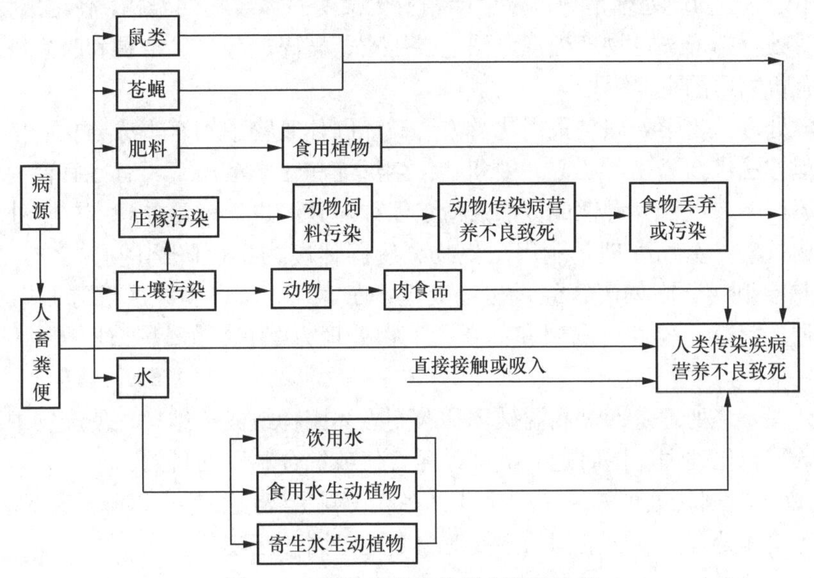

图 3-10 固体废弃物传播疾病的途径

二、固体废物的处理与处置

1. *固体废物的处理原则*

我国全国人民代表大会常务委员会在1995年10月30日通过并公布了《中华人民共和国固体废物污染环境防治法》，并于2020年进行第四次修订。根据我国国情，我国制订出近期以"无害化""减量化""资源化"作为控制固体废物污染的技术政策，并确定今后较长一段时间内应以"无害化"为主，以"无害化"向"资源化"过渡，"无害化"和"减量化"应以"资源化"为条件。

（1）固体废物的"无害化"处理的基本任务是将固体废物通过工程处理，达到不损害人体健康、不污染周围自然环境的目的，如垃圾焚烧、卫生填埋、堆肥、厌氧发酵和有害废物的解毒处理等。

（2）固体废物的"减量化"处理的基本任务是通过适宜的手段，减少废物的数量和容积。这一任务的实现主要可以通过清洁生产和对固体废物的处理来实现，如将城市垃圾采用焚烧处理后，体积可减少80%～90%，余灰就便于运输和填埋。

（3）固体废物的"资源化"处理的基本任务是采取工艺措施从固体废物中回收有用的物质和能源。如具有高位发热量的煤矸石，可以通过燃烧回收热能或转化成电能，也可以用来代土节煤生产内燃砖。

"资源化"应遵循的原则是：进行"资源化"的技术是可行的，经济效益比较好，有较强的生命力，废物应尽可能在排放源就近利用，以节约废物在存放、运输等过程中的投资；"资源化"的产品应当符合国家相应产品的质量标准，具有市场竞争力。

2. *固体废物处理方法*

固体废物处理是指将固体废物转变成适于运输、利用、储存或最终处置的过程。固体废物处理方法可概括为物理处理、化学处理、生物处理、热处理和固化处理等。

（1）物理处理。物理处理是通过浓缩或相变化改变固体废物的结构，使之成为便于运输、储存、利用或处置的形态。物理处理方法包括压实、破碎、分选、增稠和吸附等，作为回收固体废物中有价物质的重要手段。

（2）化学处理。化学处理是采用化学方法破坏固体废物中的有害成分从而使其达到无害化。化学处理方法包括氧化、还原、中和、化学沉淀和化学溶出等。有些有害固体废物，经过化学处理还可能产生富含毒性成分的残渣，还须对残渣进行解毒处理或安全处置。

（3）生物处理。生物处理是利用微生物分解固体废物中可降解的有机物，从而使其达到无害化或综合利用。固体废物经过生物处理，在容积、形态和组成等方面均会发生重大变化，因而便于运输、储存、利用和处置。生物处理方法包括好氧处理、厌氧处理和兼性厌氧处理。

（4）热处理。热处理是通过高温破坏和改变固体废物组成和结构，使废物中的有机有害物质得到分解或转化处理，同时达到减容、无害化或综合利用的目的。

（5）固化处理。固化处理是采用固化基材将废物固定或包裹起来以降低其对环境的危害，利于安全地运输和处置。固化处理的主要对象是危险固体废物。

三、固体废物处理技术

1. 预处理技术

固体废物预处理是指采用物理、化学或生物方法，将固体废物转变成便于运输、储存、回收利用和处置的形态。预处理经常用于固体废物中某些成分的分离和浓集，回收其中的有用材料。

（1）压实技术。压实是利用外界压力作用于固体废物，使其密度增大、体积减小，以便降低运输成本、延长填埋场寿命的预处理技术。这种方法通过对废物施加 200～250kg/cm^2 的压力，将其压成边长约 1m 的固化块，外面用金属网捆包后涂上沥青。这种处理方法不仅可以大大减少废物容积，还可改善废物运输和填埋过程中的卫生条件，并能有效防止填埋场的地面沉降。

压实技术适用于处理压缩性能大而恢复性小的固体废物，如金属加工业排出的各种松散废料（车屑等），城市垃圾中的纸箱、纸袋等。值得注意的是，一些含水率较高的废弃物，在进行压实处理时会产生污染物浓度较高的废液。

（2）破碎技术。固体废物破碎技术是利用外力使大块固体废物分裂为小块，使其容积减少，便于运输；为固体废物分选提供所要求的入选粒度，以便回收废物的有用成分；使固体废物的比表面积增加，提高焚烧、热分解、熔融等作业的稳定性和热效率；防止粗大、锋利的固体废物对处理设备的损坏。经破碎后，固体废物若直接进行填埋处置时，压实密度高而均匀，可以加快填埋处置场的早期稳定化。

破碎的方法主要有挤压破碎、剪切破碎、冲击破碎以及由这几种方式组合起来的破碎方法。挤压破碎结构简单，所需动力消耗少，对设备磨损小，运行费用低，适于处理混凝土等大块物料；剪切破碎适于破碎塑料、橡胶等柔性物料，但处理容量小；冲击破碎适于处理比较大块的硬质物料，但对机械设备磨损较大。对于复合材料的破碎可以采用压缩-剪切或冲击-剪切等组合式破碎方式。

常用的破碎设备有辊式破碎机、锤式破碎机、反击式破碎机和球磨机等，这些破碎方式都存在噪声高、振动大、产生粉尘等缺点。近年来发展了低温破碎的方法，即将废物用液氮等制冷剂降温脆化，然后再进行破碎，但尚需在降低处理成本上作进一步研究。

（3）分选技术。固体废物分选是实现固体废物资源化、减量化的重要手段，通过分选可以提高回收物质的纯度和价值，有利于后续加工处理。根据物质的粒度、密度、磁性、电性、光电性、摩擦性、弹性以及表面润湿性等特性差异，固体废物分选有多种不同的分选方法，常用的有以下几种。

1）筛分。利用废物之间粒度的差别通过筛网进行分离的操作方法称为筛分。

2）重力分选：利用废物之间重力的差别对物料进行分离的操作方法称为重力分选。按介质的不同，可分为重介质分选、淘汰分选、风力分选和摇床分选等。

3）磁力分选：利用铁系金属的磁性从废物中分离回收铁金属的操作方法称为磁力分选。

4）涡电流分选：将导电的非磁性金属置于不断变化的磁场中，金属内部会发生涡电流并相互之间产生排斥力。这种排斥力随金属的固有电阻、导磁率等特性及磁场密度变化速度的大小而不同，从而起到分选金属的作用，称为涡电流分选。

5）光学分选：利用物质表面对光反射特性的不同进行分选的操作方法称为光学分选。

（4）脱水和干燥。固体废物的脱水主要用于污水处理厂排出的污泥及某些工矿企业所排出的泥浆状废物的处理。脱水可达到减容及便于运输的目的，方便进一步处理。常用的脱水方法有机械脱水和自然干化两种。前者应用较多，有转鼓真空过滤机、离心式脱水机和板框压滤机等。当固体废物经破碎、分选之后对所得的轻物料需进行能源回收或焚烧处理时，必须进行干燥处理。常用的干燥器有转筒式干燥器、回转炉等。

2. 资源化处理技术

（1）热化学处理。目前，常用的热化学处理技术主要有焚烧、热解、湿式氧化等。

1）焚烧。焚烧法是对固体废物高温分解和深度氧化的综合处理过程，目的在于使可燃的固体废物氧化分解，借以减容、去毒并回收能量及副产品。固体废物经焚烧后，可以回收利用固体废物燃烧产生的热能，大幅度地减少可燃性废物的体积（一般可减少 80%~95%），彻底消除有害细菌和病毒，破坏有毒废物，使其最终成为化学性质稳定的无害化灰渣。但焚烧投资和运行管理费用较高，而且只能处理含可燃物成分高的固体废物，否则必须添加助燃剂。燃烧过程中容易造成二次污染，特别容易产生二噁英，为了减少二次污染，要求焚烧设施必须配置控制污染的设备，这又进一步提高了设备的投资和处理成本。

适合焚烧的废物主要是那些不适于安全填埋或不可再循环利用的有害废物，如城市垃圾，医疗垃圾，难以生物降解的、易挥发和扩散的、含有重金属及其他有害成分的有机物等。

2）热解。热解技术利用了多数有机物热不稳定性的特征——在无氧或缺氧条件下受热分解。一些有机物在高温（500～1000℃）缺氧条件下会发生裂解，转化为分子量较小的组分。工业中木材和煤的干馏、重油的裂解就是应用了热解技术。

用热解法处置固体有机废物是较新的方法。热解与焚烧相比是两个完全不同的过程。焚烧是放热的，热解是吸热的。焚烧的产物主要是二氧化碳、水和一些污染物如 SO_2、NO_x、HCl、二噁英等。热解的产物主要是可燃的低分子化合物如气态的氢、甲烷、一氧化碳等可燃气体；液态的焦油、燃料油以及丙酮、醋酸、乙醛等成分，污染物较少，固态产物主要为焦炭或炭黑。

热解法的主要优点是能够将废物中的有机物转化为便于储存和运输的有用燃料，而且尾气排放量和残渣量较少，是一种低污染的处理与资源化技术。城市垃圾、污泥、工业废料如塑料、树脂、橡胶以及农林废料、人畜粪便等含有机物较多的固体废物都可以采用热解方法处理。

3）湿式氧化。湿式氧化法又称湿式燃烧法，适用于有水存在的有机物料。流动态的有机物料用泵送入湿式氧化系统，在适当的温度和压力条件下进行快速氧化，排放的尾气中主要含二氧化碳、氮、过剩的氧气和其他气体。残余液中包括残留的金属盐类和未反应完全的有机物。由于有机物的氧化过程是放热过程，所以，反应一旦开始，过程就会依靠有机物氧化放出的热量自动进行，不需要再投加辅助燃料。

湿式氧化法的优点是可以不经过污泥脱水过程就能有效地处理污泥或高浓度有机废水，不产生粉尘和煤烟；杀灭病毒比较彻底，有利于生物化学处理；氧化液的脱水性能好；氧化气不含有害成分；耗热过小，反应时间短。不足之处是设备费用和运转费用较高。

（2）生物处理。目前应用比较广泛的生物处理方式有堆肥化、沼气发酵、废纤维素糖化和生物淋滤等。

1）好氧生物转化——堆肥化处理。堆肥化是依靠自然界广泛分布的细菌、放线菌和真菌等微生物，人为地促进可生物降解的有机物向稳定的腐殖质转化的生化过程，其产品称为堆肥。堆肥外观呈黑色腐殖质状，结构疏松，植物可利用养分含量增加，具有明显的改良土壤理化性质、提高土壤肥力的作用。

目前，好氧堆肥因其堆肥温度高，病原菌杀灭彻底、基质分解比较完全、堆制周期短、异味小等优点而被广泛采用。目前国际上堆肥处理方式主要有条垛系统、强制通风静态垛堆肥系统、反应器系统等。

好氧堆肥技术通常由前处理、主发酵（一次发酵）、后处理、后发酵（二次发酵）和储藏等 5 个工序组成。图 3-11 为二次发酵的堆肥化技术工艺流程示意。

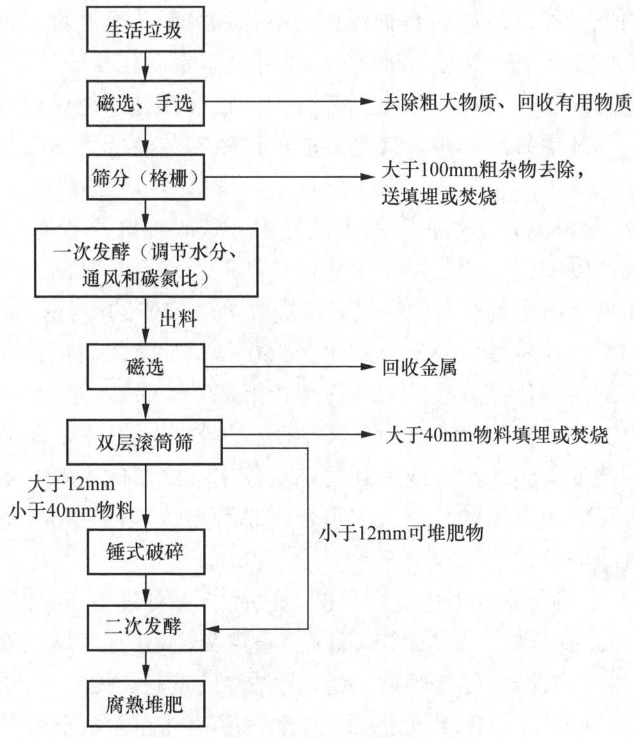

图 3-11 二次发酵的堆肥化技术工艺流程

a. 前处理。通过手选、磁选、振动筛选除去粗大物料，回收有用物质，调整碳氮质量比（C/N＝15～30）和水分（60%左右），接种酶种等。

b. 一次发酵。采用机械强制通风，发酵期 10 天左右，肥堆温度不小于 55℃，至少保持 3 天（最高可达 70～80℃）。此阶段内可杀死大部分病原菌、寄生虫和蚊、蝇卵，同时氧化降解有机物，达到堆肥无害化。这道工序是整个生产过程的关键，应控制好通风、温度、有机质、水分、C/N 比等发酵条件。

c. 后处理。用筛分、磁选等方法去除堆肥中残存的塑料、玻璃、金属等非堆腐物。

d. 二次发酵。经一次发酵的堆肥除去杂质后，送去二次发酵仓进行二次发酵，其中未被分解的有机物继续分解，同时可脱水干燥，20 天左右达到“熟化”。

e. 脱臭与储藏。在堆肥过程中应采用臭气过滤装置除臭以减少对周围环境的影响。熟化后的堆肥可加工成颗粒储藏。

二次发酵的堆肥化技术需要建造许多发酵仓，一次性投资较大。我国的城市垃圾处理中已广泛应用该技术来处理城市生活垃圾。

2）厌氧消化法——沼气发酵。在完全隔绝氧气的条件下，利用多种厌氧菌的生物转化作用使废物中可生物降解的有机物分解为稳定的无毒物质，同时获得以甲烷为主的沼气，是一种比较清洁的能源。而沼气液、沼气渣又是理想的有机肥料。该技术在城市废水污泥、农业固体废物、粪便处理中已得到广泛应用。

3）废纤维素糖化技术。废纤维素糖化是利用酶水解技术使纤维素转化为单体葡萄糖，然后通过生化反应转化为单细胞蛋白及微生物蛋白的一种新型资源化技术。结晶度高的天然纤维素 C_1 在纤维素酶的作用下分解成纤维素碎片（降低聚合度）。经纤维素酶 C_x 的进一步作用分解成聚合度小的低糖类，最后靠 β-葡萄糖化酶作用分解为葡萄糖。

据估算，世界纤维素年净产量近 1000 亿 t，废纤维素资源化是一项十分重要的世界课题。日本、美国已成功地开发了废纤维素糖化工艺流程，目前在技术上已较成熟。但如何开发低成本的预处理方法，寻找更好的酶种，提高酶的单位生物分解能力，改善发酵工艺等问题还有待进一步探索。

4）生物淋滤。生物淋滤技术是指利用自然界中一些矿物自养细菌（如氧化亚铁硫杆菌）的直接作用或其代谢产物的间接作用，产生氧化、还原、络合、吸附或溶解作用，将固相中某些不溶性成分（如重金属、硫及其他金属）浸提并分离出来的一种技术。20 世纪 50 年代，美国就开始利用生物淋滤技术浸出铜矿。20 世纪 60 年代加拿大浸出铀矿，以及 20 世纪 80 年代对难处理的金矿细菌氧化预处理的工业应用相继成功。目前，全世界通过该法开采的铜、铀、金分别占总量的 15%～30%、10%～15%、20%。生物淋滤技术的研究和应用正扩展到环境污染治理等领域。例如，污水污泥或者其焚烧灰分中重金属的去除；重金属污染土壤、河流底泥的生物修复；工业废弃物如粉煤灰中重金属脱毒与钛、铝、钴等贵重金属的回收；煤和石油中硫的生物脱除等。

总之，固体废物由于其来源和种类的多样化和复杂性，其处理方法应根据各自的特性和组成进行优化组合。如我国目前的主要固体废物煤矸石、粉煤灰、高炉渣和钢渣等，多以 SiO_2、Al_2O_3、CaO、MgO 和 Fe_2O_3 为主要成分，这些废物只要进行适当的调制加工即可制成不同标号的水泥或其他建筑材料；再如，城市生活垃圾经分拣后，玻璃、塑料制品等可回收利用，剩余的有机废物进行堆肥则具有很大潜力。表 3-8 列出了国内外各种固体废物处理方法的现状和发展趋势。

表 3-6 国内外各种固体废物处理方法现状和发展趋势

类别	中国现状	国际现状	国际发展趋势
城市垃圾	填地、堆肥、无害化处理和制取沼气、回收废品	填地、卫生填埋、焚化、堆肥、海洋投弃、回收利用	压缩和高压压缩成型、填地、堆肥、化学加工、回收利用
工矿废物	堆弃、填地、综合利用、回收废品	堆弃、焚化、综合利用	化学加工和回收利用、综合利用
厨房垃圾和市政垃圾	堆弃、填地、露天焚烧	堆弃、露天焚烧	焚化、综合利用、回收利用
施工垃圾	堆弃、露天焚烧	堆弃、露天焚烧	焚化、化学加工、回收利用
污泥	堆肥、制取沼气	填地、堆肥	堆肥、化学加工、综合利用、焚化
农业废弃物	堆肥、制取沼气、回耕、农村燃耕、饲料和建筑材料、露天焚烧	回耕、焚化、堆弃、露天焚烧	堆肥、化学加工、综合利用
有害工业废渣和放射性废物	堆弃、隔离堆存、焚烧、化学和物理固化回收利用	隔离堆存、焚化、土地还原、化学和物理固化、化学、物理和生物处理、综合利用	隔离堆存、焚化、化学固定、化学、物理和生物处理、综合利用

四、固体废物处置方法

固体废物处置是固体废物污染控制的末端环节，是解决固体废物的归宿问题。一些固体废物经过处理和利用，总还会有部分残渣存在，而且很难再加以利用，这些残渣往往又富集了大量有毒有害成分；还有些固体废物，目前尚无法利用，它们将长期地留存在环境中，是一种潜在的污染源。为了控制其对环境的污染，必须进行最终处理，使之最大限度地与生物圈隔离。

固体废物处置方法分为海洋处置和陆地处置两大类。海洋处置方法包括深海投弃和海上焚烧；陆地处置包括深井灌注、土地耕作和土地填埋等。

1. 海洋处置

近年来，随着人们对保护环境生态重要性认识的加深和总体环境意识的提高，海洋处置已受到越来越多的限制。

（1）深海投弃。深海投弃是利用海洋的巨大环境容量，将废物直接投入海洋的处置方法。海洋处置需根据有关法规，选择适宜的处置区域，并结合区域的特点、水质标准、废物种类与倾倒方式，进行可行性分析、方案设计和科学管理，以防止海洋受到污染。

（2）海上焚烧。海上焚烧是利用焚烧船将固体废物运至远洋处置区进行船上焚烧的处置方法。远洋焚烧船上的焚烧炉结构因焚烧对象而异，需专门设计。废物焚烧后产生的废气通过净化装置与冷凝器，冷凝液排入海中，废气直接排放，残渣倾入海洋。这种技术主要适于处置含氯有机废物。

2. 陆地处置

（1）深井灌注。深井灌注是指把固体废物液化，将形成的真溶液或乳浊液注入地下与饮用水和矿脉层隔开的可渗性岩层内。一般废物和有害废物都可采用深井灌注方法处置。但目前该法主要还是用来处置那些实践证明难以破坏、难以转化、不能采用其他方法处理处置或者采用其他方法处置费用昂贵的废物。

（2）土地耕作。土地耕作处置是指利用表层土壤的离子交换、吸附、微生物降解以及渗滤水浸出、降解产物的挥发等综合作用来处置固体废物的一种方法。该技术具有工艺简单、费用低廉、能够改善土壤结构、增长肥效等优点，但若长期处置需进行周边环境质量安全评价。该法主要适用于处置含盐量低、不含毒物、可生物降解的有机固体废物。

（3）土地填埋。土地填埋是从传统的堆放和填地处置发展起来的一项最终处置技术，可分为卫生填埋和安全填埋等。该技术工艺简单、适于处置多种类型的废物，填埋后的土地可重新利用，目前已成为一种处置固体废物的主要方法。土地填埋场的选址非常严格，必须远离居民区，并具有良好的防渗措施；埋在地下的固体废物，通过分解可能会产生易燃、易爆或毒性气体，需加以控制和处理；回复的填埋场可能会因为沉降而需不断维修。

卫生土地填埋适于处置一般固体废物。用卫生填埋来处置城市垃圾，不仅操作简单，施工方便、费用低廉，还可同时回收甲烷气体，所以卫生土地填埋法已在国内外得到广泛应用。但卫生土地填埋场除着重考虑防止浸出液的渗漏外，还需解决气体的释出控制、臭味和病原菌的消除等问题。如垃圾填埋后，会产生甲烷和二氧化碳气体，以及硫化氢等有害或有臭味的气体。当有氧存在时，甲烷气体浓度达到5%～15%就可能发生爆炸。所以，必须及时排出所产生的气体。

安全土地填埋是一种改进的卫生填埋方法，主要用来处置危险废物，它对防止填埋场地产生二次污染的要求更为严格。图 3-12 为典型的已经完成并已关闭的安全土地填埋场结构剖面图。从图中可以看出，填埋场内必须设置人造或天然衬里，下层土壤或土壤同衬里结合渗透率小于 10^{-8}cm/s；最下层的填埋物要位于地下水位之上；要采取适当措施控制和引出地表水；要配备浸出液收集、处理及监控系统；如果需要，还要采用覆盖材料或衬里以防止气体释出；要记录所处置废物的来源、性质及数量，将不相容的废物分开处置，以确保其安全性。国外对安全土地填埋进行了多年的研究，现已将其作为危险废物的主要处置方法。

目前，由于固体废弃物数量巨大，回收利用资源化所占的比例还十分小，所以必须寻求合理的处理处置方法，以减少日益增多的固体废弃物对环境的污染。表 3-7 给出了目前应用最普遍的处置方法。

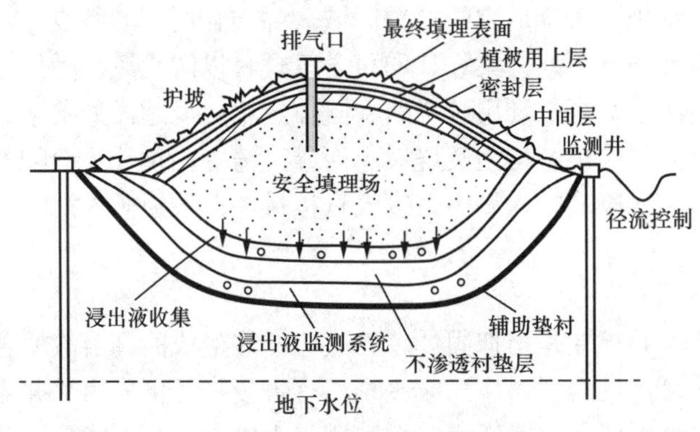

图 3-12 安全土地填埋场示意

表 3-7 固体废弃物的主要处置方法

方法	适用范围
一般堆存	不溶解或溶解度极低、不飞扬、不腐烂变质、不散发臭气或毒气的块状和颗粒状废物，钢渣、高炉渣、废石等
围隔堆存	含水率高的粉尘、污泥等，如粉煤灰、尾矿灰等（废物表面应有防扬尘设施）
填埋	大型块状以外的任何形状废物，如城市垃圾、污泥、粉尘、废屑、废渣等
焚化	经焚烧后能体积缩小或质量减轻的有机废物，如污泥、垃圾等
微生物降解	微生物能降解的有机废物，如垃圾、粪便、农业废物、污泥等
固化	有毒、有放射性的废物，为防止有毒物质与放射性外溢，用固化或固定基质将其固化或固定起来。常用的固化或固定物质有水泥、有机聚合物等

思 考 题

1. 主要大气污染物及其危害有哪些？
2. PM2.5 主要来源和控制方法有哪些？
3. 烟气中二氧化硫和氮氧化物治理技术有哪些？

4．我国如何实现低碳排放？

5．人类面临水资源的危机主要表现在哪些方面？

6．水体污染物主要有哪些？主要水质指标有哪些？

7．防止水体污染的基本途径有哪些？废水处理有哪些方法？

8．固体废物的分类和危害有哪些？

9．固体废物处置方法有哪些？

10．如何解决垃圾电厂避邻效应？

参考文献

[1] 方梦祥，金滔，周劲松．能源与环境系统工程概论．北京：中国电力出版社，2009.

[2] 徐炎华．环境保护概论．北京：中国水利水电出版社，知识产权出版社，2003.

[3] 高廷耀．水污染控制工程．北京：高等教育出版社，2000.

[4] 崔龙哲，李社锋．污染土壤修复技术与应用．北京：化学工业出版社，2016.

第四章　物质与能源的需求

第一节　能源与物质的供需分析

我国作为目前世界上发展最快的国家之一，每年所消耗的能量也是十分庞大的。在日常统计中，为了使表达更为简洁与通俗易懂，通常不直接使用焦耳、卡路里等能量单位去统计大范围内的能量使用情况，而是采用量级更大的单位，通常转换为含有等能量的、生活中常用的能源物质消耗量进行统计，例如折算为标准煤的使用量。1kg（标准煤）对应 7000kcal（29300kJ）能量，统计时常采用吨（标准煤）作为统一单位，1t（标准煤）（1 Ton of Standard Coal Equivalent，1t ce）对应 292.71GJ（292.71×10^9J）。

根据国家统计局出版的《中国统计年鉴 2023》数据表明，相比于 2010 年，我国 2022 年能源消耗量增加了 50%，所带来的经济增长效益也十分显著。表 4-1 列出了我国 2003—2022 年各年能源消耗量（表中简称为能耗）以及相应年份的国内生产总值（gross domestic product，GDP）。

表 4-1　　我国各年份能源消耗量及 GDP

年份	2022	2021	2020	2019	2018	2017	2016	2015	2014	2013
能耗	541000	525896	498314	487488	471925	455827	441492	434113	428334	416913
GDP	1197250	1141231	1005451	983751	915244	830946	742694	685571	644380	588141
年份	2012	2011	2010	2009	2008	2007	2006	2005	2004	2003
能耗	402138	387043	360648	336126	320611	311442	286467	261369	230281	197083
GDP	537329	483393	410354	347935	321230	270704	219029	185999	161415	136576

注　能耗单位为万 t（标准煤），GDP 单位为亿元，表中数值均保留至个位。

从表中可以看到，随着年均能源消耗量不断增加，我国 GDP 也稳步上升，二者呈现正相关的关系。此外，能源通过一定的科技手段转化为经济效益，随着我国经济实力不断增长，国内的科技水平不断进步、生产结构也逐渐完善，同等能源所创造的经济价值也逐步增加，这都体现了我国科技、经济、文化等综合国力的迅速增长。

本书将从不同行业能耗情况以及不同类型能源消耗情况（即能源结构）的角度进行分类介绍。

一、分行业统计能源供给

在统计不同行业能耗时需要参考所研究的行业范围确定统计范围，最终的统计结果也仅代表特定行业生产活动范围内的能耗情况。因此，首先应明确行业划分标准，确定统计口径。本小节在统计某一行业的能源消耗时，统计口径为该行业在生产运行过程中的能耗，统计时从生产角度出发，既不考虑上游输入产品附带而来的能耗，也不考虑最终产品流向对下游生产活动能耗的影响。

以建筑业为例，建造房屋时起重机使用的电、挖掘机消耗的柴油等，属于建筑业能源消耗；而建筑工地上使用的混凝土及金属材料等在生产过程中的能源消耗不应计入建筑业，应归于混凝土及金属材料所属的工业部门。如若将建筑业所需能耗追根溯源统计至生产混凝土及金属材料等生产资料的能源，则在统计工业产品生产时还需要考虑到产品的流向，会出现大量的统计重复现象。

我国行业种类繁多，划分难度也较大，但从居民的角度来说衣食住行便是日常生活的全部，它们相互联系，包含着我国各行各业的产品输出。现行的行业分类标准是由我国国家质量检验检疫总局及国家标准化管理委员会制定的，收录于GB/T 4754—2017《国民经济行业分类》(以下简称《标准》)。为了使统计结果更加通俗易懂，我们参考上述《标准》，结合大家日常生活所熟知的概念，将各行业归纳为“民用、工业、农业、交通”四大行业，讨论不同行业能源供需情况。

（1）“农业”包含农、林、牧、渔四类行业，在数据上统一归纳为“农业”进行呈现。

（2）对于“民用”范围的划分。民用能包括居民用能和商业用能。商业用能主要包括批发、零售业和住宿、餐饮业；居民用能是指原《标准》所单独统计的生活消费用能这一项。根据日常生活的概念，生产轻工业产品（如香皂、纸巾等）的能耗往往被归纳入商业用能范围内，但这与前面所述划定范围的《标准》矛盾，即生产该产品的能量不应归纳入使用/销售阶段，故各种工业产品的能耗都不应归纳入此范围内。

（3）对于“工业”范围的划分。仍保留《标准》中对于工业的划分，并将原《标准》所单独统计的《建筑业》，也归纳至工业范围内，即建筑工业；因此工业用能包括采掘业用能，制造业用能，电力、煤气及水生产和供应业用能以及建筑工业用能。

（4）交通业不仅包含驾车出行的能耗，还包含了各种形式的交通运输以及以货物为主要运输对象的仓储、邮政业，在数据上统一归纳为交通业进行呈现。

（5）为避免遗漏，上述讨论中未涉及的行业统一归纳至其他行业内。

依据此对不同行业能源消耗量进行了统计计算，图4-1是我国各年份能源消耗量的统计结果图，其中2018—2019年仅有能源消耗总量数据[❶]。

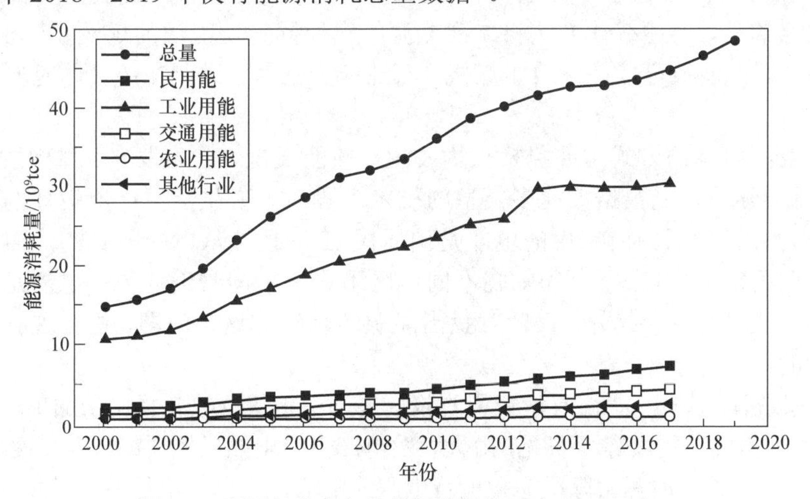

图4-1 不同行业各年份能源消耗量（2000—2019）

❶ 目前我国并未对“重工业”“轻工业”规划统一行业标准，但日本所给出的标准比较合理：按商品用途分类时，不少于75%的产品用于家庭的为消费资料工业，不少于75%的产品供给企业的为生产资料工业。

由此可以看出，工业用能是我国最大的能源消耗量来源。为了更好地呈现其他几类行业的能源消耗情况，图 4-2 中移除了能源消耗总量及工业用能曲线，仅统计了其他行业能源消耗量。

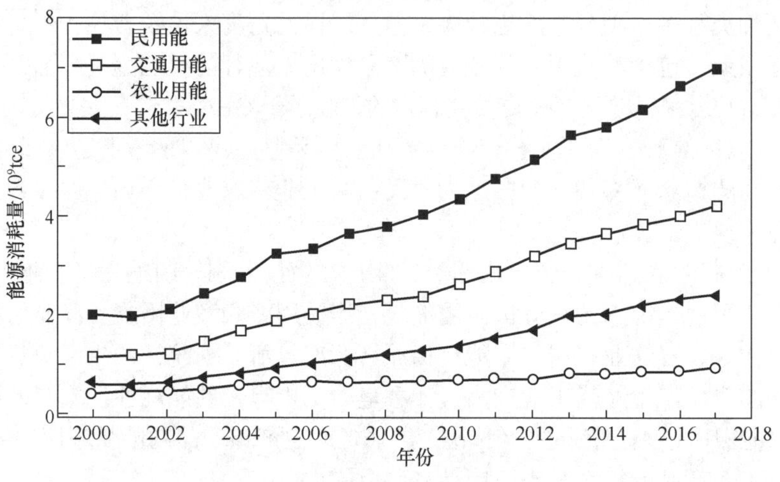

图 4-2　部分行业各年份能源消耗量（2000—2018）

从图 4-2 中可以看出，民用能源消耗量相比于其他三类行业更大，交通用能其次，农业用能最低。

二、不同类型能源统计

目前主要利用的能源种类包括各种一次能源和二次能源，其中一次能源包括自然界中以原有形式存在的能量（如风能、水能、太阳能等）和具有能量的载能体（如煤炭、石油、天然气等）；二次能源是指通过一次能源转换得到的能源，包括电能、焦炭、汽油等。

值得注意的是，上述统计方法将二次能源的电能同一次能源的煤炭、石油、天然气放在一起考虑，而电能很可能就来自于煤炭、石油或天然气，因此在统计的时候需要避免重复计算。

现有的生产电能的方式主要包括火力发电、核能发电、水力发电、风力发电、太阳能发电等，然而实际不可能根据如此多类型的技术手段对人们生活生产所消耗的电能进行溯源。这是因为日常生活中所利用的电能是由居民/工厂直接从电网购买的，而区域间电网具备一定的调配能力，几乎不可能知晓不同地区用户在不同时刻购得的电能是由何种类型能源经何种手段产生的。此外，仅针对我国能源消耗结构这一问题，进行这种程度的溯源是没有必要的。

参照国家统计局规定："煤炭消费量既包括终端消费量，也包括用于加工转换其他能源的消费量，如火力发电用煤等。"可见，由火力发电产生的电能已经被统计入一次能源的消耗，因此在对电能进行统计时需去除火力发电所生产的电能，仅包括不是消耗煤炭、石油、天然气等一次能源所产生的电能部分。此外，由于电能的生产形式极具多样化，为了减少统计难度、明确统计范围，规定当且仅当该方式生产的电能达到非火力发电总量 1%以上时才作为单独条目进行列举，忽略小于此发电量的部分。

综上所述，本小节所统计的电能是除火力发电外的发电量，包括水力发电、核能发电和风力发电所产生的发电量（国家统计局数据里仅包含此三类的发电量）。煤炭、石油、天然气等一次能源转化为二次能源加以利用的能量归纳至对应的一次能源消耗量中。

由于各能源的计量单位不同，在统计时还需根据各能源当量热值统一标准进行比较。我国采用将不同能源折算为等量热值标准煤的方法。折标煤系数便是用于统一、衡量各种类型能源的“尺子”，除电力外其他各能源的计算方式如式（4-1）所示：

$$\eta=\frac{Q_a}{Q_{ce}} \tag{4-1}$$

式中 η——折标煤系数，kg（标准煤）/kg［或 kg（标准煤）/m^3］；

Q_a——某种能源的自身当量热值，kJ/kg（或 kJ/m^3）；

Q_{ce}——标准煤的当量热值，kJ/kg（标准煤）。

折标煤系数的存在可帮助了解、分析不同能源之间的热值关系和消耗量的关系。此外，某一种能源的热值其实也是一个统计概念。同一类型能源下所含各组分有细微差别，热值也可能存在一定差值。举例来说，煤炭根据成形时间可分为泥煤、褐煤、烟煤、无烟煤等，泥煤成形时间最短，最为“年轻”，含氧量高，燃点和热值都较低；无烟煤成形时间最长，最为“年老”，其含碳量最高，燃点和热值也都是这些种类中最高的。其他能源也会有这种类似的品种差异和热值差异，都可以通过折标煤系数来比较这些差异。

对于电力部分，不同机组的发电能力是有很大差异的，火力发电站实际折标煤系数约为 0.28～0.38kg（标准煤）/kWh，即产生 1kWh 的电，需要消耗 0.28～0.38kg（标准煤）。部分小容量机组可能达到 0.4kg（标准煤）/kWh 以上。此外，很多工厂都配备有发电设备，供给部分厂区用电，它们的发电效率也是千差万别。我国曾选用全年火力发电平均煤耗值进行计算，并取冶金行业折标煤系数为 0.404kg（标准煤）/kWh。但为了对全国范围内各行业用电进行系统、便捷的统计，各行业标准逐渐统一了电力折标煤系数，直接选用电的理论热值折合标准煤进行计算。

由于不同类型能源的折标煤系数具有一定的差异性，因此国家在统计数据时需要将之统一化，方便统计管理。国家统计局能源司在《中国能源统计年鉴 2022》中介绍了统一化之后的参考值，其中煤炭、石油、天然气、电力的折标煤系数分别为 0.7143kg（标准煤）/kg、1.4286kg（标准煤）/kg、1.33kg（标准煤）/m^3、0.1229kg（标准煤）/kWh。

我国目前主要能源结构同国际平均能源结构有所不同，主要体现为“富煤、贫油、少气”，且清洁能源发展水平同发达国家具有一定差距。图 4-3 给出了我国各类型能源消耗情况，数据来源为国家统计局。

从图 4-3 中可以看出，我国能源消耗总量呈现整体增加的趋势。在此背景下，煤炭消耗总量虽然不断缓慢增加，但在总量中的占比呈现逐年下降的趋势，产生的能源缺口由不断增加的天然气、清洁能源所产电能以及石油进行填补。换言之，我国能源现状虽仍为“富煤、贫油、少气”，但煤炭的消耗占比正逐渐缩减，各种不同形式的更为清洁环保的新型能源及其利用技术正不断登上舞台。

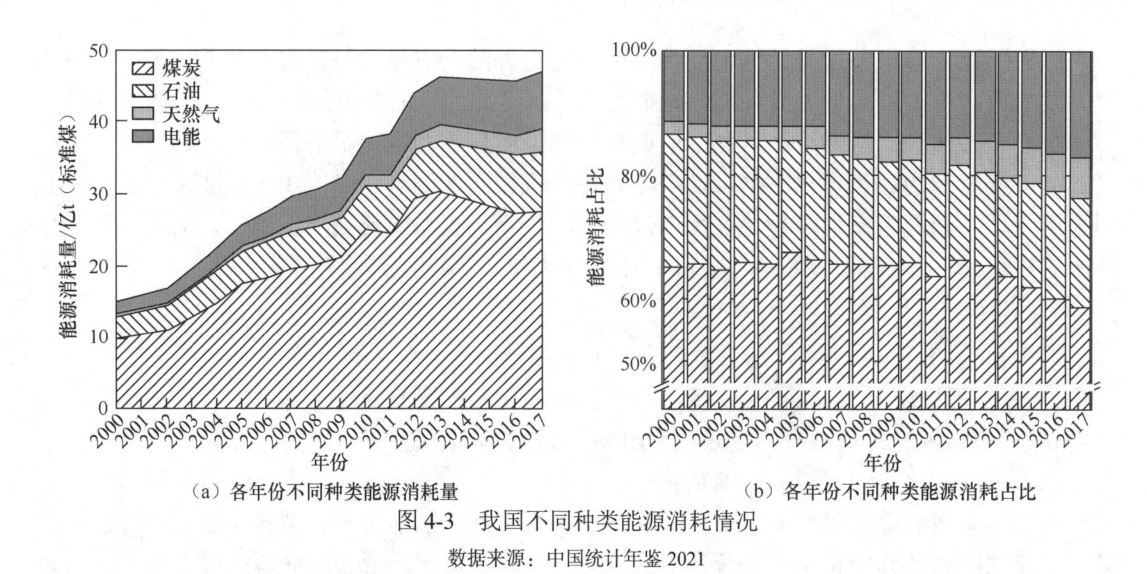

（a）各年份不同种类能源消耗量
（b）各年份不同种类能源消耗占比

图 4-3　我国不同种类能源消耗情况

数据来源：中国统计年鉴 2021

三、分行业不同类型能源统计

不同行业会根据工作环境、工艺要求、生产成本等因素选择适合本行业的能源类型，种类丰富的能源又为这些行业提供了极具多样化的选择，使各行业得以自由调整本行业的能源结构。举例而言，在长距离出行、运输过程中，煤炭由于其能量密度相对较低、运输储存不便的原因使用率并不高（消耗的煤炭大多是利用煤炭转化的电能），而石油产品具有高能量密度、补充运输便捷的特点，因此被广泛应用于交通运输业。这便同我国各行业总体的“富煤、贫油、少气”能源消耗结构存在较大的差异，因此有必要对不同行业的能源消耗情况进行探讨。

图 4-4（a）～（e）按照上述所划定的行业标准，依次统计了民用、工业、交通业、农业和其他行业等各行业内能源结构变化情况。

从图 4-4 中可以看出，在民用行业中，煤炭依旧是主要的能量来源，因为火力发电是居民生活中最重要的能量来源，另外煤炭采暖也是居民用能中消耗煤炭的一种重要形式。不过随着我国提倡“煤改气”等一系列煤炭资源替代政策的实施，民用能的结构逐渐丰富，天然气等更为清洁的能源不断走入人们的生活。虽然在偏远地区普及仍需要投入大量的基础设施建设，但这也大大减少了因采用煤炭取暖而导致的中毒事件的发生。

对于我国能源消耗最大的工业而言，天然气等清洁能源也在不断面向部分低功耗的能源需求，但受到部分工艺的限制，所需的燃料能量密度要求很高，煤炭、石油在现阶段仍不可替代。

在交通行业中，石油的消耗量占比最高，这部分不仅包括汽油、柴油，还包括各种由石油转化产出的燃料油、液化石油气等。随着我国对于新能源汽车行业的大力扶持、补贴，电动汽车、燃气车、混合动力汽车保有量不断增加，“国务院办公厅 2020 年 10 月 20 日发布的（国办发〔2020〕39 号）《国务院办公厅关于印发新能源汽车产业发展规划（2021—2035 年）的通知》中，在“发展愿景”部分提及，到 2025 年，纯电动乘用车新车平均电耗降至 12.0kWh/百 km，新能源汽车新车销售量达到汽车新车销售总量的 20%左右。交通行业的能源结构也日趋多样化。”

在农业生产中，农业机械化使得对于大型农用机械的需求日益增长，这些大型农用机械多采用柴油等高能量密度的动力源，所以在图中可以看到农业仍主要以石油、煤炭为能源来源。

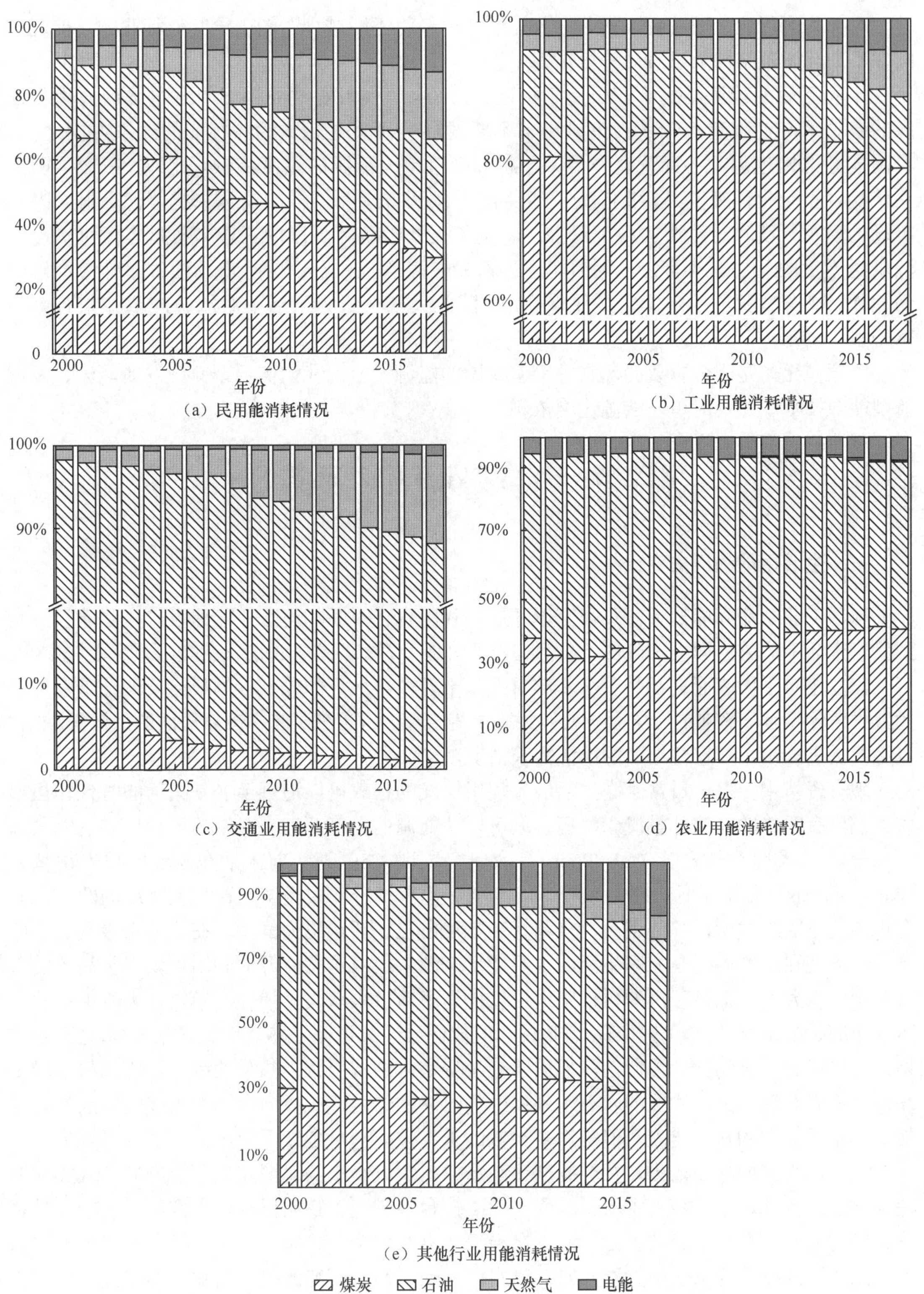

图 4-4　我国各行业能源结构图

对于其他行业，随着我国行业划分标准的更新将不断减少，图中给其他行业的总能耗占比并不高，能源结构上以石油、煤炭为主。

不同行业的能源结构都在日趋平衡，自2004年我国发改委等部门发布《当前优先发展的高技术产业化重点领域指南》以来，不断发展能源多元化成为各行业的改革方向之一，我国能源结构也因此不断优化发展，不断减少对单一能源的过度依赖。此外，在新中国成立伊始，各行业百废俱兴，我国为了避免出现像西方国家一样的资本掌握能源命脉、影响市场的现象，及时对能源实施了管控，避免了正处于萌芽阶段的工业、农业等行业出现能源供给不足的问题。换言之，我国能源价格受国家管控，不论国际市场油价、燃气价格波动如何，国内能源市场定价始终保持稳定，因此大家在日常生活中对能源变革并未有太多感受。

能源多元化是十分重要的，它关乎着我国的能源安全。我们需要不断开发新能源、发展新型能源技术，避免对单一能源过度依赖。

第二节 日常家庭生活对能源的需求

一、生活用能的历史变迁

新的工业革命和能源革命正在全球开展，我国也在不断加速工业化建设，这些建设影响到我们生活中的方方面面。自古以来都有着“国是千万家”这一说法，在能源领域更是如此，每个家庭相对于国家而言都是一个基础单元，千万个小单元的能源行为最终反映至国家层面的数据统计特征。基础单元层面与人们关联更为直接，因此在探究了国家层面的能源结构后，有必要去进一步了解家庭层面的能源需求情况。

现有资料中，对于日常家庭生活能源使用情况的记载可以追溯至非常久远的时代。虽然古人们没有明确的能源计量概念，但人们可以从能源的角度解读史料中的记载。

伦敦大学的考古学家 Matt Pope 等人研究发现，50 万年前生活在欧洲的尼安德特人（Neanderthals）是最早具有“家”概念的人类，他们携带着人类文明迁徙至寒冷的欧洲，有意识地选取固定住所，并使用火、皮革等工具使自己生活得更为舒适。在这种初级人类文明下，太阳能和生物质能是家庭生活的主要能量来源，但对这些能源的利用也仅限于简单的直接利用。古人们只知道干燥的树枝柴火可以作为燃料生火取暖，捕捉的猎物在火堆上烤熟后可以果腹（在那个时代，吃生肉是普遍的，但他们已经意识到了熟肉更加好吃），阳光充足的地方可以用于干燥物件。慢慢地，他们学会改变室内结构以减少热量的散失，比如将火堆生在巨大的岩石洞口处，侧面的岩石起到反射热辐射的作用，减少向周围的黑夜辐射热量。虽然他们不懂其中的科学道理，但是许多类似的求生技能一直延续至今。

此后部落文明逐渐消失，社会制度逐渐形成，大大小小的“国家”不断产生，人类文明快速发展。自此，人类步入了农耕时代。除了捕食和燃烧生物质以外，人们学会了驯养牲畜作为动力来源，取代部分的人力资源。在沿河、沿海地带，风车、水渠、帆船的出现使得风力、水力资源在不经意间被人类开发；煤炭、石油、沼气等能源也逐渐被人类发掘。虽然工业革命起源于西方，但我国是最早开始使用这些能源的国家，最早不晚于汉朝。《汉书·地理志》便对煤炭的使用进行了记载：“豫章郡出石，可燃为薪。”煤炭已经逐渐走进人们的日常生活中。相比于传统的薪柴，这些高能量密度的燃料成为古代炼铁的重要原料。但在这一阶段，人类对于能源的使用受地理位置影响较大，在满足不同地区的家庭对于能源的需求时要充分考虑当地的能源生产情况。

第一次工业革命时代，人类发明了蒸汽轮机，能源运输问题迎刃而解，各个家庭的活动半径也迅速扩大，利用能源获取动力的手段得到了质的提升。但这一阶段，人们对于能源的利用形式仍主要是直接使用一次能源，对能源的利用程度不高，所造成的污染问题也非常大，就像人们在历史资料、影视作品中所见，漆黑的烟气总是存在于机器所经之处、油灯点亮之处。相比于此，第二次工业革命才真正将人们的家庭生活推入现代场景中，人们学会利用一次能源转化成输送、利用更为便捷的电能，点亮了千家万户。至此，家庭中直接利用一次能源的现象逐渐减少，电能成为最重要的能量来源形式。

此后，人们又经历了一系列技术革命，开始开发互联网、原子能等新一代科学技术。国际能源署发布的《世界能源展望 2016》指出，我们现在正处在第三次能源革命的进程中，世界能源体系的主导能源正在由石油转变为新一代的清洁能源。

二、我国家庭生活用能整体情况

在介绍日常生活能耗时，应首先明确讨论对象的范围。人们在介绍各统计指标时选取人均年耗能量进行讨论，部分数据针对户均年耗能量进行讨论，这些数据在讨论时会加以说明。生活用能的人均年耗能量在下面简称为人均生活能耗。

人们总是在不断消耗能源发展经济，故能源和经济有很大关联性。为了体现这一关联性，人们在讨论能源消耗情况时，引入人均年生产总值（GDP）作为另一项参考值。表 4-2 给出了我国国家统计局提供的人均生活能耗和人均 GDP 的统计数据，并依据此作图 4-5。

表 4-2　人均生活能耗和人均 GDP 的统计数据

年份	2000	2001	2002	2003	2004	2005	2006	2007	2008
人均年生活能耗/kg（标准煤）	132	136	146	166	191	211	230	250	254
人均年 GDP/千元	7942	8717	9506	10666	12487	14368	16738	20494	24100
年份	2009	2010	2011	2012	2013	2014	2015	2016	2017
人均年生活能耗/kg（标准煤）	264	273	294	313	335	346.1	365.4	393.2	415.6
人均年 GDP/千元	26180	30808	36302	39874	43684	47173	50237	54139	60014

从图 4-5 中可以看出，我国人均年生活能耗和人均年 GDP 逐年增加，我国 2017 年人均年生活能耗和人均年 GDP 分别为 2000 年的 3.15 倍和 7.56 倍，二者呈现正相关。

不同地区的能源消耗情况关乎着当地的经济发展情况。对于发达国家而言，能源消耗量不高的服务业、金融业以及尖端科技行业占主导优势（但也有观点认为，从国际角度来说，以这些行业为主导的国家或地区是在不断剥削欠发达地区，是一种科技链上游对下游的剥削。他们将高能耗、高污染的产业链投放到欠发达地区，并以能耗最低、污染最低的方式利用这些地区的产出得到收益）。而我国现阶段正处于由第二产业转向第三产业的发展阶段，工业在能源消耗和国民收入中都占比第一。

在了解了这些信息后，人们的家庭生活用能又处于什么样的水平呢？要回答这个问题，表 4-2 中的数据是远远不够的，需要借助一些模型来帮助判断家庭生活用能情况。

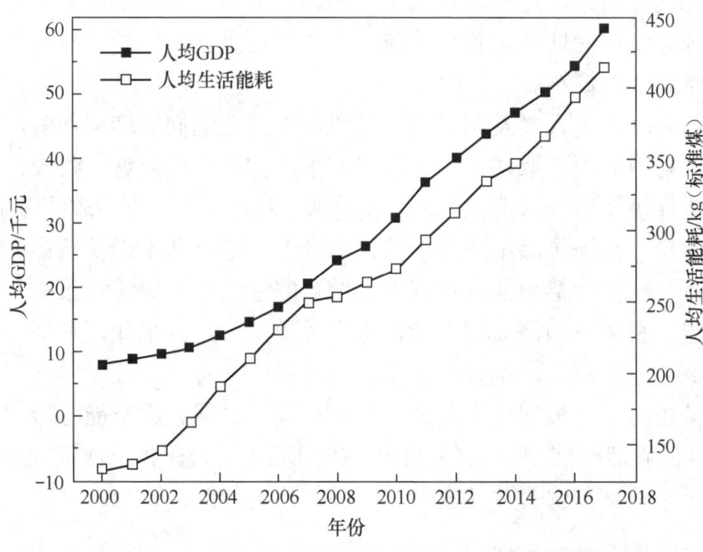

图 4-5 人均生活能耗和人均 GDP 的统计数据

Branes 等人曾对此问题进行过研究，他们为了提出一种合适的判断模型，研究了发展中国家家庭能源使用情况，并提出了 Energy Ladder（能源阶梯）理论，见图 4-6（a）。这一理论将不同能源分类为劣质能源（柴火、废弃秸秆等）、低品质能源（木炭、煤炭等）、高品质能源（天然气、电能等），并将之形象地比喻为三个阶梯，只有不断发展社会经济达到下一个阶段的标准时，人们才会迈向下一个阶梯。这类似核外电子能级跃迁的形式，能量吸收是不连续的，只有达到跃迁的能量，才会发生跃迁。他们还指出一般家庭人均年收入达到 1000～1500 美元时，家庭生活用能才会实现向现代燃料的转变。值得说明的是，Branes 是在针对日常家庭能源使用方式进行能源品质的划分，柴火、秸秆等生物质在此被认为其利用方式是直接燃烧，因其能量密度低、污染大、利用率低，所以被划分为劣质能源。如果采用其他方法将这些生物质转化为更清洁高效的能源加以利用，那么这将是一种“高品质”的利用方式。

然而能源阶梯理论过于离散化，存在一定的局限性，尤其是在该理论所提出的边界处。因此 Masera 等人便提出了采用能源堆栈理论来解释这一现象，见图 4-6（b）。该理论认为随着社会经济的不断发展，能源消费会出现很多次的不完全替代，在相同时期可能会存在多种能源并存的现象。

魏楚等人提出了一种更加具有混合性的模型，见图 4-6（c），并采用 Meta 方法对已有的关于农村家庭能源消费结构的文献进行了定量分析，统计了大量文献数据。结果表明，目前我国农村的能源消费结构正在由第一阶段过渡到第二阶段，生物质能的焚烧等消费方式显著回落，煤炭处于趋于稳定的时期，对于电力、天然气等高品质能源正在逐渐增加。

此后，也有很多学者提出了更加完善的模型来解释能源消费结构和社会经济的关系。由中国人民大学发起，清华大学、北京理工大学等多所高校参与的“家庭能源消费调查”对所提问题作出了十分完善的解答，郑新业等人也对此项开展了详尽的研究，并于 2016 年总结出版了《中国家庭能源消费研究报告》系列研究报告（以下简称《报告》，本章节也有多处信息来源于此系列报告[1]。

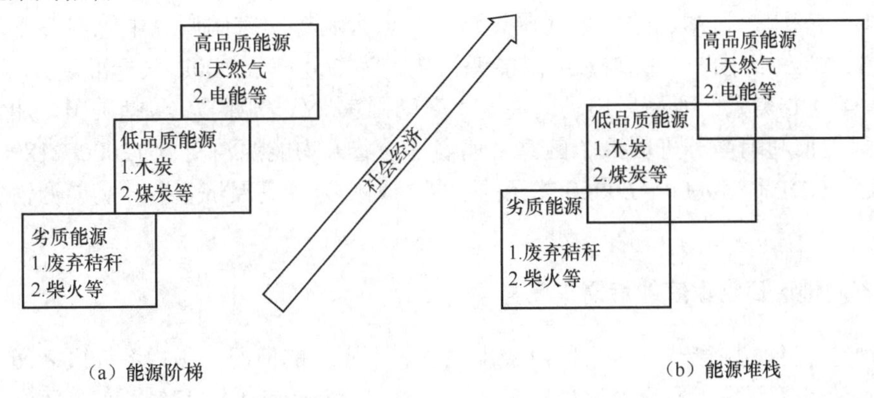

（a）能源阶梯 （b）能源堆栈

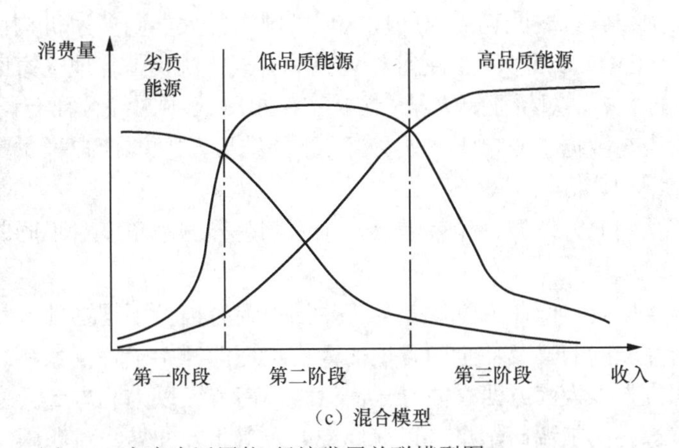

（c）混合模型

图 4-6 家庭生活用能-经济发展关联模型图

《报告》中调研了其他国家 2010 年人均 GDP 同人均年能源消费的情况（请注意，这里包括了各种能源消耗，并非人均年生活能耗），根据各国参数作出了拟合线，并将拟合线上的点代表这些国家的平均水平。研究结果表明，目前我国整体处于“较低经济收入、较低能源消费”的阶段。

我国虽然已经成为世界第二大经济体，但由于人口数量极其庞大，人均经济持有量、人均能源消耗量都不在世界领先水平。以 2010 年的数据来看，我国目前属于“较低经济收入、较低能源消费”分组，人均能源消费量不超过 6000kg（标准煤）、人均 GDP 不超过 20000 美元。在世界各国中，经济收入同人均生活能耗均呈现正相关的关系，我国人均生活能耗约等于与我国收入水平相近的其他各国人均生活能耗的平均值。

事实上，与我国国情相近的还有 86 个国家，其中不乏同属“金砖五国”的巴西、印度、南非等国家，但这也并不意味着我国国民生活状况就如同巴西、印度、南非等国家一样。由于我国基建处于世界领先水平，包含了交通网络、能源网络等大量可共享的基础设施，因此

[1] 需要说明的是，此报告的数据仅截止到 2014 年。此后，未有更新的全国范围家庭能源统计工作。郑新业老师曾在 2020 年初发布新版家庭能源消耗统计报告［中国能源网，中国人民大学发布《中国家庭能源消费研究报告》（2020-01-02）http://www.cnenergynews.cn/ csny/2020/01/02/detail_2020010271905.html］，但所推出的家庭能源使用报告为浙江省范围。鉴于本书中需要对全国家庭能源使用信息进行分析讨论，故仍采用 2016 版《中国家庭能源消费研究报告》。

我国的人民日常生活同这些国家还是有差异的。

俄罗斯、韩国、日本、法国、德国、英国、意大利等国家同属“中等经济收入、中等能源消费”的第二组别，这些国家人均能源消费量为6000～12000kg（标准煤）、人均GDP在20000～40000美元。而最后出场的便是“奢靡国家”代表团了，包括美国、加拿大、芬兰、沙特阿拉伯和阿曼苏丹国五个国家，他们凭借着人均能源消费量12000～18000kg（标准煤）、人均GDP值40000～60000美元的现状被划归为“高经济收入、高能源消费”的组别内。

三、不同地区日常家庭能耗需求差异

如前所述，不同国家或地区之间总会出现发展不平衡的情况。国内各地区之间存在资源差异、人口流动等现象，日常家庭能耗需求差异不仅存在于南北方和东西部，还存在于同一地区之间的城乡之间。这些差异客观存在、不可忽视，从某些方面来看，了解这些差异也有助于了解国内日常家庭能耗需求的现状。中国人民大学同多家机构协助完成的第三次家庭能源消费调查（CRECS 2014）采用抽样调查的方式，对我国各地区家庭能源消费情况进行了调查。在《报告》中，郑新业等人结合CRECS 2014及中国综合社会调查（CGSS，由中国人民大学中国调查与数据中心自主研发并组织）的结果，对3863户样本家庭的能源消耗情况进行了详细的介绍和分析。

下面将从南北方差异、城乡差异、东西部差异三个角度对不同差异进行简单介绍。

1. 南北方差异

我国国土广阔，南北方气候差异、生活习惯有很多不同之处，势必会使得能源消耗存在差异。随着互联网的普及，全国各地的人们也逐渐开始了解到家乡之外人们的日常生活，也闹出了“北方人以为南方四季如春无需供暖，南方人以为北方冬天寒冷身体硬扛”的网络段子。本小节综合文献调研结果，以北纬 34°为南北方分界线对我国家庭能耗需求的南北方差异情况进行介绍。

人们在日常生活中对于能源消耗量这种难以直接观察到的数据感触并不大，但都应该了解自己家庭的生活习惯，能够对南北方地区的生活差异有初步认识，包括但不仅限于日常烹饪、洗澡、取暖/制冷等行为。举例来说，对于南方城市，尤其是福建、广东等东南沿海省份，冬季家庭取暖需求极少，而在夏季天气炎热，高温期长，制冷需求较高，洗澡频率相比较而言也更加频繁；对于北方城市，尤其是吉林、黑龙江等东北部省份，冬季家庭取暖能耗非常大，而在夏季制冷需求较少（高温期较短）。这些不同的生活习惯也都会导致不同地区能源消耗上存在差异。

有了这样的初步印象，人们便更容易理解数据上的差异。从数据上来看，我国 2014 年北方地区人均生活能耗为490.62kg（标准煤），南方地区人均生活能耗为291.35kg（标准煤），结合2014年我国人均年生活能耗为346.1kg（标准煤）的数据，可以看出我国南北方地区家庭能源消耗量有较大差异、波动范围较大，北方地区人均生活能耗为南方的1.68倍。而从“户”的层面统计，数据表明北方地区户均生活能耗为1615.9kg（标准煤），南方地区户均生活能耗为888.29kg（标准煤），北方地区户均生活能耗同样高于南方地区户均生活能耗。

不同的环境造成生活习惯上的不同，并最终整体表现为南北方生活能耗上的差异。南北方生活用能方面差异体现见图4-7。

统计结果，北方地区家庭能耗占比最高的项目是房屋供暖，消耗了整个家庭超过60%的能耗，其次是消耗了约 1/4 能耗的烹饪；然而在南方地区家庭能耗占比最高的项目是烹饪，消耗了整个家庭过半的能耗，其次是热水所需能耗占比，约占整个家庭能耗的 22%。各项目的具体数值见表 4-3。

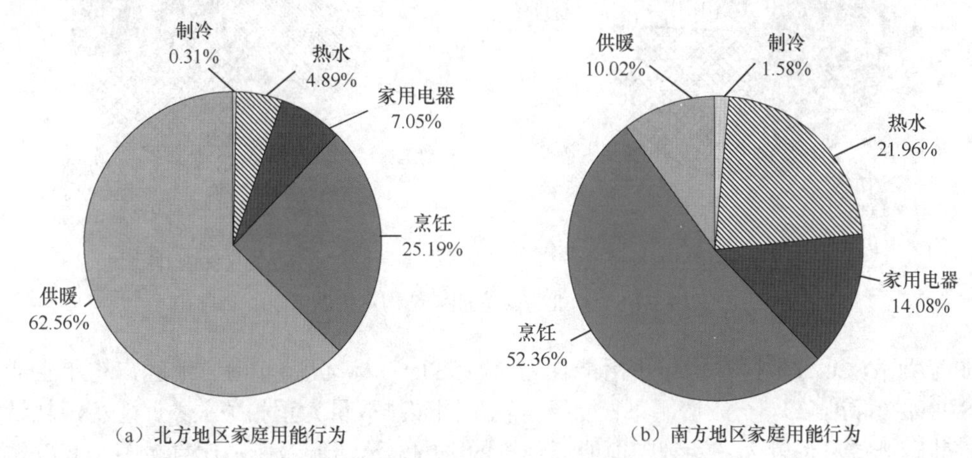

（a）北方地区家庭用能行为　（b）南方地区家庭用能行为

图 4-7　南北方家庭用能行为对比图

表 4-3　**南北方家庭用能数值**　kg（标准煤）

项目	制冷	热水	家用电器	烹饪	供暖	总计
北方	5	79	114	407	1011	1616
南方	14	195	125	465	89	888

从表 4-3 我们可以看到，南方地区烹饪能耗占比当地家庭能耗最高的原因并不只是南方饮食种类丰盛、小吃多，更重要的一点是因为南方的供暖需求要小于北方（虽然现如今随着极端气候的加剧，南方供暖的声音不断出现，但由于供暖期短、集中供暖能耗高、设备投资大等原因，现有政策并不鼓励南方地区集中供暖。不过，河南、江苏等省份存在部分供暖的情况，只有一个供暖划分标准的局限性逐渐显露，相邻地区气候差异不明显的情况下供暖政策却有较大差异。这些问题并不能短时间内解决，或许要从供暖方式层面进行改进）。

在日常家庭生活中，取暖、烹饪等不同用能行为所采用的能量来源形式具有差异性。举例来说，家用电器用能多来自电网集中给电；除了电能外，为满足冷热需求的用能中也有部分来自工业余热、太阳能等低品位能量；烹饪所需能量除了来自管道天然气、电能，还有部分家庭采用薪柴作为烹饪所需燃料（尤其是在生物质燃料储量相对丰富的农村）。因此，有必要类比不同行业能源消耗情况的统计，对日常家庭生活用能种类进行调研，分析结果见图 4-8。

从图 4-8 中我们可以看出，北方地区以集中供暖（集中供暖的能量来源并没有详细讨论，集中供暖热量均来自电厂、工业生产的余热）和生物质能为主，而在南方地区则以电力、生物质能和管道天然气为主。这一结果也符合上述对用能行为的统计。若忽视南北方采暖差异，则南北方用能差异主要体现在烹饪等行为所导致的电力、管道天然气等能源类型的占比差异上。

在能源的这一话题范围内，除了用能行为、能耗种类的差异外，能源利用所带来碳排放问题同样具有讨论价值。

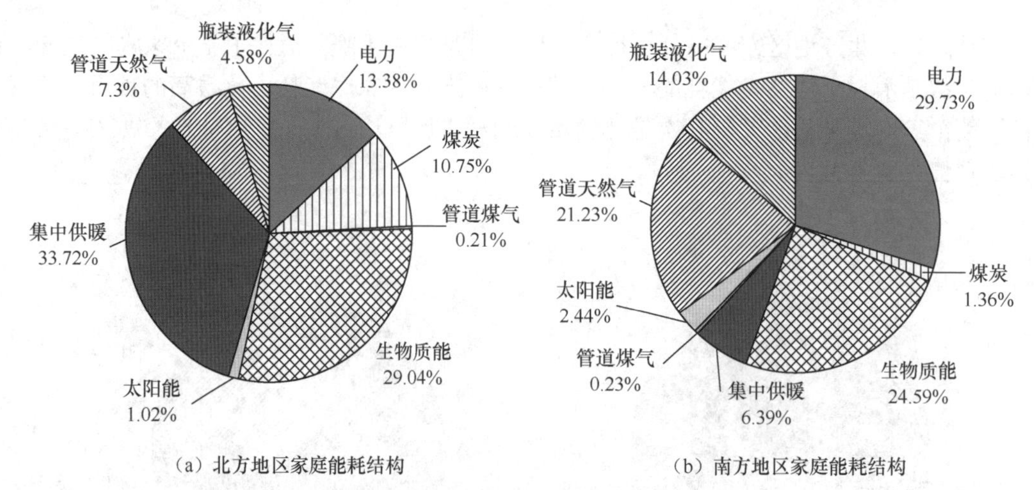

图 4-8 南北方家庭能耗结构对比图

如前所述，北方地区户均年生活能耗为 1615.9kg（标准煤），南方地区户均年生活能耗为 888.29kg（标准煤）。一般情况下，能源消耗量同碳排放量为正相关关系，能源消耗量大的地区，其碳排放量也较大（受到当地能源结构的影响，清洁能源所占比重越高，其碳排放量越低）。因此，也可以对南北方碳排放量的问题进行简单的定性分析，得出北方碳排放量要高于南方碳排放量的结论。

郑新业等人进行了详细的调研，结果表明，2014 年，北方地区居民家庭年二氧化碳排放量为 5256.7kg，而南方地区为 3186.2kg，仅为北方地区的 61%左右。按照所消耗的能源品种来看，消耗电力所产生的碳排放是南北方地区碳排放量的最大来源。然而，造成南北方地区碳排放量差距的主要原因是供暖差异和煤炭消耗差异，这与造成能源消耗差异的主要原因一致。统计结果表明，北方地区家庭煤炭消耗所带来的二氧化碳排放量约为 855kg，而南方地区仅为 88.2kg。

人们从日常生活中也可以感受出南北方地区能源消耗的差异对环境所造成的影响，这些影响不仅仅体现在碳排放量上，还体现在其他空气污染指标上。以供暖期最为明显，为满足当地居民日常生活的热需求，不论是集中供暖还是用户通过煤炉、电炉等方式自行取暖都会排放大量的 PM2.5、硫化物并造成较为严重的空气污染；再加上北方地区冬季气候干燥，降雨量减少，大量的污染物悬浮在城市上空，只能等待一场大雨或大雪来清洁整个城市。

随着近几年国家逐步完善集中供暖、发展清洁能源技术和超净排放技术等一系列措施，供暖季的污染情况有较为明显的改善，但仍任重道远。

2. *城乡差异*

城乡差异主要体现在环境差异（主要指自然环境差异和政策差异）、人口结构差异和经济发展程度差异上，三者相互促进、相互制约，经济发展差异是人口流动的最大动力，密集的劳动力也会反过来刺激当地的经济发展，这些客观存在的差异导致城乡居民日常生活行为习惯也存在较大差异。

相比于农村，城市往往更具有活力和经济基础，更容易接纳并推广新型技术——包括更为清洁有效的能源形式，最终表现为城乡居民家庭能源消耗总量以及能源消耗形式的差异。

郑新业等人按照城乡家庭户口对 3863 户全国各地区的家庭调研结果进行了分类统计。

值得说明的是，统计结果是依据家庭户口来划分的，而并非依据家庭所处地区的城乡归属情况进行划分，这使得统计结果更加契合我国人口普查对城乡居民的划分方式。统计表明，2014年城市居民家庭户均年生活能耗为1274.7kg（标准煤），人均年生活能耗为430.5kg（标准煤）；农村居民家庭户均年生活能耗为1152.7kg（标准煤），人均年生活能耗为352.2kg（标准煤）。城市居民家庭户均年生活能耗和人均年生活能耗分别为农村居民的1.11倍和1.22倍。如前所述，日常生活习惯的差异，进一步表现为能源消耗情况的差异。那么从能源角度来看，城乡居民日常生活习惯的差异又是如何呢？

图4-9给出了我国城乡居民家庭用能行为的统计情况，由于城乡地区居民家庭能耗总体数值差异不大，故不再单独列出各项具体数值。从图中可以看出，我国城乡居民家庭能耗占比最高的是烹饪和家庭供暖的能耗需求，这两部分能耗在城乡居民家庭之间也有较大差异。城市居民的家庭能耗中家庭供暖能耗占比略高于农村，城市居民家庭能耗中热水能耗占比也是农村的2倍多，而农村居民家庭烹饪能耗占比要比城市居民家庭烹饪能耗占比高20%左右。此外，城乡地区居民家庭能耗中制冷能耗及家用电器能耗相差均不大，为满足日常生活对制冷的需求所消耗的能量并不是家庭能耗的主要来源。

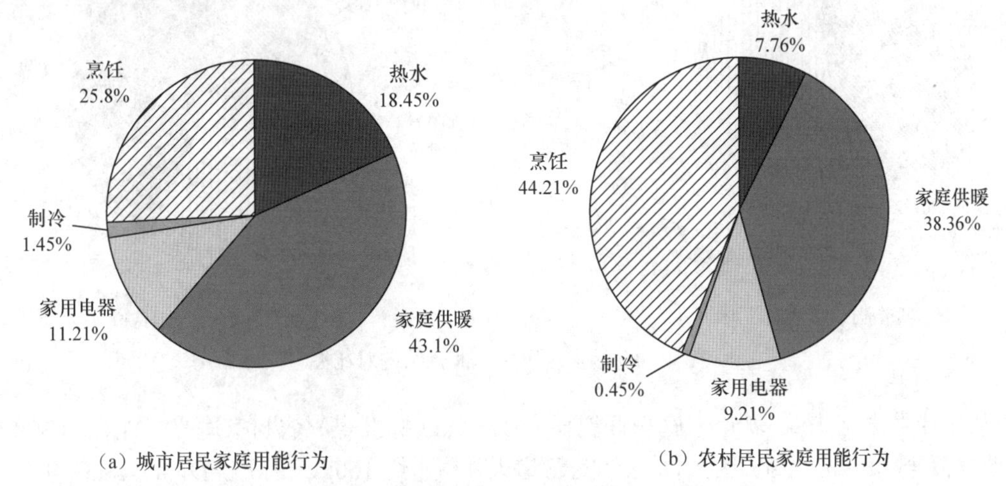

（a）城市居民家庭用能行为　　（b）农村居民家庭用能行为

图4-9　城乡居民家庭用能行为对比图

从这些用能数据中可以看出，城市居民家庭中对热水和家庭供暖等提升生活质量的能源需求更高一些，而农村居民家庭中能耗的最大来源则是烹饪行为所消耗的能源。值得说明的是，农村居民家庭住宅面积要比城市居民住宅面积大很多，单从这一角度来看，农村居民家庭所需供暖能耗应该要高于城市居民家庭的。相比于人均住宅面积大、人口密度小的农村，城市内的居住、生活方式共享了更多公共空间，这种生活方式应当更加节能。然而统计结果并非如此，这是由于之前所提到的自然环境差异和经济发展差异所带来的影响。我国的农村地区虽然人口密度较低，但人们的生活质量并不如澳大利亚等其他西方国家或地区（一个冷知识：澳大利亚地区人均住宅面积大，人口密度远小于我国，但其人均二氧化碳等温室气体排放量、人均能耗量均是世界领先，而其中主要的排放源、能耗源便是当地居民日常生活及驾车出行所消耗的能量）。

除了讨论城乡家庭不同用能行为所带来的能耗数量差异外，《报告》中还对城乡居民家庭用能种类进行了统计和比较，统计结果见图4-10。值得说明的是，热力能耗部分是指取暖季用户通过政府集中供暖从热力厂等其他热力源获得热量所对应的能耗。

从图中可以看出，电力在城乡居民家庭用能中占比均较高，且相差不大，差异主要体现在薪柴/木炭及煤炭、热力、管道天然气及瓶装液化气上。这里不妨结合前面所提到的城乡居民家庭用能行为在烹饪、取暖等行为上的差异，热力主要受集中采暖使用范围差异的影响，管道天然气及瓶装液化气主要受烹饪用能形式差异的影响，而薪柴/木炭及煤炭则主要受这两种用能行为的影响。

虽然我国部分农村地区集中供暖设施不够完善、集中天然气管道建设也不够充分，但是这并不意味着我国农村地区居民生活处于“饥寒交迫”的状态。相比于城市而言，农村家庭居住相对分散的情况使得管道天然气和集中供暖等能量来源受到约束，但其丰富的土地资源以及生物质资源填补了大量空缺，瓶装液化气的使用市场并没有受到很大的约束，同时也为农村地区家庭烹饪提供了一定的能量来源。

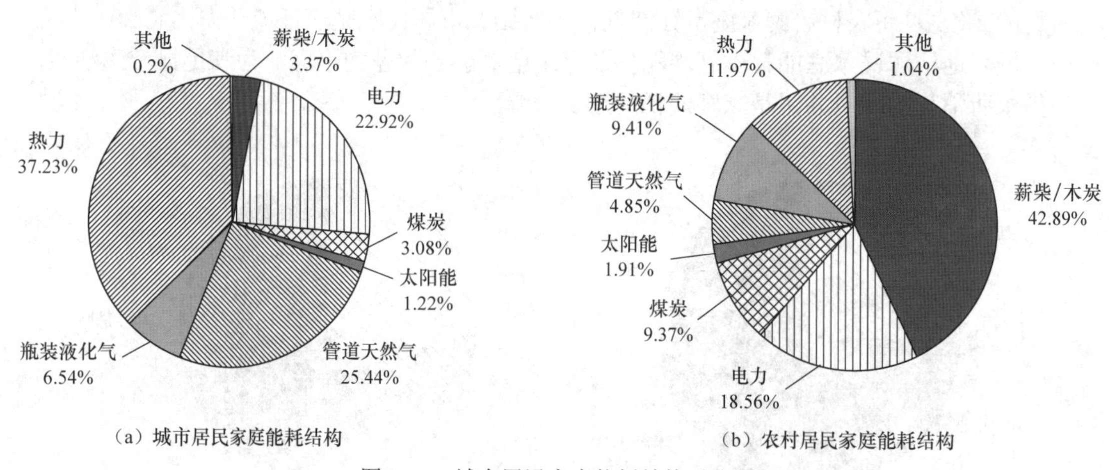

图 4-10　城乡居民家庭能耗结构对比图

从统计数据上来看，城市家庭烹饪能耗为 328.9kg（标准煤），农村家庭烹饪能耗为 509.6kg（标准煤）。城市家庭烹饪能量主要来源为管道天然气［约 160kg（标准煤），49%］和电力［约 80kg（标准煤），24%］，此外还有约 90kg（标准煤）（27%左右）的能量来自瓶装液化气，薪柴/木炭及煤炭等生物质能占比非常低；而在农村家庭中薪柴/木炭及煤炭等生物质能是烹饪的主要能源品种，用于此用途的生物质能耗约 307.9kg（标准煤）（提供约 65%的烹饪能耗来源），其次是电力［约 80kg（标准煤），16%］和瓶装液化气［约 65kg（标准煤），13%］，管道天然气提供的能量占比很低。

城市家庭采暖能耗为 549.3kg（标准煤），农村家庭采暖能耗为 442.2kg（标准煤），城乡家庭采暖能量来源的差异则主要受到采暖方式的影响。城市家庭主要为集中供暖，这一便捷、集中的采暖方式年均能耗约 475.3kg（标准煤），占据了城市家庭供暖能量来源的 86%左右，而通过电力、天然气、生物质能等能源进行分户自供暖所消耗的能量仅有约 57kg（标准煤）。这一现象在农村家庭中呈现相反的情况，如前所述，农村地区生物质能极为丰富、集中供暖不够普及，因此集中供暖所消耗的能量仅有 137.8kg（标准煤），不足农村家庭采暖能耗的 32%，充足的薪柴/木炭及煤炭等生物质能提供了约 68%的采暖能耗来源，这也使得农村家庭分户自供暖现象十分普遍。

值得说明的是，采用低热值、低能量密度、高颗粒物及污染物排放的薪柴等生物质能充当主要能量来源方式只是当下不发达地区农村家庭的状况。但是不论是从能源利用效率、环境还是安全的角度来看，这一手段是不够高效、清洁、安全的，因此我国也正在不断推进农村城市化建设，提高农村地区能源利用水平。

那么我国现阶段城乡家庭二氧化碳排放量存在着怎样的差异呢？

从总量上来看，2014 年城市家庭年均碳排放量约为 5331kg，要高于农村家庭年均碳排放量（约 2878kg）。相比于农村家庭分户自供暖，城市家庭集中供暖的能源利用效率更高，也更加便捷，促进了供暖能耗总量的增加。

此外，从用能行为的角度来看，城乡家庭为满足供暖需求以及家用热水需求而产生的碳排放量差异最大。这也说明便捷的集中供暖以及管道天然气虽然更容易满足城市居民的热需求，但是也可能会导致能源浪费的现象更加普遍。从能量种类来说，集中供暖能耗也来自热电厂、工业生产等余热，碳排放量巨大。结合本章第一节关于行业生产用能数据来看，工业设备中多采用煤炭（或煤炭加工成的焦炭）、电力（追溯至一次能源端也多为煤炭）供能。尽管这种集中利用的效率要远高于农村家庭分散式使用的效率，但是其数量庞大，最终导致电力及热力所代表的能源种类成为主要的碳排放源。

现阶段农村家庭对于薪柴/木炭及煤炭等生物质能量的利用手段比较传统，多为直接燃烧的方式，而这种方式的能量利用效率较低（不到 12%），产生的碳排放及污染也较大。至今有大量研究人员不断提出各种物理、化学及生物手段对低能量密度、高污染的薪柴、秸秆等生物质燃料进行加工处理，生产出具有更高能量密度的高品质能源，并通过改善工艺的方法纯化加工过程所产生的污染物。相比于传统的化石燃料，这种生物质能通常是粮食、木材生产过程的副产品，生产周期更短，通过植物天然汇碳作用吸收当地二氧化碳（这一生产过程也可以被认为是“负二氧化碳排放”），再利用这些生物质为生产过程和日常生活提供能量（见图 4-11），这种“汇碳林”的理念也逐渐受到研究人员的关注。

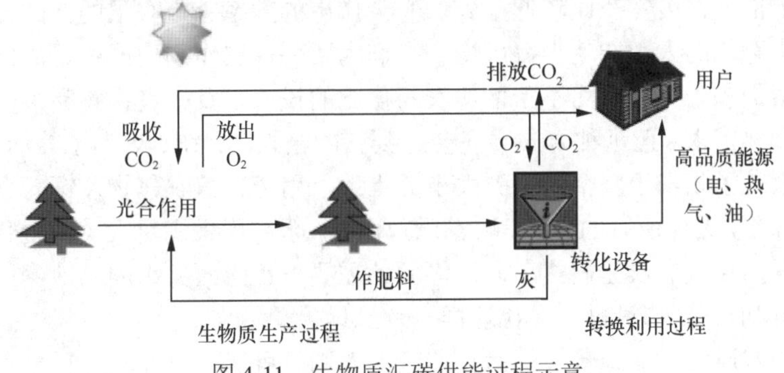

图 4-11 生物质汇碳供能过程示意

第三节 传统农业与植物工厂

民以食为天，农业事关社会运行的根本。虽然农业是能耗最低的一个行业，但这不代表农业同能源之间没有紧密的联系。恰恰相反，农业从本质上来讲，就是将光能转化为各种生物质能的过程。在行业能耗统计中，农业之所以能耗很低，是因为传统农业所利用的太阳能并不被视为能耗，只有农业相关的机械用具或电器所耗费的燃料或电能才被统计入农业能耗中。随着农业科技的发展，人类已经能够利用人造光源来替代太阳光进行农业生产。这使得农业得以脱离自然条件的限制，但同时也使得农业的能耗大幅增加，彻底改变了农业和能源之间的关系。

一、农业与能源

世界人口在2010年突破了70亿大关，这对普通人来说这只是一个普普通通的数字；但对人类社会来说，就像是一辆已经坐满了人的巴士，摇摇晃晃地沿着既定的道路缓缓前行，途中上车的人却远远多过了途中到站的人。长此以往，搭载的乘客过多，这辆老旧的巴士总会出现一些问题。

假设将地球上所有的人口都集中在一起，每个人占有100m^{2}的居住面积，总共也只需要70万km^2，约等于美国得克萨斯州的面积（695621km^2）。这样看，似乎人类仅需要占有地表很小的一块面积。然而，要支撑这么多的人口存活，不仅仅需要提供居住面积，农业种植、畜牧业养殖、工业生产、交通运输等都需要开发大量的土地以供人类使用。其中特别是农业，从能源的角度来看，它天然需要大量的面积。

植物的光合作用，其本质是将光能转化为生物质能。在早期的采集时代，人类只能零星地利用这种能量转化作用。随着人类用火技术的成熟，其他能源获得了更高效的利用。人类可能是通过自然中的意外火灾而认识火，但后来人类则是有意识地创造大规模的火灾，以开辟供自己生存的疆土。在火的帮助下，人类可以让一大片土地只生存对自身有利的植物，例如农作物，这相当于大幅提升了对照射到这片土地的太阳能的利用率。农业对人类社会的重要性是不言而喻的。从采集社会到游牧社会和农耕社会，其本质也可以理解为人类对太阳能越来越高效地收集（高密度种植相比于零散的采集）和对由太阳能转变过来的生物质能越来越高效地利用。

但太阳能的能量密度实在比较低，外加光合作用的效率总是有限的，因此单位面积上通过农业能够收集存储的太阳能就少得可怜。人们为了解决农作物生产不足的问题，一方面不断扩大农业种植面积，另一方面不断增加农药化肥的投入以及改良作物品种，以满足人类社会不断增加的食物需求。但这种方式终究会达到它的极限。据统计，为了养活全球74亿的人口，人们已经消耗了相当于整个南美洲大小的土地，用于种植农作物及饲养家畜。这相当于将整个南美洲抹平，去掉所有的山脉、峡谷以及雨林，全部用来满足人类的食物需求。到2050年，如果继续采用传统的农业模式，人们将额外需要一片巴西大小的土地，来养活后续增加的22亿人口。然而，到哪里再去寻找这样一片土地？

如果农业的本质就是能源转换的话，理论上人们有可能让农业不再只单一依靠太阳能，进而脱离对土地的依赖。这一理论实际上现在已经变成了现实，那就是植物工厂技术。在这个小节，笔者将对传统农业和新兴的植物工厂技术展开论述。

二、传统农业

传统农业是在自然经济条件下，采用人力、畜力、手工工具、铁器等为主的手工劳动方式，靠世代积累下来的传统经验发展，以自给自足的自然经济居主导地位的农业。随着传统农业技术的发展，金属农具和木制农具代替了原始的石器农具，铁犁、铁锄、铁耙、耧车、风车、水车、石磨等得到广泛使用，而畜力成为生产的主要动力。一整套农业技术措施逐步形成，如选育良种、积肥施肥、兴修水利、防治病虫害、改良土壤、改革农具、利用能源、实行轮作制等。

1. 传统农业的产生

传统农业是一种生计农业，农产品有限，家庭成员参加生产劳动并进行家庭内部分工，农业生产多靠经验积累，生产方式较为稳定。传统农业生产水平低、剩余少、积累慢，产量受自然环境条件影响大。在此之前的原始农业时代，人类祖先主要以驯化新作物、新家畜和开拓新农业区域为特征。在希腊文明出现以前，美索不达米亚平原地区及古埃及地区就已经有了木犁耕作的历史基础。公元前 12 世纪，位于伊朗高原附近的赫蒂王朝发明了冶铁技术。在赫蒂王朝灭亡之后，相关技术流传到了希腊。与此同时，古希腊完成了铁犁头的制造。古希腊文明产生的最重要基础——铁犁农耕——出现了，这也标志着传统农业的诞生。

2. 中国的传统农业

原始农业是以牺牲大片森林为代价的“刀耕火种”农业，对树木“砍倒烧光”，实行砍种一年即行撂荒的生荒耕作制；近现代农业通过对土地的垦辟，水利的兴修，良种、化肥以及各种先进技术的采用等手段，以使土地利用率大大提高；传统农业是居于原始农业和近现代农业之间的农业生产形态，它是以使用畜力牵引和人工操作的金属农具为标志，生产技术建立在直观经验的积累上，其典型形态是铁犁牛耕。西方传统农业出现在奴隶制时期，而中国的传统农业则出现在封建社会建立的初期。在春秋时代中期（公元前 770～475），我国开始使用铁器。《国语·齐语》记载：“美金以铸剑戟，试诸狗马；恶金以除夷、斤、属，试诸土壤。”在同一时期，也出现了选种、种植绿肥及土壤耕作技术等。西汉时期，开始推广小麦，与夏播作物连作生产，中国传统农业开始形成。

中国传统农业是集约型农业，因时因地制宜，精耕细作，以提高土地利用率、提高单位面积产量，并辅以良种、精耕、细管、多肥等一系列技术措施。它的形成与封建地主经济制度下小农经营方式和人口多、耕地少的格局的逐步形成有关。在农艺和产量上，中国传统农业曾达到古代世界的最高水平。

中国古代农业发展是不平衡的。精耕细作的农业区虽然不断扩大，但也有些地区粗放经营，甚至还保留有刀耕火种的原始农业残余。以精耕细作农艺的形成和发展为主要线索，中国传统农业大体经历了由表 4-4 所述的几个阶段。

表 4-4　中国传统农业发展阶段

时期	农业形态	主要特点
夏、商、西周、春秋	原始农业向精耕细作的传统农业形态过渡的时期	与青铜工具、耒耜、耦耕相联系的沟洫农业
战国、秦、汉、魏晋南北朝	精耕细作农艺的成型期	以耕、耙、耱为中心的旱地农业技术体系的形成
隋、唐、宋、辽、金、元	精耕细作农艺的扩展时期	以耕、耙、耖为中心的水田农业技术体系的形成
明、清	精耕细作农艺的持续发展时期	应对因人口激增而出现的人口多、耕地少的矛盾，致力于增加复种指数和扩大耕地，土地利用率达到了传统农业的最高水平

3. 中国传统农业的成就

第一，中国传统农业在其发展过程中驯化了大量的野生动植物，培育了数以万计的优良品种，从而使中国成为世界上栽培植物的重要发源地和食物品种资源最富有的国家。与此同时，传统农业的发展也促进了农业生物在世界范围内的广泛交流。著名的“丝绸之路”将欧亚大陆联系到了一起，原产于欧洲的一些农作物开始进入了中国，如苜蓿、葡萄、棉花、胡菜、胡瓜（西汉时期称西亚和欧洲为胡地）等。中唐之后，吐蕃兴起，切断了欧亚大陆之间的“丝绸之路”。中国和外国的商人开始转向了逐渐开辟的海上通道。这条海上通道起于广州，经中南半岛和南海诸国，穿过印度洋，进入红海，抵达东非和欧洲，途经100多个国家和地区。这一阶段我国的农作物引进主要靠的就是这条通道。引进的农作物主要有：番茄（原产南美）、烟草（原产南美）、洋葱（中亚）、向日葵（原产美国中部）、南瓜、马铃薯、玉米等。

第二，中国传统在利用土地、保持地力（轮作、施肥等）方面创造了当时世界的最高水平。在人多地少的中国，人地矛盾比较突出，因而很早就选择了精耕细作、集约经营的农业生产模式，成为世界上土地利用率较高的国家之一。我国在传统农业上形成了比较完备的耕作技术体系，包括选种措施（周代）、施肥措施（夏代左右）、耕作措施（春秋时期）、灌溉措施（春秋战国时期）、轮作措施（汉代）。

第三，传统农业将农牧结合，推动了社会发展。传统农业的发展的历史是在农耕文化和游牧文化的长期竞争中形成的。欧洲以畜牧业为主，而中国以农业为主。在文化的碰撞中，带来的结果都是民族的大融合，以及农耕文化更为广泛地传播。

第四，中国传统农业发展成就还突出体现在粮食亩产量和投入产出比上升。

第五，中国传统农业还总结积累了丰富的生产经验，编著了大量的农书，使我国成为世界上拥有农业典籍最丰富的国家。我国历代农书有500多部，流传至今的有200多部。公元前1世纪，西汉氾胜之编纂了世界上最早的农业专著之一《氾胜之书》；公元5世纪中叶，北魏贾思勰编纂了《齐民要术》，该书为最古老的农业百科全书，公元9世纪流传到日本，后又传播到欧洲；公元17世纪，明朝徐光启编著了《农政全书》，该书基本上囊括了中国明代农业生产和人民生活的各个方面，被誉为“集传统农学之大成”。

4. 简要评价

农业是一个能量循环转换的工厂，投入农业多少能量，就会获得多少相应的产品。在传统农业中，能量的循环转换是封闭的。投入农业的能量包括农业当中的人力、畜力、有机肥料等，都是很有限的。相应地，获得的能够提供给社会的产品数量也是有限的。然而，随着人口的迅速增加，人们只能通过扩大土地面积如毁林开荒、毁牧开荒的方式来维持生存。这导致了自然环境与人类生存之间的尖锐矛盾，因此，传统农业对于环境的维护、维持必然是低水平的。

中国传统农业延续的时间十分长久，大约在战国、秦汉之际已逐渐形成一套以精耕细作为特点的传统农业技术。在其发展过程中，生产工具和生产技术尽管有很大的改进和提高，但就其主要特征而言，没有根本性质的变化。

农业只有彻底摆脱了自然环境与气候的制约，才能在真正意义上摆脱在农业生产之前始终标注的“传统”两字，问心无愧地称得上现代农业。

三、植物工厂

地球上人口正在快速增长，可用耕地却日渐减少，如何利用有限的耕地来满足人们的日常生活需求迫在眉睫。与此同时，现在城镇化的发展以及人们生活水平的日益提升，人们对食物的要求已经从仅仅满足果腹上升到洁净、安全以及高质量。另外，现在人口日益老龄化，而年轻人对务农的意愿却日渐降低，如何吸引年轻人加入建设现代农业的大军也是社会面临的一个重大的课题。植物工厂恰恰提供了一个解决以上问题的途径。植物工厂（plant factory）的概念最早是由日本提出来的。植物工厂是通过设施内高精度环境控制实现农作物周年连续生产的高效农业系统，是利用计算机、电子传感系统、农业设施对植物生长的温度、湿度、光照、CO_2浓度以及营养液等环境条件进行自动控制，使设施内植物生育不受或很少受自然条件制约的省力型生产。植物工厂是现代农业的重要组成部分，是科学技术发展到一定阶段的必然产物，是现代生物技术、建筑工程、环境控制、机械传动、材料科学、设施园艺和计算机科学等多学科集成创新、知识与技术高度密集的农业生产方式。

工业革命诞生了以机器制造为主体的集约生产，整个生产活动受制于严格的管理规章的现代工厂制度，大大提升了劳动生产率。那么农业是否可以借鉴这种工厂制度，摆脱外在环境的制约，采用机械化流水作业，形成集约、高效的生产方式呢？

植物工厂这一概念自从提出以来，至今已有半个多世纪，大致可以分为三个阶段。第一阶段是试验研究阶段（20 世纪 40 年代至 60 年代末）。1949 年，美国植物学家和园艺学家在加州帕萨迪纳建立了一座人工气候室，这便是植物工厂的雏形，为植物工厂的后续发展开拓了先河；1957 年，丹麦在哥本哈根郊区的约克里斯顿农场建立了世界上第一座真正意义上的植物工厂，该工厂采用人工光和太阳光并用的技术，从播种到收获全流水作业，这也标志着植物工厂开始正式进入历史舞台。这一阶段的特点是：①建设规模小，除个别规模较大之外一般仅为几十平方米到几百平方米；②范围窄，主要局限在实验室内；③试验作物品种单一，以芹菜和生菜为主；④多是人工光利用型植物工厂，采用人工气候室进行控制，运行成本较高。

第二阶段是示范应用阶段（20 世纪 70 年代至 80 年代中期）。1973 年，英国温室作物研究所的库珀教授提出了营养液膜法（NFT）水耕栽培模式，降低了成本，简化了栽培结构，成为植物工厂的一项标准技术。与此大约同一时期，世界上的一些知名企业例如美国的通用电气、日本的三菱重工、荷兰的菲利普等与农业技术部门合作，进行植物工厂的关键技术研发。这一阶段的特点是：①应用范围较大；②营养液配方技术日趋热成熟，自动化控制系统日益完善；③开发的力度加大，示范效果明显。

第三阶段是快速发展阶段（20 世纪 80 年代中期至今）。众所周知的“生物圈 2 号”是美国在亚利桑那州的沙漠中建立的一套微型人工生态循环系统。生物圈 2 号中有一个集约农业区，类似一个植物工厂，以满足居住在该生物圈中的试验人员的食物需求。这一阶段的特点是：①发展速度快；②涉及的行业广泛，规模不断扩大；③国际学术活动频繁；④高科技成果应用多。

中国的植物工厂起步较晚，但是发展较快。从 20 世纪 90 年代开始，我国就开始了对植物工厂的探索。各类资本正加速进入这一新兴领域，不仅部分央企在布局植物工厂园区，菲利普、三菱等企业也纷纷介入植物工厂的技术研发与产业推广。目前，我国已有商业化植物工厂 250 余座。

1. 植物工厂的分类

植物工厂有多种分类方式。从建设规模上来划分，可以分为：大型（1000m^2 以上）、中型（300～1000m^2）、小型（300m^{2}以下）；从生产功能上划分，可以分为：种苗植物工厂、商品菜（花、果）植物工厂；从研究对象的层次上，可以分为：以研究植物体为主的植物工厂、以研究植物组织为主的组培植物工厂、以研究植物细胞为主的细胞培养植物工厂；以光能的利用方式来分，日本千叶大学的古在丰树教授把植物工厂分为“人工光型植物工厂”“太阳光型植物工厂”以及“太阳光与人工光并用型植物工厂”。

（1）人工光型植物工厂。人工光型植物工厂又称为密闭式植物工厂，是指在完全密闭、环境精确可控的条件下，采用人工光源与营养液立体多层栽培，在几乎不受地理位置和外界气候影响的条件下，进行植物周年计划性生产的一种高效农作方式，是植物工厂发展的高级阶段。

人工光型植物工厂的主要特征为：建筑结构为全封闭式，密闭性强，顶部及墙壁材料（如硬质聚氨酯板、聚苯乙烯板等）不透光，热绝缘性好，不受室外条件的影响；仅利用人工光源，如高频荧光灯和发光二极管（LED）等；室内光环境（光质、光强、光周期及供光模式等）、温度、湿度、CO_2浓度以及营养液等要素均可进行精准调控，可实现周年计划性稳定生产；采用营养液立体多层栽培，单位土地面积产出率高；室内无病原菌与病虫害的入侵，不使用农药，产品安全无污染；采用植物在线动态监测、信息实时传输与网络化管控，可实现远程监控；建造成本和运行成本偏高。

（2）太阳光型植物工厂。太阳光型植物工厂指的是在半密闭的温室环境下，利用太阳光（或短期人工补光）以及营养液栽培技术，进行植物周年连续生产的一种农作方式。

太阳光型植物工厂的主要特征为：温室结构为半密闭式，覆盖材料多为玻璃、PC板或塑料膜（氟素树脂、薄膜等）；光源主要为自然光，适当采用人工光源进行补光，采用的补光光源有高压钠灯和发光二极管（LED）等；温室内备有多种环境因子的监测和调控设备，如温度、湿度、光照、CO_2浓度等环境数据采集以及顶开窗、侧开窗、通风降温、喷雾与湿帘降温、遮阳、加温、补光、防虫等环境调控系统；栽培方式以水耕栽培或基质栽培为主；与人工光型植物工厂相比，生产环境较易受季节和气候变化的影响，冬季加温和夏季降温能耗较高；设施建设成本较人工光型植物工厂低，运行费用也相对低一些。

（3）太阳光与人工光并用型植物工厂。太阳光与人工光并用型植物工厂的温室结构、覆盖材料和栽培方式与太阳光型植物工厂类似。在白天时主要利用太阳光作为光源，而在夜晚或者持续阴雨的白天，则使用人工光源进行补充。

与人工光型植物工厂相比，太阳光与人工光并用型植物工厂耗电量较少，更有利于节约资源；相较于太阳光型植物工厂，受气候影响较小。这种类型兼顾了前两种方式的优点，实用性强，有利于推广应用。

2. *植物工厂关键技术*

现代农业的要求是高效、高产、优质、生态和安全。为了达到这个要求，不能仅依靠单个学科来解决问题，必须要多学科交叉融合，多技术综合与集成。植物工厂作为设施园艺的最高级发展阶段，集中应用了现代生物技术、新型材料、环境控制、信息技术等多学科多维度的科技成果。

（1）立体无土栽培技术。立体无土栽培技术是指采用无土栽培方法，借助栽培床和层架管路装备，实现植物在多层立体栽培架上进行生产的技术。立体多层无土栽培技术装备是人工光型植物工厂必要的本质装备，也是太阳光型植物工厂需要迫切发展的技术装备。该技术主要包括：营养液栽培技术、水培技术与措施、基质栽培与措施和喷雾栽培与措施。

1）营养液栽培技术：是一种不依赖土壤，而是将植物种植在装有一定量营养液的栽培装置中，或是在配有营养液的砂、砾石、蛭石等非天然土壤基质材料做成的种质床上的栽培技术，也称无土栽培。

2）水培技术与措施：植物的根系生长在营养液中，确切地说是一部分根系悬挂生长在培养液中，而另一部分裸露在潮湿的空气中。该设施能够锚定植株，使其根系浸润在营养液中并使其获得充分的氧和营养元素。

3）基质栽培与措施：通过基质支持作物根系并提供一定水分和营养元素的栽培模式。选择基质时需要其具有一定大小的粒径、良好的物理性质和化学性状。

4）喷雾栽培与措施：是利用喷雾装置将营养液雾化直接喷洒到植物的根系以提供其生长所需的水和养分的一种营养液栽培技术。这种栽培技术解决了根系的水气矛盾，更加适宜于叶菜类的植物。

（2）人工光照明技术装备。光是植物工厂最重要的环境因子之一，根据作物的种类及生育阶段，通过一定的措施，调节光照条件，创造良好的光照环境，可以提高植物的光合作用效率。光能消耗约占植物工厂总运行费用的 20%～40%。人工光照明技术装备是人工光型植物工厂核心技术装备，为植物生产提供光合能量和光照信号。荧光灯是传统光源，发光二极管（LED）是新型光源。

LED 作为新型固态半导体光源，具有荧光灯无法比拟的光电优势。包括：①可以调节光源的光谱分布。植物中利用可见光限定波长的有三种：用于光合成反应的红色光、强光反应的蓝色光、红色光和远红色光。使用 LED 可以集中特定波长的光均衡地照射作物，不仅可以调节作物开花与结实，而且可以控制株高和营养成分。

（3）环境调控技术。智能环境控制技术装备由执行机构、检测机构、控制机构组成，控制因子包括温度、湿度、气体等生产要素。

1）温度调控。热系统的干扰量主要源于室内、室外两部分。室内干扰量包括采暖系统、照明及其他设备的散热、作物及栽培床的散热等。室外干扰量包括室外空气温湿度、太阳辐射强度、风速、风向等。调控温度的方式主要有遮阳降温、蒸发冷却、冷水蓄热、热水供暖等。

2）湿度调控。湿度也是影响植物生长的一个重要的参数。如果湿度过低，作物叶面蒸发大，严重时可导致植物根部供水不足，作物体内水分减少，从而导致细胞缩小，气孔率较低，降低植物的光合作用效率。如果湿度过高，作物叶面蒸发小，严重时会导致体内水分过多，导致茎叶增大，影响产量，同时也会导致病害。所以最优的情况是始终保持相对湿度在25%～80%的范围内。提高湿度的方法包括喷雾加湿、湿帘风机降温；降低湿度的方法包括通风换气除湿、热泵降湿、加温降湿等。

3）气体调控。气体调控主要包括通风换气和增加 CO_2 浓度。通风换气可以排除多余热量，降低室温；排除多余水汽，调节湿度。主要的方式有自然通风、强制通风、正压通风等。增加 CO_2 浓度有利于光合作用和提高作物的水分利用率。CO_2 可以通过购买 CO_2 钢瓶气源、碳氢化合物燃烧、强酸与碳酸盐化学反应等方式获取。

（4）物联网技术。物联网（the internet of things，IOT）是指通过各种信息传感器、射频识别技术、全球定位系统、红外感应器、激光扫描器等各种装置与技术，实时采集任何需要监控、连接、互动的物体或过程，采集其声、光、热、电、力学、化学、生物、位置等各种需要的信息，通过各类可能的网络接入，实现物与物、物与人的泛在连接，从而实现对物品和过程的智能化感知、识别和管理。

依物联网技术导入于植物工厂中的程度，可分为三个重要阶段：

1）第一阶段——智能化栽培环境监控。植物工厂需要调控的参数较多并相互独立，如光线、CO_2、培养液等。每个参数多为独立的传感器控制，没有完整的系统监控。若将个别的传感器通过系统加以整合，以物联网概念监测到每一个栽培环境的因素变化，则可以更加有效地管理、节省成本及快速响应栽培需求。

2）第二阶段——云端服务平台。不同的栽培作物适合不同的种植配方及生长环境。通过云端服务平台的概念，将不同作物的种植配方在云端共享。只要设备可以连上云端服务，就可以不断地从其中获得最新的研究成果和更新配方，在服务的传递上更加快速及便利。

3）第三阶段——全面智能调控。全面智能调控可以集通风系统、集成加热系统、外遮阴系统、空气循环系统、灌溉施肥系统、高压喷雾降温系统、电气与计算机控制系统等诸多系统于一体，真正实现多功能、多场合运用。

3. *发展趋势*

以色列历史学家尤瓦尔在《未来简史》一书中说道："过去几百年间，科技、经济和政治的进步，打开了一张日益强大的安全网，使人类脱离生物贫困线。"这意味着人类逐渐摆脱了食物不足的困境，而植物工厂正是为了顺应这一历史潮流的衍生物。它是现代科学与科技发展的产物，它的未来同样也寄希望于科学与技术的进步。放眼未来，植物工厂应有以下几个发展趋势。

（1）作物种类更加专用化。目前植物工厂生产品种依旧以叶菜、瓜果为主，品种尚不丰富。今后，要运用现代生物技术，培育出更加专用化的作物种类，除了叶菜、瓜果之外，还包括花类、草药类、食用菌类、粮食作物、果树类等。不断开拓植物工厂的生产类型，满足大中小城市的不同需求。

（2）建设规模逐渐大型化。随着研究水平和方向的不断发展，植物工厂的规模也不断扩大，小型到中型逐渐向大型化发展，大型化已经成为必然趋势。例如，2010年，京鹏植物工厂在我国通州正式投入运营，该植物工厂占地1289m^2，外形像一艘由钢架和玻璃构成的航空母舰。国外的植物工厂规模更大，美国米德兰市建起了18000m^2的超大型植物工厂，成为当时世界上最大的植物工厂。

（3）生产设施更加智能化。近年来，植物工厂的智能化研究不断发展，但小型的家庭化植物工厂高成本、低产出使其产业化程度低。植物工厂应该向多元化作物的生产环境控制研究发展，不仅用于叶菜类培育生产，还可用于珍稀药用植物的培育。未来通过对植物工厂作物生理生化信息与环境、营养之间定量规律的研究，建立作物数字化模型，为园艺作物精准化管理提供理论依据。未来，人们只需要进入到智能控制系统，就可以通过物联网远程监控技术观察和控制作物生产，使作物生产完全智能化。

（4）控制成本实现最优化。在植物工厂的研发和推广中，不难发现植物工厂需要克服的最大难题是成本高昂。成本较高的原因主要包括两个方面：一是投入成本比较高。植物工厂是设施农业，需要通过人工光源、营养液设备和智能监控系统等外在硬件以及对温度、湿度和光照等环境的智能调控管理，而这些设施成本比较高，同样的维护成本也很高。二是植物工厂耗电量巨大，成本投入反而有可能大于产出价值。为了应对这一问题，可以利用可回收利用材料进行植物工厂新型材料的研究与开发，不但可以降低植物工厂成本，还可以保护环境，促进可持续发展；或是利用太阳能或者其他自然能源转化为电能为植物工厂供电。相信随着电子信息与计算机技术以及新材料、新设施等高新技术的应用，未来植物工厂的成本会走向最优化。

4. 植物工厂生产实例——神内植物工厂

神内植物工厂位于日本北海道中部地区桦户郡浦臼町，于 2001 年建成，植物工厂建设投资约 2.8 亿元人民币，总投资 5.6 亿元人民币，见表 4-5。它是当时日本乃至世界上投资最多、设备最先进、技术最精良的植物工厂，见表 4-6。

表 4-5 神内植物工厂建筑构成概要

总面积	地下一层	一层	二层	附属设备
$8828.46m^2$	管道铺设 $644.76\ m^2$	面积 $6384.21\ m^2$ 其中： 太阳光与人工光并用型温室（4 间）$3042.0\ m^2$； 人工光温室（9 间）$608.4m^2$； 育苗室 $202.8\ m^2$； 预冷室、防露室、平台、锅炉房、机械室等	面积 $1791.99\ m^2$ 其中： 栽培管理室 $202.8m^2$； 太阳光与人工光并用型温室（8 间）$464.1m^2$； 人工光温室(4 间)$202.8\ m^2$； 大厅、电气室、仓库等	储冰槽（2 槽）$928.2\ m^2$ （$522.6\ m^2+405.6\ m^2$）

表 4-6 神内植物工厂“沙拉莴苣”和“桑秋莴苣”生产流程

作业时期	作业室	植物滞留时间
播种、催芽	播种室、催芽室	2~3 天
绿化	太阳光温室 A	1 周
苗化	太阳光温室 A~D	3 周
栽培	太阳光温室 1~3、人工光温室	3~7 周
收获	太阳光温室 1~3、人工光温室	0.5 天
包装	防露室	0.5 天
冷藏	预冷室	0.5~3 天
上市	移动起重机、冷藏车	0.5 天

神内植物工厂与生产密切相关的设备及特征介绍如下。

空调换气系统：在夏季温度较高时，太阳光温室先开启换温扇降温，并辅以喷雾系统进行冷却。与此同时，温室内还配备有一套冷气输送装置，高温时通过换气以及运转空调来调节温度，当室外日照量超过指定值时，还要使用遮阳网。

冷源：太阳能光温室和预冷室采用的冷源方式是冰蓄冷空调，这里的设施不同于通常的冰蓄冷系统，它利用了日本北海道地区得天独厚的地理优势（年降雪 13m 左右），在冬季利用户外的冷空气制作冰块蓄积冷源；而到了夏天则利用蓄冰供冷，通过提取冷水进行热交换。该系统是一种“季节性蓄冰制冷系统”，也是一种节能效果较好的冷热交换方式。

热源：太阳能温室供暖时的热水管道、融雪管和水热源泵的温热源，用的都是高压蒸汽锅炉，锅炉房建于地下。

栽培用照明：太阳光温室采用高压钠灯进行补光照明，而人工光温室照明采用荧光灯。

第四节 储 能 技 术

可再生能源具有间歇、随机、低密度等特点，要使其得到广泛有效的利用，并逐步成长为替代能源，最终成为主导能源，储能技术是其中必不可少的环节。自然界的一切物质都具有能量，对应于不同的运动形式，能量也有不同的形式，如机械运动的动能和势能、热运动的热力学能、化学反应的化学能等。人类在利用这些能量的同时，又可以将这些能量转换为更为方便利用的电能。从广义上来说，储能是指能量的存储，即通过一种介质或者设备，将当前剩余的能量以其本身的形式，或者转换为另一种能量形式存储起来，根据未来使用的需要以特定的能量形式释放出来的一个过程。从狭义来讲，储能指的是针对电能的存储，利用物理或化学方法将电能存储起来的技术。

一、储能的需求

人类使用能源的阶段，正经历从仅依赖化石能源到现在的化石能源与清洁能源并存，再迈向未来以可再生能源为主。我国政府承诺 2030 年左右碳排放达到峰值，煤电占比逐步下降，可再生能源将实现规模化发展，并大量接入到电网。但是可再生能源发电存在着波动性、间歇性、随机性等问题，对电网来说是一个很大的挑战。以风能、太阳能为例，风速、光照是随时变化的，风电机组、光伏电站的出力主要由风速、光照强度的大小决定，因此风电场、光伏电站的出力也是波动的，其不稳定性将会导致大规模风电、光伏电站并网之后造成电网电压、电流和频率的波动，影响电网的电能质量。另外，可再生能源发电的特性也制约了自身发展的速度。我国现有的新能源电力装机容量，由于地域性限制，一直处于东西部严重不平衡状态，以风、光为主的大型新能源地面电站主要集中在西北地区。然而当地的消纳能力有限，又没有足够的电力外输渠道，过去几年装机量快速增长的同时，弃光弃风情况逐年恶化。

如果发电侧加入储能设备则可以完美解决上述问题。采用虚拟同步发电技术让光伏发电和风力发电系统的特性接近火力发电等同步发电机系统，是保障电力系统稳定、安全运行的手段。此外，发电侧安装储能也可以参与电网调频调峰、替代旋转备用容量等辅助服务，无需建设常规能源就可以解决电网安全问题，使新能源走上健康发展的道路。

二、储电技术分类

1. 物理储能

物理储能指的是利用抽水、压缩空气、飞轮等物理方法实现能量的存储。它具有规模大、循环寿命长和运行费用低等优点，但需要特殊的地理条件和场地，建设的局限性较大，且一次性投资费用较高。

（1）抽水蓄能。抽水蓄能是目前存储大规模电力技术最成熟、成本效益最好的储能技术，也是当前唯一广泛采用的大规模能量存储技术。全世界电力总装机容量已超过 150000MW，抽水蓄能技术利用低谷电价来储存能量，利用其他电站提供的剩余能量，在电力负荷低谷或丰水时期，将水从地势低的下水库抽水到地势高的上水库，将电能转换为势能；在白天的高峰负荷或枯水季节期间，用上水库的水驱动水轮发电机组发电，将势能转换为电能。主要任务是调峰、调频、填谷以及紧急事故备用，但是受水文和地质条件制约，储能电站选址受到限制。

三峡大坝位于中国湖北省宜昌市三斗坪镇境内，距下游葛洲坝水利枢纽工程 38km，是当今世界最大的水力发电工程。自投运以来，产生巨大效益，但还有进一步大大提高的余地。长江通过三峡的年平均径流量达到 4500 亿 m^3，而三峡水库仅蓄水 300 亿 m^3。如果在此处修建超大型抽水蓄能电站，就可以将主汛期不能用来发电、航运的弃水充分利用。

有专家指出，三峡水库的上游重庆市开县、云阳县等地地势开阔，丘陵起伏，距三峡下库 5～20km，高出三峡水库水位 300～600m，是绝佳的抽水蓄能上库群；而已建的三峡水库蓄水量常年有 150 亿～300 亿 m^3之多，流经水库的多年平均径流量为 4500 亿 m^3，是世界上少有的水量十分充沛的下库。假设在此处建成抽水电站群，以日抽水 10 亿～20 亿 m^3、供电 10h 计，日发电量可达 10 亿～20 亿 kWh，是目前三峡水电站日发电量的 5～10 倍。该电站群可调节发电功率 1 亿～2 亿 kW，是三峡 2200 万 kW 装机的 5～10 倍。

（2）压缩空气储能。压缩空气储能规模大，仅次于抽水蓄能。它是利用负荷低谷时的剩余电力压缩空气，并将空气高压密封在报废矿井、沉降的海底储气罐、山洞、过期油气井或新建储气井中，在负荷高峰期释放压缩的空气推动汽轮机发电。压缩空气储能具有储能量大、成本低、安全性好、使用寿命长等特点，但是能量密度低， 受地形条件如岩层等条件限制。

中国能建数科集团和国网湖北综能共同投资于湖北省应城市建立了世界首台（套）300MW 压缩空气储能电站，该项目利用云应地区废弃盐矿洞穴为储气库，单机功率达 300MW，储能容量达 1500MWh，并于 2024 年 4 月 9 日首次并网一次成功，标志着全球压气储能电站由此迈入 300MW 级单机商业化新时代。

（3）飞轮储能。飞轮储能系统主要由转子、支承系统、真空与冷却系统、电机、储能变流器（PCS）构成。充电时，PCS 驱动电机，使飞轮转速增加，电能转化为机械能，完成充电过程；放电时，PCS 将储能装置出力转化成与电网频率一致的交流电送入电网，机械能向电能转化，进行能量输出。因此，飞轮可以作为负荷从电网充电，又可以向电网放电，具有双向调节能力。

飞轮储能的主要优点是充放电率高，循环次数多，响应速度快，无污染，维护简单，寿命一般为 20 年，使用寿命不受充放电深度的影响；缺点是成本高、能量密度较低，保证系统安全性方面的费用很高，储能损耗较高，不适合用于能量的长期存储。

飞轮储能可用于微电网的支撑。加拿大魁北克地区矿藏资源丰富，拥有优质的风力资源但位于电网末梢，自然环境恶劣，带储能的离网型微电网是开发该地区自然资源的最优解。在 2015 年 12 月投运的加拿大拉格伦镍矿项目中，由 GTR200 型 200kW 飞轮、3MW 风电、200kW 锂电池、备用柴油机、燃料电池与制氢系统共同组成了一个微电网，飞轮在此项目中的主要作用为平滑风力发电机的频率波动，改善电能质量。该项目在 18 个月的时间里节省了 340 万 L 柴油，减排了 9.11t 温室气体。

飞轮储能也可应用于电网调频。安全的电网运行要求在任意时刻平衡电力供应和电力需求。当供过于求时，频率上升到 50Hz 以上，烧毁用电设备；当供不应求时，频率下降到 50Hz 以下。为了将电网频率保持在合理的范围内，电网运营商使用辅助服务来平衡发电与用电的偏差。飞轮储能技术无需化石燃料，也不会直接产生空气污染物。这使得在电网的任何地方，只要离输电线路比较近，都能快速建设一座飞轮调频电站。

2. 化学储能

一般采用各种技术成熟的可充放电电池系统作为电化学储能体系。与小容量储能电池相比，规模储能要求储能电池具有大容量、长寿命、高安全可靠、低成本、更宽的温度使用范围、更复杂的控制系统以及对瞬时充放电的快速响应等特点。

（1）液流电池。在液流电池中，能量储存在溶解于液态电解质的电活性物中，而液态电解质则储存在电池外部的罐中。用泵将储存在罐中的电解质打入电池堆栈，并通过电极和薄膜，将电能转化为化学能，或者将化学能转化为电能。

在众多的液流电池体系中，全钒体系是目前技术相对成熟、最接近商业化的体系。但是由于 V^{5+}的溶解度太低，极大地限制了能量密度，并且 V^{5+}的溶解度与温度呈负相关，随着温度的升高会有 V_2O_5 结晶析出，使得钒电池的工作温度局限在 10～40℃。电池的平均温度主要受电流密度和电解液流速的影响，目前的研究工作主要集中在电解液的改性方面。

全钒液流储能电池具有容量大、能量转换效率高、电池均一性好、寿命长、响应速度快、安全性高、成本低以及充电状态可即时监测、材料可循环使用等优点，与比能量较低、寿命较短且不可深度放电的铅酸电池以及成本较高、控制系统复杂、“大型化”较难的锂离子电池相比具有体系上的优势，是大规模高效储能首选。但是液流电池目前尚未实现大规模商用，主要原因在于自身依旧有很多的局限性：投入成本高；电池呈液态，占地面积较大，应用场地较为有限；高温会产生剧毒物质，如全钒液流电池高温析出的 V_2O_5 结晶会堵塞管道，包覆碳毡纤维，恶化电池堆栈性能，最终导致电池报废。

（2）钠硫电池。钠与锂属于同一主族， 物理化学性质类似，而且钠储量非常丰富，分布均匀，价格低廉。钠离子电池体系具有资源丰富、价格低廉、环境友好，以及与锂离子电池相近的电化学行为等优势，因此被认为是下一代大规模储能技术的理想选择。

钠硫电池的正极由液态硫组成，负极由液态钠组成，中间隔有陶瓷材料的 β-Al_2O_3 管。钠硫电池在国外已是发展相对成熟的储能电池，具有高的比功率和比能量、低原材料成本和制造成本、高的温度稳定性以及无自放电等优势，其寿命可达 10～15 年。钠硫电池目前的发展重点是固定场合（如电站储能）应用，用于调频、移峰、改善电能质量和可再生能源发电等领域。

钠硫电池的工作温度在 300～350℃，为保证电池正常工作，需要附加供热设备和保温设施。电池在运行中要求保持恒温，温度过高会造成电池壳体破裂，引发安全事故；温度过低则造成电极活性降低，电池无法反应，因而在电池充放电过程中必须对工作温度进行实时监测和调节。电池短路时，高温、熔融态的钠和硫会直接接触，放出大量的热，产生高达 2000℃的高温，引起火灾甚至爆炸，有严重的安全隐患。

（3）锂离子电池。锂电池实际上是一个锂离子浓差电池，正负两极由两种不同的锂离子嵌入化合物构成。充电时，锂离子从正极脱嵌，经过电解液进入负极，此时负极处于富锂态，正极处于贫锂态。放电时相反，锂离子从负极脱嵌，经过电解液进入正极，此时正极处于富锂态，负极处于贫锂态。

锂电池是目前相对成熟的技术路线中能量密度最高的实用型电池，具有工作温度范围宽、无记忆效应、可快速充放电、环境友好等特点。锂电池工作温度在-20～60℃，一般低于 0℃后锂电池性能就会下降，放电能力就会相应降低，所以锂电池性能完全的工作温度常见是 0～40℃；另外，该类电池的容量衰减速度是不容忽视的，不论电池使用与否，衰减都是不可避免的，并且在 2～3 年之后，电池就会失效。因而电池的储存温度不要高于 15℃， 并且在储存过程中要补充充电。

近年来，锂离子电池技术处于快速发展阶段，价格也日益降低。目前，锂离子电池的研究主要集中在提高使用寿命、提升安全性、降低成本以及新的正负极材料等方面。

（4）铅酸电池。铅酸电池作为比较成熟的蓄电池技术，具有价格低廉、安全性相对可靠的优点，但它的循环寿命短、不可深度放电、运行和维护费用高。目前，铅酸电池一般主要用作电力系统的事故电源或备用电源，以及汽车的起动电源和低速车动力电源。

铅酸电池的使用温度范围比较广，一般要求在-30～60℃的温度环境下可以正常运行。由于其对温度不敏感，市面上的铅酸电池很少装有电池热管理系统（BMS）保护。

3. 电磁储能

电磁储能是电力储能技术的一种，电磁储能主要包括超导电磁储能和超级电容器储能。电磁储能相较于其他储能方式，有着响应速率快、比功率高等优点，缺点在于通常需要较高的建设成本。

（1）超导电磁技术。超导电磁储能（superconducting magnetic energy storage，SMES）装置是将电能利用超导线圈以电磁能的形式储存起来，需要时再将电能输出给负载的储能装置，其特点是效率高、响应快、无污染等。在超导状态下线圈的电阻可以不计，因此能耗非常小，可以长期无损耗地储能。但是超导线圈需要在温度极低的液体中工作，因此成本太高，同时也会增加系统的复杂性。目前在电力系统中的应用主要是用于提高系统的暂态稳定性，改善电能质量和风电、光电等随机性强的间歇式新能源并网特性。

甘肃省白银变电站应用了超导电磁储能技术，该变电站的运行电压等级为10.5kV，集成了超导储能系统、超导限流器、超导变压器和三相交流高温超导电缆等多种新型超导电力装置，可大幅改善电网安全性和供电质量，有效降低系统损耗，减少占地面积。

（2）超级电容器。超级电容器的原理是依据双电层原理直接存储电能，介于常规电容器和电池之间，其充放电可逆性非常好，优于电池，可进行数十万次的反复储能。超级电容器有着响应快、循环寿命长的特点，而电池有能量密度高、循环寿命短的特点，可将二者结合形成储能系统，取长补短。

超级电容器的应用场景十分广泛。在城市交通领域，超级电容器充电时，充电量大，充电快；放电时，放电量大，放电快。同等重量超级电容器续驶里程较短，但充电速度快，可以弥补续驶里程短的缺陷。2006 年 8 月，上海建成了超级电容公交车运行示范线 11 路，共有 10 台电容车和 8 台充电站；全程 5.5km，为世界上首条投入商业化运行的公交线路。在能源回收过程中，通过在轨道交通车辆上安装一个超级电容系统，利用其能在短时间内快速充放电的特点，在轨道车辆制动的时候回收制动能量，存储在超级电容器中，当车辆再加速时，超级电容器再将这些能量释放出来。在电源系统中，很多设备或电子器件在电源短时中断时，会造成一些生产事故或信息丢失，这时需要一个应急的备用电源。超级电容器极大的比功率能够使其输出电流几乎没有延迟地上升到高达数百安培甚至上千安培。利用超级电容器的不断电电源系统可以起到迅速稳压和提供电力的作用。同时，超级电容器能够循环使用几万次，真正实现免维护，节省大量的人力物力。同时，超级电容器的低温特性也可以使它能够被运用在恶劣的自然环境中。在可再生能源领域，目前风能、太阳能发电系统普遍采用蓄电池作为储能或者缓冲装置，由于风力和阳光强度的不稳定，可能引起蓄电池反复充电，导致其寿命减短。超级电容器因具有数十万次以上的充放电循环寿命和完全免维护、高可靠性等特点，很快成为储能缓冲装置的首选，实现保护蓄电池的功能。在有瞬间强负载的系统中，利用该电容器可以发挥稳定系统电压、减少电源容量配置的作用。

三、储电技术应用场景

1. 集中式规模化储电

集中式规模化储能系统的功率从数兆瓦到数百兆瓦，持续放电时间为数小时以上。它可以作为储能电站对电网系统进行调峰调频、削峰填谷、事故备用，或者配合大型光伏电站或风电场使用，提高电网对新能源的接纳能力。

近年来，我国开展了集中式规模化储能提升新能源并网友好性、储能机组二次调频、大容量储能电站调峰、分布式储能提升微电网运行可靠性、储能电站共享等多样性示范工程。包括：国家风光储输示范工程，储能电站 23MW/89MWh，提升了风光互补并网友好性；江苏储能电站 101MW/202MWh，实现调峰、调频、调压、紧急功率支撑等电网侧应用功能；用户侧/微电网储能用于促进分布式电源的灵活高效应用。

2. 分布式储电

分布式发电，也可称为分散式发电、分散型发电、分散发电，是用多种小型连接电网的设备发电和储能的技术与系统，根据使用技术的不同，可分为热电冷联产发电、内燃机组发电、燃气轮机发电、小型水力发电、风力发电、太阳能光伏发电、燃料电池等。随着分布式发电的蓬勃发展，大量分布式电源接入配电网，而分布式系统带来的随机性和高负荷等问题需要相应的存储技术提供解决方案，因此，分布式储能技术诞生了。

分布式储能系统的功率从几千瓦到几兆瓦不等，储能容量一般小于 10MWh。分布式储能装置是指模块化、可快速组装、接在配电网上的能量存储与转换装置，主要分为电储能单元和储能配套设施两部分。根据储能形式的不同，分布式储能系统可分为电化学储能（如蓄电池储能装置）、电磁储能（如超导储能和超级电容器储能等）、机械储能装置（如飞轮储能和压缩空气储能等）、热能储能装置等。利用分布式储能资源，将客户侧可调节负荷进行聚合，通过源网荷储协调互动，充分释放负荷潜力，解决电网负荷低谷时段供需平衡调节困难、分布式电源消纳不足等问题。

大量分布式光伏接入配电网，易引起配电系统功率失衡、线路过载和节点电压越限等问题，制约了分布式新能源的消纳。“光+储”是未来可持续发展路径。以安徽金寨电网为例，大量分布式光伏接入金寨县域电网造成配电网电压升高，线路末端电压最高约 1.3 倍额定电压，频繁发生逆变器脱网事件。2019 年 4 月，通过在光伏电站加装分布式储能装置，有效改善了配电网电能质量，光伏消纳量增长 13%。未来，应发展应用独立“光+储”模式及分布式储能聚合分布式电源模式，在配电网形成规模化智慧可调资源，进一步提升新能源高效消纳空间。

四、蓄冷技术

1. 水蓄冷

水蓄冷技术主要利用水作为媒介，温度一般为 3～7℃。在夜间低电价且城市电网用电负荷较小时，利用水的显热以低温水的形式将冷量储存在蓄冷罐内，待白天高电价且城市电网用电负荷较大时，再释放之前储存的冷量，作为空调系统的部分冷源。

水蓄冷技术投资小、运行可靠、制冷效果好、经济回报较高。水蓄冷技术可以利用大型建筑楼宇本身具有的消防水池来进行冷量储存，系统较为简单，推广难度较低，具有良好的发展前景和应用前景。它还可以平衡电网负荷、减少电网投资，净化环境等。

2. 冰蓄冷

用压缩式制冷机组，利用夜间用电低谷负荷进行制冰，并储存在蓄冰装置中，白天将冰融化释放储存的冷量，来减少空调系统的装机容量和电网高峰时段空调用电负荷。同水蓄冷方式相比，冰蓄冷是利用冰的相变潜热进行冷量的储存，储存同样多的冷量时，冰蓄冷所需的体积比水蓄冷要小得多。

空调系统适用于冰蓄冷系统的场所有：在使用期和非使用期空调负荷差异较大的场所，如大型超市、写字楼、饭店等；周期性使用，空调投入时间短，但负荷大的场所，如体育馆、电影院、剧院等；使用空调负荷较大的工业企业，如纺织厂等。目前我国每年新建住宅建筑和公共建筑约 8 亿～9 亿 m^2，为冰蓄冷技术的推广应用提供了巨大市场。我国每年公共建筑新增面积约 3 亿 m^2，如 30%的新建公共建筑采用冰蓄冷空调系统，全国每年可节约 15 亿 kWh 所对应的电价差值，所节约金额高达约 10 亿元。

3. 共晶盐蓄冷

共晶盐蓄冷是利用固-液相变特性蓄冷的另一种形式。共晶盐是由无机盐、水、成核剂和稳定剂组成的混合物。结晶水合盐以其优良相变蓄冷性能、高安全性和性价比已广泛应用于冷藏车等低温保鲜领域，但过冷、相分离和腐蚀性问题也在一定程度上限制了其使用。

共晶盐蓄冷的应用场景之一是冷库。在夜间，制冷系统提供两部分冷能，一部分通过蒸发器对冷库进行制冷，另一部分通过装有相变蓄冷材料的蓄冷板储存冷量，而在白天，制冷系统停止工作，通过装有相变蓄冷材料的蓄冷板的融化过程释放冷量，对冷库进行制冷，从而达到了对电力进行“移峰填谷”的目的。

共晶盐蓄冷也可用于食品储存与运输。低温相变材料可以集成在冷藏车、食品包装和医疗产品中，对那些对温度敏感的产品进行“热保护”。米兰理工大学开发了相变温度在 4～10℃范围内复合相变蓄冷材料，并将其应用于食品包装，发现负载有复合相变蓄冷材料的包装能有效延长食品的保质期。南澳大利亚大学可持续系统与技术研究所可持续能源中心的科研人员开发了一种新型冷藏车，其制冷系统由车外制冷单元和车载相变储存单元（相变温度为 −26.7℃）组成，研究结果表明，与未集成相变材料的传统制冷系统相比，其能源消耗节省了 86.4%。

4. 气体水合物蓄冷

气体水合物为气体或易挥发液体和水形成的包络状晶体，气体水合物蓄冷技术是利用气体水合物可以在水的冰点以上结晶固化的特点形成的特殊蓄冷技术，俗称“暖冰蓄冷技术”。该技术使用的制冷剂的相变温度在 5～15℃的范围内，与空调工况相近，同时具有水蓄冷（蒸发温度高）和冰蓄冷（蓄冷密度大）的优点，被认为是理想的蓄冷介质。

五、储热技术

储热技术是以储热材料为媒介将太阳能光热、地热、工业余热、低品位废热等热能储存起来，在需要的时候释放，力图解决由于时间、空间或强度上的热能供给与需求间不匹配所带来的问题，最大限度地提高整个系统的能源利用率而逐渐发展起来的一种技术。目前储热技术主要包括显热储热、潜热储热和热化学储热三种方式。

1. 显热储热

显热储热是通过蓄热材料的温度的上升或下降来储存热能，常见的显热蓄热介质有水、水蒸气、沙石等，这类材料储能密度低且不适宜工作在较高温度下，在储热温度要求不高的领域如建筑领域中的太阳能空调等装置中应用较为广泛。

水储热技术主要是在谷值电价时利用电锅炉进行热水加热，储于储水罐；在峰值电价时利用储水罐热水供暖。水储热技术具有热效率高、运行费用低、运行安全稳定、维修方便等优点。国电华北电力设计院工程有限公司的研究人员在护国寺中医院设计了一套电锅炉蓄热采暖设备。护国寺中医院建筑采暖面积为 13200m^2，改造后的锅炉房主要为医院门诊楼、病房楼、办公楼提供采暖。病房楼要求采暖温度为 22℃。经过实际运行发现，锅炉出水温度可达到 70℃，保证用户在室外温度较低时的采暖，锅炉房各项指标基本达到设计要求。

目前显热技术规模化应用主要集中于光热电站中。光热发电，是通过吸收太阳光转化为热能，再通过发电机组将热能转化为电能。海西州德令哈市太阳能、风能资源丰富，年平均日照时数 3137h，日照百分率 80%以上，年平均太阳总辐射量 7000MJ/m^2，全市适合太阳能资源开发面积多达 500km^2，发展风电光热新能源产业具有得天独厚的优势。由青海中控太阳能发电有限公司投资建设的国内首座大规模应用的塔式太阳能光热发电站位于柴达木盆地东北边缘的德令哈市西出口，总装机容量 50MW，预计年发电量达 1.125 亿 kWh，峰值效率达 24%，年节约标准煤 3.94 万 t，减排二氧化碳气体 10.3 万 t。

2. 潜热储热

潜热储热又称相变储能，是利用材料在相变时吸热或释热来储能或释能的，这种材料不仅能量密度较高，而且所用装置简单、体积小、设计灵活、使用方便且易于管理，见表 4-7。另外，潜热储热还有一个很大的优点：这类材料在相变储能过程中材料近似恒温，可以以此来控制体系的温度。

在墙体材料中掺入合适的相变微胶囊，白天温度较高时，微胶囊发生同液相变，吸收太阳辐射热量，储存能量，并且减少室内温度波动；晚上，微胶囊发生同液逆相变，释放热量。因此，微胶囊技术通过充分利用太阳能来实现相变过程，不产生其他能源浪费。在织物表面或者成型过程中添加相变微胶囊，可以使织物材料在预设定温度下吸收或释放热量，不仅可以维持内部温度，还可以对温度进行适当调节。

表 4-7 潜热储热分类

分类	用途
低温相变储热	主要用于废热回收、太阳能储存以及供暖和空调系统
高温相变储热	可用于热机、太阳能电站、磁流体发电以及人造卫星等方面
微胶囊储热	将相变储热材料制成微胶囊的形状，以有机化合物及其复合材料、无机化合物或无机矿物等作为储热微胶囊的壳体壁材，以无机或有机相变材料为内部芯材，解决了相变过程发生的液漏问题以及传统相变储热材料所具有的腐蚀性、低导热性以及相分离等一系列问题

3. 热化学储热

热化学储热也称化学反应热储热，是一种利用化学反应将化学能转化为热能的储热方式。化学反应热储热的特点是高能量密度，可实现热量的长期储存，主要用于中低温的储热。

通过催化剂作用或者产物分离的方法，热化学储热能够实现热量的长期储存。

热化学储热的应用实例之一就是太阳能电站。金属氢化物热化学装置一般由蓄热反应器、氢气阀、储氢反应器三部分组成。当阳光充足时，金属氢化物吸收大量热量在高温下分解生成氢气，并存于储氢反应器；当夜晚或阴天时，氢气阀开启，氢气通入蓄热反应器与金属充分反应，释放大量热量。EMC Solar 公司采用 CaH_2 作为储能材料，应用于 100kW 的斯特林太阳能电站，整个蓄热装置内填充了 3.26t 的 CaH_2，总蓄热量为 4320kWh，可满足电站运转 18h。

另一个应用场景是储存 CO_2。碳酸盐体系基于研究多年的二氧化碳捕集技术，该体系因为原料来源广泛、反应简单等优点成为理想的热化学储能材料之一。CHACARTEGUI 等人设计了一套 100MW 的 $CaCO_3$ / CaO 热化学储能电站概念。他们综合考虑实地情况、热损失、压差、传质损失，通过热力学第一定律计算的热效率为 40%～46%，但碳酸盐体系目前尚在实验室研究阶段。

六、储能技术的应用领域

1. 备用电站

南方电网公司于 2009 年 11 月启动 10MW 级电池储能电站关键技术研究及试点工作，建成并投运了一座调峰调频锂离子电池储能电站——深圳宝清电池储能电站。该储能电站工程规模为 4MW/16MWh，可实现配电网侧削峰填谷、调频、调压、孤岛运行等多种电网应用功能。储能电站以 500kW/2MWh 储能分系统为基本单元， 共分为 8 个 500kW 储能分系统，全站共安装磷酸铁锂电池 34560 只，年发电量 3373MWh。

江苏镇江 101MW/202MWh 电网侧分布式储能电站工程于 2018 年 7 月 18 日正式并网投运，是目前国内规模最大的电网侧储能电站项目。有别于电源侧储能电站与负荷侧储能电站，电网侧储能电站主要面向电网调控运行，能够满足区域电网调峰、调频、调压、应急响应、黑启动等应用需求，为当地电网迎峰度夏期间的安全平稳运行提供保障。该储能电站总功率为 10.1 万 kW，总容量 20.2 万 kWh，可在每天用电高峰期间提供电量 40 万 kWh，满足 17 万居民生活用电。

2. 风能发电储能

风电既是绿色清洁的可再生能源，又具有间歇性和波动性的特点，规模并网会对电力系统稳定运行造成冲击。储能系统具有动态快速吸收能量并适时释放的特点，能有效弥补风电的缺点，改善风电输出的可控性，提升电力系统稳定水平。

河北省张北县属国家二类优质风能区，县域内风能资源可开发潜力达 500 万 kW 以上，为国家八大千万千瓦级风电基地之一。目前累计取得国家、省、市批复的新能源总指标规模 1681.568 万 kW，其中风电 957.33 万 kW、光伏 680.188 万 kW，全县已建成可再生能源总装机规模达到 851.32 万 kW，其中风电 551.83 万 kW、光伏 285.14 万 kW。

3. 电动汽车储能

电动汽车有 90%的时间处于停泊状态，车载电池可看作一个分布式储能单元。并且，电动汽车电池的能量密度较高，即使淘汰下来的电池也可用作简单的储能设备提供几个小时的稳定电量。因此，电动汽车作为储能设备有着良好的发展前景。目前，人们在电动汽车储能领域主要的研究方向是电池的梯级利用以及 V2G 技术。

电池的梯级利用是指电动汽车电池使用周期结束后可根据其性能进行不同梯级利用。例如，锂离子电池的使用寿命为5年左右，当电池的电容量降至原来的80%左右时就需要更换。废旧的锂离子电池可以安装在住宅或者工业建筑使用的太阳能光伏设备上，以节省电费；或是作为备用电源；或是可以用于可再生能源发电接入。梯级利用不仅可以使动力电池得到充分的发挥，有利于节能减排，还可以缓解大量废旧电池回收的压力。

V2G（vehicle to grid）技术是智能电网的重要组成部分，它是指电动汽车与电网的能量管理系统通信，并受其控制，实现电动汽车与电网之间的能量转换（充、放电）。当电网负荷过高时，由电动汽车储能源向电网馈电；而当电网负荷低时，用来存储电网过剩的发电量，避免造成浪费。通过这种方式，电动汽车用户可以在电价低时从电网买电，电网电价高时向电网售电，从而获得一定的收益。

4. 家庭微电网

太阳能热水器是有效利用太阳能的典范。在一些农村地区，几乎家家屋顶上都有一个太阳能热水器。与太阳能热水器构成相类似，家庭式微电网包括市电（主电网接入）、太阳能光伏发电、储能及储能电力转换。智能微电网框架，就是采用灵活的网络结构，构建以太阳能光伏为主的分布式发电系统、主动配电负荷和储能设备的微电网架构，运用智能化技术手段协调三者之间的运行。

太阳能光伏发电系统分为独立光伏发电系统和并网光伏发电系统。独立运行的光伏发电系统需要有蓄电池作为储能装置，主要用于无电网的边远地区和人口分散地区，整个系统造价很高。独立光伏电站包括边远地区的村庄供电系统、太阳能户用电源系统、通信信号电源、阴极保护、太阳能路灯等各种带有蓄电池的可以独立运行的光伏发电系统，见图4-12。

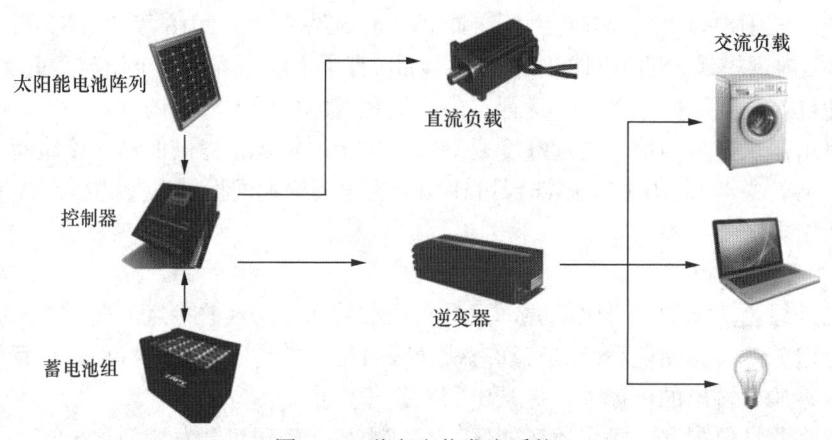

图4-12 独立光伏发电系统

并网光伏发电系统是与电网相连并向电网输送电力的光伏发电系统，可以分为带蓄电池的和不带蓄电池的并网发电系统，见图 4-13。带有蓄电池的并网发电系统具有可调度性，可以根据需要并入或退出电网，还具有备用电源的功能，当电网因故停电时可紧急供电。带有蓄电池的并网发电系统常常安装在居民建筑；不带蓄电池的并网发电系统不具备可调度性和备用电源的功能，一般安装在较大型的系统上。光伏发电系统与电网连接并网运行，省去了蓄电池，不仅可以大幅度降低造价，而且具有更高的发电效率和更好的环保性能。

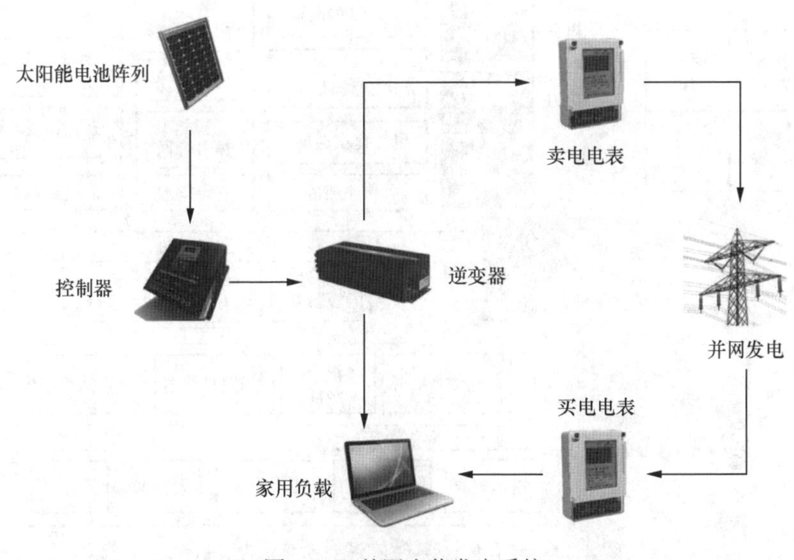

图 4-13　并网光伏发电系统

七、综合能源系统与能源互联网

1. 综合能源系统

综合能源系统是指在规划、设计、建设和运行等过程中，通过对各类能源的产生、传输与分配、转换、存储、消费等环节进行有机协调与优化后，所形成的社会综合能源产供销一体化系统，见图 4-14。在能源领域中，长期存在着不同能源形式协同优化的情况。例如冷热电联产系统（combined cooling heating and power，CCHP），以水电、生物能、太阳能、地热能等一切可以产生热或者电的资源作为一次能源，将发电系统和供冷、供热系统小规模地分布在用户附近，以满足用户对冷、热、电的需求；冰蓄冷设备协调电能与冷能，以达到削峰填谷的目的。这些从本质上来说都属于综合能源系统。

综合能源系统主要由供能网络（如供电、供气、供冷/热等网络）、能源转换环节（如 CCHP 机组、发电机组、锅炉、空调、热泵等）、能源存储环节（储电、储气、储热、储冷等）、终端综合能源供用单元（如微网）和大量终端用户共同构成。综合能源系统在地理分布上与功能实现的具体体现是区域综合能源系统，根据地理因素可将其分为跨区级、区域级和用户级。

跨区级综合能源系统以大型输电、气等系统作为骨干网架，主要起能源远距离传输的作用，主要核心技术有柔性直流传输、能量路由器、信息物理系统等，能源系统之间的互动受管理、运行、市场等因素影响较大。区域级综合能源系统包括智能配电系统、中低压天然气系统、供热系统、供冷系统等组成，主要的作用是能源传输、分配、转换、平衡；主要核心技术包括主动配电网、混合储能、能源集线器、能量路由器等。用户级综合能源系统由智能用电系统、分布式或集中式供热系统、供水系统等耦合而成，以需求响应、负荷预测、电动汽车、大数据、云计算等为核心技术。

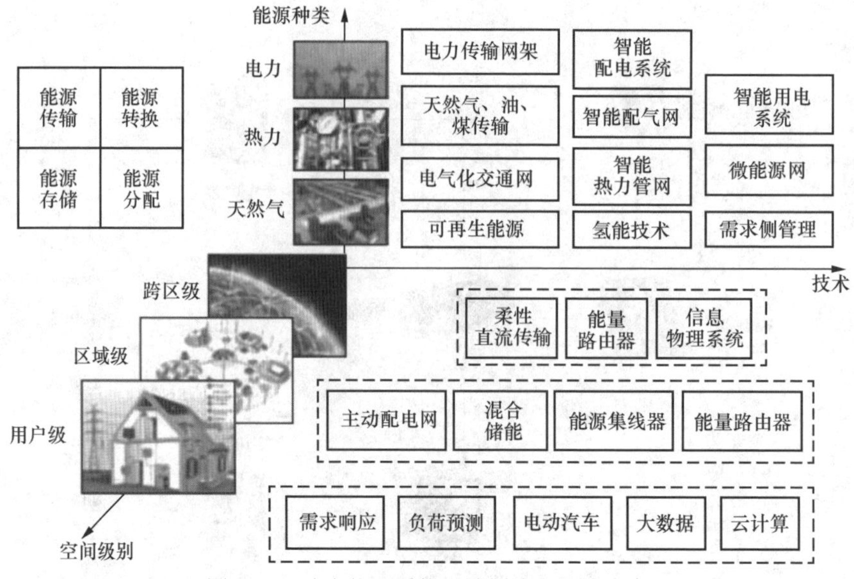

图 4-14 综合能源系统区域划分和评估维度

2. 能源互联网

能源互联网的概念源于美国学者 Jeremy Rifkin，他在著作《第三次工业革命》中提道："以新能源技术和信息技术的深入结合为特征，一种新的能源利用体系即将出现。"这种新的能源利用体系即"能源互联网"。能源互联网络是以电力系统为核心，以互联网及其他的 ICT 技术为基础，以分布式可再生能源为一次能源，并与天然气网络、交通网络等系统紧密耦合而成的复杂多网流系统，见图 4-15。它的理念类似互联网，强调能源的对等开放、即插即用、广泛分布、高度智能以及实时响应等特性。

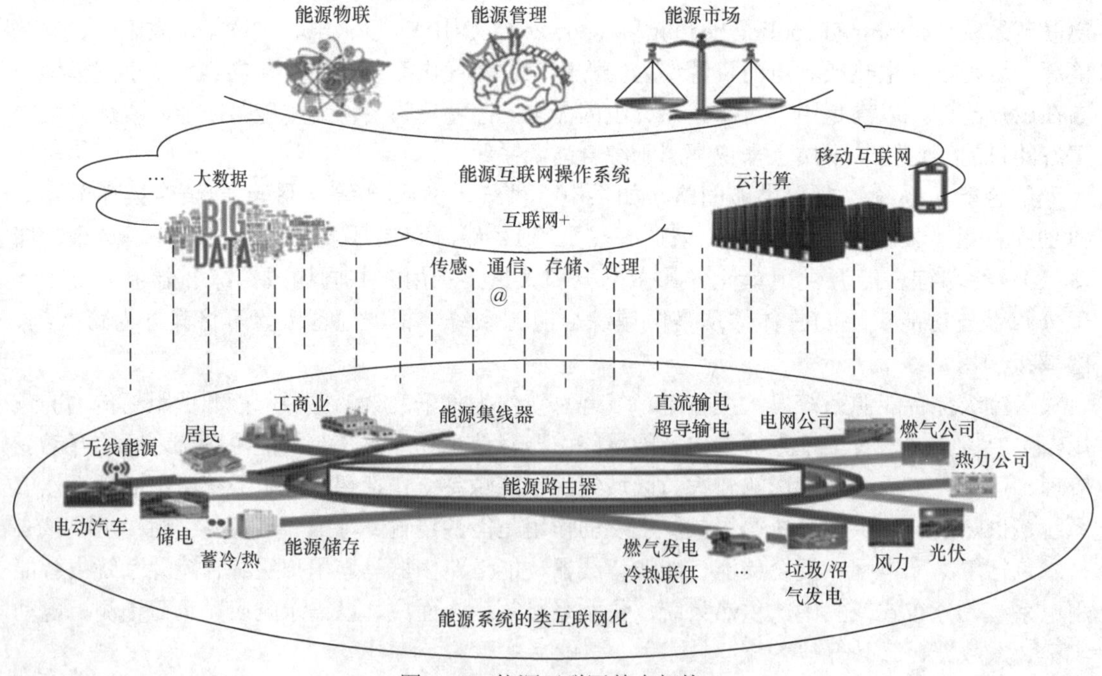

图 4-15 能源互联网基本架构

能源互联网的基本架构大致可分为“能源系统的类互联网化”和“互联网+”两层，前者指能量系统，是互联网思维对现有能源系统的改造；后者指信息系统，是信息互联网在能源系统的融入。传统能源系统中，供电、供热、供冷、供气、供油等不同能源行业相对封闭，互联程度有限，不同系统孤立规划和运行，不利于能效提高和可再生能源消纳。能源互联网则打破了这个壁垒，实现电、热、冷、气、油、交通等多能源综合利用，并接入风能、太阳能、潮汐能、地热能、生物能等多种可再生能源，形成开放互联的综合能源系统。通过风机、光伏、光热、冷热电三联供、热泵、吸收式制冷、电解制氢、电动汽车等能源捕获和转换技术，使得不同系统之间的耦合增加。借鉴互联网的理念，为了实现能量的自由传输，设备级的前沿技术包括能源互联网标准协议、能源路由器、能源集线器、多端直流、大容量低成本高效率储能、超导、无线能量传输等。当前的能源系统可以做到被动负荷的“价差急用”，而源（物理设备或者系统）的即插即用仍未实现。在能源互联网中，产消者将是能源交易和分享的主体，源的开放对等接入可为产消者的大量出现提供保障，形成规模，并支撑需求侧响应和虚拟电厂等各类应用。

3. 二者关系

综合能源系统和能源互联网均追求可再生能源的规模化开发(开源)以及能源利用效率显著提升（节流），其最终目的都是为了解决能源可持续供应以及环境污染等问题。不同之处在于综合能源系统主要着眼于解决能源系统自身面临的问题和发展需求，而能源互联网则更强调能源系统的互联及与 ICT 技术的深度融合；综合能源系统研究不过分强调何种能源的主导地位，而能源互联网则更倚重电能；综合能源系统是能源互联网的物理载体。

1．请分析南北居民用能差别。
2．请分析传统农业与植物工厂区别。
3．储热主要有哪些技术？有什么优缺点？
4．储电主要有哪些技术？有什么优缺点？
5．什么是新型综合能源系统和能源互联网？和传统能源系统有什么不同？

参考文献

[1] 国家统计局．中国统计年鉴 2023[M/OL]．北京：中国统计出版社，2023．

[2] 中国国家标准化管理委员会．国民经济行业分类 GB/T 4754—2017[S/OL]．（2017-06-30）[2024-05-27]. https://www.stats.gov.cn/xxgk/tjbz/gjtjbz/201710/P020200612582987902992.PDF

[3] 徐国泉．中国能源效率问题研究．大连：大连理工大学，2008.

[4] 中华人民共和国工业和信息化部．新能源汽车产业发展规划（2021—2035 年）[R/OL].（2020-10-20）[2024-05-27]https://www.miit.gov.cn/cms_files/filemanager/1226211233/attach/20224/73d4bf7a9abf4e1994b0fd211986641f.pdf.

[5] 中华人民共和国国家发展和改革委员会．当前优先发展的高技术产业化重点领域指南（2011 年度）[R/OL].（2011-10-20）[2022-10-07]. https://www.ndrc.gov.cn/xxgk/zcfb/gg/201110/ W020190905484969156646.pdf.

[6] BATES M, POPE M, SHAW A, et al. Late Neanderthal occupation in North-West Europe: rediscovery, investigation and dating of a last glacial sediment sequence at the site of La Cotte de Saint Brelade, Jersey[J]. Journal of Quaternary Science, 2013, 28（7）: 647-652.

[7] 余天桃．我国古代对三大能源的认识和利用．化学教学，1999（08）: 12-13.

[8] 杨文衡，邢润川．我国古代对石油和天然气的开发利用．学术研究，1982（01）: 50-55.

[9] 邢润川，杨文衡．我国古代对煤的认识利用史略．学术研究，1982（06）: 99-102.

[10] BARNES D F, PLAS R V D, FLOOR W. Tackling the rural energy problem in developing countries. Finance and development, 1997, 34（2）: 11-15.

[11] MASERA O R, SAATKAMP B D, KAMMEN D M. From linear fuel switching to multiple cooking strategies: a critique and alternative to the energy ladder model. World Development, 2000, 28（12）: 2083－2103.

[12] 魏楚，韩晓．中国农村家庭能源消费结构：基于 Meta 方法的研究．中国地质大学学报(社会科学版), 2018, 18（6）: 23-35.

[13] 郑新业，魏楚，虞义华，等．2016 中国家庭能源消费研究报告．北京：科学出版社，2016.

[14] 丁永霞，彭守璋．中国家庭能源消费的空间分布及影响因素研究．资源开发与市场，2020, 36（4）: 366-370.

[15] 丁永霞，彭守璋．中国家庭能源消费变化趋势分析．生态经济，2020, 36（8）: 74-78.

[16] 刘业炜．我国居民家庭能源消费时空差异性研究——基于居民家庭收入、区域气候差异与碳减排相关性分析. 价格理论与实践，2019（7）: 57-60.

[17] 周嘉，时小翠，赵靖宇，等．中国居民直接生活能源消费碳排放区域差异及影响因素分析．安全与环境学报，2019, 19（3）: 954-963.

[18] 谢华清．CO_2 吸附强化生物油催化重整制氢的基础研究．沈阳：东北大学, 2014.

[19] 戴斯伯米尔．摩天农场——在 21 世纪养活我们自己和全世界．付广军，译．长沙：湖南科学技术出版社，2014.

[20] 彭世奖．从中国农业发展史看未来的农业与环境．中国农史，2000（03）:86-90+113.

[21] 杨其长，张成波．植物工厂系列谈（一）——植物工厂定义与分类．农村实用工程技术（温室园艺），2005, （5）: 36-37.

[22] 杨其长，张成波．植物工厂系列谈（九）——植物工厂实例．农业工程技术（温室园艺），2006（01）: 20-23.

[23] 卢奇秀，赵雪明．世界首台（套）300MW 级压气储能电站成功并网[N/OL].（2023-04-09）[2024-05-20]. http://www.cnenergynews.cn/chuneng/2024/04/09/detail_20240409153862.html.

[24] 涂伟超，李文艳，张强，等．飞轮储能在电力系统的工程应用．储能科学与技术，2020,9（03）: 869-877. DOI:10.19799/j.cnki.2095-4239.2019.0255.

[25] 贾志军，宋士强，王保国．液流电池储能技术研究现状与展望．储能科学与技术，2012, 01（001）: 50-57.

[26] 连振祥．首座超导变电站建成运行为中国新能源并网探路[N/OL].（2011-04-27）[2024-05-20]. https://www.cas.cn/xw/cmsm/201104/t20110427_3122217.shtml.

[27] 曹刚，贺昉．起点充电 3 分钟轻松开到终点站“上海智造”超级电容车今在公交 26 路投运[N/OL]．新民晚报，2019-09-27[2024-05-20]. https://newsxmwb.xinmin.cn/chengsh/2019/09/27/31590293.html.

[28] 胡杰，张朋．我国首个分布式智能电网示范区开建[N/OL]（2023-02-17）[2024-05-21]. https://www.cpnn.com. cn/ news/hy/202302/t20230217_1584907.html.

[29] 刘慧泉．冰蓄冷技术在空调系统中的应用前景分析．机电信息，2013,（6）: 108-109.

[30] 邵小珍，滕力，余莉．电锅炉高温水蓄热采暖工程简介．电力勘测设计，2003（04）: 71-76.

[31] 张保淑．追光逐日德令哈——探访中国首座太阳能光热示范电站[N/OL]. 2019-10-17[2024-05-21]. http://paper.people.com.cn/rmrbhwb/html/2019-10/17/content_1950717.htm.

[32] HARRIES D N, PASKEVICIUS M, SHEPPARD D A, et al. Concentrating solar thermal heat storage using metal hydrides. Proceedings of the IEEE, 2012, 100（2）:539-549.

[33] CHACTREGUI R, ALOVISIO A, ORTIZ C, et al. Thermochemical energy storage of concentrated solar power by integration of the calcium looping process and a CO_2 power cycle. Applied energy, 2016, 173:589-605.

[34] 万凌云．国内规模最大电池储能电站江苏投运：就像一个超大容量充电宝[N/OL].（2018-07-19）[2024-05-21]. https://www.thepaper.cn/newsDetail_forward_2275024.

[35] 张家口市生态环境局张北县分局．张北县积极推进生态产品价值实现[EB/OL].（2023-12-14）[2024-05-21]. https://www.zjkzb.gov.cn/single/21/13546.html.

[36] 顾伟，陆帅，王珺，等．多区域综合能源系统热网建模及系统运行优化．中国电机工程学报，2017, 37（05）: 1305-1316.

[37] RIFKIN J. The third industrial revolution: how lateral power is transforming energy, the economy, and the world. New York: Palgrave MacMillan, 2011.

[38] 孙宏斌，郭庆来，潘昭光．能源互联网：理念、架构与前沿展望．电力系统自动化，2015, 39（19）: 1-8.

第五章 人居环境与能源

人居环境，顾名思义，便是供人类居住的环境，人类在其中工作劳动、生活居住、休息游乐以及进行社会交往。从以上人类活动可以看出，人居环境不仅仅是指私人住宅，同时也包括了工厂、商店、办公楼宇，以及游乐场所和社交场所，甚至潜艇、太空工作站等也可被视为特殊的人居环境。

人类既无皮毛抵御严寒，也无特殊的散热方式可以长期容忍高温；既无法飞翔，也不能在水下呼吸。相比于其他生物通过改造自身以适应环境，人类更多的是改造环境以适应自身的需求。而这一改造的过程，必然会涉及能源的利用。因此，人居环境的发展和能源利用技术密切相关。在第四章，我们已经大致介绍了居民用能的情况，其中很大一部分便是用于改造室内环境，使其变得更加适宜居住。在这一章，我们将详细介绍影响人居环境品质的因素，以及人居环境塑造和能源使用之间的关系。

第一节 人居环境的发展

一、原始能源时代的人居环境

早在尚处于冰河期的40万～50万年前，北京近郊就已经生活着住在洞穴里、使用火的北京猿人。那时候，人类仅能依靠少量群体微弱的生物质能来改造环境，相应地，其改造能力也十分微弱。因此他们更多的是利用现成的洞穴或岩石，而非搭建自己的住所。不过他们也并不是见洞就住，而是选择那些日照、温度、湿度条件适宜人类居住、空间大小合适、空气流通好的地方。这些洞穴便是人居环境的原点。原始人类凭借直觉对自己居住环境所作出的选择，已经包含了影响人居环境品质的几乎所有因素，用现代科学的言语来描述，便是“热舒适”“室内空气品质”“光环境”“声环境”。虽然在随后的几十万年间，人类社会发生了天翻地覆的变化，人类自身却延续了原始祖先的这些需求。不同的是，人类越来越多地依靠人工的力量来塑造适宜的人居环境，消耗的能量也因此越来越多。

火对人类社会的影响毫无疑问是巨大且深刻的。最初的原始人，可能是捡拾意外产生的野火，将其带回洞穴使用。然而搬运火种以及维持火种持续燃烧是一件相当困难的事情。当人类掌握了利用打火石等工具自主生火的技能，也就打开了集中利用其他生物质能的大门，即通过有意地燃烧其他的生物质能，来更广泛地影响和改造周围的环境。火使得人类可以逐步向更寒冷的地域迁徙，也使得人类可以在较大范围内构建对自己相对安全的环境。

当气候变得温暖，可猎取、采集的动植物数量增多后，人类开始离开洞穴，以寻求更多的食物。这时候，人类不得不靠自己的双手来建造住处。带着对“洞穴住宅”的记忆，人类依旧是尽可能寻找或创造与洞穴类似的居住条件。因此，他们选择在地上挖出坑洞。他们会挖到一定的深度，以利用地热能，这样就能像洞穴那样维持相对适宜的温度和湿度，不容易被外界的气象条件所影响。因为人力有限，这样的坑洞仅仅是单纯的睡觉场所，由这些坑洞所圈围起来的室外也就自然延伸为住所的一部分。这里既是处理猎物的厨房、吃饭的餐厅，同时也是社交的客厅。露天火塘往往是这室外人居环境的中心，为人类烹煮食物、提供温暖以及吓走野兽。

随着农业的发展，聚集的村落开始出现，住宅的概念也开始真正形成。它不再仅仅是睡觉的地方，而是成为家庭成员主要的生活场所。它的面积开始扩大，露天火塘也被转移到室内的中央，以温暖整个房间。火塘上方可能还悬吊着猎取的食物，以便被烘干保存。

农业促使人类社会高度密集化，从而进化出了日益复杂的社会形态。人类社会可以组织起庞大的人力以建造宏伟的建筑。金字塔、长城等人造奇迹，其工程量庞大得超乎想象。但是，人类对居住环境的主动控制，除了火这一工具，更多的依然是依靠巧妙地利用自然环境。例如古代的君王会让奴隶从高山上运下冰块或冷水，以防暑降温、保存食物或制作冷饮。古罗马帝国更是建设了宏大的引水渠，直接将高山雪水引导到城市，再通入双层中空的建筑外墙，以在夏天降低室内温度（见图 5-1）。即便在水资源不那么充沛的中东地区，人类也发明出一套复杂的建筑系统，利用风压让室外风先经过管道进入地下河，河水蒸发使得空气降温：后，再通入住宅（见图 5-2）。我国《诗经》中也有类似的记载："二之日凿冰冲冲、三之日纳于凌阴"（二之日：腊月；三之日：正月；凌阴：地下冰窖）。在宋朝，更建有奢华的"凉殿"："一堂之中开七井，皆以镂刻之，盘覆之，夏日坐其上，七井生凉，不知暑气。"

图 5-1　古罗马帝国的引水渠

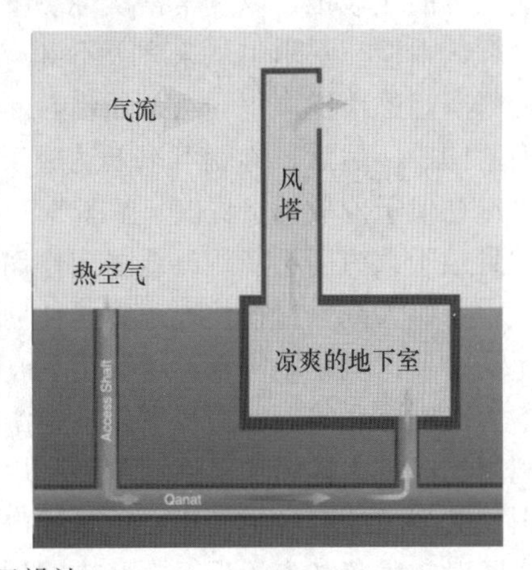

图 5-2　中东地区的建筑引风设计

取暖靠火，降温则依赖自然风、冰、水或者蒸发冷却，这样的环境控制手段延续了数千年。虽然在16世纪的时候，人类开始发现利用化学的手段也可以制造出制冷的效果，例如将硝石浸入水中，便会吸收热量。然而，这些方法除了能为王公贵族提供少量的冷饮或冰激凌之外，无法对整个人类社会产生普遍的影响。究其本质，是人类所能利用的能量密度没有发生根本性的飞跃。千百年间，人类社会风云激荡，伴随着帝国的崛起与衰落，哲学、数学、政治学、工程技术等人类思想则日益璀璨。然而，在这些变化的背后，人类还是只能利用以年为单位所累积起来的太阳能。例如春种秋收的农业，无疑是以年为单位在反复以生物质能的方式转化收集太阳能；再如以水力驱动的大型设施，也只是在利用蒸发与降雨循环之间，从太阳能转化过来的水的动能；即便是渔业，鱼群的生长和洄游大多也以年为单位进行循环。

这一层级的能量利用水平，也决定了人类社会对环境的改造能力被限制在相应的层级。在这一层级上，人类社会要发展，只能依靠拓展自身的土地（或受控的水域）面积，以接收更多的太阳能。无论王侯将相如何轮番登场，无论是基督教、伊斯兰教抑或儒教主宰人类思想，在煤炭出现以前，低能量密度的天花板限制了人类社会形态进一步的进化。

二、煤炭的发现和利用

煤炭的发现和利用将人类可以利用的太阳能从以年为计一下子提升到了以百万年为计。千百万年累积的太阳能，被人类以煤炭的形式从地下重新挖掘出来并加以大规模应用，从而推动了人类社会的飞跃。在煤炭被大规模利用之前，人类已经发明了把木材炼成木炭，进而用于冶炼生铁的技术，但是这要大量消耗木材。到18世纪末，英国森林面积只剩5%～10%，如果拿其中的2%用于炼铁，木炭生铁最大产量约为87500～175000t；而到了1820年，英国铁的实际产量达到了400000t，如果不是利用煤炭替代了木炭，即便砍光全英国的森林，也满足不了炼铁行业的需求。

工业革命既是技术的革命也是能源的革命。煤炭推动着蒸汽时代轰鸣着降临。然而这一次革命，却并未带来人居环境的改善，反而是制造了居住史上的噩梦。在英国，煤炭使得原本依靠水力驱动的工厂可以远离水源，聚集到交通更为便捷、可以大量获取煤炭资源的城市。被圈地运动赶离家乡的人们也只能密集地居住在工厂周围以求温饱。

“为了接近他们，你必须从弥漫着有毒的恶臭气体的天井中穿过，这些气体从散布于四面八方的垃圾堆，以及常常从你脚下流淌的下水道中散发出来。许多天井从来得不到阳光的照耀，人们在那里也从来呼吸不到一口新鲜空气，不知道一滴洁净的水是什么样子。你必须爬着腐烂的楼梯，每一级都面临着断裂的危险。你必须沿着汇集着虫鼠的黑暗而肮脏的通道摸索向前，然后，你就可以抵达成千上万个人拥聚的窝点。”——这不是第三世界，而是19世纪初位于伦敦的贫民窟（见图5-3）。他们居住在那儿，是因为他们依赖于偶获的工作机会，并且由于太穷而不能距离这些工作岗位太远。

原始人尚且懂得挑选适宜居住的洞穴，拥有了更为巨大的改造自然环境能力的人类，却无法顾及这些基本需求，这不能不被称为“人的异化”。这种异化可以归之于人性的贪婪、资本主义的邪恶等，但是也可以从能源的角度得出另一种分析。如前所述，煤炭使得人类可以利用的能量大幅增加。然而这种利用却又是集中式的，也就是说大量的能源被集中在一处使用，其产生的影响也同样在短时间内集中在一处，这远超了当地人类社会的承载能力。虽然出于对贫民窟城市的恐惧，城市规划历史的时钟开始走动，但是，只要这些动力源仍旧被集中在一起，只要它们的作用无法被远距离获取，那么人们依旧会聚集在它们的周围，而它们驱动的变化也依旧会无可阻挡地作用在人们身上。这也是为何后来出台的托伦斯法（允许地方政府为劳动阶层建造新的住房）以及克劳斯法（允许地方政府拆除大面积的不良住房并重新安置居民）都成为形同虚设的文书。“无论在伦敦还是柏林，人们越来越担心城市人已经在生物学上不合宜了。”

图 5-3　19 世纪伦敦的贫民窟

三、电力时代的人居环境

所幸的是，蒸汽时代为随之而来的电气时代奠定了基础。电这种异常便捷的二次能源，使得任何一种一次能源都可以经转化后进行远距离的传输。能源的使用开始突破地域的限制（见图 5-4）。格迪斯——区域规划理念的创始者，曾经说过：新的动力资源、水力，特别是电力，意味着不再需要一种大型中央动力单位，主要依赖于技术工人的产业不再产生规模经济。更为新型的工业倾向于小规模，工业将分散到全世界。能源技术的发展驱动了新的规划理念，影响了城市形态。在电的驱动下，大城市周围的卫星城开始兴起，承接了分散出来的产业以及相应的工人。配合着新兴的规划科学，城市再次变得适宜居住了。

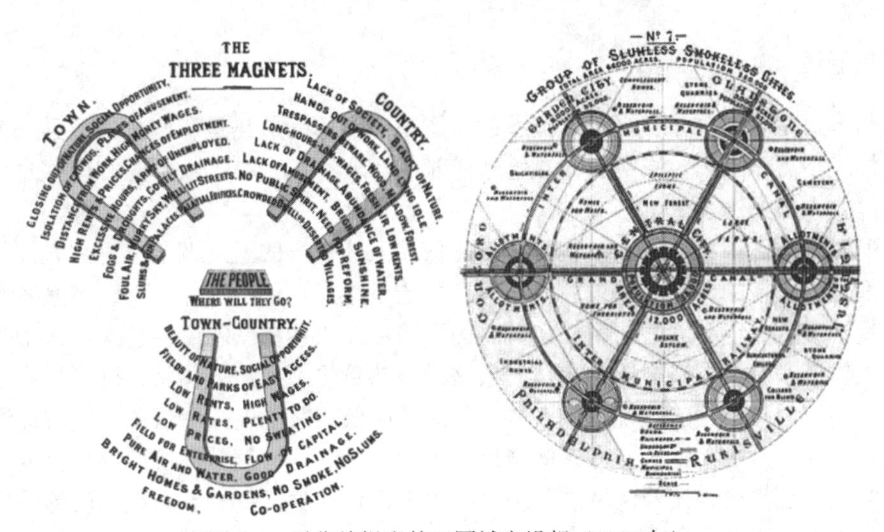

图 5-4　霍华德提出的田园城市设想（1892 年）

电力同时也促进了人工制冷技术的大规模应用，这从根本上改变了人类对人居环境的控制能力。早在1748年，格拉斯哥大学的化学教授William Cullen利用乙醚蒸发使水结冰，随后其学生Joseph Black从本质上解释了融化和汽化现象，提出潜热概念，并发明了冰量热容器，标志现代制冷技术的开始。空调真正变成一门科学则是在19世纪末期。蒸汽压缩式制冷循环的原理、系统等纷纷被提出。人类在知识体系上已经准备好了迎接人工制冷技术的到来。但是制冷循环的驱动力如果只能依靠机械功，那它将像那些悲惨的产业工人一样，只能依附在大型动力源的周围。电力的推广应用，为制冷循环提供了便捷灵活的动力供应，使得它们可以方便地进入千家万户。1919年，美国芝加哥兴建了第一座空调电影院，次年开始在教堂配备空调。11年之后出现了舒适的空调火车。而时至今日，几乎没有一座现代建筑不配备空调系统。

现在空调系统承担了调节室内热舒适、室内空气品质以及室内压力分布的三大任务。它使得任意的封闭空间都有可能变成适宜人类生活居住的场所，从而也从根本上改变了建筑乃至城市。

第二节　人居环境需要考虑的因素

随着人类塑造人居环境的能力逐步增强，人类待在室内的时间也越来越长。据统计，在发达国家，一天当中，人们在室内度过的时间长达90%，如果把交通工具内部也视作人为创造的室内环境，那么这一时间将高达95%。即便发展中国家的人民会有更多的时间在室外劳作，他们在室内度过的时间也近80%。如此长时间地待在室内，其环境品质必然会对人们造成显著影响。更需要注意的是，从年龄结构来看，20岁以下或40岁以上的人群，在室内度过的时间要比20～40岁的青壮年更长，特别是小孩、老人，他们的免疫力不如青壮年，在室内待的时间却更长。因此在塑造室内环境的过程中，必须对这些特殊人群给予特别的关注。

如前所述，影响人居环境品质的因素主要包括四个方面：热舒适、室内空气品质（Indoor Air Quality，IAQ）、光环境、声环境。下面就这四个因素简要论述它们的影响，以及同能源之间的关系。

一、热舒适

人体热舒适是指在人体觉得自然舒适的状态下，人体的散热量和产热量达到平衡。从这一简单的描述中可以看出，影响人体热舒适感觉的因素有三个：①人体的心理感觉；②人体的散热量；③人体的产热量。

人是恒温动物，因此在绝大多数情况下，依靠人体自身的温度调节能力，人体的散热量和产热量都是相平衡的。然而如果因为外部环境的不适宜，使得人体自身调节系统需要过多地介入，就会使人觉得不舒适。例如在炎热的环境中，人体皮肤温度将会上升来增强散热能力，使得人体核心温度能够维持稳定，如果这样散热量仍不足，人体将会进一步通过排汗来强化散热。同理，在寒冷的环境中，人体先是通过降低皮肤温度来降低散热，进而通过肌肉颤抖的方式来增加产热，尽量使得人体维持热平衡。随着这些调节系统的逐步介入，人体的不舒适感觉也会逐步增强。若环境过分恶劣，使得人体自身温度调节系统都已无法应对，则会导致人体病变甚至遭受永久性伤害，这就超出了热舒适的讨论范围了。

在最通用的热舒适理论中，影响人体热舒适的参数有六个，其中包含四个环境参数，即温度、湿度、人体表面风速以及平均辐射度，以及两个人体参数，即着装度和运动度。除了运动度是影响人体产热量之外，其余五个因素都是影响人体的散热量。这一理论已经被科学界和工程界广泛接受，用以评测人体热舒适度。其中最著名的是 Fanger 教授所提出的 PMV（predicted mean vote）、PPD（predicted percentage dissatisfied）模型。PMV 代表了在某一环境中，大多数人如果通过投票来表决对这一环境的冷热感受的话，将会形成的平均投票结果。例如将冷热感受分为 7 个阶段，+3 代表很热，-3 代表很冷，0 代表热中性（即不冷不热，热舒适状态最佳），如果大量人群对某一环境都依据这个标准进行投票，我们将可以得到这个环境的 PMV 数值。但是，如果每次都通过大量问卷调查才能知道室内环境热舒适是否合适的话，很显然不利于负责室内热舒适环境塑造的工程师们（通常情况下，是暖通空调工程师）来改进自己的设计。因此 Fanger 教授通过大量的实验，将 PMV 数值同上面提到的六个影响参数进行了关联，形成了一条复杂的公式（具体的公式此处不再罗列。Fanger 教授的工作已经被成千上万的学者所引用，很容易便能找到这一经典公式）。虽然这一公式看上去有点复杂，却给工程师们提供了非常实用的工具。依据这条公式，工程师们可以在人们实际使用一个室内环境并作出评价之前，就可以大致判断需要将室内环境参数控制在怎样的范围内，就可以塑造一个让大部分人觉得热舒适程度较高的环境。

不过 PMV 既然是一个投票的平均结果，必然意味着每个使用者的个人感受和 PMV 值之间或多或少会存在差距。理论上讲，热中性状态是人体热舒适度最高的状态。但是不同的人会拥有不同的热偏好，例如有些人会喜欢自身的皮肤温度略高一些的感觉，温暖的状态会比热中性状态让他觉得更舒服，有些人则会喜欢偏冷一些的环境。因此，又有了 PPD 这个参数，即预计不满意百分比。顾名思义，它表征的就是在某一个 PMV 数值下，由于人体热偏好的差异所导致的，对室内热舒适程度感到不满意的人数在总人数中的占比。

在网上可以方便地找到许多在线计算 PMV、PPD 数值的工具。例如，以某在线的 PMV 热舒适计算分析工具为例，当室内环境的操作温度为 25℃（操作温度是综合了室内干球温度和辐射温度的一个温度指标），相对湿度是 50%，人体周围的风速是 0.1m/s（注意，是人体周围的风速，而不是空调出风口的风速），人体新陈代谢率为 1met（对应的是静坐阅读的活动），人体着装度是 0.5 clo（对应的是夏季室内典型着装），计算所得的 PMV 是 -0.40，对应的 PPD 是 8%（见图 5-5）。其含义是，在这个环境中，大量人群的平均热感觉是略微偏凉，大约 8%的人会对这个环境的热舒适程度觉得不满意。可以看到，大多数人对这个环境的热舒适度还是满意的，ISO 7730 对 PMV 的推荐值为 PMV 值在-0.5～+0.5（也称之为中性区域）。

虽然 PMV 模型是评估人体热舒适最经典的模型，但也有它的局限。例如它仅能适用于人体和环境已经达到热平衡的静态情况；它的经典方程是基于西方人的数据拟合建立的，对其他地区的人群适用度会大大降低；它也没有考虑人体过往的热经历、对当前热感受的影响等。因此，随着热舒适研究的深入，更多的热舒适模型被建立起来。有评估从一个较热的室外环境进入较冷的室内环境时，人体对这种动态变化的热感受，也有建立更符合中国人生理特征的 PMV 改进模型等。这里再介绍一个简单易用的热舒适模型，它就是适应性模型。

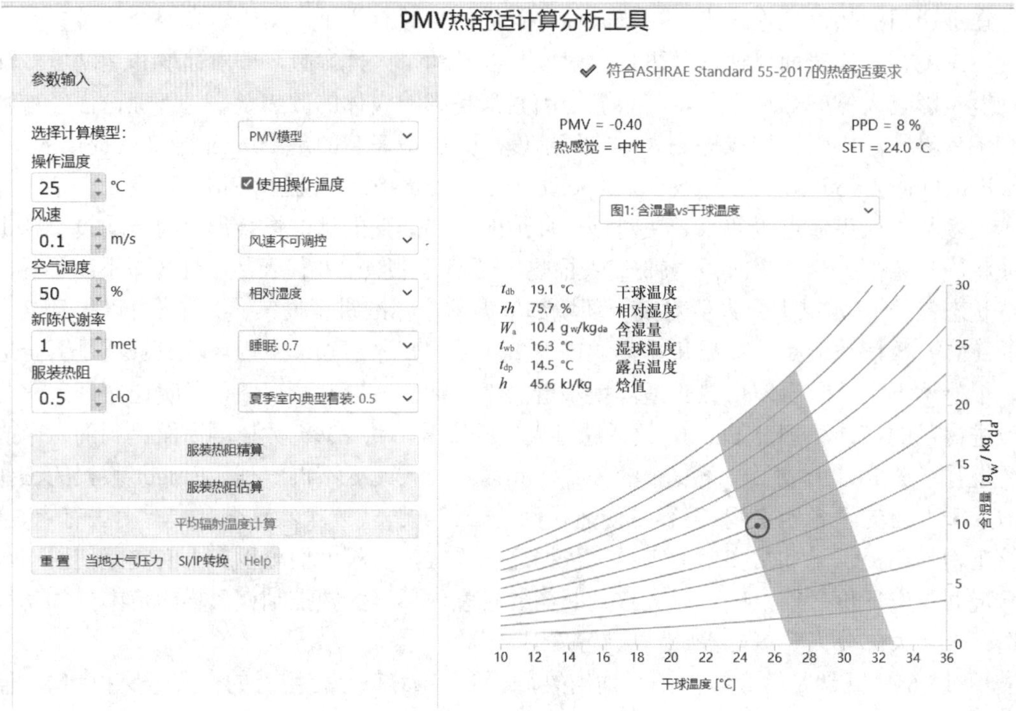

图 5-5 PMV 热舒适计算分析工具截图

（在线工具网址：https://www.buildenvi.com/x/t/comfort/calcu.html）

适应性模型的理论基础就是人体对室内热环境的期望值会随着室外温度的改变而改变。例如在冬天，如果室外是零下二十几摄氏度的冰天雪地，那么室内温度即便只是个位数，人们也会觉得室内比室外明显温暖许多。而如果室外是2、3℃的天气，室内也只有7、8℃，人们显然不会觉得室内比室外明显舒适。因此，适应性模型将室内较为适宜的操作温度区间同室外过往几天的平均温度进行了关联，上述的在线工具也提供了适应性模型的快捷计算。需要注意的是，目前适应性模型仅能适用于自然通风的环境，即没有人工的暖通空调系统被用于调节室内环境（其他注意事项在网站上也有标注）。因此，有些研究将适应性模型直接用于空调系统的节能，宣称室外天气越冷（或越热），空调系统的设定温度可以越低（或越高），这样是不妥的。因为人们长期处于温度稳定的空调环境，其热期望和长期处于自然通风环境是不同的。

以上所说的 PMV 模型以及适应性模型都是指向大规模人群的，其结论放到个体身上时并非百分百正确，而是带有一定的概率（正如PPD所表征的，总有一部分人的感受是偏离大众平均感受的）。人们塑造室内热舒适的环境，最终是为了服务于一个个具体的人，而不是一个理想化的“平均人”。每个室内人员的热感觉可能都不同且随着各类环境条件和自身条件而变化。因此在基于传统 PMV 模型获取一个基本舒适的热环境之后，如果要进一步提升身处其间的具体用户的热舒适度，就要关注个体热舒适的侦测和调控。

近年来，越来越多的学者在个体即时热舒适模型上进行了研究工作，其特点在于：①从个体直接采集输入信息而不是采集空间中的整体信息（回风温度、湿度等），体现了个体即时的热舒适性；②用数据驱动的方式得到模型，可以灵活测试不同的模型和输入参数；③有能力不断加入新的数据进入模型。在个体信息方面，心率的变化能够较好地反映一个人的新陈代谢率的变化，而体表皮肤温度的变化则能够较好地反映一个人散热量的变化，其中脸部皮肤温度往往被作为表征人体体温调节系统状态的重要特征。相应地，就有许多致力于个体热舒适研究的学者开发了各种采集个体热感觉信息的方法。例如，让实验者戴上装有温度传感器的眼镜进行面部温度采集，或者将温度传感器直接布置在实验者皮肤表面进行温度采集（见图 5-6）。

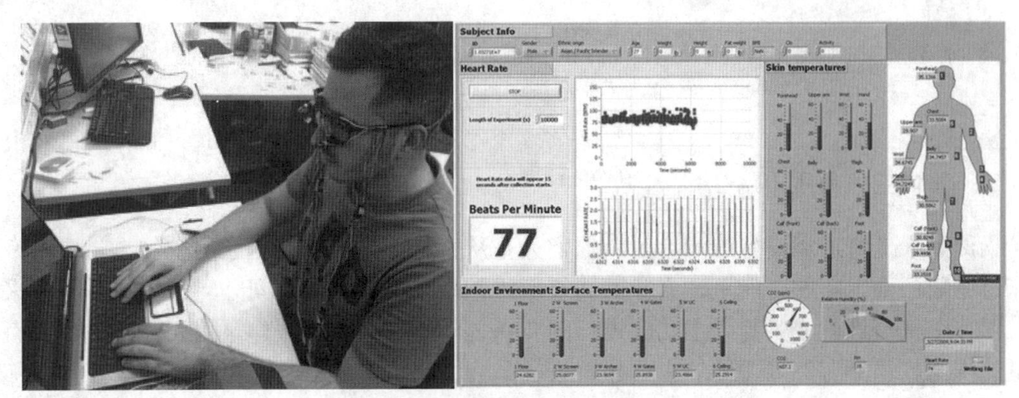

图 5-6　采集体表温度方式

虽然这种方式采样准确，但对人员的干扰较大，会对其本身的热感觉产生影响。而非接触式的探测设备，例如热红外相机，则可以在无干扰的情况下完成对体表温度的采集。但是红外图像相比于 RGB 图像，所含信息要少许多，难以依靠图像识别的方式自动从图像中提取出人体相关的数据，往往要依赖人工标定，这显然不便于在实际应用中加以推广。为了解决自动识别人体图像的问题，也有学者尝试使用 kinect 相机（微软开发的一款相机设备）所拍摄的 RGC 图像来提取脸部区域，再将该区域映射至标定好的热红外相机中（见图 5-7）。这种双相机可以实现自动的人体特定部位标定和温度提取，并且对实验者没有干扰，但设备布置烦琐，标定困难，后续的应用场景也较为受限。近年来，深度学习技术在可见光人脸图像识别上取得了突破性的进展，热红外设备的价格也逐渐降低，越来越多的学者开始将关注点放在利用深度学习进行热红外图像识别任务上来（见图 5-8）。在不远的将来，可能所有的室内环境控制设备（例如空调）都能自动识别室内用户的个体热舒适。

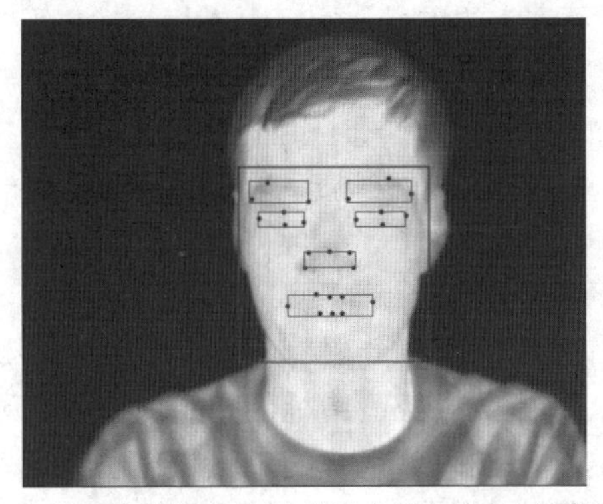
图 5-7　在红外图像上根据人脸关键点进行脸部区域温度的提取

图 5-8 高分辨率价格昂贵的红外摄像仪（FLIR E40，左图）和低分辨率价格低廉的红外摄像仪（FLIR Lepton2.5，中图为大小对比，右图为安装到采样板卡上）

二、室内空气品质（IAQ）

当原始人选择通风良好的洞穴时，他们只是从直觉上觉得需要流通的空气来带走不好的异味。在随后数千年的时间里，人类的建筑形式越来越多样复杂，同外界的隔绝效果越来越佳，保持空气流通就成为需要主动去设计的要点之一了。例如徽派建筑的天井，就起着引风入室的作用。虽然有许多巧妙的古代建筑设计是为了强化室内换气，但是室内空气品质却从未成为一个专有名词被提出来，人们依旧只是直觉上觉得这样做可以让建筑使用者觉得舒适。直到现代空调建筑的出现。

当空调系统在建筑内普及后，高密度的建筑形式变得可能。即便在密不通风的建筑内，空调系统也能让内部的温湿度变得适宜人居住办公。并且人们发现，尽量减少同外界空气的换热，可以大大减少空调系统的能耗。因此，在现代空调建筑出现之初，许多建筑是钢筋水泥配合密闭的玻璃幕墙，以创造一个同外界隔绝的、具有不同温湿度的环境。

这样现代化的建筑，理应是人们办公居住的理想场所。但是人们渐渐发现，这些建筑不但没有让人觉得精神百倍，反倒让使用者“生病”了。具体表现包括眼睛发红、流鼻涕、嗓子疼、困倦、头痛、恶心、头晕、皮肤瘙痒等。而当人们离开相应的建筑时，症状又很快消失了。这些症状后来被称为病态建筑综合症（sick building syndrome，SBS）。这些特殊的“症状”并不需要药物的治疗，并且起因也异常的复杂。为了探寻问题的根源，并提出相应的解决方案，学者们开始关注是否是因为室内空气混入了污染物，从而室内空气品质也成为一个专有名词，乃至一个专业研究领域。

空气看似轻得让人感受不到它的重量，实际上人们身体每天交换的空气质量远多于食物和水。以成年人每次呼吸量为 0.5L，平均每分钟呼吸 17 次计，一天约呼吸 12240L 空气，即 15.8kg。而成年人一天摄入的食物或水不过 1～2kg。因此，一旦空气中混入了不好的物质，犹如变质的食物或水，会严重影响人体的健康，学者们把导致 SBS 的疑凶首先锁定为污染的空气也就不足为奇了。

1. 影响室内空气品质的因素

那么究竟影响室内空气品质的因素到底有哪些呢？在回答这个问题之前，先看看关于良好的室内空气品质的定义。提出热舒适指标的 Fanger 教授说：人们对空气满意就是高品质，反之就是低品质。这个略显简单粗暴的定义道出了判定室内空气品质的首要因素：人的主观感受。不同的人对于气味的敏感度和喜好是不同的，处在花香四溢的房间对于某些人来说可能是一种折磨。更重要的是，人们对于污染物的敏感程度也可以呈现巨大的差异。所以 Fanger 教授认为，只要建筑的用户觉得满意，没有表现出不舒适的症状，这个建筑的 IAQ 就是合格的。

但是这个简单的定义很难应用于实际工程。英国屋宇设备注册工程师协会（Chartered Institution of Building Services Engineers，CIBSE）对好的 IAQ 的定义是：少于 50%的人感觉有气味，少于 20%的人感到不舒服，少于 10%的感觉黏膜受刺激，而且在不足 2%的时间里，少于 5%的人感到烦躁。虽然仍以人的主观感受为主，但多了量化的指标。而美国暖通空调工程师协会（American Society of Heating， Refrigerating and Air-Conditioning Engineers，ASHRAE）则定义可被接受的 IAQ 为：空气中没有已知的污染物，其有害浓度由权威机构确定，且绝大多数（80%或以上）接触的人不会表示不满。这个定义在主观感受的基础上，加入了污染物浓度的客观因素，因此是目前较为全面的一个定义，也是实际工程中被应用得最多的。

根据以上定义，人们就能明白影响室内空气品质的第一要素就是“建筑使用者”。首先是建筑使用者的个体控制习惯，例如是否会经常开窗通风、室内空调温度通常设定在多少度、是否会改变房间原本的设计用途等行为都会影响室内的空气品质。其次是建筑使用者的感受偏好不同，也会影响对室内空气品质的评价，这点在上面已经提及。再次，患有过敏、哮喘、其他呼吸道疾病的建筑使用者会对室内空气品质有更高的要求，甚至佩戴隐形眼镜也是影响因素，因为戴了隐形眼镜，眼睛有可能更容易干涩。同样道理，对多种化学敏感（multiple chemical sensitivities，MCS）的人群，对室内空气品质的要求也会远高于常人。空气中含有一些低浓度化学品，常人可能无法察觉，但是会引发敏感人群剧烈的反应，例如皮肤发红发痒、头痛等，严重的甚至会出现呼吸困难。最后，还有两项和空气品质实际上没有关联的个人因素也会影响使用者对 IAQ 的评价，即工作满意度和传统舒适理论的束缚。由于对 IAQ 的评价很大程度上是主观的，因此当使用者心情不好时，则更有可能对 IAQ 作出不好的评价。例如，某位使用者因为和上司或同事相处不愉快，也有可能会出现头痛、眼睛不舒适的感觉，而这种感觉在离开工作单位后也会极大地减弱，其症状和 SBS 几乎一样，因此在评价中很难将这一因素剔除。至于传统舒适理论的束缚更是一种有趣的现象。相比于现代办公楼宇，人们的私人住宅的自然通风性能往往更好，这是因为人类千百年来已经习惯了自然通风带来的舒适感。人们会自然地将开启的窗户同清新的空气联系在一起。而在密闭的现代建筑里面，即便空调系统已经引入了足够的新风，室内空气实际上也不含有过量的污染物，但是使用者仅仅因为看到四周密闭的窗户，就有可能会在心理上感觉憋闷。不过随着人类越来越多地生活在现代空调建筑里面，特别是新一代的年轻人，这种传统舒适理论的束缚将变得越来越微弱。

影响室内空气品质的第二要素则是室内污染源及其传播途径。这就涉及 ASHRAE 里面提及的客观因素了。需要注意的是，室内污染源的第一来源往往不在室内，而是室外污染。通常情况下，室外的空气质量会优于室内，因此通风换气常常是作为改善室内空气质量的重要手段。但在室外空气污染严重的情况下，室外空气也会成为室内的污染源。例如当人们遭遇雾霾天气，PM2.5 超标的时候，引入建筑的新风不但不能稀释室内的污染物，反而会成为室内污染物的源头。因此，所有关于 IAQ 的标准或者操作方法都会特别注明，当目标建筑周围的空气品质不满足相应的室外空气品质要求时，本标准或方法无法保证按照本标准或方法操作可以维持室内良好的空气品质。大气中的污染物主要包括花粉、颗粒物（PM）、真菌孢子（fungal spores）、工业污染（SO_2、NO_x、烟雾、H_2S）、汽车尾气等。

除了大范围的室外空气污染之外，邻近区域的排放也有可能会造成目标建筑周边的空气品质不合格，例如目标建筑靠近交通繁忙的道路、停车场、物流运输站等。目标建筑的新风入口附近如果恰好有其他建筑的排风口，如厕所排风、厨房排风，也是一个影响很大室外污染源。表 5-1 列举了部分可能成为室外空气污染源的活动。

表 5-1　可能成为环境空气污染源的活动

行业	污染源活动
商业机构	洗熨、干洗、餐馆、实验室、照相馆、汽车修理厂、油漆商店
制造业	电子制造和装配、木制品以及木头存储厂
公共服务设施	电厂、蒸汽集中供应厂
农业设施	温室、果园、加工包装厂

另外，气候也会影响室外污染物的传播与扩散，例如风向风速对局部污染源的影响、温湿度对通风量的影响等。这个影响机理相对比较复杂，在此不展开论述。

室内污染物的第二来源是室内设备，例如打印机在使用的时候会产生大量的细微颗粒，成为悬浮颗粒物的一大来源；有些电气设备在使用过程中则有可能产生臭氧，虽然少量的臭氧具有杀菌的作用，但过量的话却对人体有害；还有一些室内电器则会产生电磁辐射，对心血管系统、神经系统、视觉系统、生殖系统、循环系统都有伤害。暖通空调系统是室内设备里面较为特殊的一个种类，一方面它可以通过引入新风来改善 IAQ，在很多现代建筑里，这是最主要的 IAQ 控制方式，但另一方面它又可能成为污染源。

例如，如果暖通空调系统的管道长期不清理，上面就有可能积尘落灰，成为悬浮颗粒物的污染源。更夸张的是，一些常年不清洗的空调管道内甚至会有许多小动物的尸体。知道自己呼吸的空气竟然先吹拂过这些尸体，肯定不是一种美妙的体验。空调系统里面常用的过滤网在正常工作时可以对循环空气中的污染物进行过滤清洁，但如果更换不及时，同样也会成为滋生细菌的场所。另外，由于设计、安装、操作和维护系统中的缺陷导致轴承过热（产生异味）、风机皮带橡胶部分磨损脱落（粉末状污浊空气）、保温材料破损（玻璃纤维脱出）等，都会使得暖通空调系统成为污染源。

“退伍军人病”即是一个可能由暖通空调系统内滋生的细菌所导致的疾病。这个疾病之所以有这个名字，并不是因为该病很容易发生在退伍军人身上，而是因为它首次被发现的场景。1976 年美国建国 200 周年之际，一批退伍老兵在费城斯特拉福美景饭店聚会，两天后与会人员中有 180 多人相继出现高烧、头痛、呕吐、咳嗽、浑身乏力等症状，90%的病例胸部 X 光片都显示出肺炎迹象；大会总部所在宾馆附近的居民中有 36 人也出现了相同症状；共有 34 名患者因此死亡。疫情发生后，医学专家从病死者肺组织中分离出了致病病菌，称为退伍军人菌（军团菌），此病也因此得名退伍军人病（军团病）。退伍军人菌在自然界十分普遍，尤喜温暖的环境，例如 25～45℃，最适合的温度为 35℃左右。中央空调系统冷却水塔内部的水温恰恰处于这个温度区间，因此也成了退伍军人菌的易发之地，并且有可能进入整个大楼的水循环系统。2012 年，中国香港新政府大楼启用后没多久，就在新政府总部多处抽取的水样本中发现有退伍军人菌的踪迹，包括行政长官办公室，使得新政府大楼紧急关停。

除了成为污染物的产生之地外，暖通空调系统还有可能成为污染物在室内最重要的传播途径。室内某处的污染物如未经恰当处理，就会经过暖通空调系统的管道传输到建筑物的多处地点。这也是为何某些楼宇仅有一层在装修，却使得整栋楼的IAQ都变得恶劣的原因。当空调系统毗邻室外有关污染源且未采取有效措施时，它还会诱入污染物到室内。另外，当空调系统未能恰当地控制建筑内气压分布时，也会导致意外的污染扩散。例如卫生间一般设计为负压，使得气流是从外向内流动。一旦气压控制失效，卫生间的异味就有可能通过门窗散布到相邻的空间。

室内污染物的第三来源是建筑材料、装修装饰材料和家具。这个污染物来源恐怕最为读者耳熟能详。说到装修，很多人便会想起甲醛污染。甲醛拥有一系列响当当的名号：被称为室内环境的“第一杀手”、在我国有毒化学品优先控制名单高居第二位、被世界卫生组织确定为致癌和致畸性物质、公认的变态反应源。这也难怪人们会“谈甲醛色变”。这里就以甲醛为代表来聊聊化学污染物。

甲醛主要来自装修材料、家具、吸烟、燃烧、烹饪。装修材料（复合地板、胶合板、细木地板、中密度纤维板和刨花板等人造板）在生产时使用胶黏剂，其主要成分是甲醛。这是人们认识最多的甲醛来源。人们在选用装修材料的时候自然希望避免采用含有甲醛的材料。但是，单单依靠整块原木（没有胶黏剂）是绝不可能满足所有人的需求的。在这里需要区分污染物含量和污染物释放量两个不同的概念。例如胶合板通常含有较多的甲醛，但如果做到良好的包边，避免甲醛外溢，也是可以满足国家标准要求的。

另外，墙纸、室内纺织品、化妆品、清洁剂、防腐剂、油墨等也会释放甲醛，吸烟以及燃烧不完全也会产生甲醛。

室内污染物的第四来源是室内人员活动。首先是个人行为，例如吸烟行为便是室内危害非常大的一种污染源。再如一些个人的体味，甚至化妆品的使用，都会使得IAQ下降。哈佛大学教授苏珊和鲁斯领导的研究小组对168名男子进行了分析，探究他们使用的香水中所含的邻苯二甲酸盐（一种可以使香味更加持久的化学品）含量同精子DNA受损程度的关系，结果发现两者呈正向关系，这意味着香水的使用可能会影响男性的生育。人类使用香水是为了使自己显得更有魅力，然而同时却又损害了自身或所吸引对象的生育能力，这实在有点讽刺意味。

其次是家务活动，例如做饭、吸尘、使用清洁产品、杀虫剂、空气清新剂等。有研究指出，长期接触厨房内产生的油烟已经成为致癌的一个重要因素，而清洁用品、杀虫剂、空气清新剂等化学品对人体其实也并不友好。特别是空气清新剂，它掩盖了空气中本来令人不悦的气味，这既让人无法及时警觉污染物的存在，同时清新剂本身还是一种有害的气体。

最后，个人饲养宠物的行为也有可能导致室内污染。宠物脱落的毛有可能会引发过敏，宠物身上也有可能携带致病菌或病毒，必须谨慎处理

室内污染物的最后一个来源则包含了一些意外情况。例如突然打翻了一些挥发性的液体、室内漏水导致霉菌生长，乃至火灾都会使得IAQ发生变化，或者室内进行翻新、维修、添置了新家具等，都会在短期内影响IAQ。

2. 室内污染物的控制手段

室内污染物的控制手段一般分为三种：①源头控制（source control）；②净化控制（air cleaning）；③通风控制（ventilation control）。

源头控制是室内污染控制的首选项。例如当人们发现室内存在一个散发着恶臭的物体时，首先要做的自然是要将这一物体移出室内空间，而不是任由它留在那里，然后对其拼命做空气过滤，或通入大量的新风试图缓解它的臭味。源头控制有两个层面，第一层面是在设计建造室内空间的时候，就避免采用有可能产生室内污染的材料，第二层面是在室内空间的使用过程中，如果不可避免地会在室内产生污染物，就尽量在源头处直接对其做处理。例如在某些化学实验室，就需要在特殊的通风柜内操作实验，以将产生的污染物直接排除。

净化控制则是采用适当的滤材或催化剂对污染物进行去除。它可以是基于物理作用的吸附或吸收，也可以是基于化学作用的催化反应。对于空气中的悬浮颗粒物，采用物理吸附即可有效去除，例如 PM10 或 PM2.5。但处理气态污染物则较为麻烦。例如甲醛，虽然也可以通过活性炭物理吸附的方式加以去除，但吸附量有限，一旦吸附饱和，若不及时更换滤材，反而会再度释放出来。光催化反应分解甲醛是有效的化学处理方式。但气态污染物除了甲醛之外，实际上还有上千种其他的污染物，而催化反应具有高度的针对性，能催化甲醛的催化剂可能对其他气态污染物就无能为力了。

通风控制是对所有污染物都有效的控制手段，不过它的前提条件是所引入的室外新风是干净的。另外在采用通风控制手段的时候，还必须关注室内气流组织，即室外新风进入室内后，是如何在室内空间分布流动的。以图 5-9 为例，该空间采取的是上送上回的送回风方式，大量的新风从空间左上方送入后，未同室内污浊的空气充分混合，便从右上方排出了。这种气流组织形式对于污染物的控制是低效的。虽然在成人呼吸区，污染物浓度还不算高，但是在房间左下方形成了一个气流滞留区，污染物浓度是房间平均浓度的近 7 倍，而这个区域又恰是婴幼儿的呼吸高度。

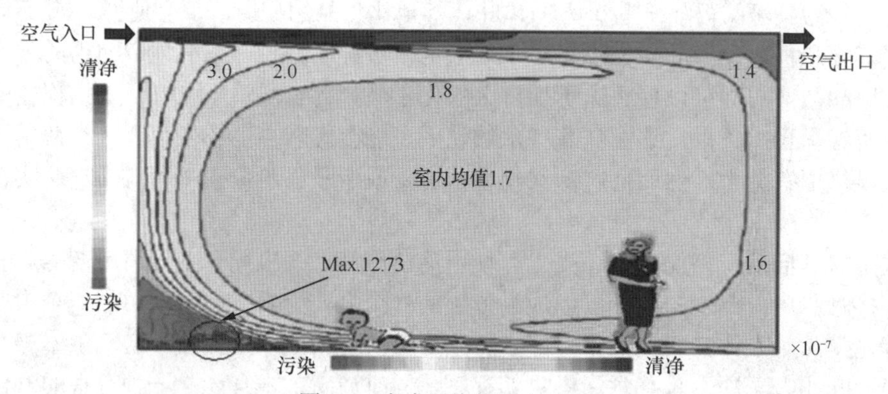

图 5-9 室内污染物分布示意

上述的三种污染物的控制手段，源头控制不仅仅是最有效的也是最节能的方式。只要室内没有污染源，自然也就不需要为控制污染物而耗费能量。净化控制次之，其耗能主要用于驱动空气经过净化装置，特别是以物理过滤作为净化手段时，滤除的目标体积越小，过滤器的通道面积就越小，相应的流动阻力就越大，风机能耗也就越大。通风控制虽然能够有效降低室内所有污染物的浓度，但同时也是能耗最大的一种控制方法。由于室外的新风往往会对室内热舒适环境也造成干扰，例如夏季引入的新风温度会远高于室内，在采用通风控制时，除了同样需要驱动空气流动之外，还需要额外耗费能量来抵消新风对热舒适所造成的干扰。

在制冷空调领域，新风负荷往往占据了室内空调负荷很大的一部分。

三、光环境

人从外界得到的信息约有 80%来自光和视觉，所以不论是白天还是夜间，舒适的光环境对任何人都是至关重要的。光环境的内涵很广，它指的是由光（照度水平和分布、照明和颜色）与颜色（色调、色饱和度、室内颜色分布和颜色显现）在室内建立的同房间形状有关的生理和心理环境。

人们对光环境的需求与所从事的活动有密切的关系。在进行生产、工作和学习的场所，优良的照明能振奋人的精神，提高工作效率和产品质量，保障人身安全与视力健康，因此充分发挥人的视觉效能是营造这类光环境的主要目标。而在休息、娱乐和公共活动的场合，光环境的首要作用则在于创造舒适优雅、生动活泼或庄重肃穆的特定环境气氛。光对人的精神状态、心理感受会产生极大的影响。光与色彩还是显示建筑空间、表现造型艺术、美化室内外环境的重要手段，建筑师巧妙运用光和色彩能获得意境不凡的艺术效果。光环境设计是现代建筑创作的有机组成部分。为了建立人们对光环境的主观评价和客观物理指标的对应关系，各国的学者都进行了大量的研究工作，许多成果已经列入各国照明规范、照明标准或照明设计指南，成为公共环境设计和评价的依据或准则。国际照明委员会（CIE）对各国在视觉功效方面的研究成果进行了总结，并建立了描述照明参数对视觉功效影响的分析模型。在我国有 GB 90034—1992《工业企业照明设计标准》。

随着科技的进步，室内的光环境应当越来越好。但是当带有空调系统的现代建筑刚出现的时候，人们却发现其光环境反而不如以前自然通风的老旧建筑。为何空调也会影响到光照？这是因为，当现代建筑刚诞生之际，为了节约空调能耗，其窗户会做得更小（避免太多的阳光直射而导致的大量空调负荷），可开启度也变得更低，这就导致在曾经的“现代建筑”中，自然光被大大削弱。为了弥补这一点，室内装上了更多的人工光源。而现代建筑的天花板由于要容纳额外的空调管道，往往比传统建筑更低，这就使得这些人工光源离人们的工作区就更近。一方面数量变多，另一方面距离又更近，使得现代建筑中到处都是刺眼的光源。人的眼睛总是会不自觉地看向比较亮的地方，当室内有多处明亮光源的时候，人眼的注意力会不断从当前要看的文件或物体上被吸引走，然后人们又需要重新调整注意力，再度聚焦到文件上。这种斗争虽然是在潜意识中进行的，但是时间一久，人们往往会觉得眼睛疲累，甚至出现头疼的症状。这也是前面提到的 SBS 症状之一。

正是对这些问题的重视，推动了室内光环境设计技术的发展。优良的光环境应该包括：①适度的照度（即受照平面上接受光通量的面密度）水平；②舒适的亮度比；③宜人的光色和良好的显色性；④避免眩光干扰等。光环境的设计既是科学，又是艺术，同时也要受经济和能源的制约。当今的世界，在照明上一年要花掉 1000 亿美元，消费 10%左右的电力，因此必须推行合理的设计标准，使用节能的照明设备，采取科学与艺术融为一体的先进设计办法。

四、声环境

室内噪声对人们的身心健康危害极大。强噪声可以引起耳部的不适，如耳鸣、耳痛、听力损伤。超过 115dB 的噪声还会造成耳聋，对儿童的影响更大。噪声会降低工作效率，噪声超过 85dB 会使得人们感到心烦意乱，无法专心工作。噪声会损害心血管，加速心脏衰老，增加心肌梗塞发病率。长期接触噪声会使得体内肾上腺分泌增加，从而导致血压上升。另外，噪声还可能引起神经系统功能紊乱。在高噪声的环境中，人们容易出现头晕、头痛、失眠、多梦、记忆力减退以及恐惧、自卑甚至精神错乱。噪声还会损害视力，长时间处于噪声环境中的人很容易发生眼疲劳、眼痛、眼花等眼损伤；同时，使人对红、蓝、白、三色视野缩小 80%。

GB 3096—1993《城市区域环境噪声标准》中明确规定了城市五类区域的环境噪声的最高限值：疗养区、高级别墅区、高级宾馆区，昼间 50dB、夜间 40dB（夜间指晚间 22 点到次日早晨 6 点）；以居住、文教机关为主的区域，昼间 55dB、夜间 45dB；居住、商业、工业混杂区，昼间 60dB、夜间 50dB；工业区，昼间 65dB、夜间 55dB；城市中的交通干线道路、内河航道、铁路主次干线两侧区域，昼间 70dB、夜间 55dB。

空调已进入千家万户，它的噪声将直接影响人类的生活质量，特别是睡眠质量。因此，空调噪声一直都是消费者非常关注的问题，也是生产厂家必须要解决好的技术难题之一。2005 年 8 月 1 日开始实施的国家强制性标准 GB 19606—2004《家用和类似用途电器噪声限值》中，对空调的噪声标准有了更加明确的规定。T1 型和 T2 型空调器在半消声室测量的噪声限值应符合表 5-2 的规定，T3 型空调器的噪声值可增加 2dB（A）。T1、T2、T3 型是指空调机组适用的气候，其中 T1 型指气候最高温度 43℃，T2 型指气候最高温度 35℃，T3 型指气候最高温度 52℃。

表 5-2　空调噪声限值（声压级）

额定制冷量/kW	室内噪声限值/dB(A)		室外噪声限值/dB(A)	
	整体式	分体式	整体式	分体式
<2.5	52	40	57	52
2.5～4.5	55	45	60	55
4.5～7.1	60	52	65	60
7.1～14	—	55	—	65
14～28	—	63	—	68

1. 空调系统的噪声来源

空调系统的噪声主要来源于声源及二次噪声。其产生的原因很多，涉及的因素也很广，大致上可以包括设备、气流以及其他因素。

（1）设备的噪声。空调系统设备较多，在运行中会产生机械噪声、空气动力噪声或电磁噪声。尤其是冷冻机房、风机房、锅炉房等处的设备相对集中，噪声也大，这些设备运行噪声通过空气传播或者通过设备基础和建筑结构传播到空调房间中。系统缺氟运行，通常会导致压缩机噪声异常。

（2）空气流动产生的噪声。空调系统中，风道急转弯或管径急变部位，因空气涡流致使风道壁振动而产生较大的噪声。送风口或吸风口，因空气涡流也会产生噪声。这些噪声产生的部位和房间接近，会直接影响到人的工作或休息。

（3）其他原因产生的噪声。同一新风系统或排风系统往往向多个房间送、排风，由于采用同一总风道接出支风管，因此系统中的噪声有可能通过风道相互串声。安装不当也会造成噪声。在安装时内机墙板没有钉牢，内机没有固定死，就容易导致噪声过大现象出现。

2. *噪声控制方法*

针对噪声产生的原因及部位可采取不同的措施：①降低声源噪声；②切断传声途径；③增加在传播过程中的衰减。在噪声源已经存在的情况下，就只能被动地进行噪声控制，目前比较普遍采用以下几种方法：

（1）吸声降噪。吸声降噪是一种在传播途径上控制噪声强度的方法。物体的吸声作用是普遍存在的，吸声的效果不仅与吸声材料有关，还与所选的吸声结构有关。这种技术主要用于室内空间。

（2）消声降噪。消声器是一种既能允许气流通过又能有效降低噪声的设备。通常可用消声器降低各种空气动力设备的进出口或沿管道传递的噪声。根据降噪原理的不同，常用消声技术有阻性消声、抗性消声、阻抗复合型消声、共振消声、损耗型消声、扩散消声等。

（3）隔声降噪。把产生噪声的机器设备封闭在一个小的空间，使它与周围环境隔开，以减少噪声对环境的影响。隔声屏障和隔声罩是两种主要的隔声结构，其他隔声结构还有隔声室、隔声墙、隔声幕、隔声门等。

（4）有源噪声控制。用麦克风（传声器）探测由噪声源所产生的噪声，把探测到的信号输入到广义有限脉冲响应（FIR）滤波器，基于来自广义 FIR 滤波器的控制信号，由扬声器产生与噪声相位相反的声音信号，充分消除来自噪声源的噪声。

第三节　人居环境与节能

在第三章中已经了解到，能源的利用对环境会产生各种影响。即便目前被认为是“清洁”的一些能源形式，当其被大规模推广利用的时候，也无可避免地会带来环境的剧烈变化。以太阳能为例，光伏板的生产过程涉及化学品的使用，主要为氢氟酸、盐酸、异丙醇、双氧水等，部分也会用到氨水，这些废水的排放会对环境造成不小的污染。安装在城市中的光伏板表面玻璃和太阳能热水器集热器在阳光下反射强光，形成光污染，给生活在周围的人群带来影响。研究发现，长时间在光污染环境下工作和生活的人，视网膜和虹膜都会受到程度不同的损害，视力急剧下降，白内障的发病率高达45%，还使人头昏心烦，甚至发生失眠、食欲下降、情绪低落、身体乏力等类似神经衰弱的症状。而在我国西北地区集中地开发利用太阳能，则可能造成由太阳能驱动的大气回流减少，进而影响局部气候的变化，还可能造成雨量减少和生态变迁。除此之外，针对风能、水能等，也都可以列举出许多它们的利用对环境的潜在影响。因此，如果人们不去控制能源的使用总量，而仅仅依靠发展新能源、减少传统能源的环境污染，恐怕还是难以实现能源利用与环境保护之间的协同。“节能”毫无疑问是人们必须关注的话题。

节能的方式有许多种，本书希望能够用尽量少的文字呈现一个关于节能的完整框架。

一、节能的目标

需要明确节能的目标。从字面意义上讲，节能无非就是为了减少总的能量消耗，但从更深层次看，节能是为了尽量减少能源的利用对环境造成的不良影响。尽管现实生活中，人们节能的出发点往往是为了节省能源使用的费用，但社会总体的代价最终会反映在能源价格上，

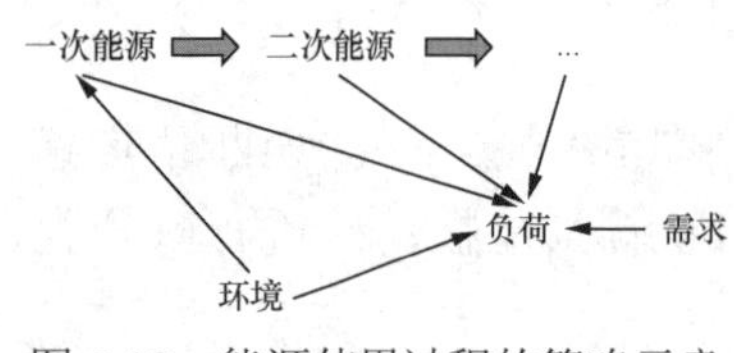

图 5-10 能源使用过程的简略示意

减少能源利用对环境的不良影响，和降低人们使用能源的费用之间并不矛盾。因此，通过引入更多样化的能源利用方式，减少单一能源使用所造成的环境压力，也可以算是节能方法的一种。从这两个目标出发，结合能源使用过程的简略示意（见图 5-10），就可以推导出几条较为通用的方法。

二、节能的方法

1. 提升能量转化效率

许多一次能源（一次能源的概念在第二章讲过，例如太阳能、风能等）需要转化为二次能源（绝大多数是电）才能被用来满足负荷需求。而二次能源在被利用的时候，实际上还需要再进一步进行能量转化，例如，电加热器将电能再转化为热能、搅拌器将电能转化为机械能等。提升能量转化效率无疑是非常重要的节能手段。

在这里还需要提及一种特殊的能量转化方式——热泵空调产热。从表面上看，人们给热泵空调输入电能，它给我们输出热能，是一种电能到热能的转化。但实际上，它更应该被称为能量的搬运，而不是直接的转化。热泵空调通过逆卡诺循环从低温热源吸取热量，再向高温热源放出热量（卡诺循环是将热能转变为机械能，逆卡诺循环则利用机械能转移热能）。在这一循环过程中，输入的电能，除了转化为机械能（压缩机对气体压缩做功）再进一步转化为热能之外，还额外帮助一些热能克服温度差，从低温环境转移到高温环境。因此输入一份电能，往往能够得到四份以上的热能。这看似违背了能量守恒定律，但实际上多出来的热能是从低温环境吸取的，总输入能量应该是电能+低温热能，输出则是等量的高温热能，依然符合能量守恒定律。不过，由于人们认为低温热能到处都是，不值得被计算，所以热泵空调的效率往往是由 COP（输出热量/输入电量）来定义，其数值在绝大多数情况下大于 1。人们在不断地致力于提升空调系统的 COP，其实就是在不断地提升它们“搬运”热量的效率。不深究的话，暂且也可以将其归类为提升能量转化效率这一大类中。需要注意的是，默认低温热能不值得被计算，其实也是有环境代价的。当利用热泵空调享受着室内温暖的环境时，室外毫无疑问会变得更冷一点。而夏天，则是室外因为空调的使用变得更热，进而促进了城市热岛效应的产生。从“节能是为了尽量减少能源的利用对环境造成的不良影响”这一角度看，人们并不能因为空调效率的提升，而心安理得地大开空调。

2. 减少能量转化次数

每一次的能量转化过程都不可能达到 100%的效率。虽然能量是守恒的，但是初始能量在转化过程中，不可避免地会有部分能量转化为难以利用的低品位能量（例如温度位较低的热能），而不是百分百变成目标能量形式。因此，减少能量转化次数，也有可能降低一次能源的总使用量。这里说“有可能”，而不是“必然”，是因为还需要考虑前面提及的能量转化效率。比如，利用一次能源转化为动能来满足负荷需求的时候，转化效率为 40%，而如果一次能源转化为电能的效率为 60%，电能再到动能的转化效率为 90%，那么这一路径更长的转化过程，其总效率为 54%，比前者更优。所以减少能量转化次数是值得考虑的一个方向，但不是必然的选择。

太阳能对室内的被动加热和主动加热可以作为一个例子来进一步说明减少能量转化次

数的效果以及需要考虑的因素。图 5-11 中，左边是被动式太阳能采暖，太阳辐射仅经过一次转化，直接在室内变为热量；而右边的主动式采暖，太阳辐射先在屋顶变成水的热量，然后再通过水泵将水输送到室内，最终通过室内散热器转化为室内空气的热量。从转化效率来看，被动式的一次性转化显然效率很高，除了少量太阳辐射以反射的形式跑出屋外，入射到屋内的太阳能基本上都转化为了热量；而主动式的多次转化，不仅屋顶的太阳能集热器会有对外散热损失，还额外增加了水泵的电能消耗。但是也必须看到，被动式采暖为了让尽量多的太阳辐射进入室内，必须采用大落地窗，这会导致夏季增加大量不必要的热负荷，因此还需要配合巧妙的屋檐设计，利用太阳方位角的季节变化，使得冬季太阳可以直射屋内，夏季却会被屋檐挡住。另外，被动式采暖无法调节室内的温度，室内的暖和程度很大程度取决于气候，并且需要依靠大量的储热材料来应对夜晚或阴雨天没有足够太阳能的情况，因此室内要设置厚重的墙体和地面；而主动式采暖则可以依靠水泵来主动控制对室内的散热量以控制室内温度，利用储水箱保存多余的热量用于夜晚或阴雨天。

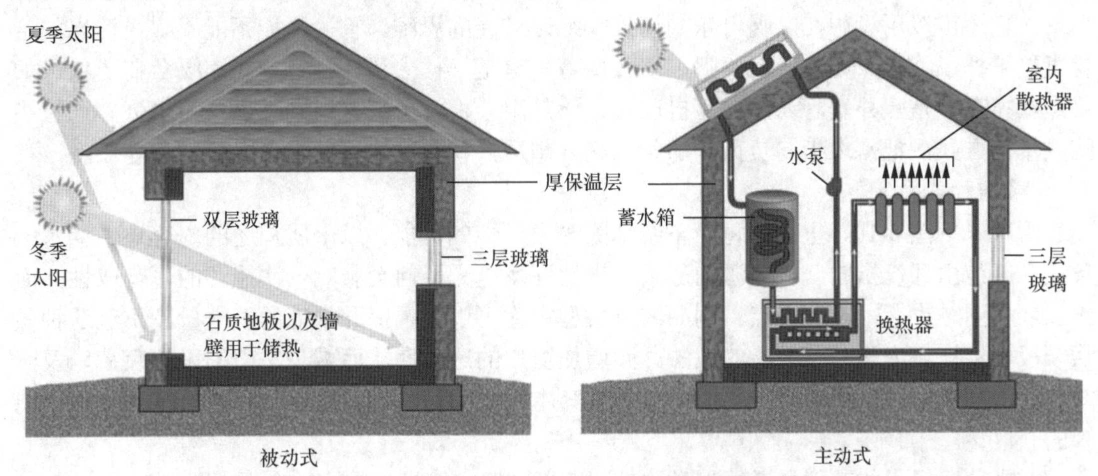

图 5-11 被动式与主动式太阳能采暖

可以看到，在减少能量转化次数的同时，也会降低能量使用的灵活性（路径少了，路上可做的选择自然也少了），因此必须辅以其他的设计来更好地满足人们的用能需求。

3. 降低负荷

以上的两种节能方法，都是在能量转化上入手。第三种节能方法则是降低负荷。从图 5-10 可以看到，有两个影响负荷的因素，一个是人们的需求，一个是环境。需求往往会和负荷相混淆，实际上这是不同的概念。还是以采暖为例，冬季人们希望室内温暖一些，这转化为以温度描述的语言，就是人们希望室内能够保持在一个舒适的温度之上（比如 15℃），这就构成了人们的需求。如果此时室外也恰好是 15℃，那么这个需求就直接被满足了，不会形成任何的负荷。只有当室外温度低于 15℃时，室内才会不断地向外散失热量。此时为了维持室内温度，就必须给室内不断补充热量，这些潜在的等待补充的热量就构成了室内采暖的负荷。可以看到，需求只是影响负荷的一个要素。如果人们需求的温度升高，室内外温差变大，散热量增加，负荷也会相应增加（需求的影响）。如果室外温度上升或者建筑的保温性能变好，则负荷相应减小（环境的影响）。

工程人员在做节能改造的时候，往往都是从改变设备（提升效率或减少转化次数）和环境（减少转化次数或降低负荷）入手的。人们的需求一般被认为是固定的、难以被改变的，但通过巧妙的设计，人们的需求或者需求和负荷之间的关系实际上是可以被引导与改变的。比如，人们需要从A点（家里）到B点（办公室）上班，这必然需要消耗一定的能量来使得人发生位移。如果改变工作的方式，比如线上办公，那么这一位移的需求直接就取消了，这是最直接的节能方式。如果位移的需求无法取消，那么满足这一需求的方式可以是走着去、骑车去或者坐车去，不同方式所引发的负荷显然也是不同的。可以默认人们一般倾向于坐车去，然后致力于改进车辆的能量转化效率，也可以想办法引导人们更愿意骑车或步行，进而减少负荷，例如，将步行道或骑车道设置得更加便捷，景色更加优美。还有一个例子是洗澡时节省水资源与加热水的能量。常见的办法是改进加热器，使其更高效，或者改进淋浴喷头，使其冲洗得更加给力。除此之外，人们还可以尝试提醒用户当前所用的水量以及能耗（例如一个能够显示用水量的小设备），使其主动降低自己的用水需求。研究已经证明，当用户实时看到自己的用水量时，其洗澡过程的消耗会大幅减少。

人们还可以用设想在家喝可乐的场景来练习节能的思维。首先，能不能不喝，可以的话就直接干掉了需求。如果一定要喝，那么接着思考是下楼去买还是直接在家喝负荷更低。如果是在家喝，是点外卖，还是在家自己做，还是用一根管子直接通到嘴里负荷更低？通过头脑风暴的方式，把需求指向负荷的那条线充分想透，就有可能引发出许多新的节能创意。

4. 增加能源获取

回顾一下图5-10，里面的每一条线都隐含了节能的可能。以上所描述的内容还遗漏了一条线，就是由环境指向一次能源的那条。自然环境毫无疑问会影响一次能源的可获取性，而人工环境同时也会影响这一点。例如修建大型水库可以大幅提升水能的发电量，不过这种做法一般不会被认为是一种节能的做法。而增加窗户的透光率从而减少室内的采暖负荷以及照明负荷，则是一种常用的节能手段。其实究其本质，都是通过改变人工环境，增加了一次能源的获取量。

本小节所提供的节能思考框架是比较粗略的，但它的好处是比较全面。图5-10上的每一条连接线延伸出来，都能够容纳非常多的节能创意。

第四节　塑造可持续发展的人居环境——“百万立方世界”项目

一、项目的源起

通过前面章节的讲解，读者们应该已经了解了各种能源的利用以及相关的许多环境问题，同时也了解了我国维持社会运转所需的能源总量以及人居环境等知识。但是这种了解却是泛泛的，这些庞杂的信息之间缺乏必然的逻辑联系，如何将这些知识应用起来？

本书所传达的信息，主要是为了避免人们在使用能源的过程中对环境造成破坏。然而这不仅仅只是一个技术问题。另外一个值得思考的问题是，人们一直在做节能减排的工作，但是国家的整体能耗却还在不断上升，节省下来的能源去哪里了？

以上问题的答案都离不开经济发展这一话题。因此能源与环境问题，其间始终缠绕着人这一因素。正是人类社会对于经济发展无止境的追求，使得对于能源的渴求越来越多，而能源的使用又必然会带来变化，这一变化不会被限制于人类社会内部，而是对全球环境都造成了影响。

不妨先来看一位名叫 Jon Jandai 的泰国农民的故事。他出生于泰国东北部的一个贫困小村庄，虽然经济不发达，他却也过得无忧无虑。但随着年龄变大，村子里发生了变化，有了更多新奇的东西，例如电视机，也有了更多见过世面的人告诉他，“你太穷了，你应该追求成功，你应该去曼谷”。于是，他随波逐流来到了曼谷。但他发现在曼谷生活一点都不轻松，需要学很多东西，需要做很多的工作，才有可能追逐人们所谓的成功。他自问，为何我如此努力工作，我的生活依旧如此艰难？于是，他决定回归家乡。在那里，他每年只需要工作两个月，一个月播种大米，一个月收获，就能够得到 4t 大米，而他家六口人只需要半吨大米作为口粮，多余的可以拿去售卖。利用闲暇时间，他还挖了鱼塘，种了菜园，所得的鱼和蔬菜远超家人的需求，他甚至拥有了多座自己建的房子。在那里，他重新发现了生活的美好。他的故事渐渐为人所知，许多人不远千里到他家跟随他学习自给自足的生活方式。他也受邀在 TED 上做演讲，题目就叫“Life is easy. Why do we make it so hard?”在演讲的末尾，他问道，世界上有如此多充满智慧的人，但生活却越来越艰难，这究竟是为了谁？

Jon Jandai 的故事值得人们思考。确实，欲望驱使着人们不停劳作，消耗能源，生产各种各类的物品，究竟是为了什么？是不是人们停止这一切现代社会的运行，回归原始朴素的生活，这个世界将变得更加美好？

在下结论之前，再回顾一下本书农业和能源部分曾提及的数据。为了养活全球 74 亿人口，人们已经消耗了相当于整个南美洲大小的土地，用于种植农作物及饲养家畜。到 2050 年，如果继续采用传统的农业模式，人们将额外需要一片巴西大小的土地，来养活后续增加的 22 亿人口。从这一数据可以看到，Jon Jandai 看似简朴的生活，其实是另一种“奢侈”。

一方面，泰国位于地球上太阳能非常充沛的区域，并且气候湿润，非常适合稻米的生长，另一方面，Jon Jandai 回村后，坐拥大片自由的土地。如果把农业看成能源的转换过程，输入能源的充沛度和能源转换过程的效率，决定了最后产出量的多少。正是因为拥有这些天时地利（能源充沛度足够高），Jon Jindai 即便采取转换效率较低的农业生产方式，还可以在自给自足之余，有能力产出富余的产品。

迪克森·戴斯伯米尔博士在他的书籍《摩天农场——在 21 世纪养活我们自己和全世界》一书的扉页上写道：“谨以此书献给全世界 10 亿多非自身原因，每天晚上饿着肚子上床睡觉的人，以及未来 40 年如果情况无法得到改善，地球上新出生的 30 亿即将加入他们痛苦行列的人。”2023 年 7 月 12 日，联合国五大机构发布 2023 年《世界粮食安全和营养状况》报告（以下简称《报告》)。《报告》警示人们，全世界饥饿人数不断增加，营养不良问题尚未解决，据《报告》预测 2030 年全世界预计仍将有近 6 亿人面临饥饿，实现消除饥饿目标任务艰巨。《报告》指出，2019 年以来，新冠疫情延宕反复，气候冲击和乌克兰冲突等事件动荡频发，全球新增饥饿人口超过 1.22 亿，到 2022 年全球有近 7.35 亿饥饿人口，高于 2019 的 6.13 亿。《报告》发现，按照中度或重度粮食不安全发生率衡量，全世界有 24 亿人无法持续获得食物，约占全球人口的 29.6%，其中约有 9 亿人处于重度粮食不安全状况（粮食不安全严重程度，处于该级别时，人们在一年中某些时候可能没有食物、挨饿，甚至一日或多日未能进食)。在人们呼吁回归传统、鼓励自给自足的时候，完全忽视掉那些自然条件不够优渥、无法单纯依靠传统农业维系社群发展的地区，似乎是不妥的。

但是，人们内心被 Jon Jandai 的故事所触动的那一部分，却又是真实的。人类科技的发展、大量能源的消耗，并非只是为了拯救吃不饱饭的同胞，也不是只为了解决未来下一代的温饱问题。这从食物的浪费上，就可见一斑。据英国政府的一项研究报告显示，英国每个家庭为粮食浪费每年要支付 420 英镑。而日本农林省通过对个别城市的粮食浪费研究，推算出每年日本普通家庭要扔掉剩余饭菜约 340 万 t，约占粮食纯供应量的 5.2%。同时，瑞典有子女的家庭会浪费购买的食物的 1/4 左右。

在粮食的生产、加工、运输的过程中，都要消耗能源，相应地也会产生大量的二氧化碳排放。食物的浪费就意味着大量的能源被无谓地消耗，而大量二氧化碳的产生并没有伴随任何人类社会的发展进步。

这便是 Jon Jindai 故事的两面性。人们不可能用完全自然的方式来支撑整个人类社会的健康生活，否则自然会通过疾病和饥饿来完成它控制人口的工作，但这些显然不是人们所希望的。于是，有人说：我们应当向前看，而不是活在过去。但是，当人们看向前方的时候，看到的却是大气雾霾、水体污染、全球暖化、臭氧层空洞。即便全人类达成一致消除粮食浪费（不管这有多么地难以完成），节省出来的能源恐怕也会马上被用来满足其他的欲望。人类被释放出来的欲望，比人类自身更加善于复制、变化。所有的环境危机、能源危机，都和人类的发展危机不能分割。人们似乎困在了两难之中。

在这危机焦虑之中，人类又把目光投向了无垠的宇宙。2018 年 11 月，“洞察”号无人探测器在火星成功着陆，使得人类首次可以探秘火星。这一消息引得各种媒体一片欢呼。2019 年首张黑洞照片公布，同样轰动全球。其实，早在古代，人类就把目光投向了地球之外，例如中国关于嫦娥奔月的传说。但是古人更多地是带着浪漫的情怀，想象着天外之地。而现在，却是希望这些天外探索能够在未来某天，当地球生态已经不适合人类生存的时候，可以为人类提供最后的救赎。

就如在美国亚利桑那州图森市以北沙漠所建设的“生物圈二号”。它是一座微型人工生态循环系统，在物质循环上实现完全的闭环。人们希望借此了解地球是如何运作的，并研究是否有可能在非地球环境下，模拟出地球的生态系统。虽然在进行了两次进驻研究后，“生物圈二号”实验被确认失败，但相似的努力从来没有停止过。但可以想象一下，假设在未来可以成功建设出“生物圈二号”，也成功殖民火星，然后呢？接着在火星上不断繁殖，创建一个又一个“生物圈二号”，直到耗尽火星的所有资源，再殖民下一个未知星球？这恐怕并非人们所愿。

“近代科学所着眼处，若就我上一讲所说，则他只着眼在理世界，不再理会道世界。因此在科学眼光中，此世界也无所谓善恶。人类只求能运用理智识破此世界，把此世界识破了，人类便可为所欲为，更莫能奈之何。因此科学对人类可说有使命，但求人类能战胜自然，克服环境，而人类对宇宙，则似乎不再有使命。”

钱穆先生的这段话很好地注解了科技发展所面临的困境。仅仅从人类生活的某一方面，如工业生产技术，来思考能源与环境，还远远不够！人们应当自问：作为“人”，要利用能源达成什么？或者说人们的能源之“道”是什么？

所以真正可持续的生活，依然等待着人们去探寻。如果人们认可，“能源”等于产生变化的潜力，“能源”和万事万物相关。那么，未来的新能源，会给世界带来什么新的变化？

对于一门课程而言，想要探明现实世界的能源之“道”，绝对是难以企及的目标。因此，人们化繁为简，从“最初”开始，设计了“百万立方世界”这一项目。其规则为：

（1）利用一百万个 1m×1m×1m 的立方体，自由组合形成空间，建设一个人类社会。

（2）必要条件 1：能源自给自足。

（3）必要条件 2：能够维持人类生存。

（4）允许自然界的物质流入流出这个空间，但要将对自然界的影响降到最低。

（5）不计成本，但所有人为创造的东西都不允许超出这个空间。

（6）考虑因素：社会的技术可行性、社会对自然的影响程度、社会的可持续性、社会的舒适程度。

从规则可以看出，尽量不去设置任何的限制，这是完全开放性的设计。希望通过建设这一“小世界”，给读者一个思考能源之“道”的机会。这不是乌托邦的尝试，而是自我生存理念的挖掘与展示。

二、项目的发展

“百万立方世界”项目最早是在 2015 年，由徐象国教授在浙江大学能源工程学院本科生课程“能源与环境系统工程概论”上提出的。在这门课的教学大纲中写道，本课程的目的是引导学生们对能源、环境和系统工程方面的知识有系统性地认识和掌握，对能源利用以及由此产生的环境问题如能源开发和利用、环境污染和控制、全球变暖等有全面的了解。这也正是本教材所对应的课程。

为了探寻能源之“道”，便有了“百万立方世界”。经历了多年的尝试，“百万立方世界”一直跟随着同学们在成长。在最初的时候，它是一个长宽高各 100m 的立方体，矗立在地面之上。然后就有同学提议说，我可不可以把它翻转，变成地上地下两个对称的金字塔，这样我就能利用地热能了。还有同学提议说，可不可以改变它的形状，只要满足体积不变的要求。到最后，它变成了一百万个小立方体，你可以随意堆砌，创造任何奇妙的世界。

在这场带着疑惑和欢乐的“游戏”中，同学们设计出了位于冰岛的“幸福小镇”，小镇中心有一个酒馆，那里有通红的炉火和大杯的啤酒；还有位于北海道的“心中的日月”，海洋的宁静浩瀚和来自温泉地热的能量遥相呼应，一冷一热，一月一日；以及“海上城庄”“文明巢穴”“Street”“我的世界”等。浙江大学求是新闻网在第一次报道这个项目时，称之为浙江大学的一门“游戏”课。

在“百万立方世界”成长的第二年（2016 年），迎来了新的成员。浙江理工大学艺术与设计学院的高宁博士带领环境艺术设计专业的同学们第一次走进浙江大学，和浙江大学能环专业来共同创建心中的世界。通过这种交叉融合，期待让工科的严谨计算得到更美的呈现，也让艺术的跳脱潇洒得到工程理论的实际支持。但是，在初次面对能源与设计专业的融合时，同学们既觉得惊喜，却也一时无法找到对接的头绪。在历经一个多月的项目设计过程中，争执、妥协、再争执是每个项目组的日常。不同专业的同学们往往想退回到自己擅长和熟悉的专业领域，去享受知识壁垒中的确定感和既有成就。最终，学科交叉的奇妙化学作用开始了。

采用了核能作为主要能量来源的“加达屿”，同学们的海岛世界不再是固定不变的，充沛的能量允许他们迁徙整个功能区，不断重组变化，永远活在新鲜的世界中。这样的设计创意是先由浙江理工大学环境设计专业的同学提出，浙江大学方面则通过理论计算，验证了可行性。“蔚蓝参差”的世界，则有着类似 Wi-Fi 标志的梯级扇状结构，它的能量从钻井平台获取，根据扇环辐射的路径流动，从前一级提供给后一级，实现能源的梯级利用和废物的逆向回收再利用。其他神奇美妙的世界还有“日月星辰”“脉络”“大音希声”等。在这知识的野地上，绽放出了一片惊喜。也有了浙江大学求是新闻网的第二次报道：一片野地上的“惊喜”。

来到“百万立方世界”的第三个年头（2017 年），参与人数超过了百人，参与专业包括能源与环境系统工程、环境设计、产品设计、工业设计、美术学。并且同学们设计了全新的故事背景：地球因为资源被过度消耗不堪重负，人类不得不移民其他星球。很幸运地，在某处发现了一个和目前地球自然环境完全一样的星球，只是上面没有人类，也没有任何的人类文明。人类有了一次重头来过的机会。10 个小组被选定为第一批的拓荒者。由于登陆后需要尽快开展生活，人类采用了一项黑科技——异次元搬运球。每个搬运球可以容纳 100 万的立方空间，却只如皮卡丘的精灵球那么大。每个小组在地球上建设好占据 100 万立方空间的社会后（要求能够容纳至少 100 人生活），原封不动地收纳到球内；然后再在“新地球”上自己选好的地址上展开，立马开展自己的新生活（因此不可以把所有设备都塞进建筑内，等到了再慢慢拿出来用，而是必须以马上能够运行的状态设计）。拓荒者搭载拥有无限概率发动机的飞船到达“新地球”后，将无法再返回地球，也无法同地球再通信。下一批的地球居民预计会在 100 年后达到，但是，100 年后的事，谁知道呢？10 个小组，请采用目前地球上最新的技术（要求提供支撑数据），努力在新的世界生存下去，并且让这个世界变得更好。（只限制初期建设的空间，到达新地球后，则是自由活动。）

第四个年头（2018 年），“百万立方世界”走出了浙江大学，中国友好和平发展基金会、共青团天津市委员会等机构联合主办了津浙“百万立方世界”大学生极客挑战赛。同一年，“百万立方世界”还走进中学，联合萧山中学做的《百万立方世界 Steam 课程》被浙江省教育厅评选为“中小学综合实践活动课程与教学”优秀案例。

第五个年头（2019 年），能源与环境系统工程概论课程被引入到浙江大学竺可桢学院荣誉课程体系内，并正式改名为“百万立方世界”。课时数从 32 课时拓展为 64 课时，教学内容也得以覆盖更多的学科知识。并且，“百万立方世界”项目获选为 2019 亚洲大学生峰会海外分会场主题活动，来自新加坡国立、朱拉隆功大学等 6 所东南亚地区高校的同学参与其中。

三、项目核心概念

设计一个百万立方世界，初听非常有趣，细想则有可能觉得无从下手，因为设计一个世界涉及的内容实在太多。下面围绕几个核心概念，让大家逐步掌握设计过程中所需要注意的要点。

1. 供需

供给能够满足需求是一个世界得以存活的前提条件。其中能源和物资的供需匹配则是最关键的。如何来获取这些供需信息呢？图 5-12 显示了某个百万立方世界的分区设计。他们把自己的世界分为了生活区、工业区、农业区以及储能区。这个分区就好比搭建了世界的脚手架，在这个基础上就可以进一步完善细节。

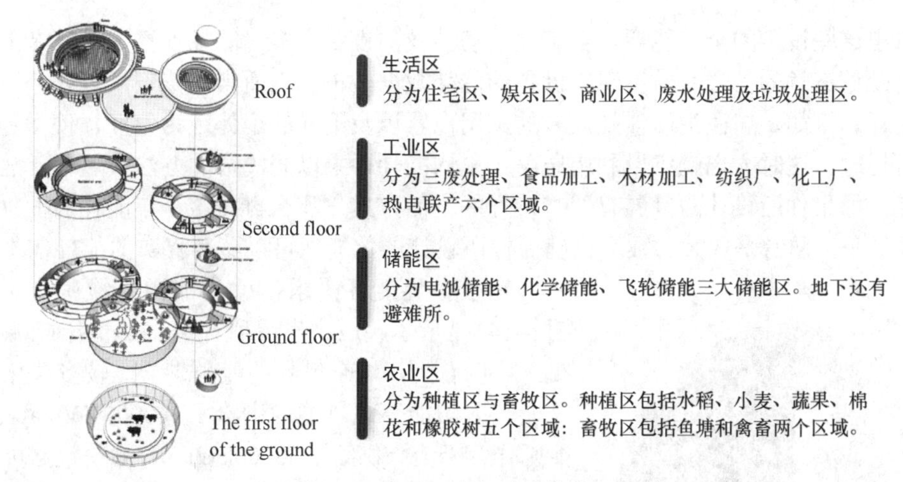

图 5-12 某百万立方世界的分区图

当然分区方法有许多种，例如生活区可以进一步细分为住宅、娱乐、商业、废水处理、垃圾处理等，农业区则可以包含种植区、畜牧区等，另外三废处理也可以划归到工业区。分区的思维只是世界设计的起点，协助大家更有条理地开展计算，但不要让这种思维束缚了创意。不同的分区功能完全可以通过巧妙的设计在形式上结合在一起，例如垃圾发电厂厂房的坡道也可以成为居民滑雪的赛道。

有了分区，就可以来具体计算每个区的需求。以能源为例，图 5-13 显示了上面这个小世界所计算出的每年能源消耗分布。可以看到，工业区占据了能耗的大头，农业区耗能虽然排在三个区的末尾，但是对比第三章所讲解的现实世界的农业耗能，这个百万立方世界的农业能耗显然要高出许多。那么可以推测这个世界必然采用了类似植物工厂的农业技术。这些具体数据来自设计者们给世界添加的耗能设备。根据这些设备的功率和每日的开启时间，就可

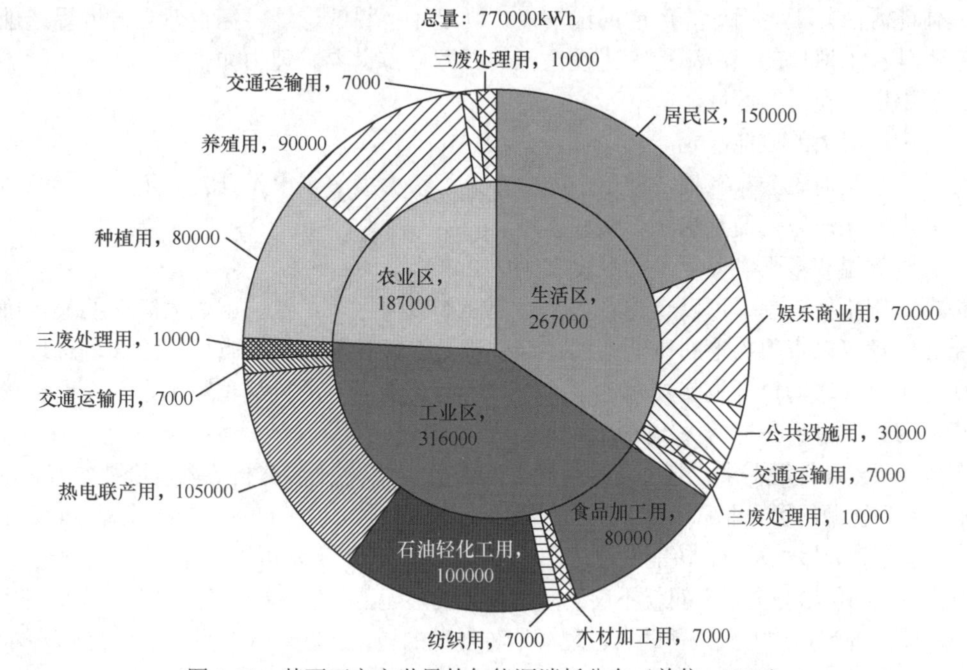

图 5-13 某百万立方世界的年能源消耗分布（单位：kWh）

大致估算出这些设备的全年能耗。当某项活动涉及的设备太多，能耗计算太过复杂的时候，就可以借助第三章的信息，借鉴现实世界的能耗数据，再加以适当的修正，以作为百万立方世界的能耗。例如，居民生活涉及众多的家用电器以及不同的个体行为偏好，使得逐一统计能耗非常耗时。这时人们就可以利用居民年平均能耗再乘以居民数的办法快速估计居民生活的年能耗。如果你所设计的世界有一些特殊的生活方式，那么再在这个年能耗后面乘以适当的修正系数——通常是放大系数，以确保你所设计的年能耗可以覆盖真实的能耗需求。

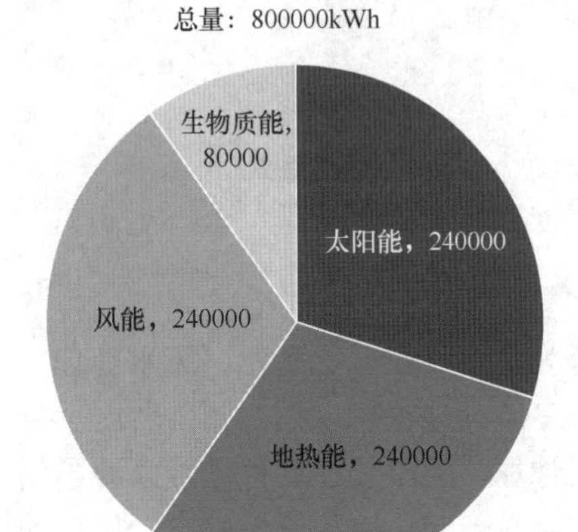

图 5-14 某百万立方世界的年能源供给分布（单位：kWh）

有了世界能耗需求，就为能源供给确定了目标。图 5-14 显示了相应小世界所计算出的每年能源供给分布。可以看到，这个世界的能源供给比较多样化。其中风能、太阳能、地热能均供给了240000kWh/a，生物质能则作为补充，供给了80000kWh/a。这些数据可以作为设计目标，即先定下这个目标，然后根据这个目标来推导各个能源设施该如何设计才能够满足这个目标要求；也可以来自统计结果，即先开展各个能源设施的设计，再统计最终结果，看看总量是否满足要求。但不管从哪条路径走，都需要一个循环迭代的过程。例如，从设计目标出发，有可能到后期会发现，某些能源设施占地过大，小世界无法容纳，或者说性价比太低，不宜大规模采用，这时候就需要修改目标；而遵循先设计再统计的路径，则更有可能发现最终汇总的总量不满足需求，或者设计余量太大，造成了空间浪费，这时候就要根据差值进行设施比例上的放大或缩小。

至于每种能源设施的产能数据计算方法，大家可以借鉴本书前面章节的内容，灵活运用每种具体能源的知识。而计算产能的出发点，则是小世界的选址。某百万立方世界选址在中国广东省珠江入海口的南沙湿地来建设自己的百万立方世界。理由如下：

（1）中国三类日照区域。

（2）中国最大的风能区之一。

（3）大小型河流分布密集，便于小型、小小型、微型等水电站开发利用 。

（4）水质状况好，便于水库养鱼和饮用。

（5）气候温和多雨，多年平均温度在 19～24℃。

根据太阳辐射信息，可以查得这里是中国三类日照区域，这样就为太阳能的设计确定了输入量。同理可以查得当地的风能数据，这些都是产能计算的初始条件。因此，选址一旦确定，所有可以获取的资源也就被确定了，同时所有可能面对的挑战也被确定了，所以选在何处建设百万立方世界是非常关键的。

在能源供给和能源需求达到平衡的基础上，人们还可以进一步分析能源供给是如何满足能源需求的，因为能源的形式非常多样。以二次能源电为例，它可以来自各种一次能源，如太阳能发电、风力发电、天然气发电、核能发电等。这样，相同的能源需求可以通过不同的能源供给来满足，因此能源的供给与需求之间就不仅仅只是量上的匹配，还存在着形式的转化。人们可以通过构建桑基能量分流图的方式来帮助自己理解这种能源的转化。图 5-15 显示了一个桑基图的案例，可以看出，石油大部分被用于提供交通出行所需要的能源动力，少部分用于提供工业热能，剩余部分则作为工业原料，而工业、建筑和其他服务都需要的电力则来自天然气、煤炭、核能和其他可再生能源。通过桑基图，就可以把供需有机地结合在一起。

2. 品位

由于建立百万立方世界最关键的要求是能源自给自足，因此第二个关键词依然是围绕能源的，即能量的“品位”。

学过基础物理的人都知道，能量是守恒的。这就引出一个问题，既然能量是守恒的，为何会有能源危机呢？在人们使用能源的过程中，能量的总量是保持不变的，那人们消耗的到底是什么呢？

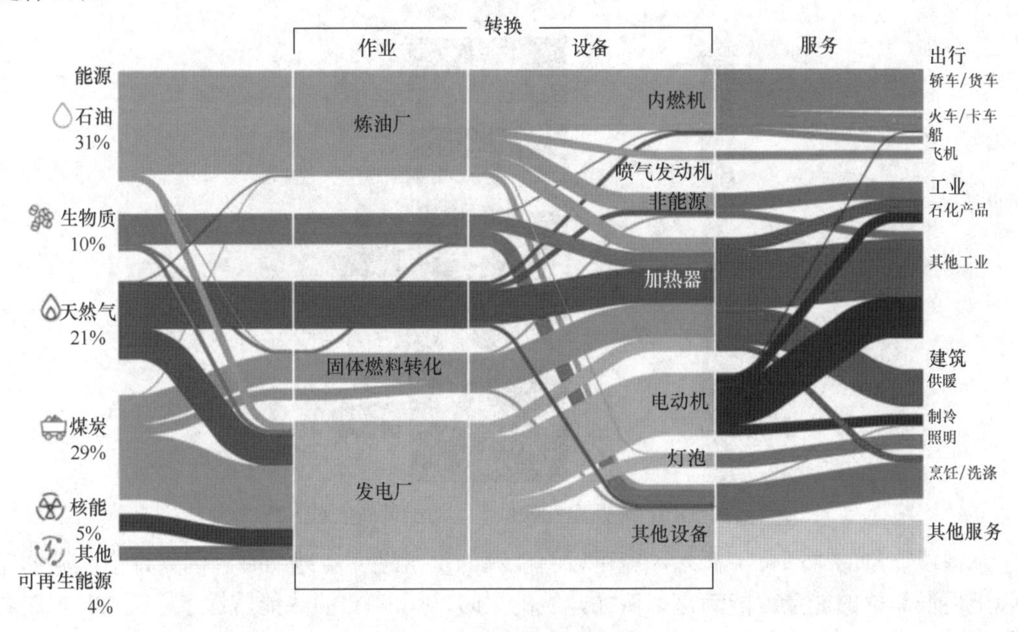

图 5-15 桑基能量分流图

要回答这两个问题，人们可以从更宏大的背景出发。大家可能听说过熵增，这是一个孤立系统变化的趋势。如果宇宙也是一个孤立体系，那么它也是宇宙变化的一个趋势。熵增是一个极其复杂的概念，简而言之，可以把熵增的过程看成一个均匀化的过程。例如一杯水放在一个密闭的房间内，在初始的时候房间内的状态是不均匀的，因为有大量的水分子集中在一个很小的体积内。随着时间的流逝，水分子会慢慢地跑出来，均匀地分散在房间的每个角落，如果时间足够久，甚至连盛水的杯子也会消失，构成杯子的玻璃分子也会游离在房间的各个角落。等到房间内全部均质化以后，在没有外界能量输入的情况下，房间内就不会再发生变化了。同样，如果宇宙热寂真的存在的话，那就意味着届时宇宙内再也没有任何变化了，虽然宇宙的能源总量可能依旧是那么多。

所以，在能源使用的过程中，消耗的不是能源的量，而是能源的“品位”，即产生变化的能力。能源危机也不是总量的危机，而是品位的危机。用一个实际的案例能帮助大家更明确理解这一概念。图 5-16 中，天然气是一种高品位的能源，因为它燃烧时能够产生 1000℃以上的高温，可以推动燃气轮机产生出同样高品位的能源——电。由于任何的能源转换过程都不可能做到 100%的转换，因此必然会有部分能量以余热的形式从燃气轮机排放出来。这部分余热温度约 600℃，品位显然比输入的天然气要低。不过这部分能量依然可以被利用，来产生对人类有用的变化。例如可以输入到吸收式机组，产生冷量。不同于大家在日常生活中常见的制冷空调系统，吸收式制冷系统不是依靠电能来驱动，而是利用热能来产生冷量。从吸收式机组排出的 200℃以下的低品位热量，还可以通过换热器为建筑供暖。在整个冷热电三联供的工作过程中，能量按照品位的高低被逐级利用，这好像从楼梯上下来，在不同高度做不同的事情，因此也被称为能量的梯级利用。同理，图 5-16 中所输出的高品位电能，在被利用的过程中也会逐步转换为低品位的能量，也同样可以根据梯级利用的理念，将它的作用发挥到最大。

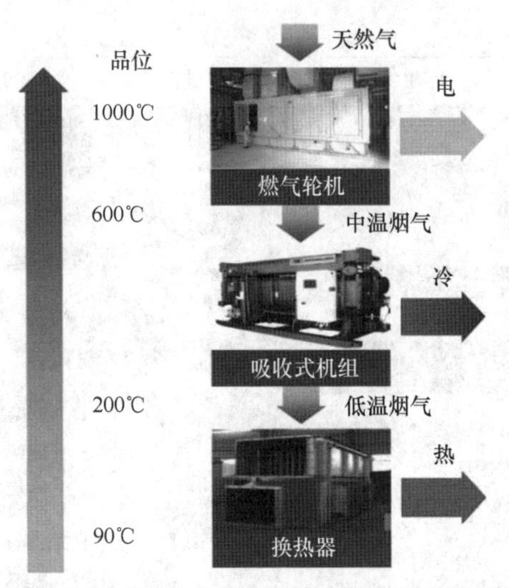

图 5-16 冷热电三联供系统的能量品位对应

掌握了能量的“品位”概念，就可以将能源的供给进一步地缩减。因为许多能源的需求实际上用低品位的能量就能满足，例如建筑的采暖，用 60℃的热能就够了，而 200℃左右的热能，已经能够满足大多数食物烹饪的要求。如果能够充分收集高品位能量在利用过程中产生的余热，那么这些低品位的能量要求就不需要额外耗费一次能源来满足了。

3. 特性

各种能源不同的特性，也是设计过程中需要重点留意的。人们在日常生活中接触得最多的是电能，它似乎无处不在，也没有什么特征上的区别。因此，初学者在设计百万立方世界的时候，考虑最多的能源形式便是电能，并且在利用方式上也都大同小异，这导致每个世界的生活方式也都几乎雷同。既然百万立方世界是想要重新探讨“能源、环境、人”之间的关系，那么就应该从不同能源的特性出发，寻找出各种更加适宜、更加有特色的能源利用方法。

如前面基础知识部分所述，电能只是二次能源，产生电能的一次能源可以有非常多的种类，而它们也都有着各自迥异的特性。例如太阳能，它能量密度很低、时间变化性很强、在用来发电的同时还能提供热量；再如风能，它波动性也比较大，但和太阳能不同的是，它除了提供电能，还可以直接转化为机械能；而核能的最大特点则是能量密度特别高，如果利用核能的世界，所设计的能源应用形式和太阳能、风能驱动的世界几乎一样，那就太浪费核能澎湃的能量了。下面以几个具体的例子来说明如何根据能源的特性，设计出个性化的世界。

图 5-17 显示的是一个名为“加达屿”的百万立方世界，这个世界是由核能驱动的。在世界右上角停泊的便是核能发电船，它产自俄罗斯。加达屿的设计者们通过互联网找到了它的详细信息，甚至售卖价格。由于百万立方世界是不计成本的，设计者们开玩笑说，如果给他们足够的钱，真就能从俄罗斯把这船开回来。利用核能发电船的一个好处是，一旦有发生核事故的可能性，可以让核能船尽可能地远离主世界。

图 5-17 加达屿示意

加达屿的设计者们之所以选择了核能，是想利用它极高的能量密度来做一件很有创意的事——社区重组。在传统的世界中，如果人们厌倦了一直住在同一个地方，或者不喜欢邻居，那唯一的办法便是动身搬到新的地方去。但在加达屿的世界，提供的解决方案却是重组整个社区。在加达屿中，个人的住宅是接驳在主世界上的。在核能的驱动下，这些住宅都可以漂移到新的位置再重新接驳，从而创造出一个新的社区。这样人们在保持熟悉而温暖的家的同时，还可以拥有全新的社区环境。为此，加达屿的设计者们还专门设计了小岛接驳系统，见图 5-18。这个案例说明了人们可以利用能源的特性为社会问题提供新的解决方案。

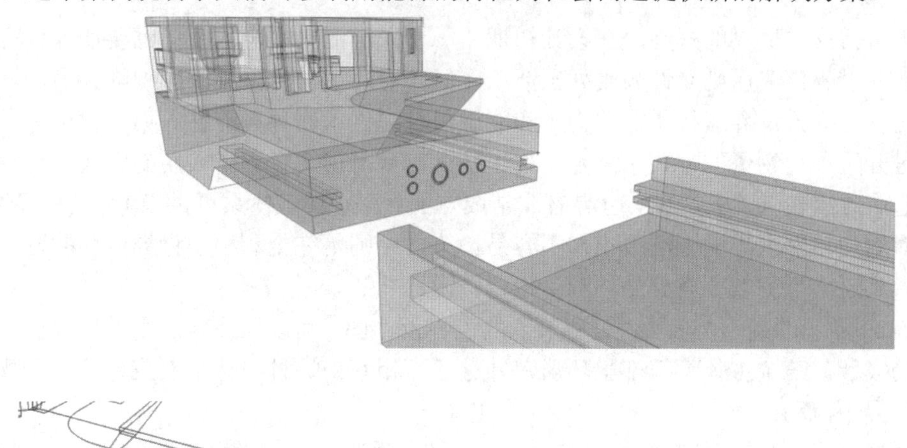

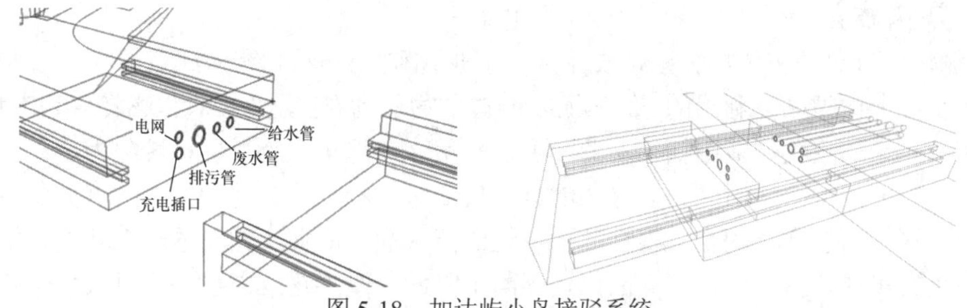

图 5-18 加达屿小岛接驳系统

潮汐能也是一种极具特色的能源。名为“律动”的百万立方世界就选择了潮汐能作为主要的能源形式。潮汐能主要是由月球的公转引发的（太阳对潮汐的涨落也有影响，但是不如月球大），因此它也如同月升月落般有着极强的规律性。“律动”小组将这种规律性比拟为人体的生理节奏，他们将潮汐发电站设计在世界中间（见图 5-19），当潮涨潮落的时候，仿佛这个世界的心脏在跳动，而周围传输电能的网络仿佛人体的血管，将驱动的能量传送到每个角落。同时“律动”世界所设计的生活规律也和潮汐能的涨落契合，让人类的活动更加遵循自然的节律。

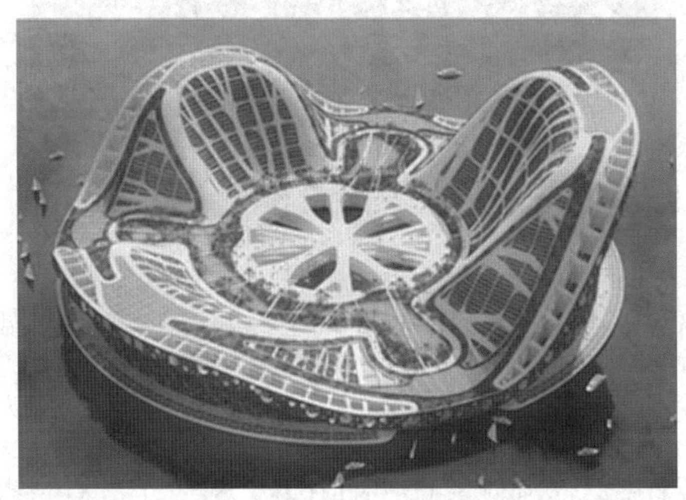

图 5-19　“律动”世界概念图

4. 循环

根据百万立方世界的规则，在设计初期，一切人类活动所需的空间都要计入百万立方体积里面，而世界落成后则允许人类外出活动，但要对周边自然世界的影响降到最低。这个规则为满足百万立方世界运行所需的物质和能源需求提供了两种可能性。第一种是等世界落成后，通过开采周边物资的方式来满足，这也是人们目前现实世界所采用的方式。这种方式设计实现起来难度较低（毕竟现实世界有非常成熟的开采、加工体系可供参考），然而要说明这种方式对周边自然世界的影响很小却不容易。第二种则是完全利用小世界内部的资源自给自足，要做到这一点就需要充分循环利用一切资源。

图 5-20 显示的是一个名为“H 循环”的世界设计图。可以看到，这个世界模仿了中国客家土楼的设计，三个主体建筑都呈环形，并且环环相套。这种设计主要是为了便于物资和能源在小世界中流动循环。

“H 循环”世界的三个环分别是农业区、工业区和生活区。图 5-21 显示了能源和水是如何在这个小世界中被循环利用的。例如太阳能首先输入到农业区，被农作物转化为生物质能。被人类利用剩余的生物质能则输往工业区加以利用。在这里生物质能被转化为高品位的电能和低品位的热能，供给生活区。而这些能量在生活区又将以化学能的方式（例如厨余垃圾）循环回农业区。需要注意的是，根据前面讲过的能源品位的概念，在这一循环过程中，虽然能源的总量有可能保持不变，但其品位是不断下降的，最终这些能量都将以低品位热的方式耗散到周边的空间中，而不可能无限地循环下去。所幸的是，百万立方世界并不是完全封闭的世界，它允许阳光照入，也允许风和水流过，因此也就有源源不绝的高品位能补充进这一小世界中。

图 5-20 “H 循环”世界设计图

物质的循环则不同于能量的循环。在物质的循环过程中，虽然其形式在不断地发生变化，但是物质分子的总量并不会减少，其本质是通过耗费能源而发生组合上的变化。因此，只要有充裕的能量，理论上物质可以无限循环利用下去。例如在“H 循环”世界中，水通过无害处理或者去富营养化，便可在农业区、工业区和生活区之间不断循环。但受限于现有的技术，目前可能无法实现某两种物质形式之间的转换，另外在物质使用的过程中，也会有少部分物质逃逸到百万立方世界之外（例如水分蒸发后被风吹走），所以在物质需求上，始终还是需要准备一部分备用的物资。

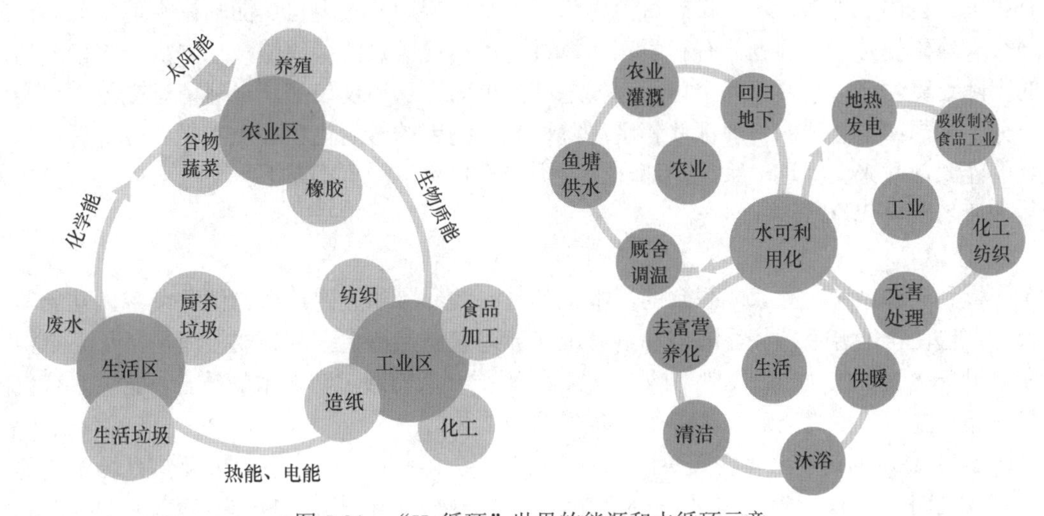

图 5-21 “H 循环”世界的能源和水循环示意

5. 善

以上所说的几点，都是和能源与物质相关的客观知识，可以说是“求真”。要建设一个美好的百万立方世界，自然还离不开“善”和“美”。

谈到“善”，人们首先想到的往往是社会体制的安排。过往的百万立方世界设计也少不了对这一部分的探讨。例如名为“NEO”的小世界，设计者们认为居住在“NEO”世界的人数较少、素质较高，可以采用直接民主制。最高权力机构为全体 100 个公民组成的公民议会，称为“100 公民议会”，直接领导机构为 100 公民议会选出的管理委员会，直接仲裁机构为 100 公民议会选出的仲裁委员会。而名为“日月星辰”的小世界，则首先探讨关于正义的观念。他们对“社会正义问题”采取基本一致的态度：自然条件等非物质正义上，采用自由主义原则，保持自由自愿发展，不加干涉；物质正义上，采用最大最小原则，即努力能够让所得最少的个人的收益最大化。

除了这些纯人文社科的探讨外，在百万立方世界中，“善”也可以和“能源”设计相关联。例如“地球百子”世界提出了社区分类的概念，他们认为人类不同的喜好和价值观引发了人与人之间的矛盾，通过引导相似的人群居住在一起，可以最大限度地消弭这些矛盾。因此他们将世界分为五个社区：自然社区、神秘社区、教条社区、演艺社区和自由社区。其中神秘主义奉行“昼伏夜出”的生活方式，而教条主义则严格遵守传统的生活作息模式。将神秘主义区与教条主义区并网，正好能够调节电网供给侧和用户侧的平衡，实现两区之间电网负荷的互补。在前面提到的“加达屿”案例中，设计者们通过新的能源利用方式，为社会问题提供了新的解决方案。而“地球百子”的设计者则通过新的社会组织方式，为能源问题提供了新的解决方案。这就是学科交叉所能够激发出的火花。

“善”与“能源”相关联的另一个案例是区块链技术。现在谈起区块链，大家首先想到的恐怕就是比特币了，但区块链技术的创立背后有着更为宏大的愿景。区块链的技术特点是去中心化、不可篡改、可扩展、高度透明性和匿名性，这些特点都大大削弱了政府在传统意义上的作用，其创立者甚至一度希望可以借助区块链技术建立一个秩序良好的非政府社会。由于所有信息被瞬时分享至链上的每个节点，届时不再需要有集权的政府管控，民众也因此享有极大的自由。当然，这一设想目前也依旧只是设想。其实现自然面临许多现实问题，其中一个大障碍便是能耗问题。有科学家估算过，用目前成熟的区块链技术来执行 VISA 信用卡的国际结算功能，需要消耗全球所有核电站的电力。这还仅仅只是全球信息交流中极少的一部分。试想如果全球的治理都依赖区块链以实现高度的透明化和去中心化，恐怕得把当前所有的能源都拿来支撑这一系统，那现代人类社会也不可能再维系下去了。所以，自由的背后往往还隐藏着代价。

6. 美

一提到能源系统，大家能想到的基本上都是一些冷冰冰、硬邦邦的钢铁设备，几无美感可言。这也使得能源系统往往成为邻避设施（邻避设施是指大家都想要，但是又都不希望出现在自己身边的一些设施，最典型的是垃圾处理站）。然而通过和艺术的结合，能源系统也能变得更加有温度，能为周边社区提供更多样的功能。

图 5-22 显示的是一个美轮美奂的百万立方世界，其中心是一座看上去像体育场馆的莲花形建筑（见图 5-23）。实际上这不是体育馆，而是一座太阳能热发电设施（名为太阳花瓣）。当需要发电的时候，建筑的莲花瓣便会打开，成为反射太阳光的集热设施。阳光汇集到工作

台的聚焦点之后，加热工作介质，进而推动汽轮机发电（见图 5-24）。

图 5-22 “百万规划局”的小世界

图 5-23 太阳花瓣的外观

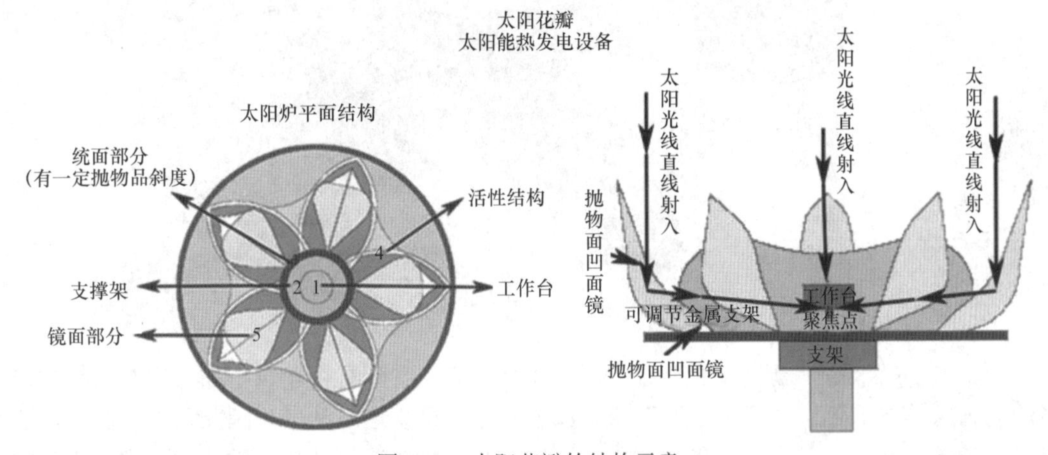

图 5-24 太阳花瓣的结构示意

人们传统所见的太阳能热发电设备是图 5-25 所示的大圆锅，如同钢铁巨兽般矗立在地面。诚然，这种工程设计的能源转换效率必定比太阳花瓣要高。但是谁都不会希望到这些钢铁巨兽边上去栖息游玩。被这些巨兽占据的空间只具有单一的发电功能。而太阳花瓣在为城市提供电能的同时，还增加了城市的美感。这也给能源工程相关的工作者提出了新的思考问题：是否追求能源效率的最大化可以等同于社会效益的最大化？

图 5-25　碟式太阳能热发电设备

图 5-26 显示的是一个名为“回暖”的世界，这个世界采用生物质能为主要能源形式。设计理念是“利用生态环境修复来引导建筑功能的修补，回归最为原生的生产生活状态，使得百年之后的我们能迎来第二次的能源回暖”。该世界采用海藻管道装饰于住宅区外围，在美化、保温之余进行海藻养殖发电，最大限度地开发海藻与人的关系。

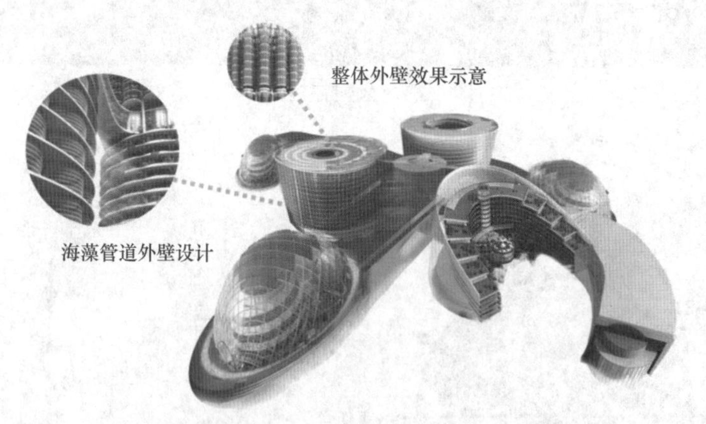

图 5-26　“回暖”世界示意

图 5-27 显示的是“源在浙里”小世界的主体建筑。看到这个建筑不知大家是否会想起著名的动画《千与千寻》。“源在浙里”的设计者们非常喜欢这部动画，因此仿造动画里面的城堡设计了自己世界的主建筑。在《千与千寻》里面，烧洗澡水是非常重要的一项工作，它依

赖的能源则是煤。而在“源在浙里”，设计者们将太阳能板与中式城堡有机结合，提供了又一个能源美学的案例。他们还专门设计了精美的中式屏风（见图 5-28）。

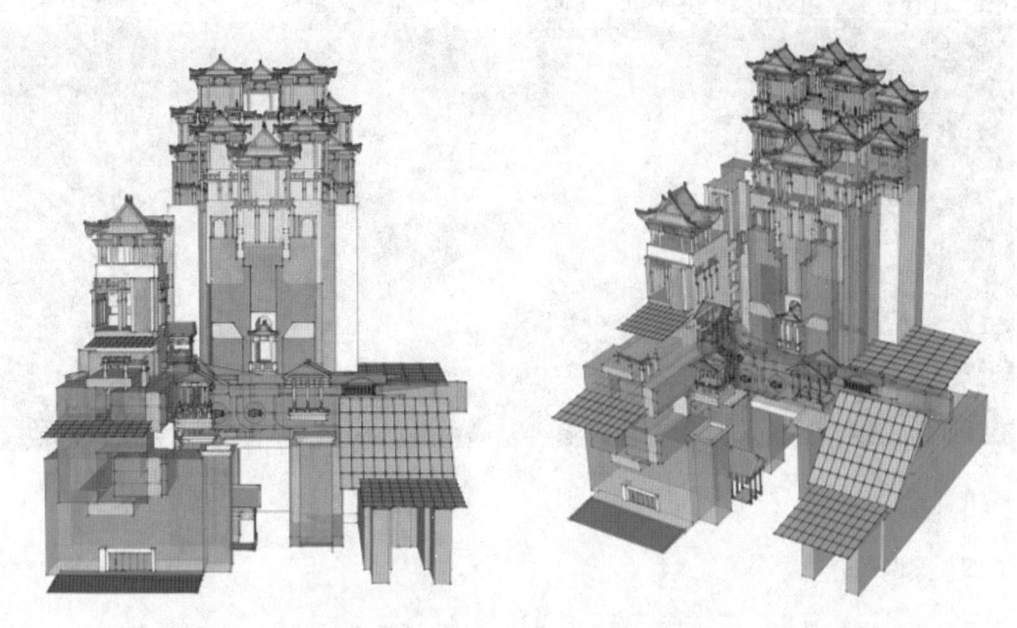

图 5-27 “源在浙里”小世界的主体建筑

图 5-28 “源在浙里”小世界的中式屏风

既然有中式的设计，自然也少不了西式的。图 5-29 便是充满未来感的“蛋生”小世界。这个世界由四个蛋形建筑构成，生生不息绵延相续的空间寓意着诞生。风力发电是世界的主要能源形式，为了应对风力的不稳定性，其中一个蛋形建筑内装备了飞轮储能。另外为了纪念小世界的落成，将该项目做项目展示的那一天被定为“蛋生节”。每年的这个时候，作为生活区的大蛋壳顶部就会打开，“蛋生”世界的居民们就会在那里放烟花庆祝新世界的诞生。

图 5-29 “蛋生”小世界的示意

四、案例简介

百万立方世界是一个真实而又虚幻的世界，“生活”在这个世界的居民使用的都是现实世界中已经实现的技术，但过着对未来憧憬的生活。在这个世界中要如何重新实现人类与能源、环境的平衡？

下面更为详细地介绍 2015—2018 年“拓荒者”们设计的一些“新世界”。需要说明的是，鉴于这些只是在有限时间内做出来的课程作品，创造这些小世界的同学们显然无法从零开始进行所有的原创设计。因此，他们的作品在细节上会大量借鉴已有的一些资料。不过总体的灵感肯定是原创的，反映了他们自己对美好世界的想象。

案例 1　心中的日月——北海道温泉渔场（2015 年）

现代的都市充满了车水马龙与灯红酒绿，都市生活的便捷同时伴随着汽车的喧嚣与空气的污浊，不少人有着这样的心愿：有一天，我终于要退休，我希望能远离城市，找一个安静的地方，那里面朝大海，春暖花开。我要建一座自己的小木屋，健康舒适地享受生活，回归自然。

2015 年的一批拓荒者同样有着回归自然的心愿，他们组成“渔泉小分队”，创造了一个他们自己“心中的日月”，见图 5-30。先听听渔泉小分队队员的心声：“‘暖暖远人村，依依墟里烟。狗吠深巷中，鸡鸣桑树颠。’相比于充斥着电子产品的高科技时代，简单的慢节奏生活或许更加令人向往。其实每个人的心中都有一片日月，那里澄净如水，那里自然如风。在那里，我们不一定拥有最顶尖的技术，却收获着大自然的慷慨馈赠；在那里，我们没有鳞次栉比的高楼大厦，却感受得到比邻的亲切与关怀；在那里，我们无法在竞争与超越中获得成功的快感，却能收获他人对自己付出的真诚感谢。我们向往这样的地方，向往着有朝一日‘心中的日月’能够实现。因此，我们希望能够实现我们这个愿望，规划属于我们自己的‘心中的日月’。从这一设计理念出发，我们尝试着最大限度地回归自然，借助大自然的力量建立一个健康舒适的生活环境。”为了更好地切合主题——心中的日月，他们设计的系统形象也是以此为灵感来源，分别设计了暖阳温泉居和海滨明月区。暖阳区以温泉为核心，象征着能量，为万物生长提供热量；明月区象征着宁静浩瀚，在提供鱼类的同时海风起到了调节气候、提供凉爽的夏季的作用。一冷一热，一月一日，形成一种完美的对称与和谐。

怀着这样的心愿，人们选择在日本北海道的惠山町一带建立“心中的日月”。北海道是日本屈指可数的游览胜地，也是日本的粮食基地之一。小麦、马铃薯、大豆、乳牛与牛乳产量居日本全国最前列，木材的产量、捕鱼量居日本首位，矿产资源也很丰富，是日本最重要的煤炭产地。北海道不仅资源条件优越，而且那里地处温带地区，四季分明，又同时兼具海滩温泉两大系统，既有“渔”，又有“泉”；既能够为人类提供冬暖夏凉的宜居场所，又能提供充足的地热能，作为社会生产运作的动力来源。

图 5-30 “心中的日月”建筑功能分区

为了维持小世界的运行和生产生活工作的开展，渔泉小分队从人们平时衣食住行等日常需求出发，开辟了地热发电区、种植区、养殖区、渔业生产区和建筑区五大功能区。每个功能区都有明确的分工与角色设计，为居民的生产生活提供某方面的物质能量供给。小世界的功能区主要有两大特点——产业集聚和多元整合，在整个系统中，每一个功能区都有一个相对独立、互不干涉的区域范围，以实现总生产的效率最大化。尽管五个功能区的工作任务各不相同，但是它们之间却有着千丝万缕的联系：地热发电区是整个系统的主要能量来源，它通过电缆及地下管道连通了其余所有的功能区，实现了能量的有效利用。另外，这个系统借助它唯一的交通工具——“日月风驰电掣”，通过一条狭长的电车通道沟通着“日”“月”两区。在太阳温泉区，建筑采取了环形分布，并在最外环也开辟了电车轨道。电车从渔场出发，载着收获的“战利品”，经通道抵达日区，并在外环绕整个区顺时针行驶一周，借助电车将相应的物资送至加工厂进行加工，使得各区之间的物质交流变得更加高效有序。

在介绍生活之前，先了解一下渔泉小分队如何满足小世界中居民的日常需求，见图 5-31。

生活离不开衣食住行，但对于一个百万立方小世界而言，不可能涵盖当今社会的方方面面，因此，设计者优先考虑了最必要的和最基础的。对于服装需求，可以种桑养蚕提供原料，再进行加工制作；对于食物，人类所需六大营养物质——维生素、糖类、水、无机盐、蛋白质和脂肪可以从谷、薯、豆类粮食作物，蔬菜，水果，禽、畜、鱼类食用肉以及食盐中摄取；

对于居住需求，可以结合当地地热丰富和沿海的特点，打造独具一格的温泉居和海景房；对于出行，运输由电车完成，而居民日常出行步行即可。

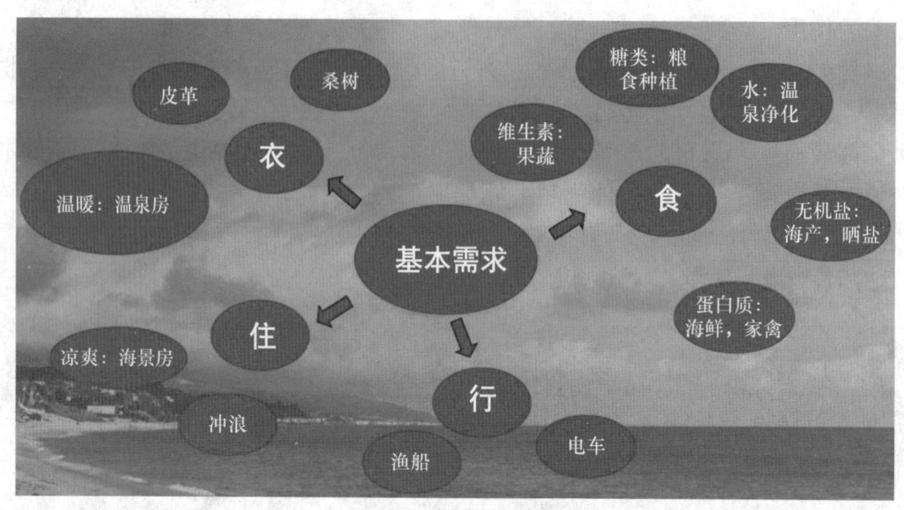

图 5-31 “心中的日月”需求分析图

为了充分满足“心中的日月”中居民的需求，渔泉小分队成员查询了我国单位面积作物产量和人均需求相关数据，统计出他们 20 人食用所需量及种植、养殖面积见表 5-3～表 5-5。

表 5-3 “心中的日月”粮食需求量及种植面积

粮食种类	20 人所需量/kg	种植面积/m^2
20 人所需小麦	0.1027×20=2.054t=2054	所需种植面积 0.4062hm^2=4062
20 人所需稻米	2212	所需种植面积 3293
20 人所需大豆	1278	所需种植面积 7262
20 人所需玉米	2783	所需种植面积 4626

表 5-4 “心中的日月”蔬菜需求量及种植面积

蔬菜	20 人所需质量/kg	种植面积/m^2
大白菜	1036	345.3
黄瓜	6195.4	1666.5
萝卜	5249.5	1749.8
茄子	3270.7	1090.2
番茄	5553.7	1851.2

表 5-5 “心中的日月”水果需求量及种植面积

水果	20 人所需量/kg	种植面积/m^2
苹果	5739.8	1913.3
柑橘	4962.3	1654
梨	2352.4	784
葡萄	1063.6	355
香蕉	1111.9	371
菠萝	1554.1	518

对百万立方项目不了解的人可能对以上数据没有什么感觉，实际上，在百万立方世界中仅生存 20 个人是绰绰有余的，而这些农产品的品种也算不上丰富。这是因为，“心中的日月”是第一届百万立方的作品。那个时候从来没有人创造过一个百万立方世界，谁都不知道，在这一百万个立方内到底可以容纳下多少东西。而到后期，许多百万立方世界可以生存近 1000 人，农业产品多达近百种。现在回头看那时的设计，自然会觉得青涩和不全面，但是正是第一届的设计，开启了百万立方世界的征途。

居住条件是舒适生活体验的重要指标，接下来看看渔泉小分队如何结合当地的地热条件，精心打造温泉居。

泡温泉不仅可以取暖，还有保健的功效。温泉居在建筑设计时就考虑温泉入户，以一种最自然的方式与建筑相结合，做到“回归自然”。温泉水经过过滤、杀菌等处理后，可用于日常泡茶饮用和烹饪；结合地源热，泵热供暖系统可为住房供暖。参考北京丰台区王佐镇的南宫村对温泉的梯级利用，渔泉小分队还设计了一套属于他们的独特的温泉水梯级利用方案，地热循环利用示意见图 5-32。

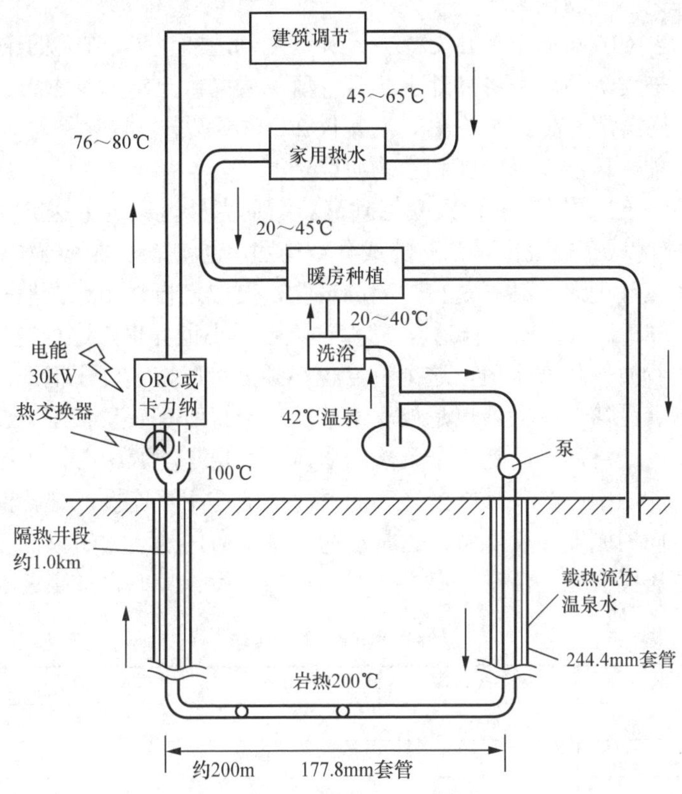

图 5-32 “心中的日月”地热循环利用示意

一方面，温泉水可直接引入用作洗浴等养生活动，余热 20～40℃可用于暖房种植后再汇入地下水。另一方面，温泉水作为载热工质泵入地下与岩石换热升温后，可用于发电；发电出水温度 76～80℃，可用于建筑空气调节，减少供暖的额外能耗；温度下降至 45～65℃，仍可用作家庭热水；余热 20～45℃可用于暖房种植，之后直接排入地下，汇入地下水。这种梯级利用满足了一系列的供热需求，也即是减少了供热需求的额外能耗。梯级利用是对能源高效利用的一种方式，提高了能源的利用效率，是当今能源利用方式的热点之一。

有了物质需求与供给和能量的推动，“心中的日月”小世界便能运行起来。这个世界充分利用了其所处的地理位置和环境条件，合理充分地使用了地热资源，实现了热、电多种方式供给和梯级利用。无论是在建筑设计还是能源利用方面，都体现出渔泉小分队的理念——回归自然和与自然共生。最后，以生活在“心中的日月”小世界中的一位居民的切身感想来结束：

喜欢寂静的北海道纯粹的风景，
草原波澜，小鹿纯子在奔跑。
有时候真的只想拥有一片风景，
在最寂静的时刻，摊开心里澄净的水，
不需要语言和行李，只有简单的心。
海鲜、寿司、拉面、啤酒、滑雪、温泉，
北海道的经典……

案例 2　海洋之心（2016 年）

“海洋之心”是 2016 年的一批百万立方设计师们创造的世界，它位于南沙群岛的一个椭圆形的珊瑚环礁——美济岛。美济岛处于热带季风气候区，全年为夏季天气，但由于海洋的调节，少有酷暑，气温常年在 27℃左右，温差仅 2℃。不仅自然景观秀丽，适宜居住、旅行，而且有丰富的太阳能、风能、潮汐能和生物质能资源。

“海洋之心”这一主题很容易让人联想到《泰坦尼克号里》男主送给女主那颗钻石，而“海洋之心”的功能区域布置就像是钻石的成分结构图，也就是碳原子结构图。同时，钻石也体现了这个世界的设计理念：钻石是自然界的产物，要取之自然用之自然——生态；钻石的成分纯净，像水一样干净、像冰一样透亮，“海洋之心”小世界也是这样纯粹——环保；钻石是世界上最坚硬的物质，代表永恒，这个世界也必须是可以持续、永恒地发展下去——可持续性；钻石也象征着爱情，小世界也是依靠情感的纽带将所有人联系在一起——以人为本。

在功能分区上，美济岛中间是一个天然的避风港，也是能源中心，周围分布着农业区、生活区与工业区。能源中心与各功能区之间通过海底隧道相互连接，它就像一个生机勃勃的心脏，源源不断地向周围输送着能量，它是动力，是生命，是活力的象征。

为了使 100 位居民安心生活在“海洋之心”世界，设计师们将按照表 5-6 提供食物。

表 5-6　“海洋之心”食物供给

食物种类	1 个人 / 天	100 个人 / 天	100 人 / 年
谷物 / 薯类	400g	40kg	15t
叶菜	400g	40kg	15t
水果	200g	20kg	7t
乳制品	250mL	25L	9000L
鸡蛋	1 个	100 个	36500 个
畜禽肉类	100g	10kg	4t
鱼虾类	100g	10kg	4t
水	1L	100L	37m³
坚果类	30g	3kg	1t

设计师们为“海洋之心”设计了工业区、生活区、农业区、能源中心以及连接各区的海底隧道，各区体积分配见表 5-7。

表 5-7　“海洋之心”各区体积分配

	体积/m³	分配方案
工业区	203000	8 间厂房 V=2000×（3.5+5+6+9+3.5+4.5+6+4）m³=83000m³、配套设施 V=40000m³、绿化及外围 V=80000
生活区	251920	普通建筑 12 栋 V=25920m³、医院及综合楼 V=26000m³、图书馆 V=80000m³、绿化区以及休闲区 V=120000m³
农业区	63552	种植区 36000m³，混合种植区 7200m³，漂浮农场 19200m³
海底隧道	205000	主隧道 V=5m×5.5m×6000m=165000m³、辅助建筑 V=40000m³
潮汐能电站	13320	V=37m×20m×18m=13200m³
能源中心	79000	V=3.14m×10m×10m×250m=79000m³
合计	815792	剩余体积 184208m³全部用来种树及木材加工厂

生活区主要包括 12 栋住宅、综合楼、医院、图书馆及绿化、休闲区，见图 5-33。

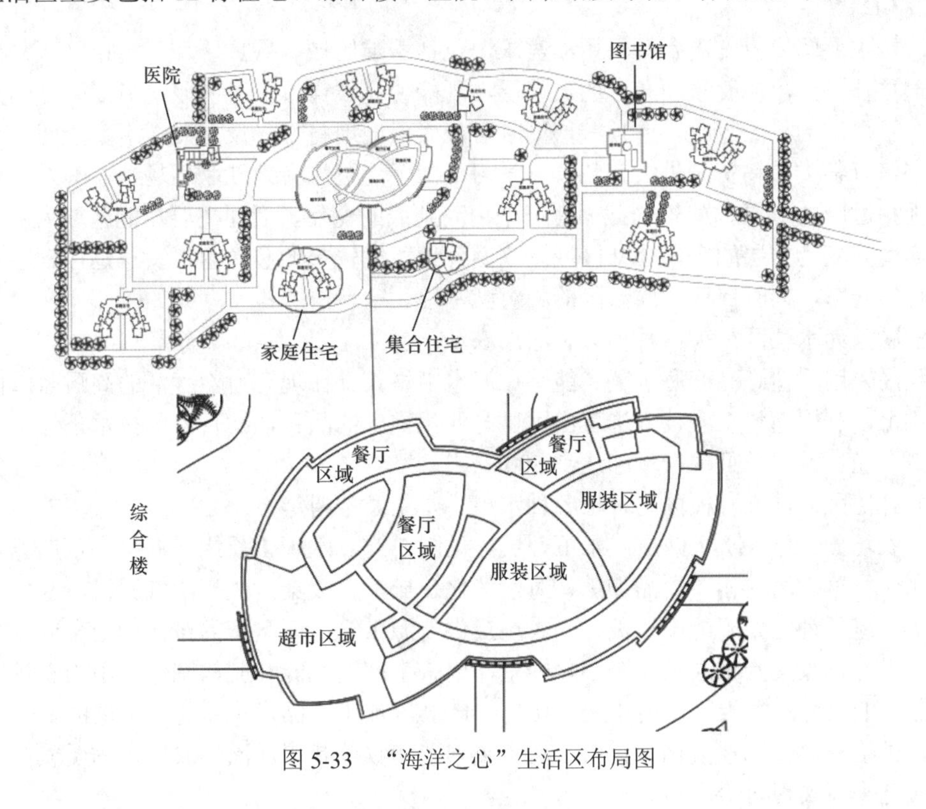

图 5-33　“海洋之心”生活区布局图

居住区共 12 栋建筑，分集合住宅和家庭住宅两种。集合住宅由一个个模块化建筑组成，通过堆砌、扭转组成整体。一层为公共空间，二、三、四层为私密空间，满足单身人士所需，见图 5-34。家庭住宅有四个独立的入口，模块化的建筑可以合而为一，屋顶上有个小花园，可以种植菜类、菌类食物，满足人们日常所需；也可坐在上面可以夜观天象，或者远眺俯瞰周边海洋。

图 5-34 “海洋之心”集合住宅示意

综合楼主要解决日常衣食及日用品需求，包括服装区域、餐厅区域和超市区域，使用了隔热玻璃顶，打造出层叠平面和透明玻璃层，既能使光线穿过，又能阻隔炎夏阳光的照射，因此减少了夏季的日照吸收。屋顶叠层同时可最大限度地将日光反射照入中庭空间。

图书馆有各类书籍资源供大家阅读、学习。为了能更加有效地利用场地，医院建筑采取了与用地相适应的L形，建筑的截面有一个由高到低的变化，后面主要功能区域为两层，逐渐压低高度后变为一层的等候公共区域。立面开设了比较窄的竖条窗，窗户延伸到屋顶，产生了有趣的光影，同时保证了候诊区的相对私密性。

农业区分为水稻区、果树种植区和漂浮农场。

水稻区采用耐盐碱高产海水稻，能够在海水中生长。在现有自然存活的高耐盐碱性野生稻的基础上，利用遗传工程技术选育出可供产业化推广的品种，在目前的技术条件下，使用淡水灌溉，能正常生长且现产量能达到500kg/亩。

果树种植区（混合种植区）种植各种水果、坚果及茶树等。

漂浮农场分三层，水上两层、水下一层，见图 5-35。水下 1 层用作海鲜、水产养殖，水上 1 层用作牧草栽培、相关食品加工、海水淡化、排泄物收集、生产沼气肥料，水上 2 层养殖禽畜类。屋顶铺上太阳能电池板，为农场提供能源供给；而禽畜的排泄物则会通过 2 层地面的特殊设计，收集到 1 层的一个小隔间里，用来生产沼气能和肥料制作，用于农场本身的能耗和牧草的培养；每天产出的牛奶、奶酪、肉类等加工制品，也将通过下层的机器生产加工出来，供给外界；海水淡化装置用于禽畜类养殖和牧草栽培。漂浮农场在物质能量上可与外界割裂开来，实现自给自足。

工业区中净水厂、木材厂、食品加工厂、医药厂、纺织厂、3D 打印装配厂、科研中心和垃圾处理厂一应俱全，见图 5-36。

纺织厂采用 S300 自捻纺纱系统，将粗纱、细纱、捻线、膨化和卷绕络筒等工序合成一道工序。与传统纺纱相比，每生产 1kg 其能耗节省 60%。

3D 打印装配厂将涵盖各个领域的材料打印，为人们的生活提供便捷，同时实现网上预约、现场取货的便捷服务。

图 5-35 "海洋之心"漂浮农场示意

小世界各区设计供回水管道，污水用序批式自动增氧型生活污水处理器处理；对于生活垃圾，因为生活区的垃圾多为可回收的材料，会在生活区进行初处理。之后将通过海底隧道的传送带送往工业区进行材料加工；对于有机可分解的材料，如棉麻等，加工后送往农业区进行浅土掩埋。对于可再次利用的材料，送往 3D 打印装配厂进行二次利用。小世界的设计中没有出现不可降解的材料，比如塑料，故不需要考虑其他的处理方式。

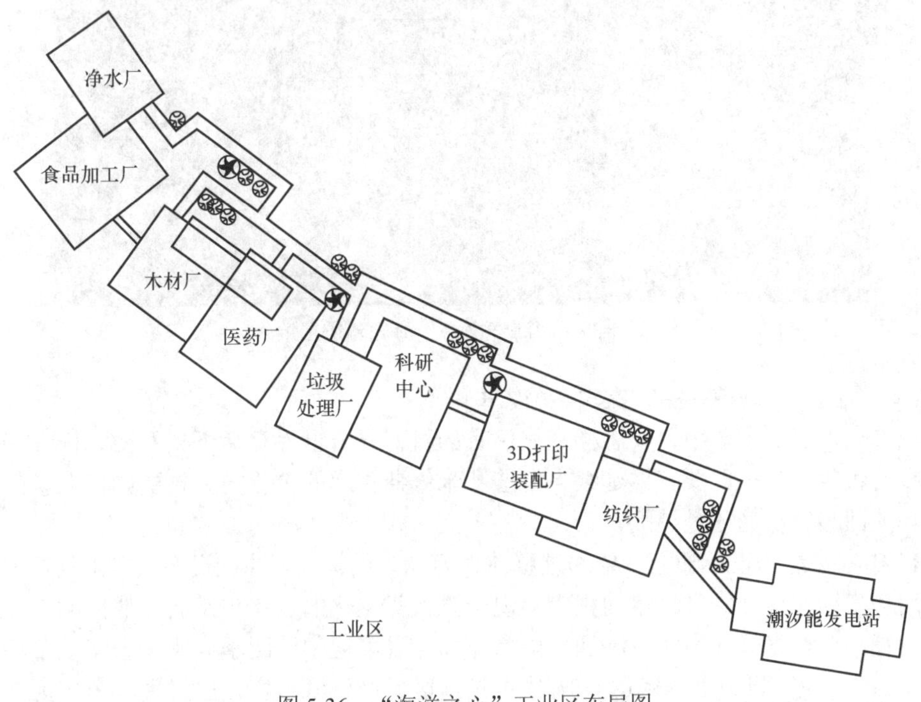

图 5-36 "海洋之心"工业区布局图

在岛中心区域有一个能源中心，其顶部安装了中国移动的 4G 信号发射塔；下面有可容纳上百人的避难所，还有一个控制中心。小世界使用的能源主要有三种：太阳能、风能和潮汐能。对太阳能的利用主要与建筑相结合，生活区可利用建筑面积为 $8000m^2$，工业区可利用建筑面积为 $8000m^2$。

风能则利用丹麦风机制造企业 Vestas 与日本三菱重工的合资企业 MHIVestas 生产的

风力发电机。该风力发电机理论装机容量单台 8MW（共装 4 台），塔高为 195m，叶片长度为 80m。

潮汐能利用公众参与、向城市开放的潮汐能发电厂，通过堤道与周边环境的交接模式，改变了发电厂的固有形象——一座与城市环境脱节的封闭式建筑物。长长的堤道本身成为观光、运动的绝佳场所，居民们将在蜿蜒曲折的堤道上漫步前行，从不同的角度欣赏这美丽的山光水色。

小世界的道路设计除了各区域的通道，还有连接能源中心与各个分区的海底隧道，见图 5-37。参照挪威最新投入施工的海底漂浮隧道，隧道总体上由三大结构组成，海底观光部分是在水面上的浮岛，通过浮岛的浮力，将隧道悬浮。隧道主体为双向通道，内部互通。“漂浮”的海底隧道由一至两条管道组合起来，由浮桥状的结构支撑，距离水面大约 10m。

图 5-37 “海洋之心”海底隧道示意

案例 3 回暖 · 城镇——宜家组 (2017 年)

在第二个遥远的星球中，要怎样依靠仅有的百万立方世界存活下去？要怎样在漫无目的荒野中重拾希望的星火？要怎样延续当年普罗米修斯传递的希望之火？要如何在新的世界中实现文化的回暖？机遇还是挑战？

2017 年宜家组的设计师们希望通过整体百万立方的构建，通过资源、文化及意识形态三方面实现初步回暖，并经过百年的积累实现未来人类文化的进化与发展。他们的百万立方位于山东省青岛市，气候环境空气湿润，雨量充沛，温度适中，四季分明。全年太阳辐射总量为 121.43kcal/cm^2，日照百分率达 58%。青岛地区矿产资源丰富，已发现各类矿产（含亚矿种）66 种。

宜家组设计的建筑结构取材于水滴，呈现出流线型的动态美感，在海边的出现宛如一颗透明的水滴铺展在自然的光芒里，充满了生机和希望，以交通枢纽为中心的建筑结构呈现平衡的分布式构造，农业区、工业区、居住区等部分相互独立却又有千丝万缕的联系，水体流动一般的设计是希望通过水绿串联打造城市生态文明系统，更便于自然风的流动和通过，实现自然资源与环境的充分利用，见图 5-38。建筑结构演变为从最初的圆筒形状，一步一步切割成为内部的阶梯式设计，为实现雨水和阳光资源的充分利用，设计了雨水凝集装置等，整体为圆柱形状。

图 5-38 回暖·城镇总体设计效果

根据选址的地理位置以及气候特性，系统的能量来源主要由生物质能、太阳能和风能组成。其中，生物质能作为系统能源结构的主体，用于规模化、集中式供电供能，其利用主要分为藻类制油和废弃物制沼两部分（见图 5-39）；太阳能和风能作为辅助能源，用于分布式发电及储能，太阳能的利用通过光伏光热一体化设计，可为居住区提供基本用电需求及热水需求，风能发电为公共照明系统提供能量。当太阳能或风能不足时，可通过智能调配，接入集中电网，保证能量持续供给。

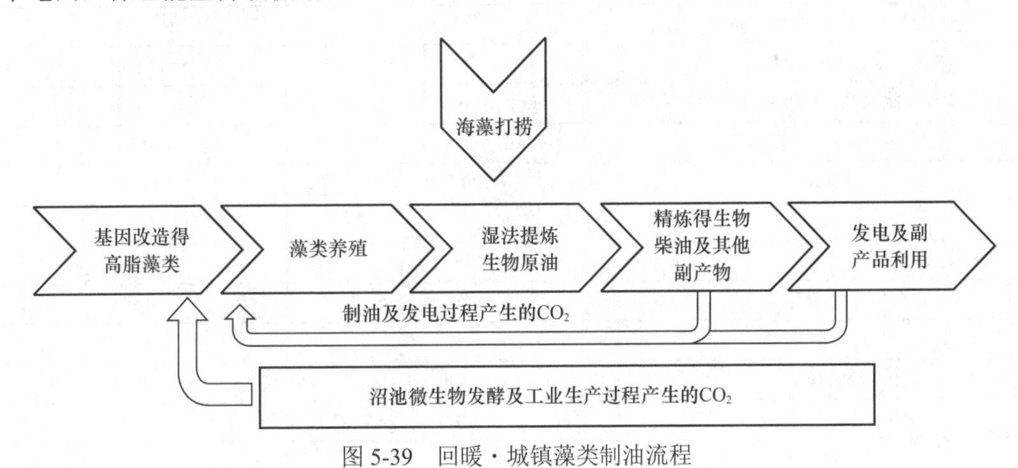

图 5-39 回暖·城镇藻类制油流程

回暖·城镇的农场占地面积 5000m^2，层高 3m，共四层，共占据 60000m^3，示意见图 5-40。内部种植区域体积共计 23286.127m^3，由四层立体结构组成，配合外部圆润的线条设计、由上至下的半弧透明穹顶设计和内部阶梯设计，室内室外种植的双重结合，并提供舒适宽广的内部休闲环境，采用柔和的色彩搭配。顶层为景观层；三层室外种植水果，室外种植水稻；二层种植蔬菜和做果蔬加工，室外种植薯类；一层养殖禽类、畜牧类及做肉类加工。

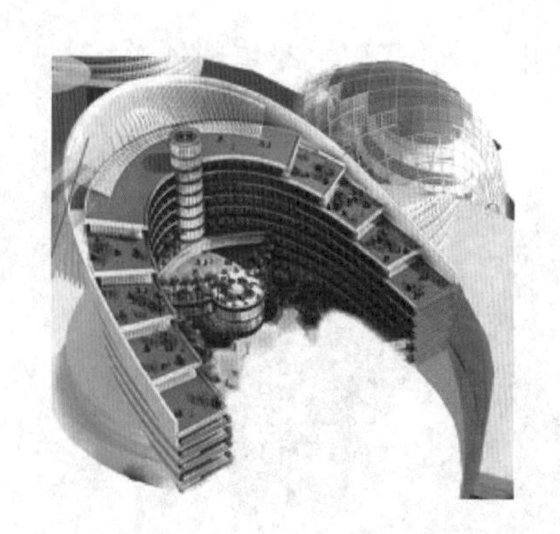

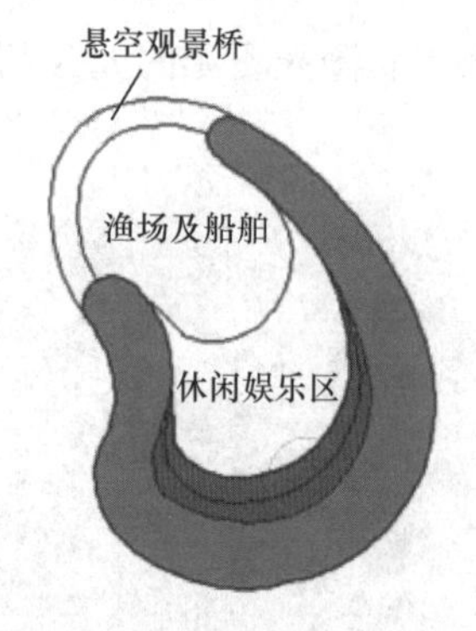

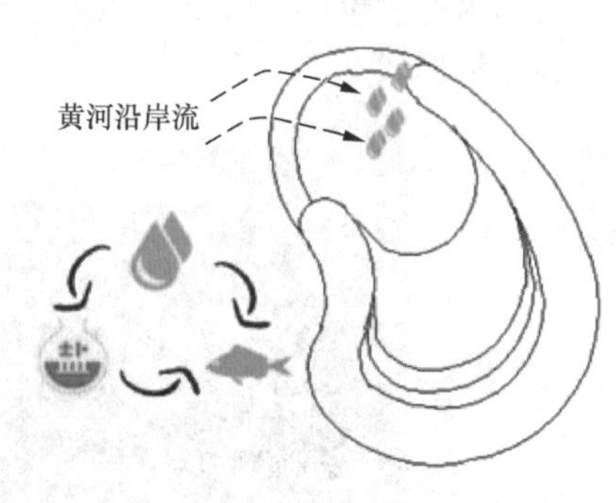

图 5-40 回暖·城镇农场示意

宜家组参考膳食宝塔中的果、肉、蔬种类进行农场分配。农场空间分配及年产见表 5-8 和表 5-9。按照滴灌技术每平方米用水 10L、每日进行 3 次补水计算，每日用水量为 703.34L。由于采用滴灌技术，则按照营养液浓度情况进行配比施肥。参考山崎作物配方（草莓、莴笋、甜瓜等作物）、岩棉培滴灌通用配方、通用营养液配方，根据用水量计算全年肥料消耗。

表 5-8 回暖·城镇农场空间分配及年产量表

作物种类	占地面积/m^2	所占体积/m^3
鲁花 8 号花生（制油）	2815	5630
水稻生产	5000	
水果补充种植（苹果、梨）	800	1600
美国 HAS9408 型番薯种植	2000	4000
甜菜内甜抗 203（制糖）	667	1334
东农 55 号大豆（制酱油，以及补充植物蛋白）	667	1334
湘杂棉 10 号棉花	2001	4002
奶油生菜	20.709	62.127
花卉种植	500	1500
红颜草莓种植	667	1334
仙客 8 号番茄	50	150
樱桃小番茄	50	150
滇池高背鲫等	300	750
中盛 5 号香菇	100	250
新广黄鸡 k99	80	240
伊莎褐蛋鸡	200	600
中国荷斯坦奶牛	50	100
长白猪	50	100
发酵工厂（酿酒、酿醋、制酸奶）	100	900
育苗车间	500	1500

表 5-9　**回暖·城镇农场年产量表**

作物类别	作物年产量/kg
粮食类（含番薯、水稻）	21122
油类（花生榨油）	1000
蔬菜类	18250
水果类	26184.9
肉类（含牲畜类及禽类）	5160
奶类	26000
蛋类	2408.25
豆类	3600
鱼肉类	2000
菌类	3600
糖类	704
酱油	150
盐	400
棉花	900

农场制冷设备采用的是 GSG 水源螺杆机组构建的地源热泵系统，其制冷量在 134～3192kW，足够满足植物工厂所需要的制冷量。由于植物工厂内部的构造复杂，具体制冷量依据总体耗电量，按照常规植物工厂的数据，在建立时估计可知，光照占据整体能耗的 75%，故整体环境耗电为 5994.9kWh。综上所述，农业最终的耗电量为 4795.92kWh/d。

回暖·城镇的居住区共三层，每层高 4m，是一个环形的建筑。中心有一个半径为 50m 的人工湖，总占体积 24.1152 万 m^3，最多可供 300 人居住，见图 5-41。所有居民的居住区都安排在阳光可以照入的区域，其余的空余空间将用于休闲娱乐、聚会以及其他待开发的功能。居住区外墙围绕着海藻养殖管道，管道设计了双层玻璃，在防止玻璃破损所造成危害的同时也有效隔绝了噪声。海藻通过水流的循环汇集到底部的发电装置处进行发电。

图 5-41　回暖·城镇居住区示意

居住区的向阳面采用了世博会上阿尔萨斯案例馆的太阳能幕墙，太阳能板上缓缓流过深度约为 4mm 的水流。太阳能板的角度可调节，以实现在不同太阳高度角下对太阳光的最大化利用。幕墙安装有通风口，实现室内空气的流通。居住区的背阳面是一个室外的活动区，供居民进行室外活动，可以从事运动或者一些在室外进行聚会。

中心的人工湖分为上下两层，上层的水可以供居民进行水上娱乐，下层放置了海藻发电装置，通过湖水来将该装置进行冷却，由此让雨水和温度回归地下，让舒适与享受还于地上。人工湖的相对海拔低于海平面，通过压差与反渗透技术将海水转化为淡水储存。每一个家庭内都通过局域网实现智能家电的控制。此外，每一户家庭内也配备有精密控制的小型植物工厂，可以供居民种植自己喜爱的蔬菜。

回暖·城镇的工业区致力于取热于阳、归物于城。利用太阳炉将损坏部件熔融后，采用 3D 打印技术将熔融材料再生塑造成新的零部件。考虑到重融再生的过程中会有一定损耗，故带上一定量的原料进行补充。太阳炉的物料位于反射镜的焦点处，太阳光线射到抛物面镜反射器上，聚焦在被加热物料上，使物料加热。反射镜可由机械转动和调整装置跟踪太阳转动，以便充分接收太阳能。

对于纺织等工业所需用到的化工用品，采用携带原油储备与提炼机器的方法，在需要时进行提炼。在重融原料与提炼石油的过程中，需要加热的部分尽可能利用太阳能炉来进行，将太阳的“暖”通过太阳炉镜面反射“回”复集中来进行利用。

宜家组还为回暖·城镇设计了交通流轨无人驾驶系统，采用小车厢模式，在轨道上每间隔 7.5m 处，安置一节 2 人座席的小车厢，每节车厢空间均舒适私密，可为乘客带来极佳的乘坐体验。地铁的士的同一车厢对应同一目的地，实现一站式直达的点到点服务，大幅度节约了传统公共交通候车、每站必停的交通耗时，也解决了换乘难与最后一公里的问题。

该系统基本接近目前世界上已经在运营的 PRT（个人快速交通），即有轨化无人驾驶系统（目前该 PRT 系统的运输方式已在美国西弗吉尼亚大学、英国希斯罗机场、韩国顺天市和阿联酋马斯达城四地运行），最高运行时速可达 160km。

道路设置上采用流轨和立体变轨相组合。流轨，以轨道带动小车的模式进行全程运输，类似于机场的传送带。该设计借鉴了血液循环系统红细胞供氧的模式，同轨道的车与车之间同向同速，却又相对静止，不需担心追尾碰撞。同时，高速度与高密度得以同步实现，进而达到与地铁近似的运载量，从根本上解决了原有 PRT 运能不足的问题。

立体变轨则通过顶轨和车厢顶轴的衔接实现乘客的无缝换乘。地铁的士的车站是独立分离出来的，并不与流轨在同一空间层（也称为分离式车站），当车要进站时，小车在临近换乘地点处会自动升起顶轴，楔入密闭运输通道中的顶轨中实现立体变轨，脱离车队的小车就可以驶进分离式车站；出站时，小车顶轴与顶轨断开连接，车就又可以进入到流轨道路上。完全采用超级电容提供动力，利用乘客上下车时间，可在车站 30s 内完成充电。遵循“能量守恒”科学原理，制动能量可由超级电容回收，再生制动能量回收率达到 80%以上，与传统有网受电式低地板车辆相比，系统节能 30%以上，做到了真正物理意义上的绿色与高效。

案例 4　诞生—— 一立方米的温暖（2017 年）

生与死是人类在世永恒的话题，当人们提到生命，总会想到死亡。百万立方世界的设计并不是一件应该带着兴奋的心情去做的事情，因为它的背景并不令人轻松。百万立方世界寄托着全人类文明和尊严的方舟。诞生小组的成员以“诞生”为设计理念，希望当每个住在这里的人提起这个词时会想到，他们的诞生建立在地球的毁灭之上，诞生——不是毫无意义地存活下去，而是为了延续人类文明的火种。

经过讨论和分析，2017 年诞生小组选择在广东湛江建立百万立方世界。湛江位于中国大陆最南端雷州半岛上，地处北回归线以南的低纬地区，属热带和亚热带季风气候，终年受海洋气候调节，冬无严寒，夏无酷暑。亚热带作物及海产资源丰富。年平均日照时数 1817～2106h，年均太阳总辐射量达 4600MJ/m^2，日照资源充足。风力资源丰富，小组选用的 3MW 风机在大部分状况下都能稳定工作。同时湛江地区空气质量优良，常年位列中国城市空气质量前五位。良好的气候和空气条件，是百万立方居民能安居于此的物质保证。

湛江地下水资源丰富，雷州半岛与海南岛北部同属雷琼自流水盆地，汇水量大，以市区为主体的半岛东北部，有热流体储量最大的低温地热田，储集了大量温度在 33～46℃的热矿水。湛江雷州半岛东北部有目前全国面积最大、热流体储量最大的低温地热田。湛江是中国南部海上石油（油气）开发服务的重要基地，毗邻湛江的南海是世界四大海洋油气聚集中心之一。湛江高岭土矿床是我国目前最大型的高品位、大储量的高岭土矿床。湛江廉江的银矿储量为 676.15t，为全省最大的银矿。丰富的地区资源，是居民在 100 年内和 100 年后离开百万立方的资源保证。

诞生小组设计的蛋形建筑建立在仿生学的基础上，蛋壳形态结构强度大，能够抵御台风的侵害，而且其能用更少的建筑材料建造更大的空间，具有诸多优点。

“诞生”的总体结构是由中间立柱作主要支撑，外立面采用钢结构稳定立面。层高较高，在人流活动密集的区域视情况将空间进行隔层错叠等空间处理，建筑内部通道主要靠建筑中间设计交流空间，其功能有人流通行和货流通行。其中人流量多的居住蛋、公用蛋将交流空间更多地留给人流通行，能源蛋、农业蛋将更多地设计货物流动空间。另外，成员们还在建筑内壁设计了双螺旋式的楼梯通行。

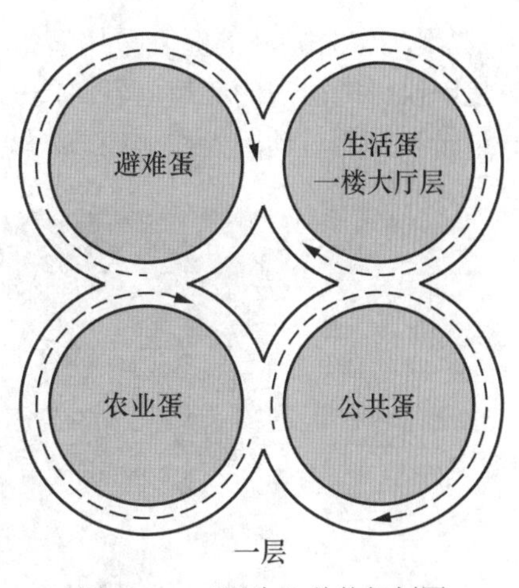

图 5-42 “诞生”总体规划图

百万立方总体规划由包括能源区、农业区、生活区、公共区及避难区的 5 个蛋形建筑组成，见图 5-42。每个蛋之间将由三层集观景、运输为一体的通道相连接，而地底部分则另外有通道相连。其中，地表通道按图进行设计。每个蛋的地基深度约 25m，打桩时利用摩擦桩的表面摩擦效应防止建筑沉降。地上部分 60～65m，每个蛋都设计为近似椭圆形，并且地上部分尽可能上小下大以增强整体的强度。

“诞生”建筑群的能源区包括风机以及半个破碎的蛋形建筑。主要能量来源是风力发电，湛江地区风力资源异常丰富，因此仅仅采用一台 Vestas 3MW 型的风机来提供主要的电能，在建筑表面安装一定面积的光伏太阳能电板进行补充发电。风能与太阳能比例约 4∶1。储能方面，考虑到风力发电的不稳定性，采用德国的超导飞轮储能电站的设计，确保不间断供电。总共储存容量为 500 万 kWh，发电功率为 100MW，能够满足供电和储存的需要。

“诞生”生活区的构造包括天文台、独特的荒漠景观及动植物园、健身空间等，见图 5-43。在下半部分则为聚居空间，中间通道部分起到了支撑整个建筑的作用，同时也是建筑物的中枢。外部是盘旋而上的楼梯，内部安装有电梯以及各种输送水、气、电的管道，主要用于平时的上下楼梯、建筑物的用水用电和用气输送。住宅设计由相互独立的小空间构成，采用了可交换外部花园的设计。共计48个独立空间。

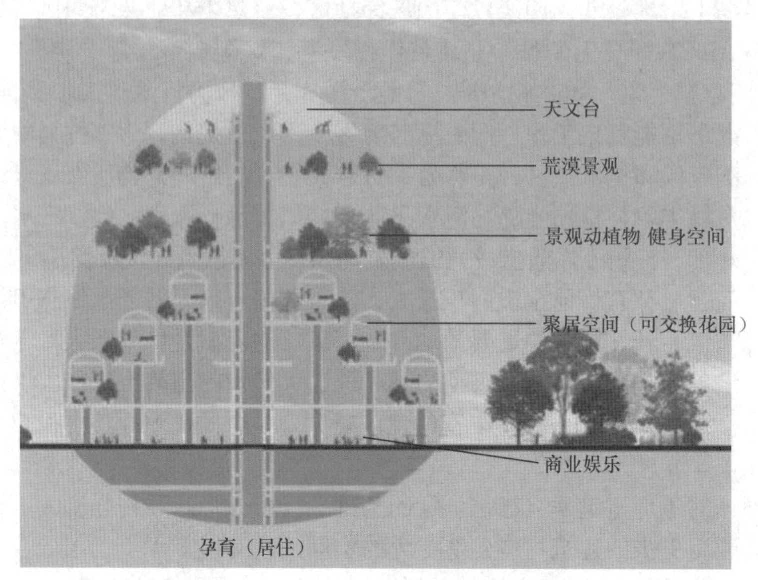

图5-43 “诞生”生活区设计效果图

“诞生”公共区的医院采用智能病床，无需仪器或导管即可观测病人的情况。另设心理医院解决可能出现的心理问题。图书馆为智慧图书馆，座椅高度、室内光线、个人喜好均会被记录下来并自动因人作出调节，见图5-44。

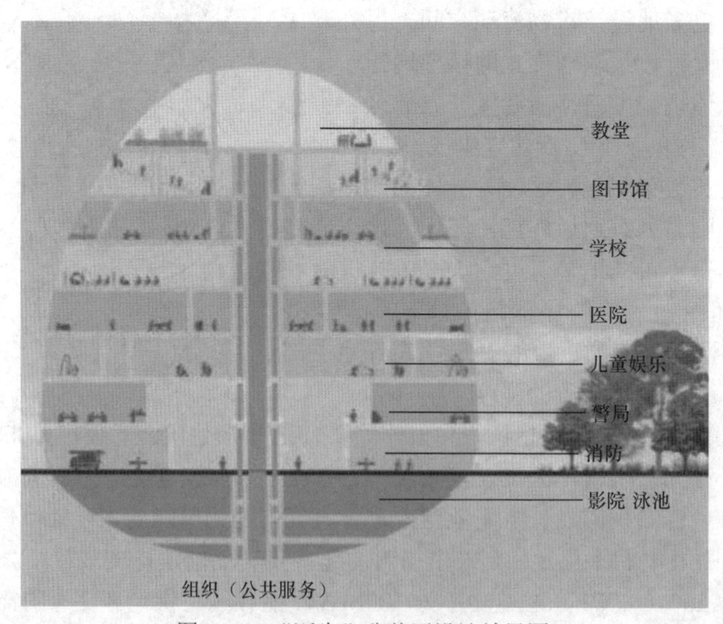

图5-44 “诞生”公共区设计效果图

“诞生”农业区为了满足土地的需求，将农牧场结合并分层，一共由3层组成，见图5-45。其中顶层采取开式设计，可收集雨水、净化并且直接用于农业。水产区处于农业蛋的顶部，可以接收来自大自然的雨水，从而使雨水得到利用并且使水产得到尽可能自然的养殖，也降低了农场水资源的消耗量。

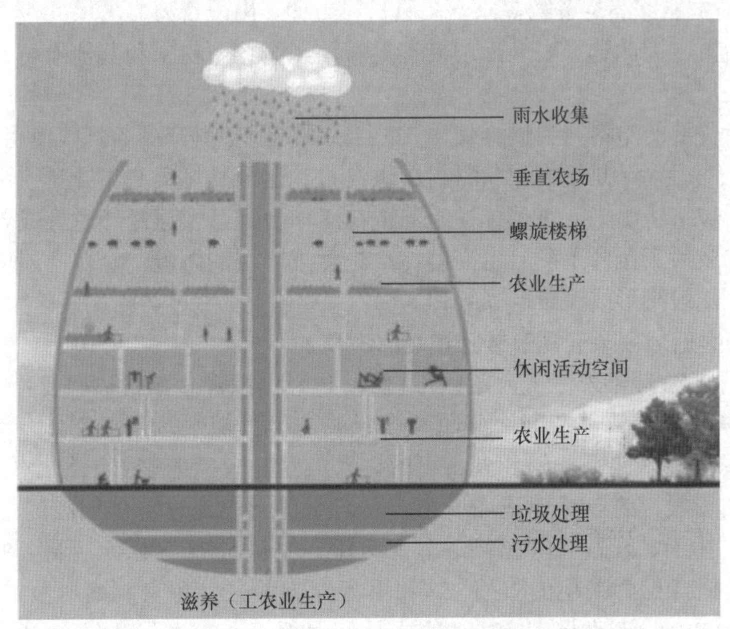

图5-45 “诞生”农业区设计效果图

中间层（即从垂直农场往下到最下面的农业生产所包含的楼层，需要注意的是，图上画出的是功能分区，而非具体的每一个楼层）包括各类农作物、家畜、鱼类的养殖，同时创造了一定的休闲活动、办公及监测的空间。家禽、家畜分别为1亩的家禽层、1.1亩的牛羊层、1.4亩的猪层。再往下则是农作物的分层，分别为共3层的油菜，共占5亩；共5层的原粮作物，占地共17亩，以及两层的蔬菜共5亩。因此所设计的农业蛋在水产层以下共13层，层高3.3m，加上底层6m用于种植人所需衣物的原材料——棉花，总高59m（地面以上）。

底层将收集到的污水、其他农业垃圾进行处理，并且重新用于农作物种植等，同时也是酿酒的场所。在房间以外基本采用自然通风，海风经过处理与流量控制之后成为室内的新风。由于台州地区本身气候适宜，因此对该部分采光、空气质量均以天然为主。房间以内采用人工控制环境，空调采取海水源热泵空调，高效节能，运行费用低。

农场所需的能量来源主要采用太阳光照，最外层动植物通过建筑表面采用的太阳能光膜材料与通透的采光设计直接采光，而无法直接采光或光照较弱的部分，通过利用光导纤维、导光管、采光搁板和导光棱镜等，将自然光引入并传输到需要的地方，通过LED灯来对光照进行补足。利用相变储能的建筑材料来提供适宜的温度。

现代工业体系中的普通生产线更倾向于大量快速地制造同类零件。但由于百万立方的特殊性（具有较小但是完备的整个物质社会），基本上不需要大量的相同零件。与此同时，百万立方中所需要的使用的零件种类较多，重新开模铸造的成本和材料浪费巨大。因此，诞生组便想到了通过3D打印为主的方法快速制造少量的金属和塑料元件。

诞生的工业区进行金属 3D 打印时，使用 SLM 技术（选择性激光熔化技术），在高激光能量密度作用下将金属粉末完全熔化，经散热冷却后可实现与固体金属冶金焊合成型。SLM 技术正是通过此过程，层层累积成型出三维实体的快速成型技术。打印材料有不锈钢 17-4、不锈钢 PH1、高温合金 IN-718、钴铬钼 MP1、钴铬钼 SP2、铝合金 M280、模具钢 MS1、钛合金 Ti64 等，基本能够满足各类需求。在原材料方面，由于百万立方中并没有可以简单开采的矿物和处理装置，因此选择在仓库中储存足够使用的金属粉末和其他原材料，同时对废料金属进行回收利用。

日常生活所需要的塑料材料同样使用 3D 打印制造。塑料产品的打印使用 FDM 技术，加热喷头作 *X-Y* 平面运动，热塑性丝状材料由供丝机构送至热熔喷头，并在喷头中加热和熔化成半液态，然后被挤压出来，有选择性地涂覆在工作台上，快速冷却后形成一层薄片轮廓。一层截面成型完成后工作台下降一定高度，再进行下一层的熔覆，好像一层层“画出”截面轮廓，如此循环，最终形成三维产品零件。

案例 5　云端幻梦——云端筑梦师组(2018)

在蓬莱观日出独具风采，古人曰：“日初出时，色深赤，如丹砂，已而，焰如火。”天晴浪静之夜，登阁观看新月初升，海面粼粼金波，群鸥掠水，意境幻妙。海中潮水流静，日丽风和，登阁远望，波平如镜。天将雨时，雾气逸出，状若轻纱，缭绕丹崖山腰。处在得天独厚的“仙境般”的自然地理环境中，人们无忧无虑地过着神仙般的生活，在完成自己的工作之余，休闲、娱乐、电视广播影视文化、体育锻炼、教育、自然科学资源应有尽有，人们可以选择自己感兴趣的事情，这和百万立方的共产主义制度以及追求的生活模式不谋而合，因此 2018 年云端筑梦师组的成员们将百万立方世界选址在道教圣地——蓬莱仙境，见图 5-46。

图 5-46　“云端幻梦”总体设计效果图

蓬莱市地处胶东半岛最北端，毗邻渤、黄二海，东临烟台，南接青岛，北与天津、大连等城市及朝鲜半岛隔海相望。蓬莱为低山丘陵地，地势由东南向西北倾斜。年均气温 11.9℃，年均降水量 606.2mm。境内矿产资源有金、铁、铅、锌、大理石、石灰石、氟石、花岗石等。蓬莱市境内分布黄水河、平畅河、战山河、平山河等主要河流，市域内地下水资源较为丰富，水质较好。雨季防汛排涝畅通。因此，蓬莱市有着得天独厚的地理位置和水文、气候条件。

小组成员们致力于建设一个消灭生产资料私有制，没有阶级制度、没有剥削、没有压迫，实现人类自我解放的社会，也是社会化集体大生产的社会。在核能、太阳能、地热能等能量之间相互配合补充保证人们所有活动的基础上，有摩天农庄农作物、畜牧全智能化的高效供给，社会生产力高度发展，科技极度发达，劳动生产率空前提高，劳动时间大大缩短，社会产品极大丰富。人们在百万立方里实现衣食无忧，从而各取所需，各司其职，各尽所能。没有货币流通，食物、日用品等所有东西都不用买，有人（机器人）生产出来，在形式上可多彩多样，但是在价值上无异，人们按需索取，即人们共同占有社会资源并根据自己的需求而提取，社会资源已成为人们的共享资源。

“云端幻梦”的整体功能分区和主要建筑体积见图 5-47 和表 5-10。

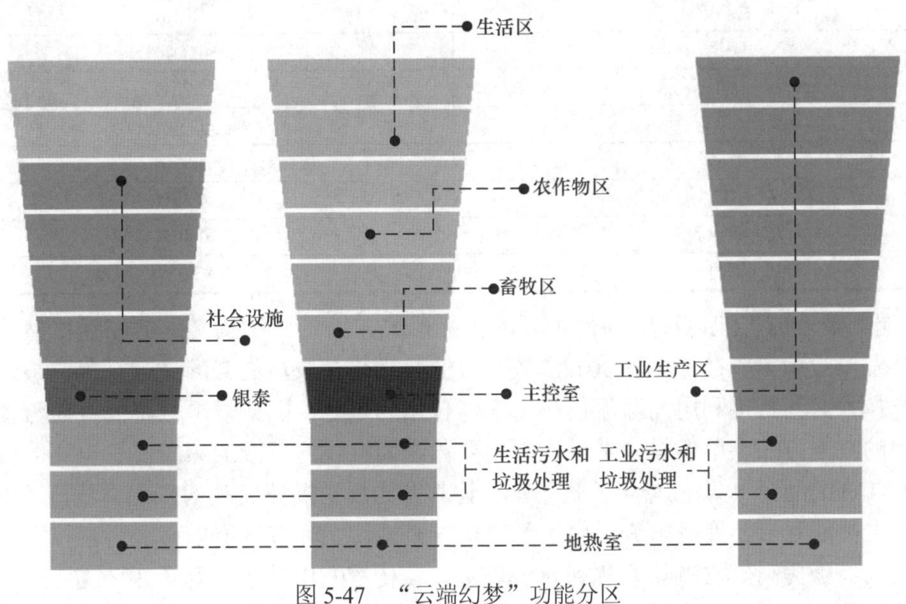

图 5-47　“云端幻梦”功能分区

表 5-10　“云端幻梦”主要建筑体积表

项目	体积/万 m^3
主建筑	25.000
主建筑平台	30.000
核电站及相应设施	13.452
自来水厂	7.563
海上钻油井	10.023
沙滩娱乐场地	2.000
潮汐发电站	9.845
累计	97.883

摩天农场是一种没有污染、没有寄生虫和各类危险细菌的可控环境，可常年生产农作物、家禽和各种鱼类。同时，城市内部实现快速供给，不再过分压榨生态环境，有利于自然的恢

复和美化。据专家分析，建设155座垂直农场，就能供应新加坡一年的蔬菜粮食所需。

摩天农场的主要能源有：顶楼太阳能板吸收的太阳能、不可食用的植物颗粒(如玉米麸皮)变成燃料、城市主供电系统。农场的外形呈圆柱体，各楼层像积木一样不断堆叠。每层楼都是一片自成体系的农地，并且有复杂的灌溉系统。这种巧妙的设计实现了全年365天不间断地种植、收割，产量是普通农场的300多倍，不但能够解决人们的吃饭问题，还可以为都市提供源源不断的氧气和清洁水源，创造出一个可自我持续发展的环境。部分所需工业产品产量见表5-11。

表5-11　部分所需工业产品产量表

产品名称	产量
原盐	4.788t
精制食物植物油	4.996t
成品糖	1.044t
啤酒	3.259（千L）
纱	2.721t
布	0.656（万m）
纯碱	1.870t
农用氮、磷、钾化肥	4.795t
合成橡胶	0.405t
钢材	82.057t

“云端幻梦”的工业以核能为最主要的供能形式，由于传统意义上的核能虽然能量密度高，但其发电效率一般在20%～30%，效率较低。于是，成员们查阅文献发现，最近几年磁流体发电技术因其直接利用高温流体热力学能转化为电能，因此发电效率高。磁流体发电是一种新型的发电方法，用燃料（本设计中主要体现为核能）直接加热成易于电离的气体，使之在1600℃的高温下电离成导电的离子流，让其在磁场中高速流动切割磁力线，产生感应电动势，即由热能直接转换成电流。由于无需经过机械转换环节，所以称之为直接发电，燃料利用率得到显著提高，发电效率达到60%以上，较传统发电效率提升了30%左右。

小组将这两种发电方式结合起来，创造出一种闭环磁流体发电系统。在城市中，将磁流体与核能结合，利用核电厂提供的能量使磁流体发电，提高能源利用率，同时尽可能地减少污染和对环境的影响。

由于地热能相对较少，且能源品位较低，故不利用地热能对城市供电，而是主要利用地热能对主体建筑供暖。利用地球表面浅层地热资源（深度通常小于400m）作为冷热源，进行能量转换。从开采井出来的70℃的高温水，经过汽水分离器和旋流除砂器的处理后，进入换热器与二级网热水换热。换热后温度降至38℃，经过回注泵加压后注入回注井中。二级网热水（采暖热水）经过换热后，温度由35℃升高至45℃，为热用户供热。地源热泵技术属可再生能源利用技术。

“云端幻梦”的成员们还考虑了生活污水和垃圾处理。由于生活污水处理的复杂程度没有工业废水处理那么高，因此为了节省体积，贴合建筑结构，可以选用一体化污水处理设备。小组选用的是地埋式污水一体化处理设备，其体积小，适用范围广，最大处理量可达20m³/h，能够满足建筑的需要。

在垃圾处理方面，通过采取一系列技术措施回收利用垃圾中的物质和能量，还垃圾本为资源的功能。对可回收物品，采用破碎技术、气流分选技术、湿式分选技术、磁选技术和电动分选技术进行资源化回收利用。对有害垃圾，利用微生物具有氧化、分解有机垃圾的能力，处理可降解的有机垃圾，使之形成一类腐殖质含量较高的“腐殖土”，达到资源化。

案例 6 ASGARD——神之国度(2018 年)

2018 年，ASGARD 小组成员们以北欧神话为背景进行微型生活圈设计。在地球毁灭之际，北欧众神带领着人类前往新的星球寻求生计，希望借此复兴地球社会，本着可持续和可拓展的原则搭建国度，将人类文明传承下去。在这个神之国度里，神力变成了一种信仰，成为科学技术的象征，社会的发展和生存都以高超的科技水准为依托，将神能做到的事用科技手段实现。

项目选址位于青岛市市南区台西片区西南尽端、胶州湾口东侧的团岛。团岛最高点海拔 8m，地势平坦，便于工程建造和人类生产生活。胶州湾及其附近属暖温带季风气候区，多年平均气温为 12.2℃。夏无酷暑，冬无严寒，气候条件优越。位于湾口附近的团岛涨潮流速最大可达 150cm/s，潮余流流速可达 30cm/s，有丰富的潮汐能可利用。且青岛市的地热能储量丰富，是全国储量最高的几个地区之一。

ASGARD 中心为奥丁塔，即商住区，是人群活动最丰富的地方；岛的三角中西南一角为集中的工业区，如有产生污染物质，对岛的影响较小；另外两角为农业区以及度假、林业等景观空间，见图 5-48。清晨人群从中心区域向岛的各个方向分散，到达自己的工作岗位，晚上又回到同一个地方，使人不会觉得孤独，增强集体的团队意识和使命感。道路交通为中心发散式，即从中心的奥丁塔向岛的六个方向发散后环岛一周，延伸至主大陆与其相连。为了可持续和调节岛内小气候，岛内绿化率达 87%，自然景观良好，并且可以提供充足的木材资源。

图 5-48 ASGARD 功能分区

ASGARD 的能量来源有太阳能、地热能和潮汐能，能源消耗主要有商业区、住宅区以及工农业生产区，具体消耗量见表 5-12。

表 5-12　　ASGARD 能源消耗量表

<table>
<tr><th>能源消耗</th><th>细则</th><th>耗电量/（kWh/年）</th><th>合计/(kWh/年）</th><th>总计/（kWh/年）</th></tr>
<tr><td>供水耗电</td><td>—</td><td>114324</td><td>114324</td><td rowspan="16">2367803</td></tr>
<tr><td>地源热泵</td><td>—</td><td>125333</td><td>125333</td></tr>
<tr><td rowspan="2">商住区</td><td>住宅区</td><td>216000</td><td rowspan="2">376000</td></tr>
<tr><td>商业区</td><td>160000</td></tr>
<tr><td rowspan="6">生产区域（农）</td><td>植物工厂</td><td>330000</td><td rowspan="6">906366</td></tr>
<tr><td>养殖场（产肉，目前暂定养鸡/饲料）</td><td>450000</td></tr>
<tr><td>植物种植大棚（固氮植物、食用果蔬，药用植物，棉，纺织用）</td><td>忽略不计</td></tr>
<tr><td>植物种植常规（固氮植物，食用果蔬，药用植物，棉，纺织用）</td><td>忽略不计</td></tr>
<tr><td>木材加工厂</td><td>117600</td></tr>
<tr><td>水产养殖</td><td>8766</td></tr>
<tr><td rowspan="5">生产区域（工）</td><td>废物处理</td><td>133907</td><td rowspan="5">844998</td></tr>
<tr><td>纺织</td><td>69262</td></tr>
<tr><td>设备厂&3D 打印工厂</td><td>253961</td></tr>
<tr><td>能源工厂</td><td>156994</td></tr>
<tr><td>矿物资源采集+金属冶炼</td><td>230874</td></tr>
<tr><td>铺装绿化</td><td>—</td><td>782</td><td>782</td></tr>
</table>

ASGARD 采用特斯拉生产的家用电池 Powerwall，该产品可以储存太阳能面板发出的能量。它可以为整个家庭供电，包括电视、空调、电灯等。Powerwall 可以配合电力使用，这样就可以对用电进行调节，比如当用电低谷时可以把电能储存下来，在用电高峰的时候使用，更重要的是，Powerwall 还可以让使用者们储存太阳能面板转化的电能。

团岛的太阳能年直射量大约在 1100kWh/m^2，属于光照偏少的地区。本项目采用京瓷公司的多晶硅太阳能电板和美国 SUNPOWER 的柔性电池。经过同太阳能电板相同的数据重整与核算，实际发电量为每年 82.2kWh/m^2。经整理，ASGARD 最终能流见图 5-49。

ASGARD 在工业区设置废物处理厂，工艺为“预处理+厌氧+好氧+混凝沉淀”，产生的污泥采用“重力浓缩+机械脱水+卫生填埋”，设计总停留时间为 41h，实际运行的总停留时间约 56h。

预处理包括 1 座稳流池、3 座调节池和相配套的进水提升泵房，调节池以调节水量为主，同时起到水质均匀的作用。厌氧处理包括 3 座厌氧池、4 座中间沉淀池和相配套的污泥回流泵房，采用水流上下翻转的推流式厌氧水解池，可有效地防止废水好氧处理时可能出现的污泥膨胀问题；可调节和缓冲进水水质的变化对好氧处理的不利影响，并使污水的 pH 值降低；可以使污水中某些难生物降解的物质和有色物质发生转化，从而提高好氧部分 COD 的去除率和脱色率；能降低生化处理系统的剩余污泥量，减小污泥处理装置规模。

好氧处理包括 6 座曝气池、8 座二沉池和相配套的鼓风机房及污泥回流泵房，通过鼓风曝气，利用好氧微生物去除污水中的大部分有机物，采用传统活性污泥法推流式好氧池。物化处理包括 6 座凝聚沉淀池及配套的加药间、储药池等。若经过厌氧-好氧生化处理后的出水 COD 仍达不到 180mg/L 的排放要求或色度超标，需要通过投加硫酸铝等絮凝药剂进行混凝处理，使 COD 色度达标。污泥处理包括 2 座浓缩池、1 座储泥池、6 台 3m 宽带压机及容量为 10 万 m^3 的污泥堆积场，对生化、物化处理产生的剩余污泥进行浓缩、脱水和填埋处理。

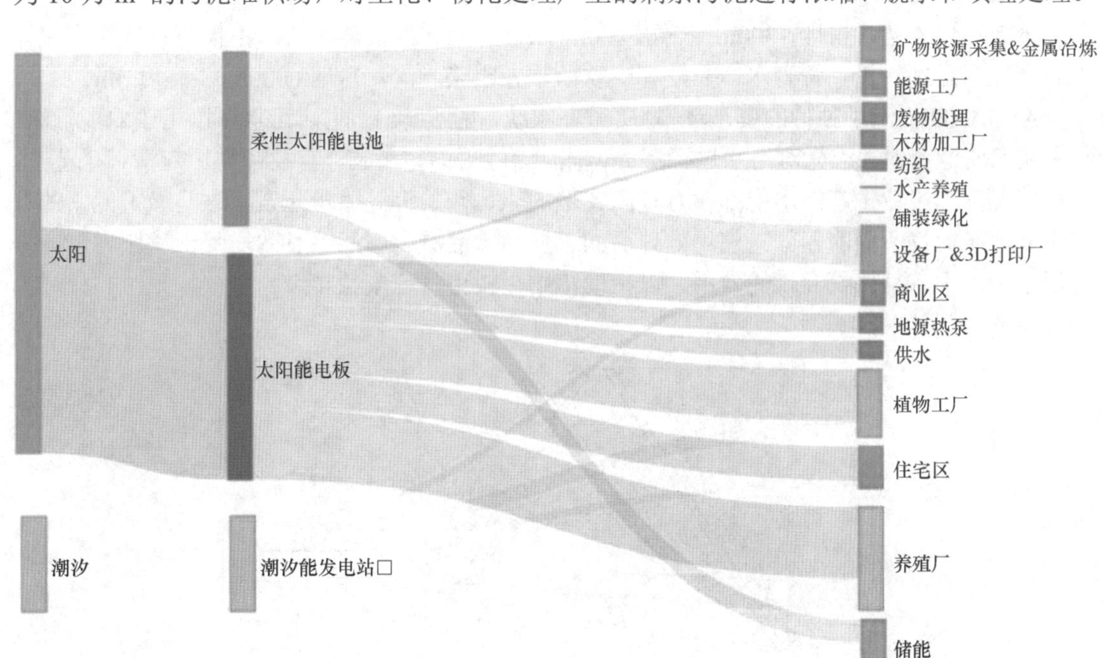

图 5-49　ASGARD 能流图

ASGARD 的奥丁塔是人群活动的主要区域，是集居住、商业、娱乐、教育、办公、医疗以及世界控制终端为一体的综合体。设计灵感来源于奥丁之结的形态，三个角各有不同的功能。在 ASGARD 大陆，奥丁塔即是世界的中心，见图 5-50。

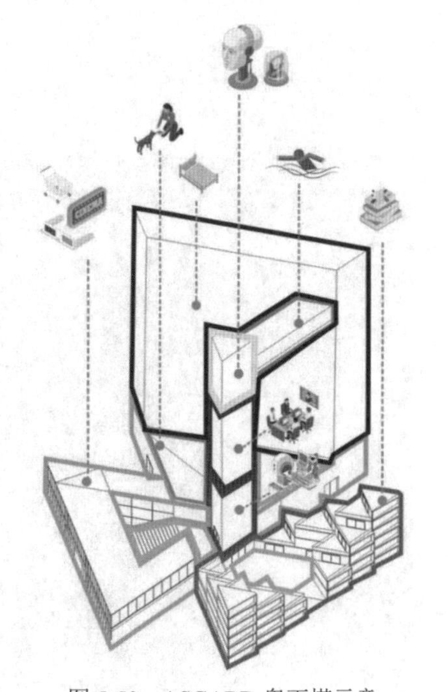

图 5-50　ASGARD 奥丁塔示意

ASGARD 的农业区由植株培育中心和常规种植区等构成。植株培育中心是集工业制造、信息技术、光电技术、生物技术为一体的高科技现代设施农业。利用 LED 光谱技术、自动化环境控制及智能化装备，在十万级净化厂房进行植物工厂化种植，主要生产高品质的安全蔬菜、保健品、特种药用植物生产及抗肿瘤等重大疾病医药中间体材料等。

常规种植区参考中国黑龙江友谊农场的模式，采纳了高度机械化的作业方式，显著减少了人力需求，同时确保了农作物的高年产出。区域内通过实施有效的灌溉与排水措施，确保了“旱能灌、涝能排”，此外，区域内还采用了先进的农业机械设备和技术（包括深度疏松土壤、秋季整理土地以及利用秸秆归还农田等措施）。这一系列做法成功地达成了“秋雨冬储、春旱夏防”的抗旱防涝目标，优化了农业生产效率与环境可持续性。

ASGARD 的养殖业分为禽类养殖和水产养殖。禽类养殖采用最基础的三层鸡笼养殖设备，全自动化养殖，占地 1300m²，高度 7m。水产养殖采用混养模式，不仅包括四大家鱼，而且合理搭配虾、贝、蟹等水产品，春、秋两季各收获一次，占地 6000m²，高度 3m。

ASGARD 提出了独特的奥丁环-物质循环系统，见图 5-51。生活污水可以用于农业灌溉。在利用污水灌溉时，应先对污水进行沉淀、筛滤，除去固体污物，有的还需加入消毒杀菌剂。一般情况下，工业生产污水中都含有较高比例的氮、磷、钾等微量元素。这些微量元素的存在可以给予植物所需的养分。使用处理后的工业污水灌溉土壤能够有效增强土壤肥力，充分体现出污水中各种微量元素的效用，以帮助植物更快更好地成长。

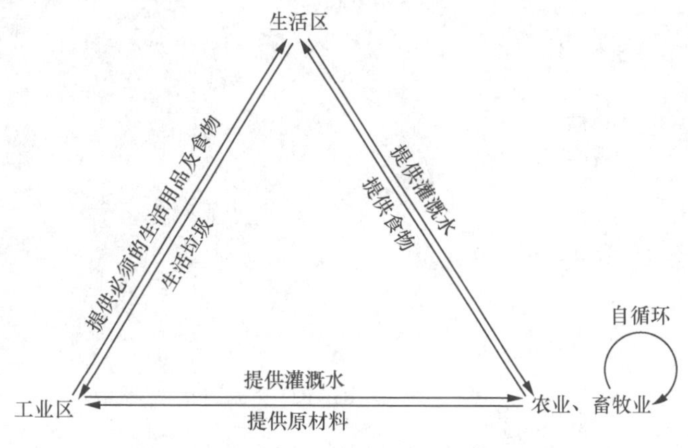

图 5-51 ASGARD 奥丁环-物质循环系统

最终 ASGARD 的各区体积核算见图 5-52。

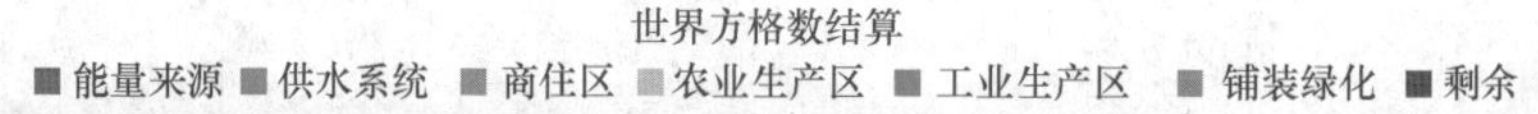

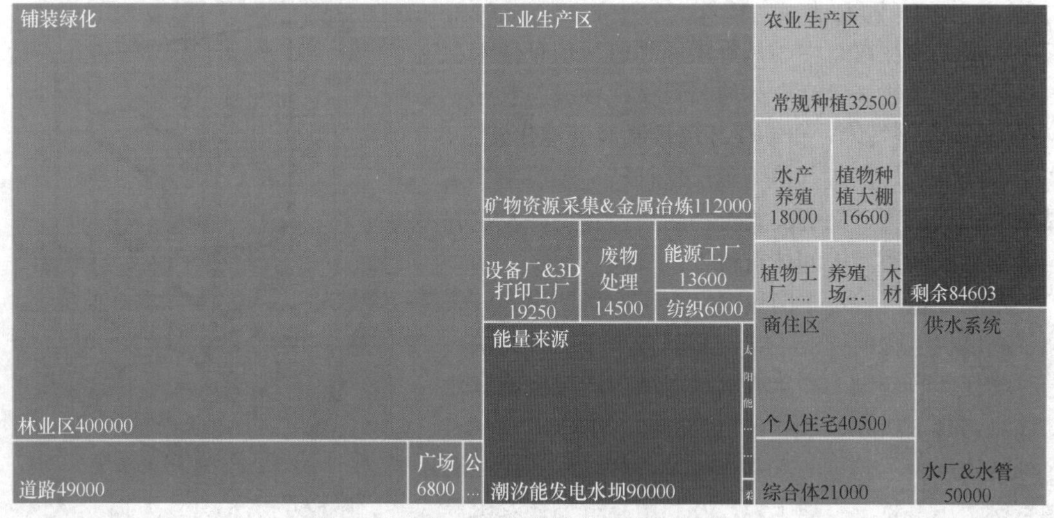

图 5-52 ASGARD 体积核算（单位：m³）

五、项目设计结语

上一个小节展示了 2015—2018 年百万立方世界项目的一些精彩设计。其实百万立方世界项目一直在持续。从 2019 年开始，有更多的专业加入这一课程项目中，例如人类学、植物营养学等。人们在不断地尝试融入更多的学科内容来共同探讨可持续发展的话题，不过这个已经超出了本书的主要内容——能源与环境，因此暂时没有将 2019 年之后的作品放到本书中。

百万立方世界虽然是一个虚拟的设计，但是这一过程能够促使同学们将所学到的能源知识、环保知识和社会运行发展关联起来。当同学们需要根据具体地理信息来计算能源获取量时，第二章涉及的能源利用知识就会变得更加鲜活；当他们需要尽量让自己的世界对环境友好时，不能靠死记硬背第三章的知识，而是要针对自己所选择的能源利用方式挑选合适的污染物处理方法；当他们计算出自己小世界在能源与物质方面的供需时，也就能够更深刻地理解第四章所呈现的我国当前的能源利用现状。最后，在整个项目推进过程中反复迭代自己设计时，他们才能真正明白什么是系统工程。

这种以课程项目牵引整体知识的教学方法称为项目式教学或简称为 PBL（project based learning）。这一方法在初高中已经有越来越多的应用案例，但是在高校还不多见，并且少数 PBL 在高校的应用往往还和传统的课程实践相混淆。对于 PBL 而言，最核心的要素是“基于课程的跨学科具有一定挑战性的真实难题”。希望借助百万立方世界项目的抛砖引玉，未来能有更多更好的 PBL 项目开放在各大高校中。

[1] 彭慕兰．大分流——中国、欧洲与现代世界经济的形成．史建云，译．江苏：江苏人民出版社，2004.

[2] PAULINE G．Modern Britain - A social and economic history since 1760．New York: Pegasus, 1967.

[3] 霍尔．明日之城：1880 年以来城市规划与设计的思想史．童明，译．上海：同济大学出版社，2017.

[4] BERNARD N．100 years of air conditioning[J]．ASHRAE Journal, 2002（44）, 44-46.

[5] GHAHRAMANI A, CASTRO G，BECERIK-GERBER B, et al．Infrared thermography of human face for monitoring thermoregulation performance and estimating personal thermal comfort[J]．Building and Environment, 2016, 109（11）:1-11.

[6] CHAUDHURI T, Zhai D, Soh Y C, et al．Thermal comfort prediction using normalized skin temperature in a uniform built environment[J]．Energy & Buildings, 2018（159）: 426-440.

[7] LI D, MENASSA C C, KAMAT V R. Robust non-intrusive interpretation of occupant thermal comfort in built environments with low-cost networked thermal cameras[J]．Applied Energy, 2019（251）:113336.

[8] 徐象国，尹志鑫. 使用高分辨率网络在热红外图像上提取人脸关键区域温度. 家电科技，2020(6)：28-33, 38.